高等学校电子信息类教材

电磁场与天线技术

Electromagnetic Field and Antenna Technology

尹亚兰　王　琪　主编

吴启琴　副主编

電子工業出版社

Publishing House of Electronics Industry

北京 • BEIJING

内 容 简 介

本书系统地阐述了电磁场理论、电波传播理论、天线理论与技术、天线在通信中的应用及天线的工程设计，较充分地反映了电磁场与天线发展的最新技术。全书分为上、下两篇，共 13 章。上篇为电磁场理论（第 1～6 章），内容包括：矢量分析与场论基础、静电场、恒定电场、恒定磁场、时变电磁场及平面电磁波。下篇为天线技术（第 7～13 章），内容包括：电波传播基本理论、蜂窝移动通信中的电波传播、天线原理、常用天线、线天线的馈电系统、天线在蜂窝移动通信系统中的应用及天线的仿真设计。为帮助读者理解教材内容，激发学习兴趣、扩大视野，每章配有丰富的拓展知识、习题及答案，相关内容可通过扫描书中的二维码获取。

本书理论性、实用性强，可作为高等院校电子工程、通信工程等相关专业的本科生教材，对从事相关专业的工程技术人员也有一定的指导和参考价值。

图书在版编目（CIP）数据

电磁场与天线技术 / 尹亚兰，王琪主编. —北京：电子工业出版社，2024.1
高等学校电子信息类教材
ISBN 978-7-121-47312-8

Ⅰ. ①电… Ⅱ. ①尹… ②王… Ⅲ. ①电磁场－高等学校－教材②天线－高等学校－教材
Ⅳ. ①O441.4②TN82

中国国家版本馆 CIP 数据核字（2024）第 019252 号

责任编辑：张来盛　钱维扬（qianwy@phei.com.cn）
印　　刷：固安县铭成印刷有限公司
装　　订：固安县铭成印刷有限公司
出版发行：电子工业出版社
　　　　　北京市海淀区万寿路 173 信箱　邮编：100036
开　　本：787×1 092　1/16　印张：19　字数：498 千字
版　　次：2024 年 1 月第 1 版
印　　次：2025 年 1 月第 2 次印刷
定　　价：69.80 元

凡所购买电子工业出版社图书有缺损问题，请向购买书店调换。若书店售缺，请与本社发行部联系，联系及邮购电话：（010）88254888，88258888。

质量投诉请发邮件至 zlts@phei.com.cn，盗版侵权举报请发邮件至 dbqq@phei.com.cn。

本书咨询联系方式：（010）88254467，88254459。

前　言

天线是换能器，要进行无线通信就离不开天线，天线性能的好坏直接影响着通信效果。天线技术的理论基础是电磁场理论。因此，为了让学生能够打下扎实的理论基础，在工程上得心应手，本书本着“夯实基础、注重应用”的宗旨，在系统阐述电磁场理论、电波传播理论及天线技术理论的基础上，强调理论联系实际，着重探讨天线工程应用问题。由于移动通信与人们的生活息息相关、不可分割，因此本书将电磁场与天线技术的工程应用选择在移动通信环境下。本书中“蜂窝移动通信中的电波传播”“天线在蜂窝移动通信系统中的应用”及“天线的仿真设计”等章节就是理论在工程上的具体应用。

本书分为上、下两篇。上篇是电磁场理论，包括第 1～6 章，其中：第 1 章介绍描述矢量场特性的主要数学工具，阐明矢量场的重要性质；第 2 章讨论真空和介质中的静电场特性；第 3 章介绍导电介质的性质，给出恒定电场满足的基本方程及边界条件；第 4 章介绍真空和介质中的恒定磁场特性；第 5 章介绍麦克斯韦方程组和时变场的边界条件，并导出时谐场的特性；第 6 章描述平面电磁波的传播特性、极化特性以及在边界上的反射和折射特性。下篇是天线技术，包括第 7～13 章，其中：第 7 章是电波传播基本理论，阐述天线辐射出的电磁波被接收天线有效接收的原理；第 8 章阐述蜂窝移动通信中的电波传播方式、特点及传播模型，是电波传播理论在蜂窝移动通信中的具体应用；第 9 章是天线原理，介绍用来描述天线性能的指标参数以及使天线能量转换达到预期效果的措施和方法；第 10 章是常用天线，介绍不同波段、不同种类的天线及其性能特点；第 11 章是线天线的馈电系统，阐述天馈系统如何连接才能使天线性能达到最佳；第 12 章阐述天线在蜂窝移动通信系统中的应用，是天馈线理论在工程上的具体实现；第 13 章介绍天线的仿真设计——天线工程设计的重要手段，重点介绍利用电磁仿真软件 FEKO 设计天线的具体方法。

本书配有与内容相关的拓展知识，达到激发学习兴趣、扩大视野的目的。为帮助理解教材内容，每章均配有习题，供读者练习。读者可扫描书中的二维码来阅读这些拓展知识和获取习题答案。

通过对本书的学习，读者既能够掌握电磁场及天线技术的理论知识，理解常用天线及馈电系统的工作原理，同时还能够掌握天线设计及工程应用的实际方法。

本书由尹亚兰、王琪主编，吴启琴为副主编。尹亚兰、王琪共同负责总体规划和统稿，并承担主要编写工作；吴启琴承担部分章节的编写工作。

本书由西安电子科技大学张小苗教授担任主审，他对本书提出了许多建设性意见，在此表示诚挚感谢。

在本书编写过程中，得到了很多领导、专家的指导和帮助，他们提出了许多中肯的建议；本书的编写得到“江苏省卓越工程师教育培养计划 2.0 专业建设项目（No. 46）”和“江苏高校品牌建设工程二期（三批）项目（No. 452）”的资助。在此一并表示衷心的感谢。

由于编者水平有限，书中定有一些需要研究的问题和谬误之处，恳请读者批评指正。

编　者

2023 年 12 月

目　录

上篇　电磁场理论

下篇 天 线 技 术

上篇

电磁场理论

第1章　矢量分析与场论基础

在电磁场理论中，某些物理量是标量，它们只有大小而没有方向，如电流、电位、能量；而另外有一些量则为矢量，它们既有大小，也有方向，比如电场、磁场、作用力。标量和矢量既可以是时间的函数，也可以是位置的函数。如果在空间的某区域中，某物理量在每一点都有一个确定值，则在该区域中就构成了该物理量的场。场的一个重要特点是它占有一定的空间，它的物理特性用空间和时间的数学函数来表示。因此，物理量的场可以分为标量场和矢量场。

如果场的物理状态仅是空间坐标的函数，而与时间无关，则称为静态场；如果场的物理状态既是空间坐标的函数，又是时间的函数，则称为时变场。静态场是时变场的特例，通过研究静态场物理特性，并对其相关结论进行修正，可以推广到对时变场的分析。

在电磁场理论的建立和应用过程中，会大量涉及矢量场，利用矢量分析方法，可将电磁场基本定律以简洁而优美的公式表达出来。因此熟练掌握矢量分析方法，对电磁理论的学习可以起到事半功倍的效果。

本章对矢量分析的相关数学问题进行介绍和总结，主要内容包括：（1）矢量代数，即矢量的基本运算，包括加法、减法和乘法运算等。（2）常用的正交坐标系。主要介绍使用最多的直角坐标系、柱面坐标系和球坐标系。（3）矢量微积分。要求重点掌握电磁场理论中有关梯度、散度和旋度的概念及其在不同坐标系中的表达方法。

1.1　矢量代数

矢量（vector）既有大小，又有方向，一个矢量 $\boldsymbol{A}$ 可以表示为 $\boldsymbol{A}=\boldsymbol{e}_A A$。其中，$A$ 是矢量的大小，也称为矢量 $\boldsymbol{A}$ 的模；$\boldsymbol{e}_A$ 表示矢量的方向，即单位矢量，它的大小为 1，方向与 $\boldsymbol{A}$ 相同。在本教材中，用粗体字母 $\boldsymbol{A}$ 表示矢量，但在手写中，可用 $\vec{A}$ 表示矢量。

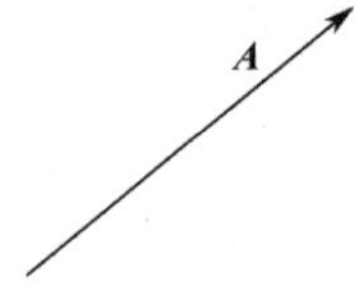

图 1.1　矢量的表示

一个矢量 $\boldsymbol{A}$ 可以用有向线段来表示，线段的长短表示 $\boldsymbol{A}$ 的大小，箭头表示 $\boldsymbol{A}$ 的方向，如图 1.1 所示。如果一个矢量在某区域中保持大小和方向不变，则该矢量为常矢量；如果一个矢量的大小或方向随空间点发生变化，则为变矢量。

为了分析问题方便和简化计算，可将任意矢量投影到不同正交坐标系中的三个相互垂直的坐标轴上，用它的三个分量来表示。最常用的是直角坐标系，它的三个方向分别为 $\boldsymbol{e}_x$、$\boldsymbol{e}_y$ 和 $\boldsymbol{e}_z$，$\boldsymbol{A}$ 的三个分量分别是 A_x、A_y 和 A_z，这三个分量是标量。这样，矢量 $\boldsymbol{A}$ 可以表示为

$$\boldsymbol{A}=\boldsymbol{e}_x A_x+\boldsymbol{e}_y A_y+\boldsymbol{e}_z A_z \tag{1.1}$$

$\boldsymbol{A}$ 的大小为

$$A=(A_x^2+A_y^2+A_z^2)^{1/2} \tag{1.2}$$

空间某点 P 的位置可用位置矢量来描述，它是坐标原点指向 P 点的矢量，其大小为原点

与 P 点间的距离，方向为原点指向 P，它在直角坐标系中可表示为

$$\boldsymbol{r}=\boldsymbol{e}_x x+\boldsymbol{e}_y y+\boldsymbol{e}_z z \tag{1.3}$$

在电磁场理论分析过程中，常需要引用原点、场点和源点的概念。原点是指坐标轴的交点，是一个固定不变的点；场点是指场所在空间的位置点，用 $\boldsymbol{r}$ 表示场点相对于原点的位置矢量；源点是产生场的源所在的空间位置，它相对于原点的矢量记为 $\boldsymbol{r}'$，该矢量随源的位置而改变，这里的源是指电荷、电流等；源点指向场点的矢量记为 $\boldsymbol{R}$ 。它们之间的几何关系如图 1.2 所示。

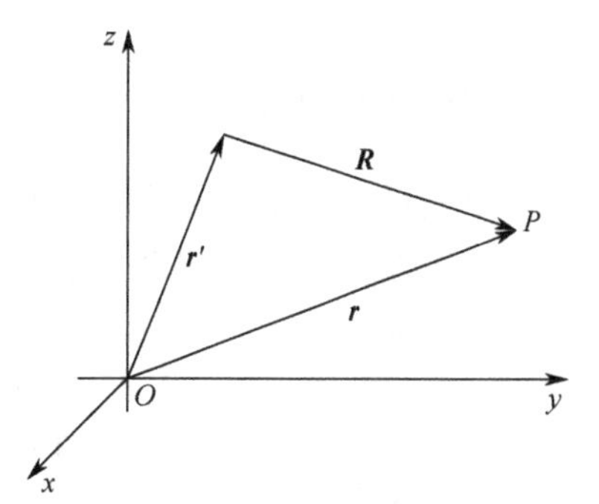

图 1.2　场点、源点和原点之间的几何关系

上述三个矢量的数学关系是

$$\boldsymbol{R}=\boldsymbol{r}-\boldsymbol{r}' \tag{1.4}$$

1.1.1　矢量的加减运算

如果用 $\boldsymbol{A}$ 和 $\boldsymbol{B}$ 代表两个不同的矢量，则它们的和矢量 $\boldsymbol{C}$ 服从平行四边形法则，即从同一点画出矢量 $\boldsymbol{A}$ 和 $\boldsymbol{B}$ ，构成一个平行四边形，其对角线的矢量就是和矢量 $\boldsymbol{C}$ ， $\boldsymbol{C}=\boldsymbol{A}+\boldsymbol{B}$ 。这三个矢量的几何关系如图 1.3 所示。

在直角坐标系中，用分量表示，则上面的关系可写成

$$\boldsymbol{C}=\boldsymbol{A}+\boldsymbol{B}=\boldsymbol{e}_x(A_x+B_x)+\boldsymbol{e}_y(A_y+B_y)+\boldsymbol{e}_z(A_z+B_z) \tag{1.5}$$

两个矢量进行减法运算时，可以借助加法来定义，即

$$\boldsymbol{C}=\boldsymbol{A}-\boldsymbol{B}=\boldsymbol{A}+(-\boldsymbol{B}) \tag{1.6}$$

其中矢量 $-\boldsymbol{B}$ 与矢量 $\boldsymbol{B}$ 大小相等、方向相反。减法运算可描述为， $\boldsymbol{A}$ 减 $\boldsymbol{B}$ 等于从 $\boldsymbol{B}$ 矢端指向 $\boldsymbol{A}$ 矢端的矢量，其图形关系如图 1.4 所示。

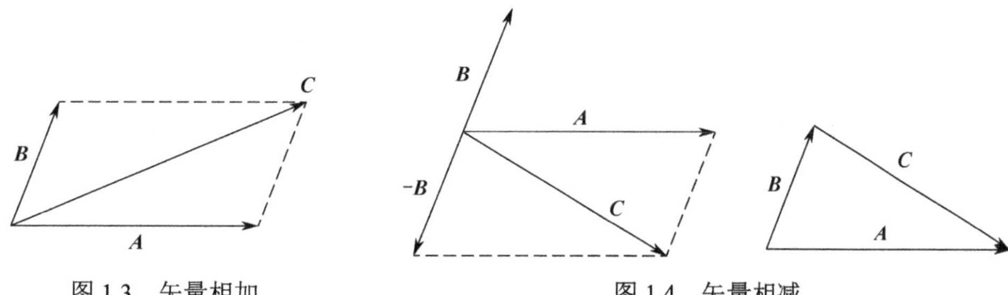

图 1.3　矢量相加　　　　图 1.4　矢量相减

直角坐标系中的分量关系为

$$\boldsymbol{C}=\boldsymbol{A}-\boldsymbol{B}=\boldsymbol{e}_x(A_x-B_x)+\boldsymbol{e}_y(A_y-B_y)+\boldsymbol{e}_z(A_z-B_z) \tag{1.7}$$

1.1.2　标量与矢量相乘

一个标量（scalar）k 与矢量 $\boldsymbol{A}$ 相乘的结果为 $k\boldsymbol{A}$ ，其大小为 $A=|\boldsymbol{A}|$ 的 k 倍，方向与 k 的正负有关：当 k 为正值时，方向与 $\boldsymbol{A}$ 相同；当 k 为负值时，方向与 $\boldsymbol{A}$ 相反。标量与矢量相乘表示为

$$k\boldsymbol{A}=\boldsymbol{e}_A kA \tag{1.8}$$

式中，$\boldsymbol{e}_A$ 为 $\boldsymbol{A}$ 的单位矢量，在直角坐标中写为

$$k\boldsymbol{A}=\boldsymbol{e}_x kA_x+\boldsymbol{e}_y kA_y+\boldsymbol{e}_z kA_z \tag{1.9}$$

1.1.3　矢量的点积

两个矢量 $\boldsymbol{A}$ 和 $\boldsymbol{B}$ 的点积（dot product）或标量积（scalar product），写成 $\boldsymbol{A}\cdot\boldsymbol{B}$，它是一个标量，其大小等于 $\boldsymbol{A}$ 和 $\boldsymbol{B}$ 的模与它们夹角余弦的乘积（如图 1.5 所示），公式为

$$\boldsymbol{A}\cdot\boldsymbol{B}=AB\cos\theta \tag{1.10}$$

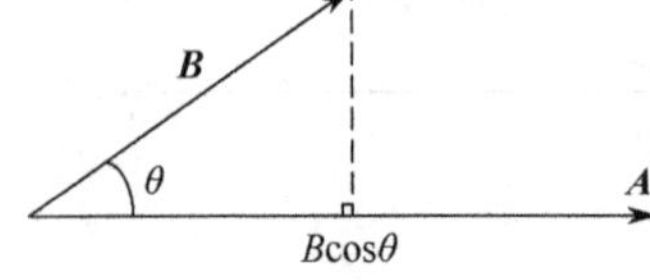

图 1.5　矢量的点积

也可以理解为：两矢量的点积，等于矢量 $\boldsymbol{A}$ 的大小 A 与矢量 $\boldsymbol{B}$ 在矢量 $\boldsymbol{A}$ 上的投影 $B\cos\theta$ 的乘积。

点积的值可正可负，这取决于夹角 θ 的大小。如果两个矢量相互正交，$\theta=90°$，则有 $\boldsymbol{A}\cdot\boldsymbol{B}=0$。

点积服从交换律和分配律，有

交换律
$$\boldsymbol{A}\cdot\boldsymbol{B}=\boldsymbol{B}\cdot\boldsymbol{A} \tag{1.11}$$

分配律
$$\boldsymbol{A}\cdot(\boldsymbol{B}+\boldsymbol{C})=\boldsymbol{A}\cdot\boldsymbol{B}+\boldsymbol{A}\cdot\boldsymbol{C} \tag{1.12}$$

在直角坐标中，两个矢量的点积用分量表示为

$$\begin{aligned}\boldsymbol{A}\cdot\boldsymbol{B}&=(\boldsymbol{e}_xA_x+\boldsymbol{e}_yA_y+\boldsymbol{e}_zA_z)\cdot(\boldsymbol{e}_xB_x+\boldsymbol{e}_yB_y+\boldsymbol{e}_zB_z)\\&=A_xB_x+A_yB_y+A_zB_z\end{aligned} \tag{1.13}$$

其中应用了三个单位矢量 $\boldsymbol{e}_x$、$\boldsymbol{e}_y$ 和 $\boldsymbol{e}_z$，它们具有两两相互正交的关系。

1.1.4　矢量的叉积

两个矢量的叉积（cross product）或矢量积（vector product），写成 $\boldsymbol{A}\times\boldsymbol{B}$，它的结果是一个矢量，其方向垂直于包含 $\boldsymbol{A}$ 和 $\boldsymbol{B}$ 的平面，且符合右手螺旋定则，如图 1.6 所示。图中，$\boldsymbol{e}_n$ 为 $\boldsymbol{A}\times\boldsymbol{B}$ 方向的单位矢量。$\boldsymbol{A}\times\boldsymbol{B}$ 的大小等于 $\boldsymbol{A}$ 和 $\boldsymbol{B}$ 的模乘以它们夹角的正弦，公式如下：

$$\boldsymbol{A}\times\boldsymbol{B}=\boldsymbol{e}_nAB\sin\theta \tag{1.14}$$

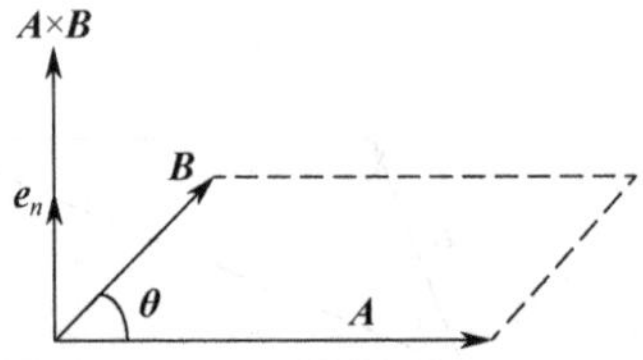

图 1.6　矢量的叉积

矢量的叉积服从分配律，即

$$\boldsymbol{A}\times(\boldsymbol{B}+\boldsymbol{C})=\boldsymbol{A}\times\boldsymbol{B}+\boldsymbol{A}\times\boldsymbol{C} \tag{1.15}$$

但不服从交换律，事实上有

$$\boldsymbol{A}\times\boldsymbol{B}=-\boldsymbol{B}\times\boldsymbol{A} \tag{1.16}$$

矢量的叉积也不服从结合律，也就是

$$\boldsymbol{A}\times(\boldsymbol{B}\times\boldsymbol{C})\neq(\boldsymbol{A}\times\boldsymbol{B})\times\boldsymbol{C} \tag{1.17}$$

所以，两个矢量运算的顺序是很重要的。

在直角坐标系中，两矢量的叉积用分量可表示为

$$\begin{aligned}\boldsymbol{A}\times\boldsymbol{B}&=(\boldsymbol{e}_xA_x+\boldsymbol{e}_yA_y+\boldsymbol{e}_zA_z)\times(\boldsymbol{e}_xB_x+\boldsymbol{e}_yB_y+\boldsymbol{e}_zB_z)\\&=\boldsymbol{e}_x(A_yB_z-A_zB_y)+\boldsymbol{e}_y(A_zB_x-A_xB_z)+\boldsymbol{e}_z(A_xB_y-A_yB_x)\end{aligned} \tag{1.18}$$

用行列式表示更为简洁，即

$$\boldsymbol{A}\times\boldsymbol{B}=\begin{vmatrix}\boldsymbol{e}_x & \boldsymbol{e}_y & \boldsymbol{e}_z\\ A_x & A_y & A_z\\ B_x & B_y & B_z\end{vmatrix} \tag{1.19}$$

在电磁场理论中，常用到三个矢量的乘积问题，包括标量三重积（scalar triple product）和矢量三重积（vector triple product），其定义和转换关系为

标量三重积 $$\boldsymbol{A}\cdot(\boldsymbol{B}\times\boldsymbol{C})=\boldsymbol{B}\cdot(\boldsymbol{C}\times\boldsymbol{A})=\boldsymbol{C}\cdot(\boldsymbol{A}\times\boldsymbol{B}) \tag{1.20}$$

矢量三重积 $$\boldsymbol{A}\times(\boldsymbol{B}\times\boldsymbol{C})=(\boldsymbol{A}\cdot\boldsymbol{C})\boldsymbol{B}-(\boldsymbol{A}\cdot\boldsymbol{B})\boldsymbol{C} \tag{1.21}$$

例 1.1　已知矢量 $\boldsymbol{A}=(2\boldsymbol{e}_x+3\boldsymbol{e}_y-\boldsymbol{e}_z)$，$\boldsymbol{B}=(4\boldsymbol{e}_x-\boldsymbol{e}_y+3\boldsymbol{e}_z)$，求：

（1）单位矢量 $\boldsymbol{e}_A$；（2）$\boldsymbol{A}\cdot\boldsymbol{B}$；（3）$\boldsymbol{A}$ 和 $\boldsymbol{B}$ 的夹角；（4）$\boldsymbol{A}\times\boldsymbol{B}$。

解　（1）$$\boldsymbol{e}_A=\frac{\boldsymbol{A}}{|\boldsymbol{A}|}=\frac{2\boldsymbol{e}_x+3\boldsymbol{e}_y-\boldsymbol{e}_z}{\sqrt{2^2+3^2+(-1)^2}}=\frac{1}{\sqrt{14}}(2\boldsymbol{e}_x+3\boldsymbol{e}_y-\boldsymbol{e}_z)$$

（2）$$\boldsymbol{A}\cdot\boldsymbol{B}=(2\boldsymbol{e}_x+3\boldsymbol{e}_y-\boldsymbol{e}_z)\cdot(4\boldsymbol{e}_x-\boldsymbol{e}_y+3\boldsymbol{e}_z)=2\times4-3\times1-1\times3=2$$

（3）$$\cos\theta=\frac{\boldsymbol{A}\cdot\boldsymbol{B}}{|\boldsymbol{A}||\boldsymbol{B}|}=\frac{2}{\sqrt{2^2+3^2+(-1)^2}\sqrt{4^2+(-1)^2+3^2}}\approx0.1048$$

$$\theta\approx84.0^\circ$$

（4）$$\boldsymbol{A}\times\boldsymbol{B}=\begin{vmatrix}\boldsymbol{e}_x & \boldsymbol{e}_y & \boldsymbol{e}_z\\ A_x & A_y & A_z\\ B_x & B_y & B_z\end{vmatrix}=\begin{vmatrix}\boldsymbol{e}_x & \boldsymbol{e}_y & \boldsymbol{e}_z\\ 2 & 3 & -1\\ 4 & -1 & 3\end{vmatrix}=8\boldsymbol{e}_x-10\boldsymbol{e}_y-14\boldsymbol{e}_z$$

1.2　三种常用的正交坐标系

在电磁场的求解过程中，需要通过适当的坐标系来进行求解，一般采用正交坐标系（orthogonal coordinate systems），它能够使分析问题得到简化。最常用的正交坐标系是直角坐标系（cartesian coordinates）、圆柱坐标系（cylindrical coordinates）和球坐标系（spherical coordinates）。

1.2.1　直角坐标系

如图 1.7 所示，在直角坐标系中，O 是坐标系原点，x、y、z 是三根相互正交的坐标轴，轴方向的单位矢量分别为 $\boldsymbol{e}_x$、$\boldsymbol{e}_y$ 和 $\boldsymbol{e}_z$，且符合右手螺旋定则，即 $\boldsymbol{e}_x\times\boldsymbol{e}_y=\boldsymbol{e}_z$，$\boldsymbol{e}_y\times\boldsymbol{e}_z=\boldsymbol{e}_x$，$\boldsymbol{e}_z\times\boldsymbol{e}_x=\boldsymbol{e}_y$，空间任一点 P 的位置矢量为 $\boldsymbol{r}=\boldsymbol{e}_x x+\boldsymbol{e}_y y+\boldsymbol{e}_z z$。

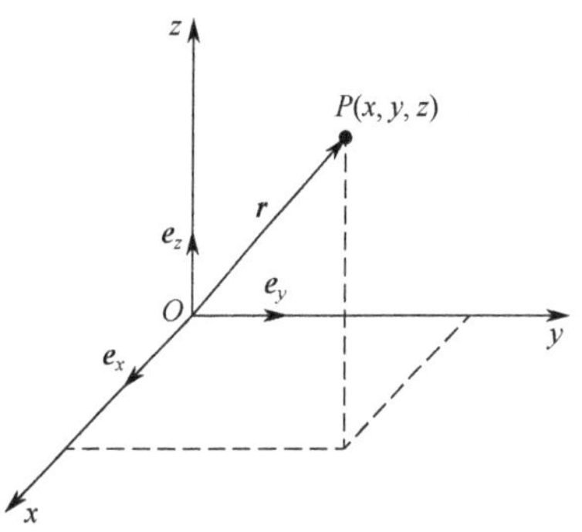

图 1.7　直角坐标系

对于任意矢量 $\boldsymbol{A}$，当用直角坐标系描述时，得到三个分量 A_x、A_y 和 A_z。当对矢量进行积分运算时，需要用到微分长度、微分面积和微分体积，对应的表达式分别为

微分长度 $$\mathrm{d}\boldsymbol{l}=\boldsymbol{e}_x\mathrm{d}x+\boldsymbol{e}_y\mathrm{d}y+\boldsymbol{e}_z\mathrm{d}z \tag{1.22}$$

微分面积 $$\begin{aligned}\mathrm{d}\boldsymbol{S}&=\boldsymbol{e}_x\mathrm{d}S_x+\boldsymbol{e}_y\mathrm{d}S_y+\boldsymbol{e}_z\mathrm{d}S_z\\&=\boldsymbol{e}_x\mathrm{d}y\mathrm{d}z+\boldsymbol{e}_y\mathrm{d}z\mathrm{d}x+\boldsymbol{e}_z\mathrm{d}x\mathrm{d}y\end{aligned} \tag{1.23}$$

微分体积 $$\mathrm{d}\tau=\mathrm{d}x\mathrm{d}y\mathrm{d}z \tag{1.24}$$

其中微分长度、微分面积是矢量，微分体积是标量。

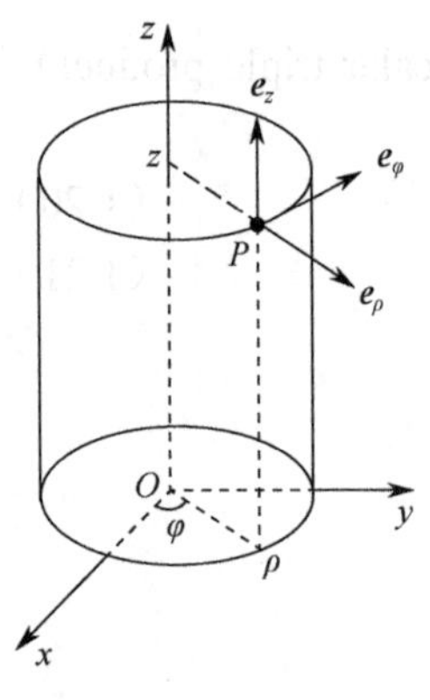

图 1.8　圆柱坐标系

1.2.2　圆柱坐标系

对于三维空间中的任意一点 P，设 ρ、φ 是 P 在 xOy 平面上投影点的极坐标，z 是点 P 的竖直坐标，则称 (ρ,φ,z) 是点 P 的圆柱坐标，记为 $P(\rho,\varphi,z)$，其中 $\rho \geqslant 0$，$0 \leqslant \varphi \leqslant 2\pi$，$-\infty < z < +\infty$，如图 1.8 所示。图中，$\rho$ 为常数时表示一个圆柱面，φ 为常数时表示一个过 z 轴的半平面，z 为常数时表示一个垂直于 z 轴的平面，这三个面的交点决定了 P 点坐标。

圆柱坐标系中与坐标 ρ、φ、z 相对应的 3 个单位矢量分别为 $\boldsymbol{e}_\rho$、$\boldsymbol{e}_\varphi$、$\boldsymbol{e}_z$，这 3 个单位矢量的正方向都是沿着对应坐标增加的方向，且两两相互正交，遵循右手螺旋定则，即 $\boldsymbol{e}_\rho \times \boldsymbol{e}_\varphi = \boldsymbol{e}_z$，$\boldsymbol{e}_\varphi \times \boldsymbol{e}_z = \boldsymbol{e}_\rho$，$\boldsymbol{e}_z \times \boldsymbol{e}_\rho = \boldsymbol{e}_\varphi$。

从图 1.8 可以得到从圆柱坐标变换到直角坐标的关系为

$$x = \rho\cos\varphi,\ y = \rho\sin\varphi,\quad z = z \tag{1.25}$$

单位矢量之间的关系为

$$\left.\begin{aligned} \boldsymbol{e}_\rho &= \boldsymbol{e}_x \cos\varphi + \boldsymbol{e}_y \sin\varphi \\ \boldsymbol{e}_\varphi &= -\boldsymbol{e}_x \sin\varphi + \boldsymbol{e}_y \cos\varphi \end{aligned}\right\} \tag{1.26}$$

需要注意的是，$\boldsymbol{e}_z$ 的方向不随 P 点的变化而改变，但 $\boldsymbol{e}_\rho$、$\boldsymbol{e}_\varphi$ 的方向随 P 点的改变而变化，它们是角度 φ 的函数。

求 $\boldsymbol{e}_\rho$、$\boldsymbol{e}_\varphi$ 对 φ 的一阶导数，可以得到

$$\left.\begin{aligned} \frac{\mathrm{d}\boldsymbol{e}_\rho}{\mathrm{d}\varphi} &= -\boldsymbol{e}_x \sin\varphi + \boldsymbol{e}_y \cos\varphi = \boldsymbol{e}_\varphi \\ \frac{\mathrm{d}\boldsymbol{e}_\varphi}{\mathrm{d}\varphi} &= -\boldsymbol{e}_\varphi \cos\varphi - \boldsymbol{e}_y \sin\varphi = -\boldsymbol{e}_\rho \end{aligned}\right\} \tag{1.27}$$

在圆柱坐标系中，空间点的位置矢量为

$$\boldsymbol{r} = \boldsymbol{e}_\rho \rho + \boldsymbol{e}_z z \tag{1.28}$$

它的微分为

$$\mathrm{d}\boldsymbol{r} = \mathrm{d}\boldsymbol{e}_\rho \rho + \boldsymbol{e}_\rho \mathrm{d}\rho + \boldsymbol{e}_z \mathrm{d}z = \boldsymbol{e}_\rho \mathrm{d}\rho + \boldsymbol{e}_\varphi \rho \mathrm{d}\varphi + \boldsymbol{e}_z \mathrm{d}z \tag{1.29}$$

这表明 $\mathrm{d}\boldsymbol{r}$ 在 ρ、φ、z 三个方向的微分长度分别为 $\mathrm{d}\rho$、$\rho\mathrm{d}\varphi$、$\mathrm{d}z$，将三个方向的微分长度与各自坐标微分的比值定义为拉梅系数（Lame coefficient），则有

$$h_\rho=1,\ h_\varphi=\rho,\ h_z=1 \tag{1.30}$$

根据拉梅系数定义，在直角坐标系中的拉梅系数分别为

$$h_x=1,\ h_y=1,\ h_z=1 \tag{1.31}$$

利用拉梅系数，很容易将其他微分量表示出，可以求出在圆柱坐标系中的微分长度、微分面积和微分体积分别为

微分长度

$$\begin{aligned} \mathrm{d}\boldsymbol{l} = \mathrm{d}\boldsymbol{r} &= \boldsymbol{e}_\rho h_\rho \mathrm{d}\rho + \boldsymbol{e}_\varphi h_\varphi \mathrm{d}\varphi + \boldsymbol{e}_z h_z \mathrm{d}z \\ &= \boldsymbol{e}_\rho \mathrm{d}\rho + \boldsymbol{e}_\varphi \rho \mathrm{d}\varphi + \boldsymbol{e}_z \mathrm{d}z \end{aligned} \tag{1.32}$$

微分面积

$$dS = e_\rho h_\varphi h_z d\varphi dz + e_\varphi h_z h_\rho dz d\rho + e_z h_\rho h_\varphi d\rho d\varphi \qquad (1.33)$$
$$= e_\rho \rho d\varphi dz + e_\varphi dz d\rho + e_z \rho d\rho d\varphi$$

微分体积

$$d\tau = h_\rho h_\varphi h_z d\rho d\varphi dz = \rho d\rho d\varphi dz \qquad (1.34)$$

1.2.3　球坐标系

球坐标系如图 1.9 所示。空间任一点 P 的坐标用 r 、θ 、φ 表示，当 r = 常数时对应以原点为球心的球面，当 θ 为常数时对应以原点为顶点、z 轴为对称轴的圆锥面，而当 φ 为常数时对应过 z 轴的半平面，这三个面的交点决定了 P 点坐标。

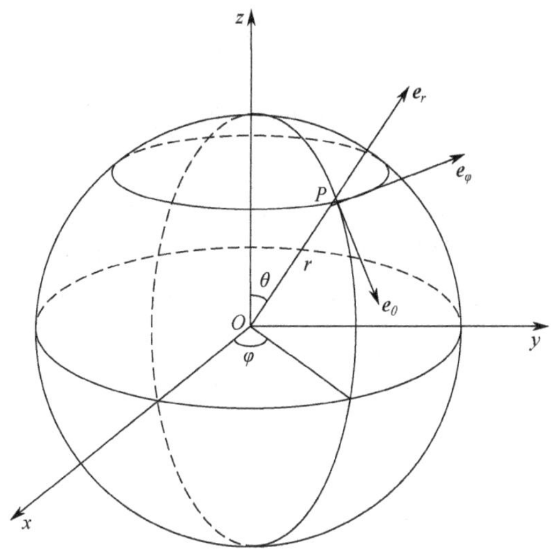

图 1.9　球坐标系

球坐标系的 3 个单位矢量分别为 e_r 、e_θ 和 e_φ ，它们两两相互正交，其正方向为对应坐标增加的方向，且符合右手螺旋定则，即

$$e_r = e_\theta \times e_\varphi,\ e_\theta = e_\varphi \times e_r,\ e_\varphi = e_r \times e_\theta \qquad (1.35)$$

从图 1.9 可以看出，从球坐标变换到直角坐标的关系为

$$x = r\sin\theta\cos\varphi,\ y = r\sin\theta\sin\varphi,\ z = r\cos\theta \qquad (1.36)$$

需要注意的是，单位矢量 e_r 、e_θ 是角度 θ 和 φ 的函数，而 e_φ 是 φ 的函数，在对物理量求偏导数时，会涉及到对单位矢量的求导。结合图形中单位矢量随角度 θ 和 φ 的变化关系，可以得到

$$\left.\begin{aligned} &\frac{\partial e_r}{\partial\theta} = e_\theta,\ \frac{\partial e_r}{\partial\varphi} = e_\varphi\sin\theta \\ &\frac{\partial e_\theta}{\partial\theta} = -e_r,\ \frac{\partial e_\theta}{\partial\varphi} = e_\varphi\cos\theta \\ &\frac{\partial e_\varphi}{\partial\theta} = 0,\ \frac{\partial e_\varphi}{\partial\varphi} = -e_r\sin\theta - e_\theta\cos\theta \end{aligned}\right\} \qquad (1.37)$$

在球坐标系中，空间某点的位置矢量可以用 $r = re_r$ 表示，其微分为

$$dr = d(re_r) = e_r dr + r de_r = e_r dr + r\left(\frac{\partial e_r}{\partial\theta}d\theta + \frac{\partial e_r}{\partial\varphi}d\varphi\right) \qquad (1.38)$$
$$= e_r dr + e_\theta r d\theta + e_\varphi r\sin\theta d\varphi$$

由此得到球坐标系中的拉梅系数为

$$h_r = 1,\ h_\theta = r,\ h_\varphi = r\sin\theta \qquad (1.39)$$

利用拉梅系数，求出在球坐标系中的微分长度、微分面积和微分体积为

微分长度

$$dl = e_r h_r dr + e_\theta h_\theta d\varphi + e_\varphi h_\varphi d\varphi \qquad (1.40)$$
$$= e_r dr + e_\theta r d\theta + e_\varphi r\sin\theta d\varphi$$

微分面积

$$dS = e_r h_\theta h_\varphi d\theta d\varphi + e_\theta h_\varphi h_r d\varphi dr + e_\varphi h_r h_\theta dr d\theta \qquad (1.41)$$
$$= e_r r^2\sin\theta d\theta d\varphi + e_\varphi r\sin\theta d\varphi dr + e_\varphi r dr d\theta$$

微分体积
$$d\tau = h_r h_\theta h_\varphi drd\theta d\varphi = r^2 \sin\theta drd\theta d\varphi \tag{1.42}$$

扫码学习
三种正交坐标系单位矢量的转换关系

1.3 标量场的梯度

在电磁场理论中，需要计算标量场的空间变化率，包括标量场对三个坐标的偏导数，由于沿不同方向的变化率一般并不相同，可以引入方向导数和梯度的概念。

1.3.1 标量场的等值面

如果一个物理量在空间或部分空间里每一点都有一确定的值与空间点相对应，就表明在这个空间里确定了该物理量的一个场；当该物理量是标量时，这个场就是标量场（scalar field），用 u 表示，在直角坐标中可以表示为 $u(x, y, z)$。

在标量场中，为了直观地研究标量 u 在场中的分布情况，引入等值面的概念。等值面是指函数 $u(x, y, z)$为常数时各坐标点所构成的曲面，例如在电磁场中，由电位相同点所组成的等值面就是等位面。

标量场 u 的等值面方程为

$$u(x,y,z) = C \quad （C\text{为常数}） \tag{1.43}$$

当常数 C 为不同值时，就对应不同的等值面，这些等值面充满了标量场所在的空间，而且互不相交。在图 1.10 中，画出了 C 分别为 C_1、C_2 和 C_3 的三个等值面。可以看到，利用等值面图形不仅能确定各点标量场的大小，而且能根据各处等值面的疏密程度判断标量场的变化趋势。

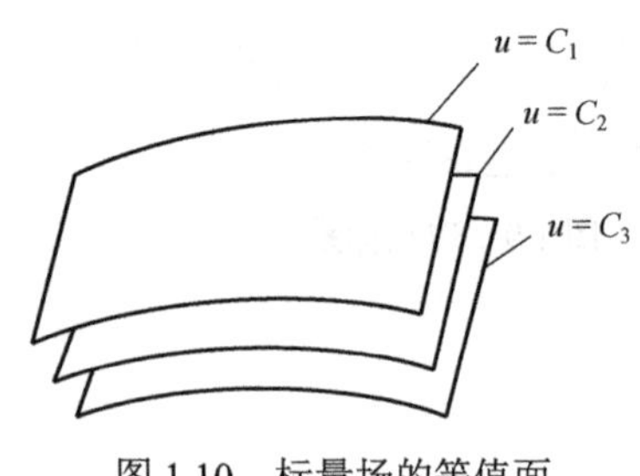

图 1.10　标量场的等值面

对于二维的等值面 $u(x, y) = C$，具有相同数值 C 的点，构成标量场的等值线，比如二维平面上的等位线等。

1.3.2 标量场的方向导数

在标量场中，由等值面或等值线只能大致了解标量 u 在场中总的分布情况，而研究标量场的另一个重要方面，是要了解它的局部性质，即需要考察标量场 u 在场中各个点处附近沿每一方向的变化情况。

在图 1.11 中，u 和 $u + du$ 是无限靠近的两个等值面，设线元矢量 $d\boldsymbol{l}$ 是两等值面之间的任意连线，其单位矢量为 $\boldsymbol{e}_l$，当 u 沿着 $\boldsymbol{e}_l$ 到达 $u + du$ 时，将 $\dfrac{\partial u}{\partial l}$ 定义为标量场 u 沿 $\boldsymbol{l}$ 方向的方向导数（directional derivative）。对于不同方向的 $\boldsymbol{e}_l$，方向导数的值一般不相同。

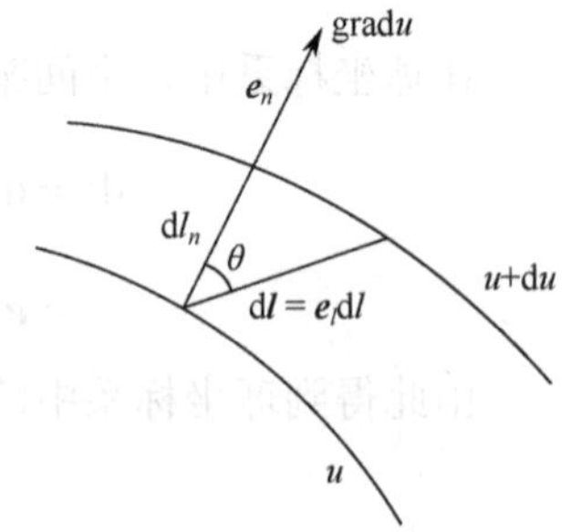

图 1.11　u 沿不同方向的变化率

1.3.3 标量场的梯度

从图 1.11 可以看出，当 u 沿着垂直于等值面 $\boldsymbol{e}_n$ 的方向到达 $u + du$ 的等值面时，由于路径

dl_n 最短，因此对应着最大的方向导数，将这个最大的方向导数定义为 u 的梯度。梯度是一个矢量，它的大小等于 $\frac{\partial u}{\partial l_n}$，方向与 $\boldsymbol{e}_n$ 相同，记作 grad$u$，即

$$\text{grad}u = \frac{\partial u}{\partial l_n}\boldsymbol{e}_n \tag{1.44}$$

方向导数的值不大于梯度的值，它们之间的关系是

$$\frac{\partial u}{\partial l} = \text{grad}u \cdot \boldsymbol{e}_l \tag{1.45}$$

这就是说，方向导数等于梯度在该方向的投影。

为了简洁起见，习惯上引用“del”算符 ∇，这是一个矢量算符，这样可将 grad$u$ 写成 ∇u，算符 ∇ 也称为哈密顿算子（Hamilton operator）。

在直角坐标系中，哈密顿算子 ∇ 的表达式可写为

$$\nabla = \boldsymbol{e}_x\frac{\partial}{\partial x} + \boldsymbol{e}_y\frac{\partial}{\partial y} + \boldsymbol{e}_z\frac{\partial}{\partial z} \tag{1.46}$$

因此，在直角坐标系中 u 的梯度写为

$$\nabla u = \text{grad}u = \boldsymbol{e}_x\frac{\partial u}{\partial x} + \boldsymbol{e}_y\frac{\partial u}{\partial y} + \boldsymbol{e}_z\frac{\partial u}{\partial z} \tag{1.47}$$

对于更一般的正交坐标系，哈密顿算子 ∇ 可表示为

$$\nabla = \boldsymbol{e}_1\frac{1}{h_1}\frac{\partial}{\partial q_1} + \boldsymbol{e}_2\frac{1}{h_2}\frac{\partial}{\partial q_2} + \boldsymbol{e}_3\frac{1}{h_3}\frac{\partial}{\partial q_3} \tag{1.48}$$

式中，q_1、q_2、q_3 是正交坐标系中的 3 个坐标，$\boldsymbol{e}_1$、$\boldsymbol{e}_2$、$\boldsymbol{e}_3$ 是这 3 个坐标对应的单位矢量，h_1、h_2、h_3 是正交坐标系的 3 个拉梅系数。比如对于直角坐标系，$q_1 = x$，$q_2 = y$，$q_3 = z$，$\boldsymbol{e}_1 = \boldsymbol{e}_x$，$\boldsymbol{e}_2 = \boldsymbol{e}_y$、$\boldsymbol{e}_3 = \boldsymbol{e}_z$，$h_1 = h_2 = h_3 = 1$。

因此，在圆柱坐标系中，哈密顿算子 ∇ 为

$$\nabla = \boldsymbol{e}_\rho\frac{\partial}{h_\rho\partial\rho} + \boldsymbol{e}_\varphi\frac{\partial}{h_\varphi\partial\varphi} + \boldsymbol{e}_z\frac{\partial}{h_z\partial z} = \boldsymbol{e}_\rho\frac{\partial}{\partial\rho} + \boldsymbol{e}_\varphi\frac{\partial}{\rho\partial\varphi} + \boldsymbol{e}_z\frac{\partial}{\partial z} \tag{1.49}$$

在圆柱坐标系中 u 的梯度表达式为

$$\nabla u = \boldsymbol{e}_\rho\frac{\partial u}{\partial\rho} + \boldsymbol{e}_\varphi\frac{\partial u}{\rho\partial\varphi} + \boldsymbol{e}_z\frac{\partial u}{\partial z} \tag{1.50}$$

在球坐标系中，哈密顿算子 ∇ 为

$$\nabla = \boldsymbol{e}_r\frac{\partial}{h_r\partial r} + \boldsymbol{e}_\theta\frac{\partial}{h_\theta\partial\theta} + \boldsymbol{e}_z\frac{\partial}{h_\varphi\partial\varphi} = \boldsymbol{e}_r\frac{\partial}{\partial r} + \boldsymbol{e}_\theta\frac{1}{r}\frac{\partial}{\partial\theta} + \boldsymbol{e}_\varphi\frac{1}{r\sin\theta}\frac{\partial}{\partial\varphi} \tag{1.51}$$

在球坐标系中 u 的梯度表达式为

$$\nabla u = \boldsymbol{e}_r\frac{\partial u}{\partial r} + \boldsymbol{e}_\theta\frac{1}{r}\frac{\partial u}{\partial\theta} + \boldsymbol{e}_\varphi\frac{1}{r\sin\theta}\frac{\partial u}{\partial\varphi} \tag{1.52}$$

例 1.2　已知标量场 $u(x,y,z) = x^2 + y^2 + z^2$，求空间一点 $(1,1,1)$ 的梯度和从 $(1,1,1)$ 到 $(2,3,3)$ 的线段 $\boldsymbol{l}$ 的方向导数。

解　由直角坐标系梯度公式可得

$$\nabla u = \boldsymbol{e}_x\frac{\partial u}{\partial x} + \boldsymbol{e}_y\frac{\partial u}{\partial y} + \boldsymbol{e}_z\frac{\partial u}{\partial z}\bigg|_{(1,1,1)} = \boldsymbol{e}_x 2x + \boldsymbol{e}_y 2y + \boldsymbol{e}_z 2z\Big|_{(1,1,1)} = \boldsymbol{e}_x 2 + \boldsymbol{e}_y 2 + \boldsymbol{e}_z 2$$

$\boldsymbol{l}$ 方向的单位矢量为

$$\boldsymbol{e}_l = \frac{\boldsymbol{l}}{|\boldsymbol{l}|} = \frac{\boldsymbol{e}_x(2-1) + \boldsymbol{e}_y(3-1) + \boldsymbol{e}_z(3-1)}{\sqrt{(2-1)^2 + (3-1)^2 + (3-1)^2}} = \frac{1}{3}(\boldsymbol{e}_x + \boldsymbol{e}_y 2 + \boldsymbol{e}_z 2)$$

$\boldsymbol{l}$ 方向的方向导数为

$$\frac{\partial u}{\partial l} = \nabla u \cdot \boldsymbol{e}_l = (\boldsymbol{e}_x 2 + \boldsymbol{e}_y 2 + \boldsymbol{e}_z 2)\cdot\frac{1}{3}(\boldsymbol{e}_x + \boldsymbol{e}_y 2 + \boldsymbol{e}_z 2) = \frac{10}{3}$$

例 1.3 已知圆柱坐标系中的标量场 $u(\rho,\varphi,z) = (\rho^2 + z^2)\sin\varphi$，计算 u 的梯度场 ∇u。

解 由圆柱坐标系梯度公式可得

$$\nabla u = \boldsymbol{e}_\rho\frac{\partial u}{\partial \rho} + \boldsymbol{e}_\varphi\frac{\partial u}{\rho\partial \varphi} + \boldsymbol{e}_z\frac{\partial u}{\partial z} = \boldsymbol{e}_\rho 2\rho\sin\varphi + \boldsymbol{e}_\varphi\frac{\rho^2 + z^2}{\rho}\cos\varphi + \boldsymbol{e}_z 2z\sin\varphi$$

例 1.4 已知 r 是空间一点到坐标原点的距离，求梯度 ∇r。

解 用球坐标系计算比较简单：

$$\nabla r = \boldsymbol{e}_r\frac{\partial u}{\partial r} = \boldsymbol{e}_r = \frac{\boldsymbol{r}}{r}$$

这表明空间一点到坐标原点距离的梯度等于单位矢量。

1.4 矢量场的散度

1.4.1 矢量场的矢量线

如果空间中每一个点的物理量既有大小，又有方向，则整个空间就变成充满了矢量，这个场就叫作矢量场（vector field）。

一个矢量场 $\boldsymbol{A}$ 可以用一个矢量函数来表示，它是空间位置的函数，即

$$\boldsymbol{A} = \boldsymbol{A}(\boldsymbol{r}) \tag{1.53}$$

其中 $\boldsymbol{r}$ 是位置矢量。在直角坐标系中，矢量函数写为

$$\boldsymbol{A} = \boldsymbol{e}_x A_x(x,y,z) + \boldsymbol{e}_y A_y(x,y,z) + \boldsymbol{e}_z A_z(x,y,z) \tag{1.54}$$

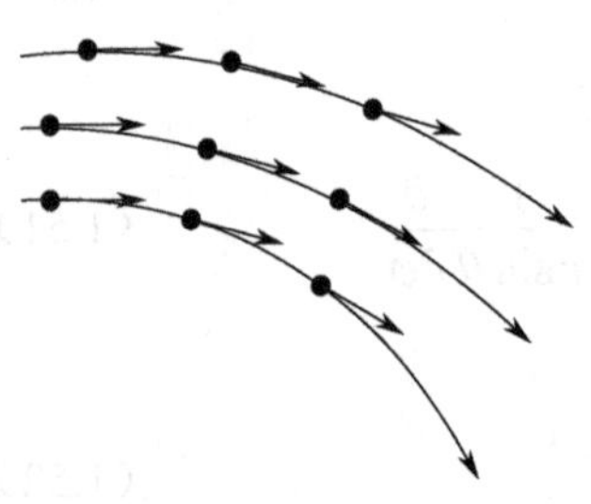

图 1.12 矢量场的矢量线示意图

为了直观地表示矢量场，可以采用矢量线图来描述。图 1.12 中绘出了矢量线示意图，图中每一根矢量线上的箭头表示对应点的矢量方向，而矢量线的疏密反映了对应点矢量场的大小。

如果已知矢量场为 $\boldsymbol{A} = \boldsymbol{A}(x,y,z)$，则可以求出它的矢量线方程。设矢量线上任一点的位置矢量为

$$\boldsymbol{r} = \boldsymbol{e}_x x + \boldsymbol{e}_y y + \boldsymbol{e}_z z \tag{1.55}$$

则其微分为

$$\mathrm{d}\boldsymbol{r} = \boldsymbol{e}_x \mathrm{d}x + \boldsymbol{e}_y \mathrm{d}y + \boldsymbol{e}_z \mathrm{d}z \tag{1.56}$$

$\mathrm{d}\boldsymbol{r}$ 的方向为该点的切线方向（切向），而场矢量 $\boldsymbol{A} = \boldsymbol{e}_x A_x + \boldsymbol{e}_y A_y + \boldsymbol{e}_z A_z$ 在该点也沿着切向，也就是 $\mathrm{d}\boldsymbol{r}$ 与 $\boldsymbol{A}$ 共线，由此得到

$$\frac{\mathrm{d}x}{A_x}=\frac{\mathrm{d}y}{A_y}=\frac{\mathrm{d}z}{A_z} \tag{1.57}$$

这就是矢量线所满足的微分方程，求解这个方程可得到矢量线族。

1.4.2　矢量场的通量与散度

设空间中有任意曲面 S，在其上取一个面元矢量 $\mathrm{d}\boldsymbol{S}$，面元矢量的方向与该面元相垂直，大小为 $\mathrm{d}S$，面元法向单位矢量为 $\boldsymbol{e}_n$，则面元矢量可以写成

$$\mathrm{d}\boldsymbol{S}=\boldsymbol{e}_n\mathrm{d}S \tag{1.58}$$

如果面元处的矢量为 $\boldsymbol{A}$，则 $\boldsymbol{A}$ 的元通量定义为 $\boldsymbol{A}$ 与 $\mathrm{d}\boldsymbol{S}$ 的点积，有

$$\mathrm{d}\varPhi_A=\boldsymbol{A}\cdot\mathrm{d}\boldsymbol{S}=\boldsymbol{A}\cdot\boldsymbol{e}_n\mathrm{d}S=A_n\mathrm{d}S=A\cos\theta\mathrm{d}S \tag{1.59}$$

其中 A_n 为矢量在方向 $\boldsymbol{e}_n$ 的投影，θ 为 $\boldsymbol{A}$ 与 $\boldsymbol{e}_n$ 之间的夹角，如图 1.13 所示。

将元通量对整个开表面 S 进行积分（如图 1.14 所示），得到矢量场对 S 面的通量（flux），即

$$\varPhi_A=\int_S\boldsymbol{A}\cdot\mathrm{d}\boldsymbol{S} \tag{1.60}$$

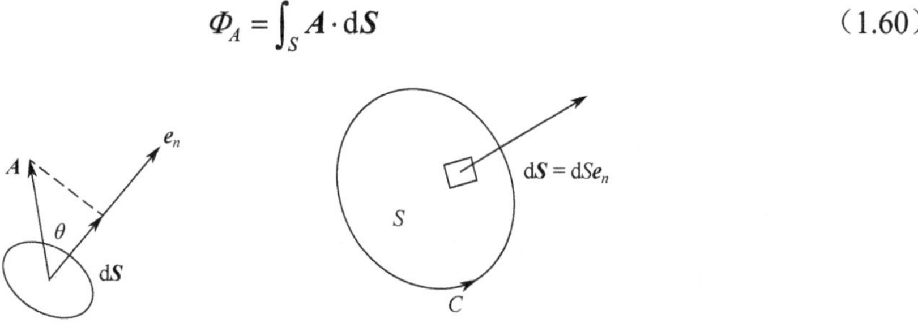

图 1.13　元通量　　　　图 1.14　开表面通量计算

图 1.14 中开表面 S 由一条闭合曲线 C 组成，在确定了闭合曲线 C 的绕行方向后，按右手螺旋定则，螺旋前进的方向为各个面元 $\boldsymbol{e}_n$ 的正方向。

如果矢量 $\boldsymbol{A}$ 是水的流速，则 $\varPhi_A$ 代表的就是水的流量；如果 $\boldsymbol{A}$ 是电场强度，则 $\varPhi_A$ 代表的就是电通量。通量是一个标量，只有大小，没有方向；但通量有正负，与绕行方向有关。

当 S 面是一个闭合面时，一般将 S 面上各点的 $\boldsymbol{e}_n$ 规定为外法线的方向，则通过闭合面 S 的通量为

$$\varPhi_A=\oint_S\boldsymbol{A}\cdot\mathrm{d}\boldsymbol{S} \tag{1.61}$$

如果 $\varPhi_A>0$，则表示穿出 S 面的矢量线的数目大于穿入 S 面的矢量线数目，说明 S 面内有产生该矢量场的净源；如果 $\varPhi_A<0$，则表示穿出 S 面的矢量线的数目小于穿入 S 面的矢量线数目，说明 S 面内有产生该矢量场的负源（负源也称为沟）；如果 $\varPhi_A=0$，则表示穿出 S 面的矢量线的数目等于穿入 S 面的矢量线数目，说明 S 面内产生该矢量场的净源为 0，即源和沟相等。通量反映了闭合面内存有的通量源，只要计算得到通量值，就确定了面内通量源的性质。

在直角坐标系中，通量表达式为

$$\begin{aligned}\varPhi_A&=\oint_S\boldsymbol{A}\cdot\mathrm{d}\boldsymbol{S}=\oint_S(\boldsymbol{e}_xA_x+\boldsymbol{e}_yA_y+\boldsymbol{e}_zA_z)\cdot(\boldsymbol{e}_x\mathrm{d}S_x+\boldsymbol{e}_y\mathrm{d}S_y+\boldsymbol{e}_z\mathrm{d}S_z)\\&=\oint_S(A_x\mathrm{d}S_x+A_y\mathrm{d}S_y+A_z\mathrm{d}S_z)\end{aligned} \tag{1.62}$$

通量是一个有限范围的积分量，它并不能精细地描述体积内每一点的性质。为了能够研究矢量场在空间每个点附近的通量性质，引入矢量场的散度（divergence of a vector field）。

设有矢量场 $\boldsymbol{A}$，在场中任一点 P 处做一个包围该点的闭合面 S，S 所包围的体元用 $\Delta\tau$ 表示，将闭合面收缩，使包含这个点在内的体元趋于 0，即 $\Delta\tau\to 0$，这时通量与体元的比值称为矢量场 $\boldsymbol{A}$ 的散度，用 div$\boldsymbol{A}$ 表示，即

$$\mathrm{div}\boldsymbol{A}=\lim_{\Delta\tau\to 0}\frac{\oint_S \boldsymbol{A}\cdot \mathrm{d}\boldsymbol{S}}{\Delta\tau} \tag{1.63}$$

div$\boldsymbol{A}$ 是一个标量，它表示该点单位体积内发出的 $\boldsymbol{A}$ 的通量。散度给出了每一点矢量场与产生该矢量场的标量源之间的关系。

式（1.63）是散度的一般定义，具体到不同的坐标系，散度有不同的表达式，引入哈密顿算子 ∇，可以推导出在不同正交坐标系中的散度公式。

直角坐标系中的散度为

$$\begin{aligned}\mathrm{div}\boldsymbol{A}=\nabla\cdot\boldsymbol{A}&=\left(\boldsymbol{e}_x\frac{\partial}{\partial x}+\boldsymbol{e}_y\frac{\partial}{\partial y}+\boldsymbol{e}_z\frac{\partial}{\partial z}\right)\cdot(\boldsymbol{e}_xA_x+\boldsymbol{e}_yA_y+\boldsymbol{e}_zA_z)\\&=\frac{\partial A_x}{\partial x}+\frac{\partial A_y}{\partial y}+\frac{\partial A_z}{\partial z}\end{aligned} \tag{1.64}$$

式中，∇ 是一个矢量算符，$\boldsymbol{A}$ 是一个矢量，$\nabla\cdot\boldsymbol{A}$ 可以看成 ∇ 与 $\boldsymbol{A}$ 的点积。

圆柱坐标系中的散度为

$$\begin{aligned}\mathrm{div}\boldsymbol{A}=\nabla\cdot\boldsymbol{A}&=\left(\boldsymbol{e}_\rho\frac{\partial}{\partial \rho}+\boldsymbol{e}_\varphi\frac{\partial}{\rho\partial \varphi}+\boldsymbol{e}_z\frac{\partial}{\partial z}\right)\cdot(\boldsymbol{e}_\rho A_\rho+\boldsymbol{e}_\varphi A_\varphi+\boldsymbol{e}_zA_z)\\&=\frac{1}{\rho}\frac{\partial(\rho A_\rho)}{\partial \rho}+\frac{1}{\rho}\frac{\partial A_\varphi}{\partial \varphi}+\frac{\partial A_z}{\partial z}\end{aligned} \tag{1.65}$$

注意：在圆柱坐标系中，$\boldsymbol{e}_\rho$ 和 $\boldsymbol{e}_\varphi$ 都是角度 φ 的函数，因此在求导过程中，不仅要对 $\boldsymbol{A}$ 的三个分量求导，还要考虑 $\boldsymbol{e}_\rho$ 和 $\boldsymbol{e}_\varphi$ 对 φ 的求导，在式（1.27）中给出了相关求导计算。

球坐标系中的散度为

$$\begin{aligned}\mathrm{div}\boldsymbol{A}=\nabla\cdot\boldsymbol{A}&=\left(\boldsymbol{e}_r\frac{\partial}{\partial \rho}+\boldsymbol{e}_\varphi\frac{\partial}{\rho\partial \varphi}+\boldsymbol{e}_\varphi\frac{1}{r\sin\theta}\frac{\partial}{\partial \varphi}\right)\cdot(\boldsymbol{e}_rA_r+\boldsymbol{e}_\theta A_\theta+\boldsymbol{e}_\varphi A_\varphi)\\&=\frac{1}{r^2}\frac{\partial}{\partial r}(r^2A_r)+\frac{1}{r\sin\theta}\frac{\partial}{\partial\varphi}(\sin\theta A_\theta)+\frac{1}{r\sin\theta}\frac{\partial A_\varphi}{\partial\varphi}\end{aligned} \tag{1.66}$$

在上式推导中应用了球坐标系下单位矢量的求导计算公式（1.37）。

例 1.5 在三种不同坐标系中计算位置矢量 $\boldsymbol{r}$ 的散度。

解 用直角坐标系计算

$$\boldsymbol{r}=\boldsymbol{e}_xx+\boldsymbol{e}_yy+\boldsymbol{e}_zz$$

$$\nabla\cdot\boldsymbol{r}=\frac{\partial x}{\partial x}+\frac{\partial y}{\partial y}+\frac{\partial z}{\partial z}=3$$

用圆柱坐标系计算

$$\boldsymbol{r}=\rho\boldsymbol{e}_\rho+z\boldsymbol{e}_z$$

由圆柱坐标系散度公式

$$\nabla\cdot\boldsymbol{A}=\frac{1}{\rho}\frac{\partial(\rho A_\rho)}{\partial\rho}+\frac{1}{\rho}\frac{\partial A_\varphi}{\partial\varphi}+\frac{\partial A_z}{\partial z}$$

得到
$$\nabla\cdot\boldsymbol{r}=\frac{1}{\rho}\frac{\partial\rho^2}{\partial\rho}+\frac{\partial z}{\partial z}=3$$

用球坐标系计算
$$\boldsymbol{r}=r\boldsymbol{e}_r$$

由球坐标系散度公式
$$\nabla\cdot\boldsymbol{A}=\frac{1}{r^2}\frac{\partial}{\partial r}(r^2A_r)+\frac{1}{r\sin\theta}\frac{\partial}{\partial\varphi}(\sin\theta A_\theta)+\frac{1}{r\sin\theta}\frac{\partial A_\varphi}{\partial\varphi}$$

得到
$$\nabla\cdot\boldsymbol{r}=\frac{1}{r^2}\frac{\partial}{\partial r}(r^2\cdot r)=3$$

结果表明，位置矢量的散度等于 3，与坐标系选择无关。

例 1.6　如果 f 是一个标量函数，$\boldsymbol{A}$ 是一个矢量函数，证明
$$\nabla\cdot(f\boldsymbol{A})=f\nabla\cdot\boldsymbol{A}+\boldsymbol{A}\cdot\nabla f$$

证：

$$\begin{aligned}\nabla\cdot(f\boldsymbol{A})&=\nabla\cdot(\boldsymbol{e}_xfA_x+\boldsymbol{e}_yfA_y+\boldsymbol{e}_zfA_z)=\frac{\partial(fA_x)}{\partial x}+\frac{\partial(fA_y)}{\partial y}+\frac{\partial(fA_z)}{\partial z}\\&=\left(f\frac{\partial A_x}{\partial x}+f\frac{\partial A_y}{\partial y}+f\frac{\partial A_z}{\partial z}\right)+\left(A_x\frac{\partial f}{\partial x}+A_y\frac{\partial f}{\partial y}+A_z\frac{\partial f}{\partial z}\right)\\&=f\nabla\cdot\boldsymbol{A}+\boldsymbol{A}\cdot\nabla f\end{aligned}$$

这个公式在矢量运算中经常会碰到。

1.4.3　散度定理

由散度的定义可知，矢量的散度代表的是通量的体密度，因此矢量场散度的体积分就应该等于该矢量穿过包围该体积闭合面的总通量，从而得到

$$\oint_S\boldsymbol{A}\cdot\mathrm{d}\boldsymbol{S}=\int_\tau\nabla\cdot\boldsymbol{A}\mathrm{d}\tau \tag{1.67}$$

这一关系式称为散度定理（divergence theorem），或高斯散度定理。式（1.67）中积分区域 τ 是闭合面 S 所包围的体积，该式成立的条件是矢量 $\boldsymbol{A}$ 及其一阶导数在区域 τ 内连续。

利用散度定理可将矢量散度的体积分化为该矢量对闭合面的面积分，或反之。

例 1.7　已知位置矢量场 $\boldsymbol{A}(r)=\mathrm{r}$，计算 $\boldsymbol{A}(r)$ 穿过一个球心在原点、半径为 a 的球面的通量。

解　位置矢量 $\boldsymbol{r}=r\boldsymbol{e}_r$，在例 1.5 中已经计算出 $\nabla\cdot\boldsymbol{r}=3$，根据高斯散度定理，位置矢量的通量为

$$\oint_S\boldsymbol{r}\cdot\mathrm{d}\boldsymbol{S}=\int_\tau\nabla\cdot\boldsymbol{A}\mathrm{d}\tau=3\int_\tau\mathrm{d}\tau=3\times\frac{4}{3}\pi a^3=4\pi a^3$$

扫码学习
高斯散度定理的证明

式中，体积分等于球体的体积。

也可以直接根据定义计算通量，由于 $\boldsymbol{r}$ 的方向与 $\mathrm{d}\boldsymbol{S}$ 方向相同，故

$$\oint_S\boldsymbol{r}\cdot\mathrm{d}\boldsymbol{S}=\oint_S r\mathrm{d}S=a\oint_S\mathrm{d}S=a\cdot4\pi a^2=4\pi a^3$$

两种方法计算结果相同。

1.5 矢量场的旋度

矢量场的散度是矢量分析中的核心问题之一，但要完全确定一个矢量场，不仅需要知道矢量场的散度，还需要知道矢量场的旋度（curl of a vector field）。

1.5.1 矢量场的环量

在数学上，将矢量场 $\boldsymbol{A}$ 沿一条有向闭合曲线 C 的线积分称为 $\boldsymbol{A}$ 沿该曲线 C 的环量或环流（circulation），即

$$\varGamma = \oint_C \boldsymbol{A} \cdot \mathrm{d}\mathrm{l} = \oint_C A\cos\theta \mathrm{d}l \tag{1.68}$$

式中，$\mathrm{d}\boldsymbol{l}$ 是曲线 C 上某点的微分长度，是一个矢量，其方向是该点的切线方向，大小为 $\mathrm{d}l$；θ 是 $\boldsymbol{A}$ 与 $\mathrm{d}\boldsymbol{l}$ 之间的夹角；积分的绕行方向规定为闭合曲线的正方向。

可见，环量是一个代数量，它的大小和正负不仅与矢量场的分布有关，而且与积分的绕行方向有关。

假如矢量 $\boldsymbol{A}$ 代表的是作用于质点上的力，环量就是这个力对质点沿路径 C 所做的功。

在直角坐标系中，设

$$\boldsymbol{A} = \boldsymbol{e}_x A_x + \boldsymbol{e}_y A_y + \boldsymbol{e}_z A_z$$
$$\mathrm{d}\boldsymbol{l} = \boldsymbol{e}_x \mathrm{d}x + \boldsymbol{e}_y \mathrm{d}y + \boldsymbol{e}_z \mathrm{d}z$$

则环量为

$$\begin{aligned}\varGamma &= \oint_C (\boldsymbol{e}_x A_x + \boldsymbol{e}_y A_y + \boldsymbol{e}_z A_z) \cdot (\boldsymbol{e}_x \mathrm{d}x + \boldsymbol{e}_y \mathrm{d}y + \boldsymbol{e}_z \mathrm{d}z) \\ &= \oint_C (A_x \mathrm{d}x + A_y \mathrm{d}y + A_z \mathrm{d}z)\end{aligned} \tag{1.69}$$

环量的意义在于，如果矢量场的环量不为零，则回路所围面积中存在产生矢量场的旋涡源。

1.5.2 矢量场的旋度

为了能够反映场中每个点上的旋涡源分布，类似于散度的定义方法，将闭合曲线 C 趋于零，从而引入矢量场的旋度。

设 P 为矢量场 $\boldsymbol{A}$ 中的一点，在点 P 处取一个微小曲面（面元）ΔS，其法线方向为 $\boldsymbol{e}_n$，ΔS 的周界是闭合曲线 C。当 ΔS 逐步缩小，并趋于 0 时，环量 $\oint_C \boldsymbol{A} \cdot \mathrm{d}\boldsymbol{l}$ 也逐步减小并趋于零，但该积分与面元面积的比值有一极限，称为环量面密度，即

$$\lim_{\Delta S \to 0} \frac{\oint_C \boldsymbol{A} \cdot \mathrm{d}\boldsymbol{l}}{\Delta S} \tag{1.70}$$

从环量面密度的定义可以看出，环量面密度的值与面元取向 $\boldsymbol{e}_n$ 有关。也就是对空间同一点 P，取不同的面元法向 $\boldsymbol{e}_n$，环量面密度的值也不相同，在该点的某一特定方向，环量面密度达到最大值，这个最大的环量面密度就称为矢量场 $\boldsymbol{A}$ 的旋度，记为 $\mathrm{rot}\boldsymbol{A}$。

可见，矢量 $\boldsymbol{A}$ 在空间某点的旋度是一个矢量，它的大小为该点的最大环量面密度，方向

为最大环量面密度的方向。旋度给出了矢量场的矢量源。

环量面密度可以表示为旋度在面元法向 $\boldsymbol{e}_n$ 方向的投影，即

$$\lim_{\Delta S\to 0}\frac{\oint_C \boldsymbol{A}\cdot \mathrm{d}\boldsymbol{l}}{\Delta S}=\mathrm{rot}_n\boldsymbol{A} \tag{1.71}$$

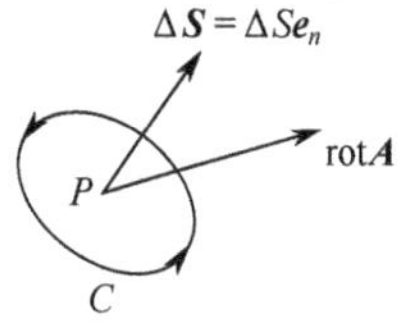

旋度与环量面密度的方向关系如图 1.15 所示。

$\Delta \boldsymbol{S}=\Delta S\boldsymbol{e}_n$
rot$\boldsymbol{A}$
P
C

图 1.15　旋度与环量面密度

旋度的定义与坐标系的选取无关，但在不同坐标系中，旋度有不同的表达形式。

在直角坐标系中，可推出旋度的表达式为

$$\mathrm{rot}\boldsymbol{A}=\boldsymbol{e}_x\left(\frac{\partial A_z}{\partial y}-\frac{\partial A_y}{\partial z}\right)+\boldsymbol{e}_y\left(\frac{\partial A_x}{\partial z}-\frac{\partial A_z}{\partial x}\right)+\boldsymbol{e}_z\left(\frac{\partial A_y}{\partial x}-\frac{\partial A_x}{\partial y}\right) \tag{1.72}$$

旋度也可以用哈密顿算子 ∇ 来计算，即

$$\mathrm{rot}\boldsymbol{A}=\nabla\times\boldsymbol{A} \tag{1.73}$$

在直角坐标系中，哈密顿算子 $\nabla=\boldsymbol{e}_x\dfrac{\partial}{\partial x}+\boldsymbol{e}_y\dfrac{\partial}{\partial y}+\boldsymbol{e}_z\dfrac{\partial}{\partial z}$，利用其矢量算子的特性，用来与矢量 $\boldsymbol{A}$ 进行叉积运算，同样得到式（1.72）的表达式。

旋度的公式（1.72），常采用行列式来表示，即

$$\mathrm{rot}\boldsymbol{A}=\begin{vmatrix}\boldsymbol{e}_x & \boldsymbol{e}_y & \boldsymbol{e}_z\\ \dfrac{\partial}{\partial x} & \dfrac{\partial}{\partial y} & \dfrac{\partial}{\partial z}\\ A_x & A_y & A_z\end{vmatrix} \tag{1.74}$$

例 1.8　已知矢量 $\boldsymbol{A}=\boldsymbol{e}_x x^2 y+\boldsymbol{e}_y 4z+\boldsymbol{e}_z x^2$，计算 $\nabla\times\boldsymbol{A}$。

解

$$\mathrm{rot}\boldsymbol{A}=\begin{vmatrix}\boldsymbol{e}_x & \boldsymbol{e}_y & \boldsymbol{e}_z\\ \dfrac{\partial}{\partial x} & \dfrac{\partial}{\partial y} & \dfrac{\partial}{\partial z}\\ x^2 y & 4z & x^2\end{vmatrix}=\boldsymbol{e}_x\left(\frac{\partial x^2}{\partial y}-\frac{\partial 4z}{\partial z}\right)+\boldsymbol{e}_y\left(\frac{\partial x^2 y}{\partial z}-\frac{\partial x^2}{\partial x}\right)+\boldsymbol{e}_z\left(\frac{\partial 4z}{\partial x}-\frac{\partial x^2 y}{\partial y}\right)$$

$$=-4\boldsymbol{e}_x-2x\boldsymbol{e}_y-x^2\boldsymbol{e}_z$$

例 1.9　证明：对任意标量函数 φ，有恒等式 $\nabla\times\nabla\varphi=0$。

证

$$\nabla\times\nabla\varphi=\begin{vmatrix}\boldsymbol{e}_x & \boldsymbol{e}_y & \boldsymbol{e}_z\\ \dfrac{\partial}{\partial x} & \dfrac{\partial}{\partial y} & \dfrac{\partial}{\partial z}\\ \dfrac{\partial\varphi}{\partial x} & \dfrac{\partial\varphi}{\partial y} & \dfrac{\partial\varphi}{\partial z}\end{vmatrix}=\boldsymbol{e}_x\left(\frac{\partial^2\varphi}{\partial y\partial z}-\frac{\partial^2\varphi}{\partial z\partial y}\right)+\boldsymbol{e}_y\left(\frac{\partial^2\varphi}{\partial z\partial x}-\frac{\partial^2\varphi}{\partial x\partial z}\right)+\boldsymbol{e}_z\left(\frac{\partial^2\varphi}{\partial x\partial y}-\frac{\partial^2\varphi}{\partial y\partial x}\right)=0$$

这个结果表明，任意标量函数梯度的旋度恒等于零。也就是说，如果矢量场是一个无旋场，那么这个矢量场必然可用一个标量函数的梯度来表示。

例 1.10 证明：对任意矢量函数 $\boldsymbol{A}$，有恒等式 $\nabla\cdot\nabla\times\boldsymbol{A}=0$。

证

$$\nabla\cdot\nabla\times\boldsymbol{A}=\nabla\cdot\left[\boldsymbol{e}_x\left(\frac{\partial A_z}{\partial y}-\frac{\partial A_y}{\partial z}\right)+\boldsymbol{e}_y\left(\frac{\partial A_x}{\partial z}-\frac{\partial A_z}{\partial x}\right)+\boldsymbol{e}_z\left(\frac{\partial A_y}{\partial x}-\frac{\partial A_x}{\partial y}\right)\right]$$

$$=\frac{\partial}{\partial x}\left(\frac{\partial A_z}{\partial y}-\frac{\partial A_y}{\partial z}\right)+\frac{\partial}{\partial y}\left(\frac{\partial A_x}{\partial z}-\frac{\partial A_z}{\partial x}\right)+\frac{\partial}{\partial z}\left(\frac{\partial A_y}{\partial x}-\frac{\partial A_x}{\partial y}\right)=0$$

这个结果表明，任意矢量函数旋度的散度恒等于零。这就是说，如果矢量场是一个无散场，即矢量的散度等于零，那么这个矢量场必然可用一个矢量函数的旋度来表示。

采用圆柱坐标系中的哈密顿算子，即式（1.49），旋度在圆柱坐标系中的表达式为

$$\begin{aligned}\nabla\times\boldsymbol{A}&=\left(\boldsymbol{e}_\rho\frac{\partial}{\partial\rho}+\boldsymbol{e}_\varphi\frac{\partial}{\rho\partial\varphi}+\boldsymbol{e}_z\frac{\partial}{\partial z}\right)\times(\boldsymbol{e}_\rho A_\rho+\boldsymbol{e}_\varphi A_\varphi+\boldsymbol{e}_z A_z)\\&=\boldsymbol{e}_\rho\left(\frac{1}{\rho}\frac{\partial A_z}{\partial\varphi}-\frac{\partial A_\varphi}{\partial z}\right)+\boldsymbol{e}_\varphi\left(\frac{\partial A_\rho}{\partial z}-\frac{\partial A_z}{\partial\rho}\right)+\boldsymbol{e}_z\left[\frac{1}{\rho}\frac{\partial}{\partial\rho}(\rho A_\varphi)-\frac{1}{\rho}\frac{\partial A_\rho}{\partial\varphi}\right]\end{aligned}\tag{1.75}$$

用行列式可以写成简洁形式，有

$$\nabla\times\boldsymbol{A}=\begin{vmatrix}\dfrac{\boldsymbol{e}_\rho}{\rho} & \boldsymbol{e}_\varphi & \dfrac{\boldsymbol{e}_z}{\rho}\\ \dfrac{\partial}{\partial\rho} & \dfrac{\partial}{\partial\varphi} & \dfrac{\partial}{\partial z}\\ A_\rho & \rho A_\varphi & A_z\end{vmatrix}\tag{1.76}$$

采用球坐标系中的哈密顿算子式（1.51），旋度在球坐标系中的表达式为

$$\begin{aligned}\nabla\times\boldsymbol{A}&=\left(\boldsymbol{e}_r\frac{\partial}{\partial r}+\boldsymbol{e}_\theta\frac{1}{r}\frac{\partial}{\partial\theta}+\boldsymbol{e}_\varphi\frac{1}{r\sin\theta}\frac{\partial}{\partial\varphi}\right)\times(\boldsymbol{e}_r A_r+\boldsymbol{e}_\theta A_\theta+\boldsymbol{e}_\varphi A_\varphi)\\&=\boldsymbol{e}_r\frac{1}{r\sin\theta}\left[\frac{\partial(\sin\theta A_\varphi)}{\partial\theta}-\frac{\partial A_\theta}{\partial\varphi}\right]+\boldsymbol{e}_\theta\frac{1}{r}\left[\frac{1}{\sin\theta}\frac{\partial A_r}{\partial\varphi}-\frac{\partial(rA_\varphi)}{\partial r}\right]+\boldsymbol{e}_\varphi\frac{1}{r}\left[\frac{\partial(rA_\theta)}{\partial r}-\frac{\partial A_r}{\partial\theta}\right]\end{aligned}\tag{1.77}$$

用行列式写为

$$\nabla\times\boldsymbol{A}=\frac{1}{r^2\sin\theta}\begin{vmatrix}\boldsymbol{e}_r & r\boldsymbol{e}_\theta & r\sin\theta\boldsymbol{e}_\varphi\\ \dfrac{\partial}{\partial r} & \dfrac{\partial}{\partial\theta} & \dfrac{\partial}{\partial\varphi}\\ A_r & rA_\theta & r\sin\theta A_\varphi\end{vmatrix}\tag{1.78}$$

例 1.11 在球坐标系中，已知矢量场 $\boldsymbol{A}=\boldsymbol{e}_r r\sin\varphi+\boldsymbol{e}_\theta r\cos\theta+\boldsymbol{e}_\varphi r^2\sin\theta$，求旋度。

解

$$\nabla\times\boldsymbol{A}=\frac{1}{r^2\sin\theta}\begin{vmatrix}\boldsymbol{e}_r & r\boldsymbol{e}_\theta & r\sin\theta\boldsymbol{e}_\varphi\\ \dfrac{\partial}{\partial r} & \dfrac{\partial}{\partial\theta} & \dfrac{\partial}{\partial\varphi}\\ A_r & rA_\theta & r\sin\theta A_\varphi\end{vmatrix}=\frac{1}{r^2\sin\theta}\begin{vmatrix}\boldsymbol{e}_r & r\boldsymbol{e}_\theta & r\sin\theta\boldsymbol{e}_\varphi\\ \dfrac{\partial}{\partial r} & \dfrac{\partial}{\partial\theta} & \dfrac{\partial}{\partial\varphi}\\ r\sin\varphi & r^2\cos\theta & r^3\sin^2\theta\end{vmatrix}$$

$$=\boldsymbol{e}_r 2r\cos\theta+\boldsymbol{e}_\theta\left(\frac{\cos\varphi}{\sin\theta}-3r\sin\theta\right)+\boldsymbol{e}_\varphi 2\cos\theta$$

例 1.12　在球坐标系中，求位置矢量场 $\boldsymbol{A}=\boldsymbol{r}$ 的旋度。

解　$\boldsymbol{r}=r\boldsymbol{e}_r$

$$\nabla\times\boldsymbol{A}=\frac{1}{r^2\sin\theta}\begin{vmatrix}\boldsymbol{e}_r & r\boldsymbol{e}_\theta & r\sin\theta\boldsymbol{e}_\varphi\\ \dfrac{\partial}{\partial r} & \dfrac{\partial}{\partial\theta} & \dfrac{\partial}{\partial\varphi}\\ A_r & rA_\theta & r\sin\theta A_\varphi\end{vmatrix}=\frac{1}{r^2\sin\theta}\begin{vmatrix}\boldsymbol{e}_r & r\boldsymbol{e}_\theta & r\sin\theta\boldsymbol{e}_\varphi\\ \dfrac{\partial}{\partial r} & \dfrac{\partial}{\partial\theta} & \dfrac{\partial}{\partial\varphi}\\ r & 0 & 0\end{vmatrix}=0$$

这个结果表明，位置矢量场的旋度等于零。

在矢量分析中，还经常会应用到一个很有用的拉普拉斯算子（Laplacian operator)，它是一个标量的二阶微分算子。设 u 是一个二阶可微的标量实函数，则 u 的拉普拉斯定义为

$$\nabla^2u=\nabla\cdot\nabla u \tag{1.79}$$

式中，∇^2 称为拉普拉斯算子，也可写成 Δ。

在直角坐标系中，u 的拉普拉斯运算为

$$\nabla^2u=\nabla\cdot\nabla u=\left(\boldsymbol{e}_x\frac{\partial}{\partial x}+\boldsymbol{e}_y\frac{\partial}{\partial y}+\boldsymbol{e}_z\frac{\partial}{\partial z}\right)\cdot\left(\boldsymbol{e}_x\frac{\partial u}{\partial x}+\boldsymbol{e}_y\frac{\partial u}{\partial y}+\boldsymbol{e}_z\frac{\partial u}{\partial z}\right)=\frac{\partial^2u}{\partial x^2}+\frac{\partial^2u}{\partial y^2}+\frac{\partial^2u}{\partial z^2} \tag{1.80}$$

在圆柱坐标系中，u 的拉普拉斯运算为

$$\nabla^2u=\frac{1}{\rho}\frac{\partial}{\partial\rho}\left(\rho\frac{\partial u}{\partial\rho}\right)+\frac{1}{\rho^2}\frac{\partial^2u}{\partial\varphi^2}+\frac{\partial^2u}{\partial z^2} \tag{1.81}$$

在球坐标系中，u 的拉普拉斯运算为

$$\nabla^2u=\frac{1}{r^2}\frac{\partial}{\partial r}\left(r^2\frac{\partial u}{\partial r}\right)+\frac{1}{r^2\sin\theta}\frac{\partial}{\partial\theta}\left(\sin\theta\frac{\partial u}{\partial\theta}\right)+\frac{1}{r^2\sin^2\theta}\frac{\partial^2u}{\partial\varphi^2} \tag{1.82}$$

1.5.3　斯托克斯定理

与高斯定理相类似，斯托克斯定理（Stokes's theorem）建立了矢量场的面积分和线积分的关系，即将一个矢量沿闭合曲线的积分转换成一个矢量旋度的曲面积分，斯托克斯定理的数学表达为式

$$\int_S\nabla\times\mathrm{A}\cdot\mathrm{d}\boldsymbol{S}=\oint_C\boldsymbol{A}\cdot\mathrm{d}\boldsymbol{l} \tag{1.83}$$

式中，S 为环路 C 所包围的面积。

例 1.13　如图 1.16 所示，已知矢量场 $\boldsymbol{A}(\boldsymbol{r})=\boldsymbol{e}_xz+\boldsymbol{e}_yx+\boldsymbol{e}_zy$，场中有一半球面 S，方程为 $x^2+y^2+z^2=1,\ z\geqslant0$，计算 $\int_S\nabla\times\boldsymbol{A}\cdot\mathrm{d}\boldsymbol{S}$ 和 $\oint_C\boldsymbol{A}\cdot\mathrm{d}\boldsymbol{l}$，并验证两者结果相同。

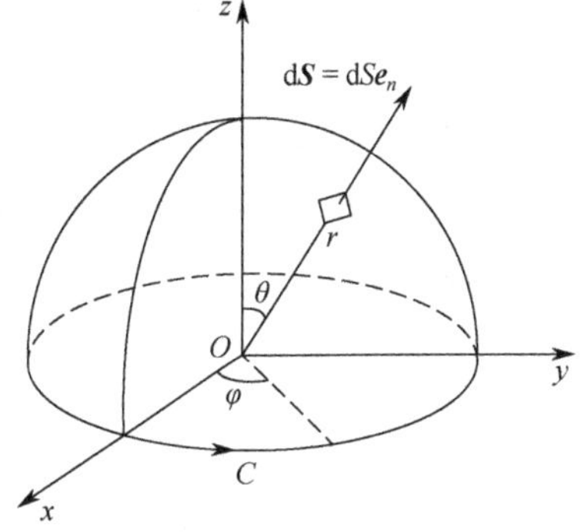

图 1.16　例 1.13 图

解　在球坐标系中，半球面上的微分面元为

$$\mathrm{d}\boldsymbol{S}=\boldsymbol{e}_rr^2\sin\theta\mathrm{d}\theta\mathrm{d}\varphi=\boldsymbol{e}_r\sin\theta\mathrm{d}\theta\mathrm{d}\varphi$$

在直角坐标系中求 $\boldsymbol{A}$ 的旋度：

$$\nabla\times\boldsymbol{A}=\begin{vmatrix}\boldsymbol{e}_x & \boldsymbol{e}_y & \boldsymbol{e}_z\\ \dfrac{\partial}{\partial x} & \dfrac{\partial}{\partial y} & \dfrac{\partial}{\partial z}\\ z & x & y\end{vmatrix}=\boldsymbol{e}_x+\boldsymbol{e}_y+\boldsymbol{e}_z$$

因此 $\nabla\times\boldsymbol{A}$ 通过半球面的通量为

$$\int_S \nabla\times\boldsymbol{A}\cdot\mathrm{d}\boldsymbol{B}=\int_S(\boldsymbol{e}_x+\boldsymbol{e}_y+\boldsymbol{e}_z)\cdot(\boldsymbol{e}_r\sin\theta\mathrm{d}\theta\mathrm{d}\varphi)$$

$$=\int_0^{2\pi}\int_0^{\pi/2}(\sin\theta\cos\varphi+\sin\theta\,\mathrm{sins}\,\varphi+\cos\theta)\sin\theta\mathrm{d}\theta\mathrm{d}\varphi=\pi$$

再计算 xOy 平面上沿 C 的环量

$$\oint_C \boldsymbol{A}\cdot\mathrm{d}\boldsymbol{l}=\oint_C(\boldsymbol{e}_x z+\boldsymbol{e}_y x+\boldsymbol{e}_z y)\cdot(\boldsymbol{e}_x\mathrm{d}x+\boldsymbol{e}_y\mathrm{d}y)$$

$$=\oint_C(z\mathrm{d}x+x\mathrm{d}y)=\oint_C x\mathrm{d}y=\int_0^{2\pi}\cos\varphi\mathrm{d}\sin\varphi$$

$$=\int_0^{2\pi}\cos^2\varphi\mathrm{d}\varphi=\pi$$

扫码学习
斯托克斯定理的证明

上述两个积分相等，验证了斯托克斯定理的正确性。

1.6 亥姆霍兹定理

通过对矢量场中有关散度与旋度的概念分析可知，矢量场的散度确定了矢量场中任一点的标量源，矢量场的旋度确定了矢量场中任一点的矢量源。现在的问题是，如果仅知道矢量场的散度，或仅知道矢量场的旋度，或者两者都已知，能否唯一确定这个矢量场。亥姆霍兹定理（Helmholtz theorem）回答了这个问题。

亥姆霍兹定理指出，在有限区域内，任意矢量场由矢量场的散度、旋度和边界条件（boundary condition）唯一确定。这就是说，如果知道了矢量场的散度、旋度和边界条件，则该矢量场就是唯一的。这里的边界条件，是指有限区域对应的闭合面上的矢量场分布。

亥姆霍兹定理是研究电磁场理论的基础，无论是静态场还是时变场，都是围绕着场的散度、旋度和边界条件展开分析的。

电磁场中的麦克斯韦方程组就是对电场和磁场的散度和旋度关系的高度概括，再结合具体的边界条件，理论上可以求解所有宏观电磁场问题。

由于 $\nabla\times\nabla u(\boldsymbol{r})=0,\nabla\cdot\nabla\times\boldsymbol{A}(\boldsymbol{r})=0$，所以一个矢量场 $\boldsymbol{F}$ 可表示为一个无旋场与一个无散场之和，即

$$\boldsymbol{F}(\boldsymbol{r})=-\nabla u(\boldsymbol{r})+\nabla\times\boldsymbol{A}(\boldsymbol{r}) \tag{1.84}$$

由于矢量场 $\boldsymbol{F}(\boldsymbol{r})$ 的散度与旋度对应的是微分方程，而微分要求函数具有连续性，因此 $\boldsymbol{F}(\boldsymbol{r})$ 只在连续区域内计算才有意义。如果在区域内存在 $\boldsymbol{F}$ 不连续的分界面，就不能使用散度和旋度来分析问题，这时需要通过积分形式的散度定理和斯托克斯定理进行讨论，矢量场的积分形式适合于任何区域。矢量场的微分方程和积分方程统称为矢量场的基本方程。

例 1.14 已知矢量场 $\boldsymbol{A}(\boldsymbol{r})=\boldsymbol{e}_x y\cos(xy)+\boldsymbol{e}_y x\cos(xy)+\boldsymbol{e}_z\sin z$，问 $\boldsymbol{A}(\boldsymbol{r})$ 能否用一个标量函数的梯度或用一个矢量函数的旋度来表示？

解 由于

$$\nabla\times\boldsymbol{A}=\begin{vmatrix}\boldsymbol{e}_x & \boldsymbol{e}_y & \boldsymbol{e}_z\\ \dfrac{\partial}{\partial x} & \dfrac{\partial}{\partial y} & \dfrac{\partial}{\partial z}\\ y\cos(xy) & x\cos(xy) & \sin z\end{vmatrix}=\boldsymbol{e}_z\left\{\frac{\partial[x\cos(xy)]}{\partial x}-\frac{\partial[y\cos(xy)]}{\partial y}\right\}=0$$

所以 $\boldsymbol{A}(\boldsymbol{r})$ 可以表示为一个标量函数的梯度。

又由于

$$\nabla \cdot \boldsymbol{A} = \frac{\partial[y\cos(xy)]}{\partial x} + \frac{\partial[x\cos(xy)]}{\partial y} + \frac{\partial(\sin z)}{\partial z} \neq 0$$

所以 $\boldsymbol{A}(\boldsymbol{r})$ 不能表示为一个矢量函数的旋度。

本 章 小 结

在电磁场理论中，大量使用到矢量场，矢量场不仅有大小，而且有方向。如果场的状态仅是空间坐标的函数，而与时间无关，则为静态场；如果场的状态不仅是空间坐标的函数，而且还是时间的函数，则为时变场。

矢量的加减法不是大小的直接运算，而要符合平行四边形法则。矢量的乘法分为标量与矢量相乘、矢量的点积和矢量的叉积。矢量的点积是一个标量；矢量的叉积是一个矢量，符合右手螺旋定则。

矢量计算往往需要在指定的坐标系中进行，常用的坐标系有 3 个，即直角坐标系、圆柱坐标系、球坐标系，它们都是正交坐标系。在直角坐标系中，3 个单位矢量 $\boldsymbol{e}_x$、$\boldsymbol{e}_y$ 和 $\boldsymbol{e}_z$ 的方向是固定的，不随场点位置发生改变；在圆柱坐标系中，单位矢量 $\boldsymbol{e}_z$ 的方向是固定的，但 $\boldsymbol{e}_\rho$ 和 $\boldsymbol{e}_\varphi$ 是角度 φ 的函数；在球坐标系中，单位矢量 $\boldsymbol{e}_r$ 、 $\boldsymbol{e}_\theta$ 是角度 θ 和 φ 的函数，而 $\boldsymbol{e}_\varphi$ 仅是 φ 的函数，涉及求导运算时，要考虑到随方向的变化关系。

方向导数是指标量场沿着指定方向的变化率，它是一个标量。梯度的大小是指空间点上最大的方向导数，它的方向就是最大变化率的方向。

矢量场的散度是一个标量，它反映了场与产生场的源之间的关系，对应的源是标量源。散度定理将矢量场的通量面积分转换为矢量场散度的体积分。

矢量场的旋度是一个矢量，它的方向是场点最大环量面密度的方向，它的大小等于最大的环量面密度，场点在任意方向的环量面密度等于旋度在该方向的投影。斯托克斯定理将矢量场的环量对应的线积分转换成矢量场的旋度对以线积分为周界的任意面的面积分。

梯度的旋度恒等于零，这表明只要一个矢量的旋度等于零，这个矢量就可以用一个标量函数的梯度来表示。旋度的散度恒等于零，这表明只要一个矢量的散度等于零，这个矢量就可以用一个矢量函数的旋度来表示。

亥姆霍兹定理指出了一个矢量场的特性是由它的散度、旋度以及边界条件所唯一确定的。

思 考 题

1.1　在直角坐标系中，$\boldsymbol{A} \cdot \boldsymbol{B}$ 与 $\boldsymbol{A} \times \boldsymbol{B}$ 的表达式是什么？

1.2　在直角坐标系、圆柱坐标系和球坐标系这三种正交坐标系中，单位矢量的正方向是如何规定的？单位矢量随坐标如何变化？

1.3　什么是哈密顿算子？它在三种正交坐标系中的表达式是什么？

1.4　产生矢量场的源有哪两种？请举例说明。

1.5　矢量场散度的物理意义是什么？

1.6　简述矢量场环量面密度与矢量场旋度之间的关系。

1.7　位置矢量的散度和旋度等于什么？与坐标系的选择有关吗？

1.8　简述斯托克斯定理的物理含义。

1.9　什么是标量场的梯度？梯度的旋度等于什么？

1.10　亥姆霍兹定理回答了怎样的问题？

习　题

1.1　已知矢量场 $\boldsymbol{A}=x\boldsymbol{e}_x+y\boldsymbol{e}_y+2z\boldsymbol{e}_z$，经过空间点 $(1,2,3)$，求矢量线方程。

1.2　证明两个矢量 $\boldsymbol{A}=2\boldsymbol{e}_x+\boldsymbol{e}_y-\boldsymbol{e}_z$ 和 $\boldsymbol{B}=4\boldsymbol{e}_x-6\boldsymbol{e}_y+2\boldsymbol{e}_z$ 相互垂直。

1.3　证明两个矢量 $\boldsymbol{A}=2\boldsymbol{e}_x+5\boldsymbol{e}_y+3\boldsymbol{e}_z$ 和 $\boldsymbol{B}=4\boldsymbol{e}_x+10\boldsymbol{e}_y+6\boldsymbol{e}_z$ 相互平行。

1.4　求下列标量场的梯度 ∇u。

（1） $u=3x^2y^3z^4$　　　（2） $u=2e^x\sin y+z^2$

1.5　设位置矢量 $\boldsymbol{r}=\boldsymbol{e}_r r$，求 ∇r^2 和 ∇r^n。

1.6　如果 $\boldsymbol{a}$ 是常矢量，$\boldsymbol{r}$ 是位置矢量，证明 $\nabla(\boldsymbol{a}\cdot\boldsymbol{r})=\boldsymbol{a}$。

1.7　设矢量场 $\boldsymbol{A}=x^3\boldsymbol{e}_x+y^3\boldsymbol{e}_y+z^3\boldsymbol{e}_z$，求 $\boldsymbol{A}$ 从内穿过球面 $x^2+y^2+z^2=1$ 的通量。

1.8　已知矢量场 $\boldsymbol{A}=-3yz\boldsymbol{e}_x+xy^2\boldsymbol{e}_y+x^3yz\boldsymbol{e}_z$，计算 $\boldsymbol{A}$ 的散度。

1.9　已知 $u=xy^2z^3$，$\boldsymbol{A}=x^2\boldsymbol{e}_x+xz\boldsymbol{e}_y-2yz\boldsymbol{e}_z$，计算散度 $\nabla\cdot(u\boldsymbol{A})$。

1.10　已知矢量场 $\boldsymbol{A}=\dfrac{\boldsymbol{r}}{r^3}$，其中 $\boldsymbol{r}$ 是位置矢量，r 的 $\boldsymbol{r}$ 的大小，求在 $r\neq0$ 处 $\boldsymbol{A}$ 的散度。

1.11　已知标量场 $u=x^2y^3z^4$，计算 $\nabla\cdot\nabla u$。

1.12　已知标量场 $u=xy+yz+zx$，计算 u 在点 $P(1,2,3)$ 处的梯度，以及 u 沿矢径方向的方向导数。

1.13　已知矢量 $\boldsymbol{A}$，试证明 $(\nabla\times\boldsymbol{A})\times\boldsymbol{A}=(\boldsymbol{A}\cdot\nabla)\boldsymbol{A}-\dfrac{1}{2}\nabla|\boldsymbol{A}|^2$。

1.14　设矢量场 $\boldsymbol{A}=-\boldsymbol{e}_x y+\boldsymbol{e}_y x+\boldsymbol{e}_z$，用斯托克斯定理计算 $\boldsymbol{A}$ 沿圆周 $x^2+y^2=R^2, z=0$（旋转方向与 z 轴呈右手螺旋关系）的环量。

1.15　计算矢量 $\boldsymbol{A}=\boldsymbol{e}_x(2z-3y)+\boldsymbol{e}_y(3x-z)+\boldsymbol{e}_z(y-2x)$ 的旋度。

1.16　在直角坐标系中证明：$\nabla\times(u\boldsymbol{A})=u\nabla\times\boldsymbol{A}+\nabla u\times\boldsymbol{A}$。

1.17　已知标量函数 $u=x^2yz$，求 u 在点 $(2,3,1)$ 处沿指定方向的方向导数，指定方向的单位矢量为 $\boldsymbol{e}_l=\boldsymbol{e}_x\dfrac{3}{\sqrt{50}}+\boldsymbol{e}_y\dfrac{4}{\sqrt{50}}+\boldsymbol{e}_z\dfrac{5}{\sqrt{50}}$。

扫码查
第 1 章习题答案

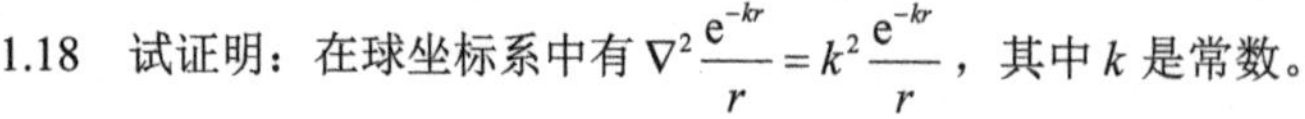

1.18　试证明：在球坐标系中有 $\nabla^2\dfrac{\mathrm{e}^{-kr}}{r}=k^2\dfrac{\mathrm{e}^{-kr}}{r}$，其中 k 是常数。

第2章 静 电 场

静电场是指观察者与电荷相对静止时所观察到的电场。它是电荷周围空间存在的一种特殊形态的物质，其基本特征是对置于其中的静止电荷有力的作用。本章从静电场的基本实验出发，导出静电场的基本方程，讨论场的基本特性，并将从自由空间导出的结论推广应用到包含有电介质的情况。

2.1 真空中的静电场

真空是一种不存在任何物质的空间状态，也称为自由空间（free space）；当无线电波在真空中传播时，也称为在自由空间传播。本节介绍静止电荷在真空中产生静电场的规律。

2.1.1 电荷与电荷密度

在自然界中存在两种电荷，即正电荷与负电荷，以离散的方式存在。物体上所带电荷的多少称为电量，任何带电体所带的电量只能是基本电荷所带电量的整数倍，这个基本电荷单位就是一个质子或一个电子所带电量的大小，用e表示。电量的单位是 C（库），基本电荷所带的电量为

$$e = 1.602 \times 10^{-19}\,\mathrm{C} \tag{2.1}$$

从物质的微观结构上看，电荷是以离散的方式出现在一个个带电的微观粒子上面，但从宏观效果来看，由于大量带电粒子密集分布在某空间，可以把电荷看成是连续分布的。根据不同需要，有时把电荷看成在一定体积内的连续分布，用体电荷密度来表示；有时把电荷看成在一定曲面上的连续分布，用面电荷密度来表示；还有时把电荷看成在一定曲线上的连续分布，用线电荷密度来表示。

1．体电荷分布

在带电体内部的某点，取一个体积元$\Delta\tau$包围该点，设$\Delta\tau$内所有电荷的代数和为Δq，则该点的体电荷密度定义为

$$\rho = \lim_{\Delta\tau \to 0} \frac{\Delta q}{\Delta\tau} \tag{2.2}$$

式（2.2）中要求$\Delta\tau \to 0$，实际上只要$\Delta\tau$足够小就可以，$\Delta\tau$中仍包括了大量的电荷。$\Delta\tau$中的电荷可能有正也有负，因此Δq是带电量的代数和。这样定义的结果，将不连续的电荷分布过渡到宏观的连续电荷分布。ρ的单位是 $\mathrm{C/m^3}$（库/米^3）。ρ一般是空间坐标的函数，可写成$\rho = \rho(\boldsymbol{r})$。

体电荷密度表示了单位体积中电荷的电量，因此在空间某一区域τ中的电荷总量可通过体积分求出，即

$$q = \int_{\tau} \rho(\boldsymbol{r})\mathrm{d}\tau \tag{2.3}$$

2．面电荷分布

当电荷呈现面分布时，可以引入面电荷密度。面电荷密度定义为单位面积上的电量，用符号 ρ_S 表示。类似于体电荷密度的定义，面电荷密度的定义式为

$$\rho_S = \lim_{\Delta S \to 0} \frac{\Delta q}{\Delta S} \tag{2.4}$$

ρ_S 的单位是 $\mathrm{C/m^2}$（库/米^2）。当需要计算某个表面总电量时，只要将式（2.3）中 ρ 改成 ρ_S，并将体积分改成面积分即可。

在讨论静电场问题时，由于电荷经常分布在导体或电介质表面很薄的层当中，这时表面层就可以理想化为一个没有厚度的几何面，从而可引用面电荷密度的概念。

3．线电荷分布

有时电荷分布在某根细线上，如果不需要研究电荷沿横截面的分布，就可以将细线理想化为一根几何线，从而引入线电荷密度。线电荷密度定义为单位长度上电荷的电量，用符号 ρ_l 表示。线电荷密度的数学定义式为

$$\rho_l = \lim_{\Delta l \to 0} \frac{\Delta q}{\Delta l} \tag{2.5}$$

ρ_l 的单位是 C/m（库/米）。当需要计算某根线上的总电量时，只要将式（2.3）中 ρ 改成 ρ_l，并将体积分改成线积分即可。

2.1.2　库仑定律与叠加原理

库仑通过实验的方法总结出点电荷（point charge）之间相互作用力的规律，称为库仑定律（Coulomb's law）：在真空中，两个静止点电荷 q_1 和 q_2 之间存在相互作用力，作用力的大小与 q_1 和 q_2 成正比，与它们之间的距离 R 的平方成反比，作用力的方向为它们的连线方向。同号电荷相互排斥，异号电荷相互吸引。库仑定律的数学表达式为

$$\boldsymbol{F}_{12} = \boldsymbol{e}_R k \frac{q_1 q_2}{R^2} = \boldsymbol{e}_R \frac{q_1 q_2}{4\pi\varepsilon_0 R^2} \tag{2.6}$$

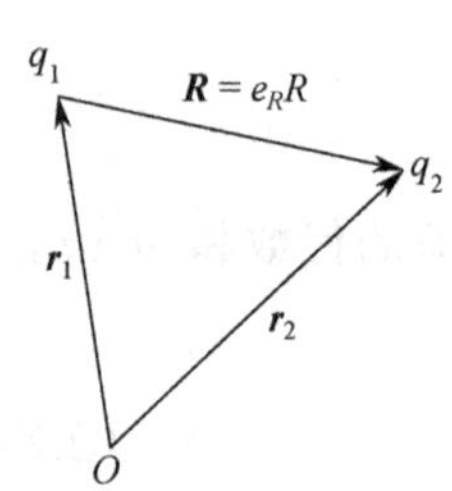

图 2.1　两个点电荷之间的作用力

式中，$\boldsymbol{F}_{12}$ 表示 q_1 对 q_2 的作用力；$\boldsymbol{e}_R$ 为 q_1 指向 q_2 方向的单位矢量，如图 2.1 所示；ε_0 称为真空中的介电常数（permittivity of free space），它是物理学中的一个基本常数，由实验测得 $\varepsilon_0 = 8.854\times10^{-12}$ F/m（法/米）；k 为常数，$k = \dfrac{1}{4\pi\varepsilon_0} = 8.99\times10^{9}$ F/m。为了分析问题方便，也常将 ε_0 近似表示为 $\varepsilon_0 = \dfrac{1}{36\pi\times10^{9}}$ F/m。

扫码学习
库仑和库仑定律

2.1.3　电场强度

近代物理学表明，电荷之间的相互作用力是通过电场来传递的，凡是有电荷的地方，在它的周围空间就存在着电场。电场的基本特性是，对处在其中的任何其他电荷都有力的作用，将这种作用力称为电场力。

如果在电场中引入一个足够小的试验电荷 q_0，它所受到的作用力为 $\boldsymbol{F}$，则定义电场强度（electric field intensity）为

$$\boldsymbol{E}=\frac{\boldsymbol{F}}{q_0} \tag{2.7}$$

定义中要求 q_0 足够小，这是因为如果 q_0 太大，可能会显著改变原有电荷的分布，从而会改变原电场的分布。q_0 所占据的空间也要求足够小，这使得 q_0 可看成点电荷，这样就可以确定空间各点的电场性质。

电场强度简称为场强，它是一个矢量，其大小等于单位电荷在该点受到的电场力的大小，其方向与正电荷在该点所受到的作用力方向相同。一般来说，电场强度各点的大小和方向都可以不同，是空间坐标的函数，构成空间矢量场。特殊情况下电场强度各点的大小和方向相同，这就形成均匀电场。

电场强度的单位是 N/C（牛/库），但在更多的情况下用 V/m（伏/米）表示，两者量纲相同。

设坐标系原点为 O，点电荷 q 的位置矢量为 r'，场点 P 的位置矢量为 $\boldsymbol{r}$，源点指向场点的距离矢量为 $\boldsymbol{R}=\boldsymbol{r}-\boldsymbol{r}'$，单位矢量 $\boldsymbol{e}_R=\dfrac{\boldsymbol{R}}{R}=\dfrac{\boldsymbol{r}-\boldsymbol{r}'}{|\boldsymbol{r}-\boldsymbol{r}'|}$，如图 2.2 所示，则点电荷 q 在场点 P 产生的电场强度为

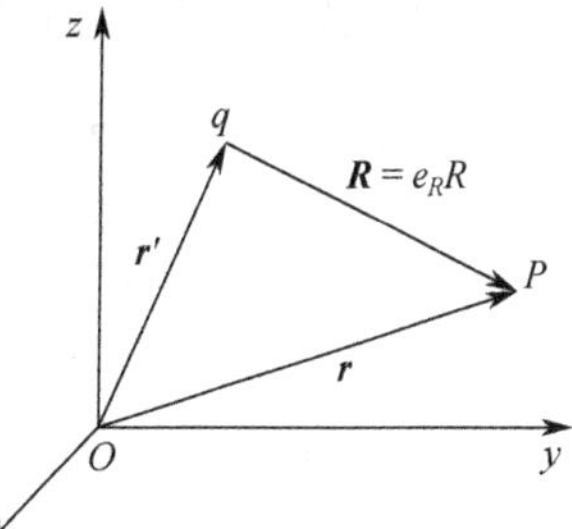

图 2.2　点电荷的电场

$$\boldsymbol{E}=\boldsymbol{e}_R\frac{q}{4\pi\varepsilon_0 R^2} \tag{2.8}$$

当场源包含 n 个点电荷构成点电荷组时，空间总电场服从叠加原理（superposition principle），即点电荷组在空间某点产生的总场强等于各个点电荷单独存在时在该点所产生电场的矢量叠加，写成

$$\boldsymbol{E}(\boldsymbol{r})=\sum_{i=1}^{n}\boldsymbol{e}_{R_i}\frac{q_i}{4\pi\varepsilon_0 R_i^2} \tag{2.9}$$

对于体电荷分布、面电荷分布和线电荷分布，分别得到电荷在场点 P 产生的总场强计算式：

$$\boldsymbol{E}(\boldsymbol{r})=\int_{\tau'}\boldsymbol{e}_R\frac{\rho(\boldsymbol{r}')\mathrm{d}\tau'}{4\pi\varepsilon_0 R^2} \tag{2.10}$$

$$\boldsymbol{E}(\boldsymbol{r})=\int_{S'}\boldsymbol{e}_R\frac{\rho_S(\boldsymbol{r}')\mathrm{d}S'}{4\pi\varepsilon_0 R^2} \tag{2.11}$$

$$\boldsymbol{E}(\boldsymbol{r})=\int_{l'}\boldsymbol{e}_R\frac{\rho_l(\boldsymbol{r}')\mathrm{d}l'}{4\pi\varepsilon_0 R^2} \tag{2.12}$$

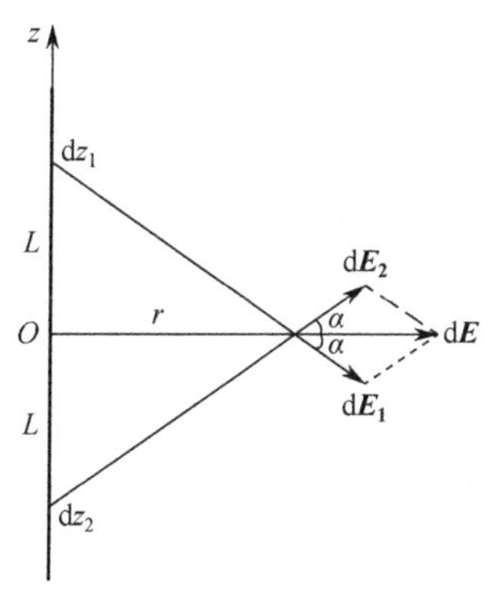

图 2.3　例 2.1 图

例 2.1　如图 2.3 所示，设有均匀带电的直线带电体，线长为 $2L$，带电总量为 q，求带电体中垂面上的场强分布。

解　取直线带电体的中心为坐标原点 O，沿直线带电体向上为 z 轴。由于电荷均匀分布在细直导线上，可以运用线电荷分布的场强计算公式（2.12）。

线电荷密度 $\rho_l(\boldsymbol{r}')=\dfrac{q}{2L}$ 为常数，由于电荷分布具有对称性，

分析可知，中垂面上的电场只有指向与 z 轴垂直的 $\boldsymbol{e}_r$ 分量，因此有

$$\mathrm{d}\boldsymbol{E}(\boldsymbol{r})=\mathrm{d}\boldsymbol{E}_1+\mathrm{d}\boldsymbol{E}_2=2\cos\alpha\mathrm{d}\boldsymbol{E}_1=2\frac{r}{\sqrt{r^2+z^2}}\frac{\rho_l\mathrm{d}z}{4\pi\varepsilon_0(r^2+z^2)}\boldsymbol{e}_r$$

$$\boldsymbol{E}(\boldsymbol{r})=\boldsymbol{e}_r\int_0^L\frac{\rho_l}{2\pi\varepsilon_0}\frac{r\mathrm{d}z}{(r^2+z^2)^{3/2}}=\boldsymbol{e}_r\frac{\rho_l L}{2\pi\varepsilon_0 r\sqrt{r^2+L^2}}$$

当直线长度趋于 ∞ 时，得到

$$\boldsymbol{E}(\boldsymbol{r})=\boldsymbol{e}_r\frac{\rho_l}{2\pi\varepsilon_0 r}\tag{2.13}$$

式（2.13）的计算需要用到矢量叠加和积分，过程比较复杂。

例 2.2 一个均匀带电的环形薄圆盘，面电荷密度为 ρ_S，内、外半径分别为 a 和 b，如图 2.4 所示。求该圆盘在对称轴线上任一点 P 的电场强度。

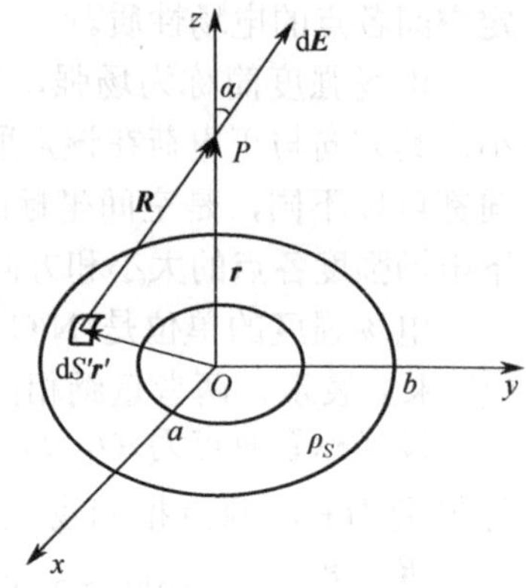

图 2.4 例 2.2 图

解 对称轴上任一点 P 的坐标为 $(0,0,z)$，即 $\boldsymbol{r}=\boldsymbol{e}_z z$。由于轴对称性，面元 $\mathrm{d}S'$ 在 P 点产生的电场与其对称位置面元在该点产生的电场的矢量叠加只有 z 向分量，因此总电场只需要计算各个面元 $\mathrm{d}S'$ 在 P 点产生电场的 z 向分量，再对整个环面进行积分。

$$\mathrm{d}E_z=\frac{\rho_S\mathrm{d}S'}{4\pi\varepsilon_0 R^2}\cos\alpha=\frac{\rho_S r'\mathrm{d}r'\mathrm{d}\varphi'}{4\pi\varepsilon_0[z^2+(r')^2]}\frac{z}{\sqrt{z^2+(r')^2}}=\frac{\rho_S z}{4\pi\varepsilon_0}\frac{r'\mathrm{d}r'\mathrm{d}\varphi'}{[z^2+(r')^2]^{3/2}}$$

$$\boldsymbol{E}=\boldsymbol{e}_z E_z=\boldsymbol{e}_z\frac{\rho_S z}{4\pi\varepsilon_0}\int_a^b\int_0^{2\pi}\frac{r'\mathrm{d}r'\mathrm{d}\varphi'}{[z^2+(r')^2]^{3/2}}=\boldsymbol{e}_z\frac{\rho_S z}{2\varepsilon_0}\left[\frac{1}{(z^2+a^2)^{1/2}}-\frac{1}{(z^2+b^2)^{1/2}}\right]$$

当 $a=0$ 时，得到半径为 b 的均匀带电圆盘面在轴线上产生的电场为

$$\boldsymbol{E}=\boldsymbol{e}_z\frac{\rho_S}{2\varepsilon_0}\left[1-\frac{z}{(z^2+b^2)^{1/2}}\right]\tag{2.14}$$

当 $a=0$，且 $b\to\infty$ 时，得到无限大均匀带电平面在空间任一点的电场为

$$\boldsymbol{E}=\boldsymbol{e}_z\frac{\rho_S}{2\varepsilon_0}\tag{2.15}$$

2.2 真空中静电场的基本方程

描述真空中的静电场有两个基本方程：对于积分形式，就是电场强度 $\boldsymbol{E}$ 的通量和环流表达式；对于微分形式，就是 $\boldsymbol{E}$ 的散度和旋度表达式。

2.2.1 静电场的高斯定理

在第 1 章中，介绍了关于任意矢量 $\boldsymbol{A}$ 的通量的概念，如果 $\boldsymbol{A}$ 是由电荷产生的静电场 $\boldsymbol{E}$，则对应的通量就是电通量。电场通过面元 $\mathrm{d}S$ 的元通量为

$$\mathrm{d}\Phi_E=\boldsymbol{E}\cdot\mathrm{d}\boldsymbol{S}=E\cos\theta\mathrm{d}S\tag{2.16}$$

通过任意闭合面 S 的电通量为

$$\Phi_E = \oint_S \boldsymbol{E} \cdot \mathrm{d}\boldsymbol{S} \tag{2.17}$$

静电场的高斯定理（Gauss's theorem）表述为：通过一个任意闭合曲面 S（也称为高斯面）的电通量 Φ_E，等于该面所包围的所有电荷电量的代数和 $\sum_i q_i$ 除以真空中的介电常数 ε_0，而与闭合面外的电荷无关。对应的方程为

$$\oint_S \boldsymbol{E} \cdot \mathrm{d}\boldsymbol{S} = \frac{\sum_i q_i}{\varepsilon_0} \tag{2.18}$$

下面证明高斯定理。先讨论只有一个点电荷 q 产生静电场，q 位于高斯面内部，则有

$$\oint_S \boldsymbol{E} \cdot \mathrm{d}\boldsymbol{S} = \frac{q}{4\pi\varepsilon_0}\oint_S \frac{\boldsymbol{e}_r \cdot \mathrm{d}\boldsymbol{S}}{r^2} \tag{2.19}$$

如图 2.5（a）所示，设点电荷位于坐标原点，以任意半径 r 作一个球面，这时面上各点场强大小相同，$\boldsymbol{e}_r$ 与 $\mathrm{d}\boldsymbol{S}$ 方向相同，积分得到

$$\oint_S \boldsymbol{E} \cdot \mathrm{d}\boldsymbol{S} = \frac{q}{4\pi\varepsilon_0 r^2}\oint_S \mathrm{d}S = \frac{q}{4\pi\varepsilon_0 r^2} \cdot 4\pi r^2 = \frac{q}{\varepsilon_0} \tag{2.20}$$

式中，$\mathrm{d}S / r^2 = \mathrm{d}\Omega$ 为面元 $\mathrm{d}S$ 对球心所张的立体角，对整个球面而言，立体角就是 4π。注意，这个结果与半径 r 无关，这是由静电场的大小与距离平方成反比的规律所决定的。

上面的结论可以推广到任意形状的闭合面。如图 2.5（b）所示，S 为任意闭合曲面，以点电荷 q 所在处为球心，在 S 内作一个任意半径为 r' 的球面 S'。由上面的分析，这时通过 S' 的电通量等于 q/ε_0，且均匀分布在 4π 球面度的立体角内。每个面元 $\mathrm{d}S'$ 对应的立体角为 $\mathrm{d}\Omega$，将 $\mathrm{d}\Omega$ 锥面延长至 S 面，截出的面元为 $\mathrm{d}S$。设 $\mathrm{d}S$ 到点电荷 q 的距离为 r，面元矢量 $\mathrm{d}\boldsymbol{S}$ 与矢径单位矢 $\boldsymbol{e}_r$ 的夹角为 θ，则有

$$\mathrm{d}S\cos\theta / r^2 = \mathrm{d}S' / r'^2 = \mathrm{d}\Omega \tag{2.21}$$

这样，通过任意闭合面 S 的电通量必然与通过球面 S' 的电通量相同，为 q/ε_0，也就是式（2.18）仍然成立。

再讨论任意闭合面中不包围点电荷 q 的情形，如图 2.5（c）所示。这时从某个面元 $\mathrm{d}S$ 穿出的电场线必然等于从 $\mathrm{d}S'$ 上穿入的电场线，而这一对面元 $\mathrm{d}S$ 和 $\mathrm{d}S'$ 对点电荷所张的立体角数值相等，但外法向方向相反，因此元通量之和为 0，对整个闭合面积分得到总的电通量也等于 0。

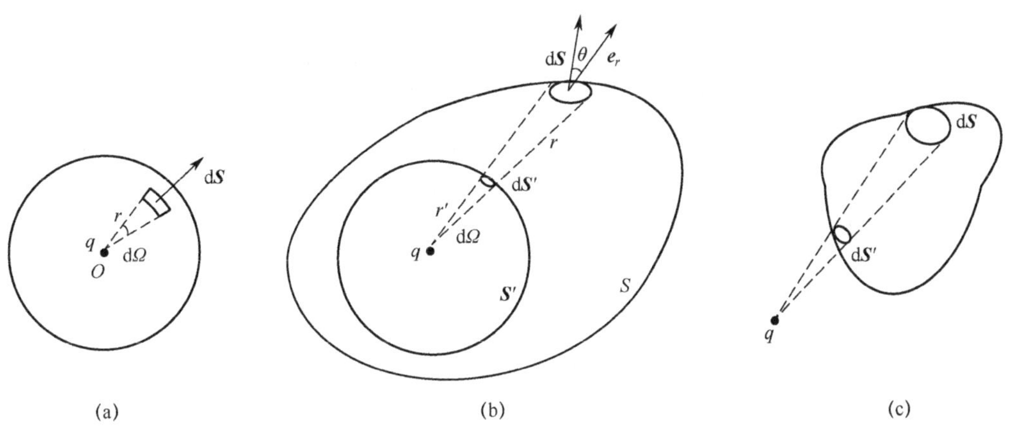

图 2.5　点电荷的电通量

以上是以一个点电荷为例进行的讨论，利用叠加原理，可以推广到多个点电荷的情形，即高斯面内n个点电荷产生的总电场的通量，等于各个点电荷产生的通量之和，这时静电场高斯定理中的电荷就是包围在高斯面内的所有电荷的代数和。

如果电场的通量大于 0，表明高斯面内有净正电荷；如果电场的通量小于 0，表明高斯面内有净负电荷；如果电场的通量等于 0，表明高斯面内净电荷为 0。

值得注意的是，电场的通量仅与高斯面内的电荷有关，但高斯面上的电场不仅取决于面内的电荷，也与面外电荷有关。

当闭合面内的电荷呈现体分布时，设电荷的体密度为ρ，这时$\sum_i q_i = \int_\tau \rho \mathrm{d}\tau$，静电场高斯定理的积分形式写为

$$\oint_S \boldsymbol{E} \cdot \mathrm{d}\boldsymbol{S} = \frac{\int_\tau \rho \mathrm{d}\tau}{\varepsilon_0} \tag{2.22}$$

根据散度定理公式（1.67），电场的面积分可用电场散度的体积分表示，于是得到

$$\int_\tau \nabla \cdot \boldsymbol{E} \mathrm{d}\tau = \frac{\int_\tau \rho \mathrm{d}\tau}{\varepsilon_0} \tag{2.23}$$

由于闭合面及其所包围的体积都是任意选取的，因此得到

$$\nabla \cdot \boldsymbol{E} = \frac{\rho}{\varepsilon_0} \tag{2.24}$$

这个方程称为静电场高斯定理的微分形式。

式（2.22）是静电场高斯定理的积分形式，描述了任意大小空间内部的电荷与其表面电通量的关系；式（2.24）是静电场高斯定理的微分形式，描述了空间各点的场与源之间的关系。这两种形式都说明静电场是有源场，这个源就是电荷。

关于电场强度的计算，一般情况是采用库仑定律和叠加原理直接进行计算；但前面的例子表明，由于电场的矢量性，其计算过程往往比较烦琐。如果电荷分布具有某种对称性，比如轴对称、球对称和面对称，就可以利用高斯定理来计算，只要选择合适的高斯面，利用对称关系，可使计算过程大大简化。

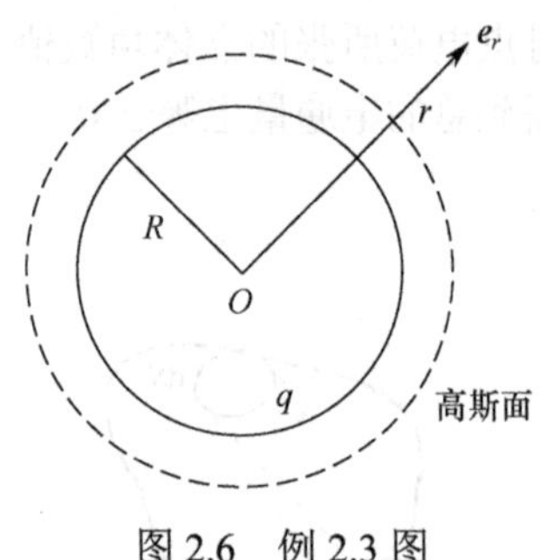

图 2.6　例 2.3 图

例 2.3　均匀带电球壳，其带电总量为q，半径为R，如图 2.6 所示。求球壳内外的场强。

解　由于电荷分布具有球对称性，因此电场分布也具有球对称性。也就是说，在与带电球壳共心的任何球面上的场强，其大小相同，方向为球面的法向$\boldsymbol{e}_r$。

作半径为r的高斯面包围球壳，高斯面与球壳共心，这时高斯面上任一点的场强方向与该点面元的法向相同，因此高斯定理简化为

$$\oint_S \boldsymbol{E} \cdot \mathrm{d}\boldsymbol{S} = \oint_S E \mathrm{d}S = E \oint_S \mathrm{d}S = 4\pi r^2 E = \frac{q}{\varepsilon_0}$$

$$E = \frac{q}{4\pi r^2 \varepsilon_0}$$

写成矢量形式就是

$$\boldsymbol{E} = \boldsymbol{e}_r \frac{q}{4\pi r^2 \varepsilon_0}$$

如果将高斯面作在球壳的内部，也与球壳共心，这时包围在高斯面内的电荷为 0，由高斯定理求得 $E = 0$。

这个结果表明，对于均匀带电球壳在球外空间产生的电场，与球壳上电荷全部集中到球心时产生的电场相同，而球壳内部场强为 0。

例 2.4　设有半径为 R 的均匀带电球体，球体所带的总电量为 q，如图 2.7 所示。求球体内外的电场分布。

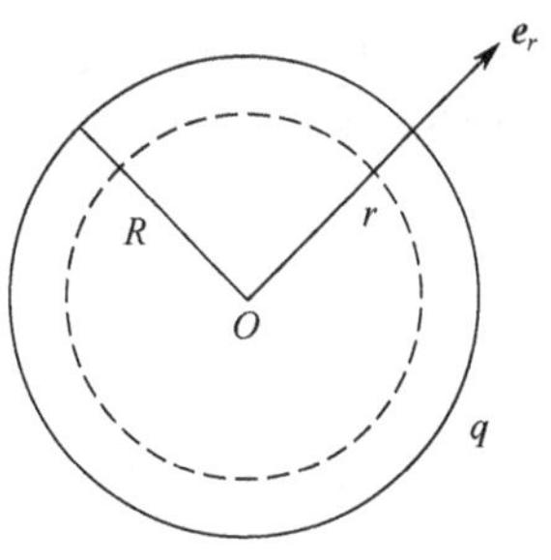

图 2.7　例 2.4 图

解　先讨论球外电场情形。由于球体可以分割成许多微小的同心带电壳层，每一带电壳层的球对称特性，使在球外产生的电场也具有球对称性，且与该壳层电荷集中在球心的效果相同。于是，球外总的场强就与总电量 q 集中在球心产生的效果相同，即

$$\boldsymbol{E} = \boldsymbol{e}_r \frac{q}{4\pi r^2 \varepsilon_0}$$

再讨论球内的电场。作共心的高斯面于球内，半径为 r，由高斯定理和球对称性得到

$$\oint_S \boldsymbol{E} \cdot \mathrm{d}\boldsymbol{S} = \oint_S E \mathrm{d}S = E\oint_S \mathrm{d}S = 4\pi r^2 E = \frac{1}{\varepsilon_0}\frac{q4\pi r^3/3}{4\pi R^3/3} = \frac{qr^3}{\varepsilon_0 R^3}$$

$$E = \frac{qr}{4\pi\varepsilon_0 R^3}$$

写成矢量形式

$$\boldsymbol{E} = \boldsymbol{e}_r \frac{qr}{4\pi\varepsilon_0 R^3}$$

该结果表明，球内半径为 r 处的场强可看成是由半径为 r 的球内部所有电荷全部集中在球心时所产生的。

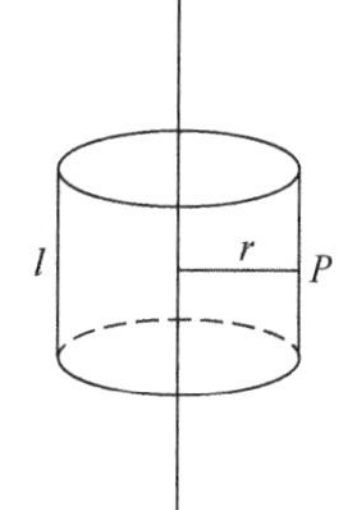

图 2.8　例 2.5 图

例 2.5　无限长的细直线上有均匀分布的电荷，线电荷密度为 ρ_l，求在任意空间点上产生的电场强度。

解　由于线电荷分布为无限长，故空间电场分布具有柱面对称性，且在空间任一点 P 的电场只有沿 $\boldsymbol{e}_r$ 方向的分量。

以线电荷为轴，作一个半径为 r、高为 l 的柱面高斯面（如图 2.8 所示），则场强对整个柱面的电通量为

$$\oint_S \boldsymbol{E} \cdot \mathrm{d}\boldsymbol{S} = \oint_{\text{上表面}} \boldsymbol{E} \cdot \mathrm{d}\boldsymbol{S} + \oint_{\text{下表面}} \boldsymbol{E} \cdot \mathrm{d}\boldsymbol{S} + \oint_{\text{侧表面}} \boldsymbol{E} \cdot \mathrm{d}\boldsymbol{S}$$

对上、下表面，电场与各个面元相垂直，积分为 0。对侧表面，在各点的电场与各个面元方向相同，且各点场强大小相等，故

$$\oint_S \boldsymbol{E} \cdot \mathrm{d}\boldsymbol{S} = E\oint_{\text{侧表面}} \mathrm{d}S = E \cdot 2\pi rl$$

应用高斯定理，得到

$$\oint_S \boldsymbol{E} \cdot \mathrm{d}\boldsymbol{S} = E \cdot 2\pi rl = \frac{\rho_l l}{\varepsilon_0}$$

$$\boldsymbol{E} = \boldsymbol{e}_r \frac{\rho_l}{2\pi\varepsilon_0 r}$$

这个结果与例 2.1 中的式（2.13）相同，但计算方法要简单很多。

2.2.2 静电场的环路定理

由库仑定律决定的静电场有一个重要特性，就是静电场对移动电荷所做的功，只取决于初始和终止位置，而与移动路径无关。证明如下：

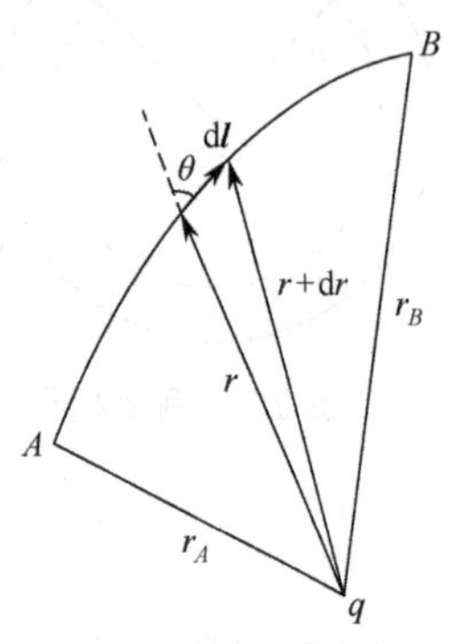

图 2.9 电场对点电荷所做的功

设静止点电荷 q 位于坐标原点，在产生的电场中，将试验点电荷 q_0 从 A 点沿任意路径移动到 B 点（如图 2.9 所示），当 q_0 产生 $\mathrm{d}\boldsymbol{l}$ 的位移时，电场力所做的元功为

$$\mathrm{d}A=\boldsymbol{F}\cdot\mathrm{d}\boldsymbol{l}=F\cos\theta\mathrm{d}l=F\mathrm{d}r=\frac{qq_0}{4\pi\varepsilon_0 r^2}\mathrm{d}r \tag{2.25}$$

总功为

$$A=\int_A^B\boldsymbol{F}\cdot\mathrm{d}\boldsymbol{l}=\int_A^B\frac{qq_0}{4\pi\varepsilon_0 r^2}\mathrm{d}r=\frac{qq_0}{4\pi\varepsilon_0}\left(\frac{1}{r_A}-\frac{1}{r_B}\right) \tag{2.26}$$

可见，积分与路径无关，只与起始和终止位置有关。当积分为任意闭合路径 C 时，A 和 B 重合，总功为 0。

如果用电场强度 $\boldsymbol{E}$ 来表示，则得到静电场的环路定理，即

$$\oint_C\boldsymbol{E}\cdot\mathrm{d}\boldsymbol{l}=0 \tag{2.27}$$

上面的结论虽然是从单个点电荷产生的场推得的，但根据场强的叠加原理，对任意电荷分布产生的静电场仍然成立。这就是说，对于静电场，场强的环路积分等于 0 或者场强的积分与路径无关，这是一个普遍的结论。

根据斯托克斯定理，矢量场对环路 C 的线积分可化为矢量场的旋度对以 C 为边界的任意曲面的面积分，因此得到

$$\oint_C\boldsymbol{E}\cdot\mathrm{d}\boldsymbol{l}=\oint_C\nabla\times\boldsymbol{E}\cdot\mathrm{d}\boldsymbol{S}=0 \tag{2.28}$$

由于回路 C 是任意的，也就是对任意面 S，式（2.28）都应成立，因此得到

$$\nabla\times\boldsymbol{E}=0 \tag{2.29}$$

式（2.24）和式（2.29）分别给出了电场强度 $\boldsymbol{E}$ 的散度和旋度，这两个方程构成了真空中静电场基本方程的微分形式，同时表明静电场是一个有源无旋场，电荷是静电场的散度源。

2.3 电位及其梯度

任何做功与路径无关的场称为保守场，静电场做功与积分路径无关，因此静电场是保守场。对于静电场，可以引入标量函数电位（electric potential）和电位差（potential difference）的概念。

2.3.1 电位与电位差

由于静电场积分 $\int_A^B\boldsymbol{E}\cdot\mathrm{d}\boldsymbol{l}$ 与路径无关，只取决于起始点和终止点位置，因此可以将这个积分定义为 A 和 B 两点间的电位差，即

$$\phi_{AB}=\int_A^B \boldsymbol{E}\cdot \mathrm{d}\boldsymbol{l} \tag{2.30}$$

如果取 B 点为电位等于 0 的参考点，则 ϕ_A 定义为 A 点相对参考点的电位，有

$$\phi_A=\int_A^B \boldsymbol{E}\cdot \mathrm{d}\boldsymbol{l} \tag{2.31}$$

当电荷分布在有限空间时，往往取无限远的电位为 0，这时空间任一点 P 的电位为

$$\phi_P=\int_P^\infty \boldsymbol{E}\cdot \mathrm{d}\boldsymbol{l} \tag{2.32}$$

由 $\nabla\times\boldsymbol{E}=0$ 也可以引入电位函数，因为任何一个标量函数梯度的旋度恒都等于 0，所以 $\boldsymbol{E}$ 可用一个标量函数的梯度来表示，即

$$\boldsymbol{E}=-\nabla\phi \tag{2.33}$$

这里的 ϕ 就是电位函数，加上负号是出于物理意义的考虑。

如果知道了场强 $\boldsymbol{E}$，可由式（2.31）或式（2.32）计算电位 ϕ；如果知道了电位 ϕ，则可由式（2.33）计算场强 $\boldsymbol{E}$。由于电位函数是一个标量函数，不存在矢量叠加问题，计算相对容易，所以往往先计算出电位函数，再求它的梯度，从而计算出电场强度。

例 2.6 求点电荷 q 在空间任一点 P 产生的电位。

解 取无限远的电位为 0，P 点到原点的距离为 r_P，则 P 点的电位为

$$\phi_P=\int_P^\infty \boldsymbol{E}\cdot \mathrm{d}\boldsymbol{l}=\int_{r_P}^\infty \frac{q}{4\pi\varepsilon_0 r_P^2}\mathrm{d}r=\frac{q}{4\pi\varepsilon_0 r_P}$$

正电荷的电位为正，负电荷的电位为负。

例 2.7 计算电偶极子在空间的电场分布。

解 所谓电偶极子，是指两个相距很近的等量异号点电荷组成的系统，电偶极子是电介质理论中的重要模型。在图 2.10 中，负电荷用空心圈表示，正电荷用实心点表示，两者的距离 $\boldsymbol{l}$ 远小于电荷到场点的距离。用矢量 $\boldsymbol{p}=q\boldsymbol{l}$ 代表电偶极子的电偶极矩（electric dipole moment），$\boldsymbol{p}$ 的方向与 $\boldsymbol{l}$ 的方向相同，方向由负电荷指向正电荷。如果通过分别计算两个电荷在 P 点产生的场强再进行矢量叠加，计算过程就相当复杂；但如果先计算两点电荷在 P 点产生的电位，再利用梯度计算场强，就要简单得多。

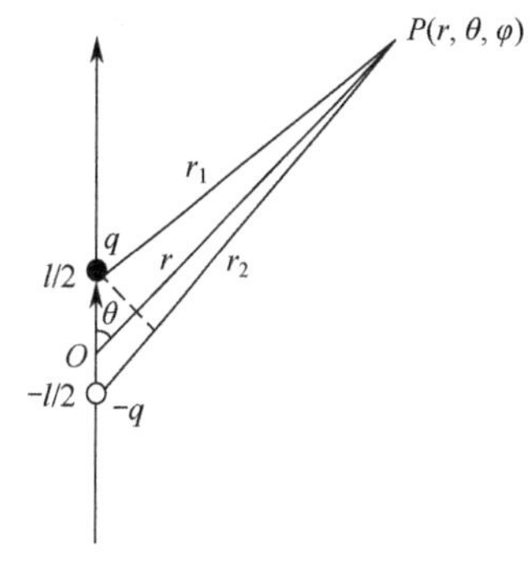

图 2.10 电偶极子的场

采用球坐标系，取无限远的电位为 0，则两个点电荷在 P 点产生的电位为

$$\phi_P=\frac{q}{4\pi\varepsilon_0 r_1}-\frac{q}{4\pi\varepsilon_0 r_2}=\frac{q}{4\pi\varepsilon_0}\frac{r_2-r_1}{r_1 r_2} \tag{2.34}$$

由于 $\boldsymbol{l}$ 很小，因此 $r_{1\,1}$ 和 r_2 相差很小，分母上 $r_1 r_2\approx r^2$，分子上 $r_2-r_1\approx l\cos\theta$，故

$$\phi_P\approx\frac{ql\cos\theta}{4\pi\varepsilon_0 r^2}=\frac{\boldsymbol{p}\cdot\boldsymbol{e}_r}{4\pi\varepsilon_0 r^2}=\frac{\boldsymbol{p}\cdot\boldsymbol{r}}{4\pi\varepsilon_0 r^3} \tag{2.35}$$

这就是电偶极子在远区产生的电位表达式，虽然是通过近似方法得到的，但近似程度很高。

再利用球坐标系梯度公式（1.52）计算场强，并注意到 ϕ_P 与坐标 φ 无关，得到

$$\boldsymbol{E}=-\boldsymbol{e}_r\frac{\partial}{\partial r}\left(\frac{ql\cos\theta}{4\pi\varepsilon_0 r^2}\right)-\boldsymbol{e}_\theta\frac{1}{r}\frac{\partial}{\partial\theta}\left(\frac{ql\cos\theta}{4\pi\varepsilon_0 r^2}\right)=\boldsymbol{e}_r\frac{p\cos\theta}{2\pi\varepsilon_0 r^3}+\boldsymbol{e}_\theta\frac{p\sin\theta}{4\pi\varepsilon_0 r^3} \tag{2.36}$$

电偶极子产生的电场有两个主要特点：（1）电场强度的大小按 r^{-3} 的速度下降，这比单个电荷产生电场的 r^{-2} 速度下降得更快，这是因为电偶极子的两个异号电荷相距很近，它们各自产生的电场相互抵消。（2）电场的方向在子午面内，即只有 r 和 θ 分量，与 φ 无关。

扫码学习
电偶极子的电场与电位

2.3.2 电位的微分方程

将 $\boldsymbol{E}=-\nabla\phi$ 代入 $\nabla\cdot\boldsymbol{E}=\dfrac{\rho}{\varepsilon_0}$，得到关于电位 ϕ 的微分方程，即

$$\nabla\cdot(-\nabla\phi)=\frac{\rho}{\varepsilon_0} \tag{2.37}$$

引入拉普拉斯算子 $\nabla\cdot\nabla=\nabla^2$，得到

$$\nabla^2\phi=-\frac{\rho}{\varepsilon_0} \tag{2.38}$$

即电位满足泊松方程（Poisson's equation）。

如果空间点上体电荷密度 $\rho=0$，则

$$\nabla^2\phi=0 \tag{2.39}$$

即电位满足拉普拉斯方程（Laplace's equation）。

在不同坐标系中，拉普拉斯算子有不同的表达形式，这可参考第 1 章中的相关公式。

利用泊松方程，可在已知电位分布的情况下，求体电荷密度分布；也可在已知电荷分布情形下，通过求解泊松方程或拉普拉斯方程得到电位分布。

例 2.8 已知空间某区域中的电位分布为 $\phi=ax^2z\sin(2y)$，其中 a 为常数，求此空间内的体电荷分布。

解 利用拉普拉斯算子在直角坐标系中的表达式，得到电位满足的泊松方程为

$$\frac{\partial^2\phi}{\partial x^2}+\frac{\partial^2\phi}{\partial y^2}+\frac{\partial^2\phi}{\partial z^2}=-\frac{\rho}{\varepsilon_0}$$

体电荷分布为

$$\rho=-\varepsilon_0\left(\frac{\partial^2}{\partial x^2}+\frac{\partial^2}{\partial y^2}+\frac{\partial^2}{\partial z^2}\right)[ax^2z\sin(2y)]=-\varepsilon_0[2az\sin(2y)-4ax^2z\sin(2y)]$$

例 2.9 平行板电容器（如图 2.11 所示）两块极板之间的距离为 d，中间为空气，下板接地，上板电位为 ϕ_0，忽略电容的边缘效应，试由拉普拉斯方程求板间的电位和电场。

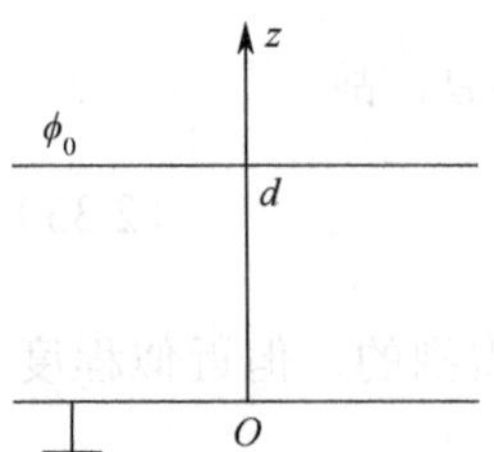

图 2.11 平行板电容器

解 因板间没有电荷，故电位满足拉普拉斯方程，有

$$\frac{\partial^2\phi}{\partial x^2}+\frac{\partial^2\phi}{\partial y^2}+\frac{\partial^2\phi}{\partial z^2}=0$$

忽略边缘效应，ϕ 只是 z 的函数，方程简化为

$$\frac{\mathrm{d}^2\phi}{\mathrm{d}z^2}=0$$

通解为

$$\phi=c_1z+c_2$$

代入边界条件 $\phi|_{z=0}=0,\ \phi|_{z=d}=\phi_0$，得到

$$\phi = \frac{\phi_0}{d} z$$

电场强度

$$\boldsymbol{E} = -\nabla\phi = -\boldsymbol{e}_z \frac{\partial}{\partial z}\left(\frac{\phi_0}{d} z\right) = -\boldsymbol{e}_z \frac{\phi_0}{d}$$

可见，板间电场是匀强电场，方向从上极板指向下极板，即从高电位指向低电位。

2.4 电介质中的静电场

前面建立了真空中的静电场方程，没有考虑有介质存在的情形。事实上，当有介质放到静电场中时，介质体内和介质表面会出现体束缚电荷和面束缚电荷，这些电荷的存在会对原电场产生一定的影响。

2.4.1 介质的极化

自然界各种材料都是由原子组成的，原子又是由带正电的原子核和环绕它的带负电的电子组成的。对于每一个介质分子，如果其正电荷中心与负电荷中心不重合，它就相当于一个电偶极子，这种介质分子称为极性分子；如果其正电荷中心与负电荷中心重合，则称它为非极性分子。不管哪一种极性的分子，正负电荷数相等以及杂乱无章的排列，使得在宏观上不会呈现电的特性。但当介质置于外电场后，每个带电粒子将受到外加电场力的作用，产生极化效应。对非极性分子，会形成一个电偶极子，形成所谓的位移极化；对极性分子，会使原有的电偶极子转向电场方向，形成所谓的取向极化。无论是位移极化还是取向极化，都会对介质内部和外部的场强产生一定影响。

现在考察介质中一个宏观微小体元$\Delta\tau$，其中包含了大量介质分子。当介质未被极化时，分子的电偶极矩矢量和等于 0；而当介质被极化时，分子的电偶极矩矢量和不等于 0。为了能定量描述电介质内各点的极化情况，引入极化强度矢量（polarization vector）$\boldsymbol{P}$，它等于在单位体积内电偶极矩的矢量和，即

$$\boldsymbol{P} = \lim_{\Delta\tau\to 0} \frac{\sum_i \boldsymbol{p}_i}{\Delta\tau} \tag{2.40}$$

式中，$\boldsymbol{p}_i$为分子i的电偶极矩矢量；$\boldsymbol{P}$是极化强度矢量，是一个宏观物理量，它的单位是 C/m^2（库/米^2）。如果介质体内各点$\boldsymbol{P}$的大小和方向都相同，则称为均匀极化，否则称为非均匀极化。

介质被极化时，会在其体内产生宏观的电荷，用体束缚电荷密度ρ_P表示；也会在其表面出现宏观的电荷，用面束缚电荷密度ρ_{SP}表示。

下面用一个简化的模型来说明体束缚电荷密度ρ_P与体内极化强度矢量$\boldsymbol{P}$的关系。

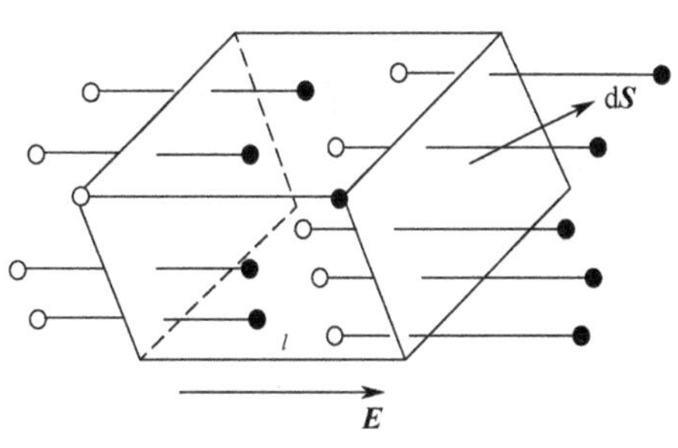

图 2.12　介质的极化

如图 2.12 所示，设每个分子由相距为l的一对正负电荷构成，每个分子的电偶极矩为$\boldsymbol{p} = q\boldsymbol{l}$。取介质内某个面元$\mathrm{d}\boldsymbol{S}$，当介质置于外电场$\boldsymbol{E}$时，电偶极子

沿着电场方向排列，一些分子电偶极子跨过 $\mathrm{d}\boldsymbol{S}$，即这些电偶极子的正电荷穿出 $\mathrm{d}\boldsymbol{S}$，而负电荷留在体积 $\boldsymbol{l}\cdot\mathrm{d}\boldsymbol{S}$ 内。设单位体积分子数为 n，则从面元 $\mathrm{d}\boldsymbol{S}$ 穿出的正电荷为

$$nq\boldsymbol{l}\cdot\mathrm{d}\boldsymbol{S}=n\mathrm{p}\cdot\mathrm{d}\boldsymbol{S}=\boldsymbol{P}\cdot\mathrm{d}\boldsymbol{S} \tag{2.41}$$

对包围区域为 τ 的闭合面 S 进行积分，则得到从 τ 通过 S 穿出的正电荷为 $\oint_S \boldsymbol{P}\cdot\mathrm{d}\boldsymbol{S}$，由于介质是电中性的，这个积分等于 τ 内净余的负电荷 q_P，即

$$q_P=-\oint_S \boldsymbol{P}\cdot\mathrm{d}\boldsymbol{S} \tag{2.42}$$

引入体束缚电荷密度（bound-charge density），有

$$\int_\tau \rho_P\mathrm{d}\tau=-\oint_S \boldsymbol{P}\cdot\mathrm{d}\boldsymbol{S} \tag{2.43}$$

把上式右边面积分化成体积分，则得到微分形式：

$$\rho_P=-\nabla\cdot\boldsymbol{P} \tag{2.44}$$

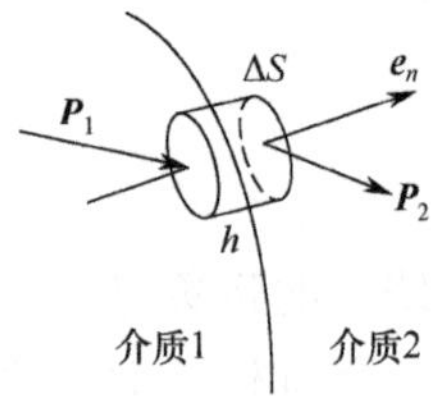

图 2.13　$\boldsymbol{P}$ 的边界条件

式（2.44）表明，体束缚电荷密度等于该点处极化强度散度的负值。如果是均匀极化介质，则不会出现束缚电荷体分布，即 $\rho_P=0$。

在两种不同介质分界面上，会呈现束缚电荷的面分布，用面束缚电荷密度 ρ_{SP} 表示。如图 2.13 所示，在两介质分界处作一个微小的高斯柱面，柱底面积为 ΔS，高度为 h，将求净余电荷公式（2.42）应用到这个高斯面，并注意到 $h\to 0$，得到

$$\rho_{SP}\Delta S=-(\boldsymbol{P}_2-\boldsymbol{P}_1)\cdot\boldsymbol{e}_n\Delta S \tag{2.45}$$

即

$$\rho_{SP}=-\boldsymbol{e}_n\cdot(\boldsymbol{P}_2-\boldsymbol{P}_1) \tag{2.46}$$

注意，式（2.46）中法向单位矢 $\boldsymbol{e}_n$ 规定为由介质 1 指向介质 2。

若介质 2 为真空，介质 1 的极化强度矢量为 $\boldsymbol{P}$，则介质表面的面束缚电荷密度为

$$\rho_{SP}=\boldsymbol{P}\cdot\boldsymbol{e}_n \tag{2.47}$$

式中，$\boldsymbol{e}_n$ 是该点处由介质指向真空的法向单位矢量。

关于面束缚电荷，需要有正确的理解，它实际上并不是分布在一个理想的几何面上的，而是在一个含有相当多分子薄层内的效应。

扫码学习
电介质的极化

2.4.2　介质中电场的基本方程

束缚电荷与自由电荷一样，都是产生电场的源，因此在有介质存在的情形，总电场是由自由电荷产生的电场与束缚电荷产生的电场的叠加，因此静电场高斯定理的微分形式应修改为

$$\varepsilon_0\nabla\cdot\boldsymbol{E}=\rho+\rho_P \tag{2.48}$$

式中，ρ 是自由电荷的体密度（volume density of free charges），ρ_P 是体束缚电荷密度。自由电荷比较容易受实验条件的直接控制或观测，而束缚电荷则不然。将 ρ_P 改成用式（2.44）表示，得到

$$\nabla\cdot(\varepsilon_0\boldsymbol{E}+\boldsymbol{P})=\rho \tag{2.49}$$

令

$$\boldsymbol{D}=\varepsilon_0\boldsymbol{E}+\boldsymbol{P} \tag{2.50}$$

称 $\boldsymbol{D}$ 为电位移矢量（electric displacement vector），单位为 $\mathrm{C/m^2}$，则式（2.49）写成

$$\nabla \cdot \boldsymbol{D} = \rho \tag{2.51}$$

利用高斯散度定理，将（2.51）写成积分形式，得到

$$\oint_S \boldsymbol{D} \cdot \mathrm{d}\boldsymbol{S} = q \tag{2.52}$$

式中，q 为包围在高斯面 S 内自由电荷的代数和。

式（2.51）称为介质中高斯定理的微分形式，式（2.52）称为介质中高斯定理的积分形式，这两个方程是介质中电场的基本方程。静电场的另一个基本方程，即 $\boldsymbol{E}$ 的旋度方程（2.29）和它的积分形式（2.27），在有介质存在时仍然不变；这是因为介质的存在仅使介质出现一些束缚电荷，而束缚电荷产生的电场的旋度也等于零。

需要注意的是，基本方程中引入电位移矢量 $\boldsymbol{D}$ 是为了简化问题的计算，而真正有物理意义是电场强度 $\boldsymbol{E}$ 这个物理量。

为了能够通过基本方程计算电场 $\boldsymbol{E}$，必须给出 $\boldsymbol{D}$ 与 $\boldsymbol{E}$ 的关系。实验指出，各种介质材料电磁性能各不相同，$\boldsymbol{D}$ 和 $\boldsymbol{E}$ 的关系也有多种形式；但对于一般各向同性的线性介质，介质中各点的电特性与方向无关，极化强度矢量 $\boldsymbol{P}$ 与电场强度 $\boldsymbol{E}$ 之间有简单的线性关系，即

$$\boldsymbol{P} = \chi_e \varepsilon_0 \boldsymbol{E} \tag{2.53}$$

式中，χ_e 称为介质的极化率，是一个无量纲的量。这时，电位移矢量 $\boldsymbol{D}$ 改写为

$$\boldsymbol{D} = \varepsilon_0 (1 + \chi_e) \boldsymbol{E} = \varepsilon_0 \varepsilon_r \boldsymbol{E} = \varepsilon \boldsymbol{E} \tag{2.54}$$

式中，$\varepsilon_{\mathrm{r}} = 1 + \chi_e$ 称为介质的相对介电常数（relative permittivity）或相对电容率，也是一个无量纲的量；$\varepsilon = \varepsilon_0 \varepsilon_{\mathrm{r}}$ 称为介质的绝对介电常数（absolute permittivity）或介电常数，其量纲与 ε_0 相同；χ_e 是一个标量，与方向无关。使 $\boldsymbol{D}$ 和 $\boldsymbol{E}$ 具有相同的方向，这是各向同性介质的特征。如果 χ_e 是一个常数，则介质称为均匀介质。

例 2.10　有一个介质球（如图 2.14 所示），半径为 a，相对介电常数为 ε_{r}，介质球中有均匀分布的自由电荷，体电荷密度为 ρ，求球内外任一点的 $\boldsymbol{D}$、$\boldsymbol{E}$、$\boldsymbol{P}$ 以及介质球的束缚电荷密度 ρ_P 和 ρ_{SP}。

解　利用介质中高斯定理积分形式（2.52），分别以 O 为圆心，作球面高斯面于介质球内和球外。由于电荷分布具有球对称性，$\boldsymbol{D}$ 在高斯面上大小均相等，方向垂直于高斯面，于是得到

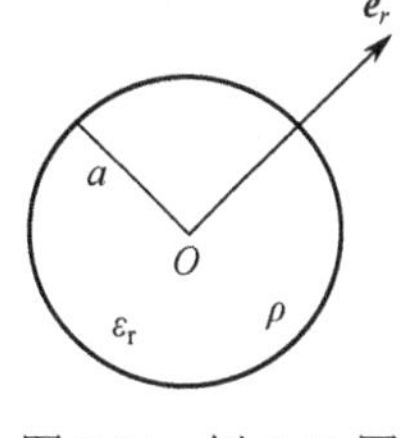

图 2.14　例 2.10 图

$$\oint_S \boldsymbol{D} \cdot \mathrm{d}\boldsymbol{S} = \oint_S D \mathrm{d}S = 4\pi r^2 D = \begin{cases} \dfrac{4}{3}\pi r^3 \rho, & r < a \\ \dfrac{4}{3}\pi a^3 \rho, & r \geqslant a \end{cases}$$

求得电位移矢量为

$$\boldsymbol{D} = \begin{cases} \boldsymbol{e}_r \dfrac{\rho r}{3}, & r < a \\ \boldsymbol{e}_r \dfrac{\rho a^3}{3r^2}, & r \geqslant a \end{cases}$$

由 $\boldsymbol{D} = \varepsilon_0 \varepsilon_{\mathrm{r}} \boldsymbol{E}$，得电场强度矢量为

$$\boldsymbol{E} = \begin{cases} \boldsymbol{e}_r \dfrac{\rho r}{3\varepsilon_0 \varepsilon_{\mathrm{r}}}, & r < a \\ \boldsymbol{e}_r \dfrac{\rho a^3}{3\varepsilon_0 r^2}, & r \geqslant a \end{cases}$$

介质体内的极化强度矢量为

$$\boldsymbol{P}=\chi_e\varepsilon_0\boldsymbol{E}=(\varepsilon_{\mathrm{r}}-1)\varepsilon_0\boldsymbol{E}=\boldsymbol{e}_r\frac{(\varepsilon_{\mathrm{r}}-1)\rho r}{3\varepsilon_{\mathrm{r}}},\quad r<a$$

介质体内体束缚电荷密度为

$$\rho_P=-\nabla\cdot\boldsymbol{P}=-\frac{(\varepsilon_{\mathrm{r}}-1)\rho}{3\varepsilon_{\mathrm{r}}}\nabla\cdot\boldsymbol{r}=-\frac{(\varepsilon_{\mathrm{r}}-1)\rho}{\varepsilon_{\mathrm{r}}}$$

介质分界面上的面束缚电荷密度为

$$\rho_{SP}=\boldsymbol{P}\cdot\boldsymbol{e}_r\big|_{r=a}=\frac{(\varepsilon_{\mathrm{r}}-1)\rho a}{3\varepsilon_{\mathrm{r}}}$$

计算结果表明，在 $r=a$ 的两侧，电位移矢量是连续的，但电场强度不连续；其原因是分界面上存在面束缚电荷。

还可以看出，介质内总的体束缚电荷为 $\frac{4}{3}\pi a^3\rho_P=-\frac{4(\varepsilon_{\mathrm{r}}-1)\pi\rho a^3}{3\varepsilon_{\mathrm{r}}}$，而分界面上总的面束缚电荷为 $4\pi a^2\rho_{SP}=\frac{4\pi(\varepsilon_{\mathrm{r}}-1)\rho a^3}{3\varepsilon_{\mathrm{r}}}$，两者大小相同，符号相反；这是因为整个介质是电中性的，总的束缚电荷当然为 0。

2.4.3 静电场中的导体

导体中存在大量可以自由移动的带电电荷，当置于静电场中时，在电场力的作用下，电荷在导体表面重新分布，达到静电平衡（electrostatic balance）。这时导体内部和表面都没有电荷做宏观的定向运动，空间总电场是原电场与导体表面电荷产生的附加电场的叠加。

将静电场的基本方程应用于导体，得到导体在静电平衡时具有以下主要特性：

（1）导体内部的电场强度处处为 0；

（2）导体是一个等位体，导体表面是一个等位面；

（3）导体内部无净电荷分布，电荷只能分布在导体的表面；

（4）导体表面任何一点的场强都垂直于表面，如果导体外是真空，则导体外表面处的电场强度的大小为 $E=\frac{\rho_S}{\varepsilon_0}$，其中 ρ_S 是导体表面自由电荷的面密度。

扫码学习
均匀电场中的导体球

导体静电平衡时的特性对于分析含有导体的静电场问题十分有用。

2.5 静电场的边界条件

边界条件是指不同介质在边界面两侧场量之间的关系。边界面两侧可以是电介质，也可以是电介质和导体，边界条件用来研究电场强度在切线方向和法线方向的变化。

2.5.1 法向边界条件

如图 2.15 所示，设有两种不同的一般介质，介电常数分别为 ε_1 和 ε_2，在分界面的两侧，电位移矢量分别为 $\boldsymbol{D}_1$ 和 $\boldsymbol{D}_2$，作一个微小的柱形高斯面跨越边界两侧，柱面底面积大小为 ΔS，高为 h，规定该点的单位法向矢量 $\boldsymbol{e}_n$ 从介质 1 指向介质 2，边界上自由电荷的面密度为 ρ_S。将介质的高斯定理应用于这个高斯面，并注意到长度 $h \to 0$，得到

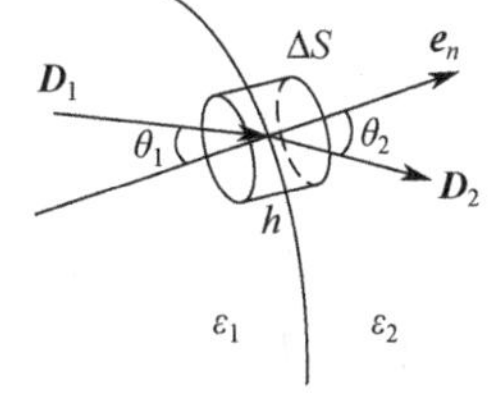

图 2.15　法向边界条件推导

$$\oint_S \boldsymbol{D} \cdot \mathrm{d}\boldsymbol{S} = \boldsymbol{D}_2 \cdot \boldsymbol{e}_n \Delta S - \boldsymbol{D}_1 \cdot \boldsymbol{e}_n \Delta S = \rho_S \Delta S \tag{2.55}$$

由此得到

$$\boldsymbol{e}_n \cdot (\boldsymbol{D}_2 - \boldsymbol{D}_1) = D_{2n} - D_{1n} = \rho_S \tag{2.56}$$

式（2.56）称为静电场的法向边界条件（normal boundary condition）。该式表明，在一般情况下，电位移矢量的法向分量不连续，不连续值等于该点自由电荷的面密度。但如果边界面不存在自由电荷，则 $D_{2n} = D_{1n}$，这时电位移矢量的法向分量连续。

当用电位表示法向边界条件时，由于 $D_{2n} = -\varepsilon_2 \dfrac{\partial \phi_2}{\partial n}$，$D_{1n} = -\varepsilon_1 \dfrac{\partial \phi_1}{\partial n}$，因而得到

$$-\varepsilon_2 \frac{\partial \phi_2}{\partial n} + \varepsilon_1 \frac{\partial \phi_1}{\partial n} = \rho_S \tag{2.57}$$

如果介质 1 是理想导体（perfect conductor），介质 2 是介电常数为 ε 的理想介质（perfect dielectric），由于理想导体中的电场为 0，则有

$$\rho_S = \boldsymbol{e}_n \cdot \boldsymbol{D} = D_n = -\varepsilon \frac{\partial \phi}{\partial n} \tag{2.58}$$

式（2.58）中 $\boldsymbol{D}$ 是介质中的电位移矢量，$\boldsymbol{e}_n$ 是由导体指向介质的单位法向矢量。

2.5.2　切向边界条件

如图 2.16 所示，在跨越边界两侧画一个微小的矩形闭合环路 C，假定绕行方向如图中标注，长为 Δl，宽为 h。将静电场的环路定理式（2.27）应用到这个环路，并注意到 $h \to 0$，有

$$\oint_C \boldsymbol{E} \cdot \mathrm{d}\boldsymbol{l} = \boldsymbol{E}_2 \cdot \boldsymbol{e}_t \Delta l - \boldsymbol{E}_1 \cdot \boldsymbol{e}_t \Delta l = 0 \tag{2.59}$$

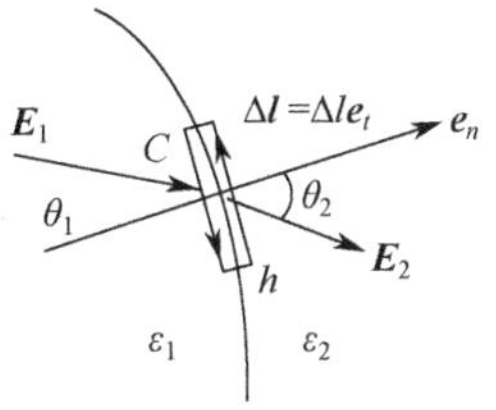

图 2.16　切向边界条件推导

由此得到

$$(\boldsymbol{E}_2 - \boldsymbol{E}_1) \cdot \boldsymbol{e}_t = E_{2t} - E_{1t} = 0 \tag{2.60}$$

即

$$E_{2t} = E_{1t} \tag{2.61}$$

这就是切向边界条件（tangential boundary condition），即在介质分界面两侧，电场强度的切向分量是连续的。

对于理想导体与介质的分界面，由于导体内电场强度等于 0，因此导体外侧表面电场的切向分量恒为 0，即导体表面外侧介质中的电场只存在与导体表面相垂直的分量。

将电位差的定义应用到边界两侧，容易得到用电位表示的切向边界条件为

$$\phi_2 = \phi_1 \tag{2.62}$$

这说明在介质两侧电位是连续的。

当分界面两侧是理想介质时，分界面上没有自由电荷，设场强 $\boldsymbol{E}_1$、$\boldsymbol{E}_2$ 与法线方向的夹角分别为 θ_1 与 θ_2（参见图 2.16），则由边界条件可推导出 θ_1、θ_2 与介电常数 ε_1、ε_2 的关系为

$$\left.\begin{aligned} E_1 \sin\theta_1 &= E_2 \sin\theta_2 \\ \varepsilon_1 E_1 \cos\theta_1 &= \varepsilon_2 E_2 \cos\theta_2 \end{aligned}\right\} \tag{2.63}$$

由此得到

$$\frac{\tan\theta_1}{\tan\theta_2}=\frac{\varepsilon_1}{\varepsilon_2} \tag{2.64}$$

这说明总的电场强度在分界面两侧发生了突变。

例 2.11 已知半径为a的导体球带电荷q，球心位于两种介质ε_1和ε_2的分界面上，如图 2.17 所示，求空间的电场分布和球面上的电荷分布。

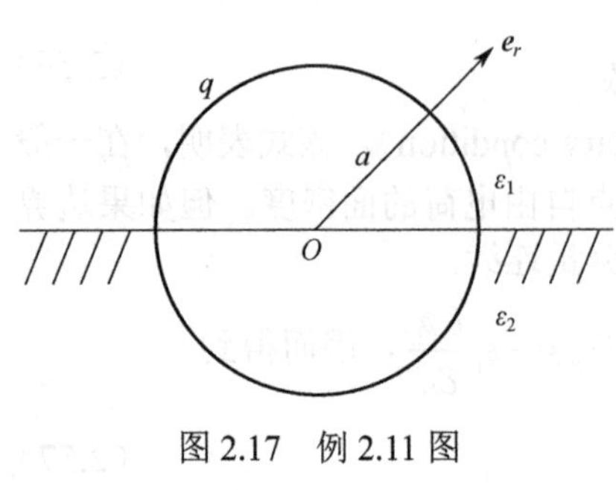

图 2.17 例 2.11 图

解 由静电场中导体的性质，导体内的电场等于 0，则导体外表面处电场的切向分量为 0，只有沿法线方向的分量。对介质而言，由切向边界条件，在介质分界面处有$E_{1r}=E_{2r}$，因此可统一用$\boldsymbol{E}=\boldsymbol{e}_r E_r$表示球外各点的场强。由于求得的解能满足静电场的基本方程和边界条件，故解是唯一的。

根据介质中的高斯定理，有

$$\oint_S \boldsymbol{D}\cdot \mathrm{d}\boldsymbol{S}=2\pi r^2 D_{1r}+2\pi r^2 D_{2r}=q$$

用场强表示为

$$2\pi r^2\varepsilon_1 E_r+2\pi r^2\varepsilon_2 E_r=q$$

得到场强的空间分布为

$$\boldsymbol{E}=\frac{\boldsymbol{e}_r q}{2\pi(\varepsilon_1+\varepsilon_2)r^2} \tag{2.65}$$

注意，两种介质中同一半径处场强大小相同，但电位移矢量的大小并不相同。

根据边界条件，上、下半球面上的自由电荷分布为

$$\rho_{S1}=\boldsymbol{e}_n\cdot\boldsymbol{D}_1|_{r=a}=\varepsilon_1 E_{1r}|_{r=a}=\frac{q}{2\pi a^2}\frac{\varepsilon_1}{\varepsilon_1+\varepsilon_2} \tag{2.66}$$

$$\rho_{S2}=\boldsymbol{e}_n\cdot\boldsymbol{D}_2|_{r=a}=\varepsilon_2 E_{2r}|_{r=a}=\frac{q}{2\pi a^2}\frac{\varepsilon_2}{\varepsilon_1+\varepsilon_2} \tag{2.67}$$

可见，两个半球面上的自由电荷分布不相同。读者可以验证，考虑到表面束缚电荷，两半球面上的总电荷分布是相同的。

2.6 静电场中的能量

在一个带电体系中移动电荷，就需要抵抗电荷之间的相互作用力而做功，从而使带电体系的静电能发生变化。

如果带电体系中有若干个带电体，则将各带电体从无限远处移动到当前位置所做的功，称为它们之间的相互作用能。而对每一个带电体本身，将其上各部分电荷从无限分散状态聚集起来时所做的功，称为带电体的自能。相互作用能与自能两者相加，就是带电体系的静电能。

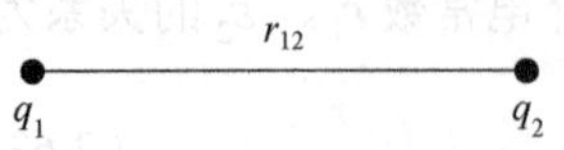

r_{12}

q_1 q_2

图 2.18 两个点电荷的静电能

如图 2.18 所示，考察两个点电荷的情况，当q_1固定，而q_2从无限远处移动到当前位置时，克服静电力所做的功为

$$A = q_2\phi_{12} = \frac{q_1 q_2}{4\pi\varepsilon_0 r_{12}} \tag{2.68}$$

式中，ϕ_{12}为点电荷q_1在q_2处产生的电位。同样，当q_2固定，而q_1从无限远处移动到当前位置时，克服静电力所做的功为

$$A' = q_1\phi_{21} = \frac{q_1 q_2}{4\pi\varepsilon_0 r_{12}} \tag{2.69}$$

式中，ϕ_{21}为点电荷q_2在q_1处产生的电位。A和A'的值相等，因此两个点电荷之间的相互能写成对称形式就是

$$W_{互} = \frac{1}{2}(q_1\phi_{21} + q_2\phi_{12}) \tag{2.70}$$

推广到n个点电荷组的情况，总的相互作用能为

$$W_{互} = \sum_{i=1}^{n}\frac{1}{2}q_i\phi_i \tag{2.71}$$

式中，ϕ_i是指除q_i外，所有其他电荷在q_i处产生的电位。

例 2.12 有一个边长为a的正方体，在其每个顶点上放有一个点电荷$-e$，如图2.19所示，求点电荷组之间的相互作用能。

解 对于任一点电荷而言，到其他点电荷有3个不同的距离，即a、$\sqrt{2}a$和$\sqrt{3}a$，距离为a的有3个点电荷，距离为$\sqrt{2}a$的有3个点电荷，距离为$\sqrt{3}a$的有1个点电荷。由式（2.71），得到这8个点电荷组具有的相互作用能为

$$W_{互} = \sum_{i=1}^{n}\frac{1}{2}q_i\phi_i = \frac{1}{2}\frac{3\times 8(-e)^2}{4\pi\varepsilon_0 a} + \frac{1}{2}\frac{3\times 8(-e)^2}{4\pi\varepsilon_0\sqrt{2}a} + \frac{1}{2}\frac{8(-e)^2}{4\pi\varepsilon_0\sqrt{3}a}$$

$$= \frac{e^2}{\pi\varepsilon_0 a}\left(3 + \frac{3}{\sqrt{2}} + \frac{1}{\sqrt{3}}\right) \approx 5.699\frac{e^2}{\pi\varepsilon_0 a}$$

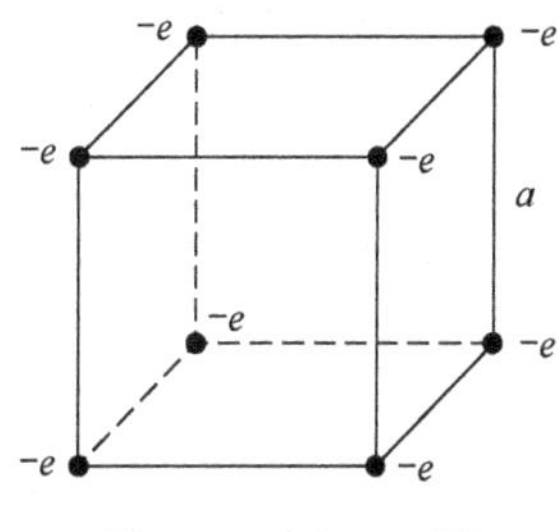

图2.19 例2.12图

对于连续体电荷分布情况，设体电荷密度为ρ，则式（2.71）式可写成积分形式：

$$W_e = \int_{全空间}\frac{1}{2}\rho\phi\,d\tau \tag{2.72}$$

需要注意的是，该积分表达式中带电体内的电荷已被无限分割，W_e表示的是包含相互作用能和自能在内的总静电能。还要注意的是，积分是对全空间进行的，但实际上只需要在有电荷存在的区域积分即可。因此，$\frac{1}{2}\rho\phi$并不代表电场的能量密度，即式（2.72）只对计算总静电能适用。

对于电荷是面分布的情况，得到系统总静电能为

$$W_e = \int_{所有表面}\frac{1}{2}\rho_S\phi\,dS \tag{2.73}$$

如果带电体是导体，由于导体是等电位的，则系统的总静电能为

$$W_e = \sum_{i=1}^{n}\frac{1}{2}q_i\phi_i \tag{2.74}$$

式中，q_i和ϕ_i分别是第i个导体所带的电量和电位。

例 2.13 已知导体球壳半径为R，带电量为q，计算带电球壳的总静电能。

解 因为导体球壳上具有等电位，且由于球壳外没有其他带电体，球壳上的电荷均匀分布，因此这个电位为

$$\phi = \frac{q}{4\pi\varepsilon_0 R}$$

球壳的总静电能为

$$W_e = \frac{1}{2}q\phi = \frac{1}{2}q \cdot \frac{q}{4\pi\varepsilon_0 R} = \frac{q^2}{8\pi\varepsilon_0 R}$$

对于连续体电荷分布的静电能计算，可将式（2.72）改成用电场强度来表示，利用矢量恒等式和高斯定理等，得到

$$\nabla \cdot (\phi \boldsymbol{D}) = \phi \nabla \cdot \boldsymbol{D} + \nabla \phi \cdot \boldsymbol{D} = \rho\phi - \boldsymbol{E} \cdot \boldsymbol{D} \tag{2.75}$$

故有

$$\begin{aligned} W_e &= \int_{全空间} \frac{1}{2}\rho\phi \mathrm{d}\tau = \int_{全空间} \frac{1}{2}[\boldsymbol{E} \cdot \boldsymbol{D} + \nabla \cdot (\phi \boldsymbol{D})]\mathrm{d}\tau \\ &= \int_{全空间} \frac{1}{2}\boldsymbol{E} \cdot \boldsymbol{D}\mathrm{d}\tau + \oint_S \phi \boldsymbol{D}\mathrm{d}S \end{aligned} \tag{2.76}$$

由于电荷分布在有限区域，而体积分和面积分都是针对全空间的，随着半径增加，$\phi\boldsymbol{D}$ 的大小反比于 r^3，而面积 S 正比于 r^2，所以式（2.76）中等号右边第二项在无限远处的面积分趋于 0，从而得到系统总静电能的另一种表达式为

$$W_e = \int_{全空间} \frac{1}{2}\boldsymbol{E} \cdot \boldsymbol{D}\mathrm{d}\tau \tag{2.77}$$

对于各向同性介质，$\boldsymbol{D} = \varepsilon \boldsymbol{E}$，这时 W_e 可写为

$$W_e = \int_{全空间} \frac{1}{2}\varepsilon E^2 \mathrm{d}\tau \tag{2.78}$$

用静电场的能量体密度 w_e 代表单位体积中的静电能，得到

$$w_e = \frac{1}{2}\varepsilon E^2 \tag{2.79}$$

比较式（2.72）与式（2.78），在计算系统的总静电能时，两者完全相同，但式（2.78）更细致地描述了电场能量的特点，即电场能量分布在有电场存在的所有空间区域。

例 2.14 计算例 2.11 中导体球的静电能。

解 导体球的电位为

$$\phi_a = \int_a^\infty \frac{q\mathrm{d}r}{2\pi(\varepsilon_1 + \varepsilon_2)r^2} = \frac{q}{2\pi(\varepsilon_1 + \varepsilon_2)a}$$

用式（2.72）计算，系统的静电能为

$$W_e = \frac{1}{2}\int_S \rho_S \phi \mathrm{d}S = \frac{1}{2}\phi_a \int_S \rho_S \mathrm{d}S = \frac{q^2}{4\pi(\varepsilon_1 + \varepsilon_2)a}$$

用式（2.78）计算，系统的静电能为

$$\begin{aligned} W_e &= \frac{1}{2}\int_{全空间} \boldsymbol{D} \cdot \boldsymbol{E}\mathrm{d}\tau = \frac{1}{2}\int_{上半空间} \varepsilon_1 E^2 \mathrm{d}\tau + \frac{1}{2}\int_{下半空间} \varepsilon_2 E^2 \mathrm{d}\tau \\ &= \frac{1}{2}\int_a^\infty (\varepsilon_1 + \varepsilon_2)\left[\frac{q}{2\pi(\varepsilon_1 + \varepsilon_2)r^2}\right]^2 \times 2\pi r\mathrm{d}r = \frac{q^2}{4\pi(\varepsilon_1 + \varepsilon_2)a} \end{aligned}$$

两种方法计算结果相同。

本 章 小 结

静电场的基本特征是对置于其中的静止电荷有力的作用，电荷之间的相互作用力是通过电场来传递的，凡是有电荷的地方，在它的周围空间就存在着电场。

基本电荷所带电量为$e = 1.602\times10^{-19}\text{C}$，任何带电体所带的电量只能是基本电荷所带电量的整数倍，电荷的空间分布可用体密度、面密度和线密度表描述。

电场强度是矢量，服从叠加原理，其单位主要采用 V/m。

描述真空中的静电场有两个基本方程，积分形式描述的是电场强度的通量和环流，微分形式描述的是电场强度的散度和旋度。静电场是一个有源无旋场。

当电荷具有某种对称分布时，比如轴对称、球对称和面对称，就可以直接使用高斯定理计算电场，从而使求解过程得到简化。

静电场的积分与路径无关，因此可以引入电位差。电位差是一个标量，表示某点电位与参考点电位之差，当电荷分布在有限区域时，往往选取无限远处的电位为 0。

当有介质放到静电场中时，介质体内和介质表面会出现体束缚电荷和面束缚电荷，这些电荷的存在会对原电场产生一定的影响，空间场强是自由电荷和束缚电荷共同产生的。体束缚电荷密度等于该点处极化强度散度的负值，即$\rho_P = -\nabla\cdot\boldsymbol{P}$，介质表面的面束缚电荷为$\rho_{SP} = -\boldsymbol{e}_n\cdot(\boldsymbol{P}_2 - \boldsymbol{P}_1)$。

电位移矢量是一个辅助物理量，对简化电场计算有很大的帮助，但真正有物理意义是电场强度，它是一个基本物理量。电位移矢量的一般定义式为$\boldsymbol{D} = \varepsilon_0\boldsymbol{E} + \boldsymbol{P}$，但对于各向同性线性介质，$\boldsymbol{D} = \varepsilon_0(1+\chi_e)\boldsymbol{E} = \varepsilon_0\varepsilon_\text{r}\boldsymbol{E} = \varepsilon\boldsymbol{E}$。

介质中高斯定理的积分形式和微分形式分别为$\oint_S \boldsymbol{D}\cdot\text{d}\boldsymbol{S} = \sum_i q$和$\nabla\cdot\boldsymbol{D} = \rho$，其中的电荷都是自由电荷，极化电荷的效应已包含在电位移矢量中。

边界条件是指不同介质边界面两侧场量之间的关系，分为法向边界条件和切向边界条件，其表达式分别为$D_{2n} - D_{1n} = \rho_S$和$E_{2t} = E_{1t}$。

计算静电场总能量的公式有两个，即$W_\text{e} = \int_{全空间}\frac{1}{2}\rho\phi\text{d}\tau$和$W_\text{e} = \int_{全空间}\frac{1}{2}\varepsilon E^2\text{d}\tau$，其中$w_\text{e} = \frac{1}{2}\varepsilon E^2$为静电场的能量体密度，而$\frac{1}{2}\rho\phi$不代表静电场的能量体密度。

思 考 题

2.1　为什么说静电场是保守场？保守场有什么特征？

2.2　根据边界条件，说明面电荷密度为ρ_S的无限大均匀带电平面与电场强度之间的关系。

2.3　对于介质中的高斯定理，公式中只出现自由电荷，能否说明电场强度与束缚电荷无关？

2.4　有两个半径不同的球形导体，相距很远，现用细导线连接，使两导体带电，则面电荷密度之比是多少？

2.5　在什么情况下，高斯定理对计算电荷分布的电场强度特别有用？对于有限长均匀线电荷分布，高斯定理可用来计算场强吗？为什么？

2.6　如果某点的电场强度为0，能否说明该点的电位也为0？

2.7　极化强度矢量是如何定义的？它与体束缚电荷的关系是什么？

2.8　在两种不同介质分界面处电位的边界条件是什么？为什么说它与电场强度的切向边界条件相对应？

2.9　连续体电荷分布的静电能的表达式是什么？

2.10　写出用电场强度表示静电能的数学表达式。

2.11　简述电场强度矢量与电位移矢量的区别与联系。

2.12　为什么导体内的电场强度恒为0，而导体表面处的电场方向与导体表面相垂直？

习　题

2.1　一个半径为 a 的圆环，其上均匀分布着电荷，总电量为 q，如题图 2.1 所示，求圆环轴线上 P 点的电位 ϕ 和电场强度 $\boldsymbol{E}$。

2.2　一个半径为 a 的球内均匀分布着体电荷密度为 $\rho = a^2 - r^2$ 的电荷，求球内、球外任一点的电场强度。

2.3　电荷均匀分布在两平行圆柱之间的区域中，体电荷密度为 ρ，两圆柱的半径分别为 a 和 b，两圆柱轴心之间的距离为 c，如题图 2.2 所示，计算柱形空腔内的电场强度。

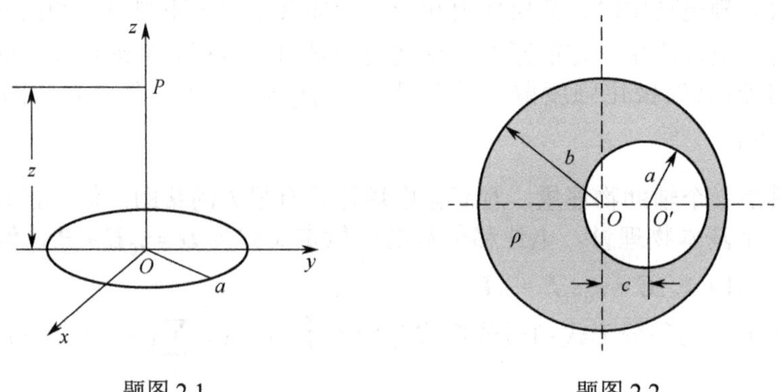

题图 2.1　　　　题图 2.2

2.4　一个球形电容器，内外半径分别为 a 和 c，中间填充两种介质，介电常数分别为 ε_1 和 ε_2，两种介质的分界面半径为 b，设内球带电为 q，如题图 2.3 所示，求两球间的电场强度分布和总能量。

2.5　已知电荷在球坐标系空间产生的电位为 $\phi = -\dfrac{q}{4\pi\varepsilon_0}\dfrac{3\cos^2\theta - 1}{r^3}$，求空间的电场强度。

2.6　无限长同轴圆柱电容器外导体半径为 $b = 5\text{cm}$，内导体半径为 a，两导体之间是空气，已知空气的介电强度为 3×10^6 V/m，求两导体之间有最大电位差时的 a，并计算这个电位差。

2.7　两个同心的金属球壳，内球壳半径为 a，外球壳半径为 b，已知内球壳带电量为 q_1，计算当外球壳带电量 q_2 为多大时，可使内球壳的电位为 0。

2.8　一个半径为 a 的接地圆柱形导体，已知圆柱外的电位分布为 $\phi = A\left(r - \dfrac{a^2}{r}\right)\cos\varphi$，其中 A 是常数。求：（1）圆柱外的电场强度 $\boldsymbol{E}$；（2）圆柱表面的面电荷密度 ρ_S。

2.9　平行板电容器两极板之间的距离为 d，电位分别为 0 和 ϕ_0，两极板之间充满密度为 $\rho = \rho_0 z/d$ 的电荷，如题图 2.4 所示，求极板间的电位分布和电场分布。

2.10　半径为 a 的导体球外有一层介质球壳，其内外半径分别为 a 和 b，其介电常数为 r 的函数 $\varepsilon(r)$，导体球带电荷 Q，介质中电场为 $\boldsymbol{E} = \boldsymbol{e}_r\dfrac{Q}{4\pi\varepsilon_0 b^2}$，$a < r < b$，求 $\varepsilon(r)$ 及介质中的束缚电荷。

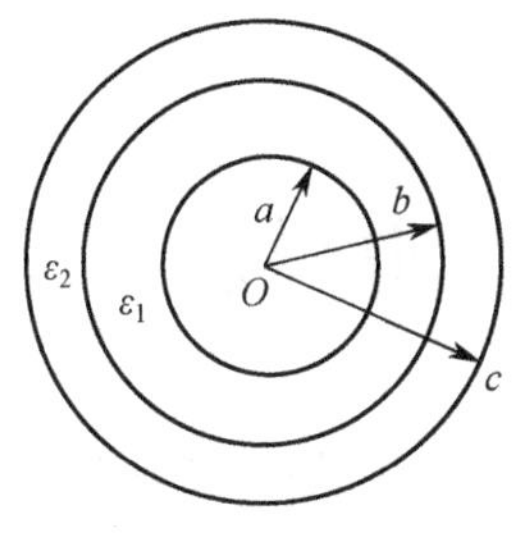

题图 2.3

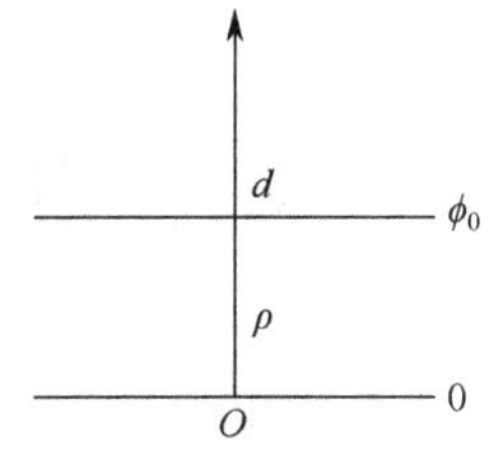

题图 2.4

2.11 在 $z=0$ 和 $z=d$ 处有两个无限大的接地导体平板，$z=b$（$b<d$）有一个密度为 ρ_S 的无限大电荷片。求导体板间的电位和电场。

2.12 导体表面处电场强度为 $\boldsymbol{E}=-\boldsymbol{e}_x 400+\boldsymbol{e}_y 300+\boldsymbol{e}_z 200(\mathrm{V/m})$，求该点的面电荷密度。

2.13 设各向同性均匀介质中的极化体电荷密度为 ρ_P，自由电荷的体密度为 ρ，介质的相对介电常数为 ε_r，证明两者之间存在的关系是 $\rho_P=-\left(1-\dfrac{1}{\varepsilon_r}\right)\rho$。

2.14 试证明：在良导体内部电荷的体密度为零，电场强度也为零，电荷只能分布在导体表面。

2.15 试证明：紧靠导体表面的任何一点的场强没有切向分量，只有垂直于导体表面的法向分量。如果导体外是真空，利用高斯定理证明导体外表面处的电场强度大小为 $E=\dfrac{\rho_S}{\varepsilon_0}$，其中 ρ_S 是导体表面自由电荷的面密度。

扫码查
第 2 章习题答案

第3章 恒定电场

恒定电场也是由电荷产生的。与静电场不同的是，这些电荷在导电媒质（又称导电介质）中相对于观察者是运动的；但电荷的分布不随时间变化，场域中各处电流密度不随时间改变。

恒定电场与静电场是同一种矢量场，但在导电媒质中存在着电流，使其具有一些特殊规律。本章介绍恒定电流的实验定律、恒定电场的基本方程以及边界条件等。

3.1 导电媒质中的传导电流

媒质是研究电磁现象时对物质的一种统称，也常称为介质。当媒质具有导电特性时一般称为导电媒质，也称为导电介质；在静电场和时变场中的绝缘媒质，常称为理想介质，也称为电介质；在恒定磁场中的媒质，常称为磁介质。本教材中对媒质和介质不加以严格区分，可理解为同一名词，根据习惯选用。

传导电流（conduction current）是指自由电子或其他带电粒子在导电媒质中定向运动所形成的电流。金属导体、漏电媒质和电解液等都可以存在传导电流。本节介绍有传导电流存在时的欧姆定律、焦耳定律等。

3.1.1 欧姆定律

在导电媒质内部，当有外电场作用时，自由电荷产生定向运动，就形成了电流。定义单位时间内通过导电媒质某一横截面的电量为电流强度，简称电流。电流是一个标量，用字母 I 表示。为了能描述各点电荷的运动特性，引入电流密度（矢量）$\boldsymbol{J}$（current density），它的大小等于单位时间内通过垂直于电荷运动方向单位面积的电量，方向为该点正电荷运动的方向，单位是 $\mathrm{A/m^2}$（安/米^2）。对于任意导电媒质中的截面 S，电流 I 等于该截面上电流密度 $\boldsymbol{J}$ 的通量，即

$$I = \int_S \boldsymbol{J} \cdot \mathrm{d}\boldsymbol{S} \tag{3.1}$$

通过实验得知，在温度恒定的条件下，如果金属导体任意两点间加上电压 U，通过的电流为 I，则电压与电流成正比关系，即

$$U = RI \tag{3.2}$$

这就是欧姆定律（Ohm's law），其中 R 称为电阻。对于横截面为 S 的均匀导体，设其长度为 L，则其电阻与长度和横截面的关系为

$$R = \frac{L}{\sigma S} \tag{3.3}$$

式中，σ 是材料的电导率（conductivity），单位为 S/m（西/米），最常用的铜的电导率为 5.80×10^7 S/m。一些常用材料的电导率如表 3.1 所示，表中的值是在室温、低频率下的平均值，它们会随温度的变化而变化。

表 3.1 常用材料的电导率

材 料 名 称	电导率/（S/m）	材 料 名 称	电导率/（S/m）
银	6.17×10^{7}	清水	10^{-3}
铜	5.80×10^{7}	蒸馏水	2×10^{-4}
金	4.10×10^{7}	干燥土壤	10^{-5}
铝	3.54×10^{7}	变压器油	10^{-11}
黄铜	1.57×10^{7}	玻璃	10^{-12}
铁	10^{7}	橡胶	10^{-15}
海水	4	石英	10^{-17}

对于导电媒质中的任意点，可以导出欧姆定律的微分形式。如图 3.1 所示，在考察点画出一个微小的电流管，长度为 dl，横截面面积为 dS，这时在电流管中通过的电流可认为处处均匀，电流的大小为

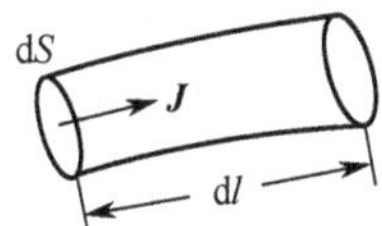

图 3.1 电流管

$$\mathrm{d}I = \boldsymbol{J}\cdot\mathrm{d}\boldsymbol{S} \tag{3.4}$$

将欧姆定律应用到电流管，得到

$$\mathrm{d}U = \frac{\boldsymbol{J}\cdot\mathrm{d}\boldsymbol{S}\mathrm{d}l}{\sigma\mathrm{d}S} \tag{3.5}$$

式中，dU 表示电流管中沿电流方向的电压降。由于 $\boldsymbol{J}$ 与 d$\boldsymbol{S}$ 方向相同，而 $\mathrm{d}U = E\mathrm{d}l$，故得到

$$\boldsymbol{J} = \sigma\boldsymbol{E} \tag{3.6}$$

这个方程称为各向同性媒质中欧姆定律的微分形式，也称为导电媒质的本构关系（constitutive relation）。

从图 3.1 还可以导出电流密度的另一种表达式。由于电流管中的电流为

$$\mathrm{d}I = \frac{\mathrm{d}q}{\mathrm{d}t} = \frac{\rho\mathrm{d}S\mathrm{d}l}{\mathrm{d}t} = J\mathrm{d}S \tag{3.7}$$

而 $\frac{\mathrm{d}l}{\mathrm{d}t} = v$ 表示载流子运动速度，于是式（3.7）写成矢量形式：

$$\boldsymbol{J} = \rho\boldsymbol{v} \tag{3.8}$$

式中，ρ 表示运动电荷的体密度，也就是载流子的体密度，这与导电媒质中净电荷的体密度是不同的。

扫码学习
运流电流

3.1.2 焦耳定律

电场在单位时间内所做的功，称为电功率，用符号 P 表示，它等于电路两端的电压 U 和通过电路的电流强度 I 的乘积，即

$$P = UI \tag{3.9}$$

如果一段电路中只包含电阻，则电场所做的功就全部转化为焦耳热，利用欧姆定律，得到电流通过电阻转化为热的功率为

$$P = U^2/R = I^2R \tag{3.10}$$

这一关系也称为焦耳定律（Joule's law）的积分形式，是焦耳最初直接根据实验结果确定的。功率的单位是 W（瓦）。

为了更细致地讨论电路中各点的热功率分布，引入热功率密度 p，它表示单位体积中的热功率，则由式（3.10）并结合图 3.1 推得

$$p=\frac{I^2R}{\mathrm{d}l\mathrm{d}S}=(J\mathrm{d}S)^2\cdot\frac{\mathrm{d}l}{\sigma\mathrm{d}S}\cdot\frac{1}{\mathrm{d}l\mathrm{d}S}=\frac{J^2}{\sigma}=\sigma E^2 \tag{3.11}$$

这一关系称为焦耳定律的微分形式。

3.2 恒定电场的基本方程及边界条件

3.2.1 电流连续性方程

电荷守恒定律（law of conservation of charge）是物理学的基本定律之一，即对于一个孤立系统，不论发生什么变化，其中所有电荷的代数和永远保持不变。假定 S 是包围体积 τ 的一个封闭的固定表面，由于总电荷必须是一个常数，所以电荷在单位时间内通过表面流出的电量，必然等于在体积 τ 中单位时间内电荷的减少量。如果用 q 表示 τ 内的总电荷，则得到守恒关系

$$\oint_S \boldsymbol{J}\cdot\mathrm{d}\boldsymbol{S}=-\frac{\mathrm{d}q}{\mathrm{d}t} \tag{3.12}$$

式（3.12）表明，如果闭合曲面 S 内有正电荷积累，则流出 S 面的正电荷少于流入 S 面的正电荷，即该式左边积分小于 0；如果闭合面内的正电荷减少，则流出 S 面的正电荷多于流入 S 面的正电荷，即该式中左边积分大于 0。

对于电荷是体分布的情况，引入体电荷密度 ρ，式（3.12）可写为

$$\oint_S \boldsymbol{J}\cdot\mathrm{d}\boldsymbol{S}=-\frac{\mathrm{d}}{\mathrm{d}t}\int_\tau \rho\mathrm{d}\tau=-\int_\tau\frac{\partial\rho}{\partial t}\mathrm{d}\tau \tag{3.13}$$

由高斯散度定理得到

$$\int_\tau\left(\nabla\cdot\boldsymbol{J}+\frac{\partial\rho}{\partial t}\right)\mathrm{d}\tau=0 \tag{3.14}$$

这个积分对任意区域 τ 都应该成立，因此得到

$$\nabla\cdot\boldsymbol{J}+\frac{\partial\rho}{\partial t}=0 \tag{3.15}$$

式（3.15）称为电流连续性方程（equation of continuity），也称为电荷守恒定律的微分形式。

3.2.2 恒定电场的基本方程

对于恒定电流，要求电流场中的电荷分布恒定，这时空间的电场就是由这些分布不随时间变化的电荷所激发的，称为恒定电场。既然恒定电场内电荷分布不随时间变化，就有 $\frac{\partial\rho}{\partial t}=0$，它反映了电荷的动态平衡。于是，电流连续性方程（3.15）可改写成

$$\nabla\cdot\boldsymbol{J}=0 \tag{3.16}$$

对应的积分形式为

$$\oint_S \boldsymbol{J}\cdot\mathrm{d}\boldsymbol{S}=0 \tag{3.17}$$

式（3.16）和式（3.17）表明，在恒定电场中通过任意闭合曲面的电流为零。或者说，无论闭合曲面 S 取在何处，凡是从某一处穿入的电流线都必定从另一处穿出，恒定电流场的电流线必定是头尾相接的闭合曲线。

恒定电场中的电流是由电荷运动形成的，但由于电荷的分布不随时间改变，因此由分布电荷产生的库仑场与静电场具有相同的性质，是无旋的保守场，电场沿任一闭合回路的线积分恒为 0，即

$$\oint_C \boldsymbol{E}\cdot \mathrm{d}\boldsymbol{l}=0 \tag{3.18}$$

写成微分形式为

$$\nabla\times \mathrm{E}=\mathbf{0} \tag{3.19}$$

式（3.16）和式（3.19）称为恒定电场基本方程的微分形式；式（3.17）和式（3.18）称为恒定电场基本方程的积分形式。

恒定电场也可以用电位梯度来表示，即

$$\boldsymbol{E}=-\nabla\phi \tag{3.20}$$

由 $\nabla\cdot\boldsymbol{J}=0$ 和 $\boldsymbol{J}=\sigma\boldsymbol{E}$，得

$$\nabla\cdot(\sigma\boldsymbol{E})=-\nabla\cdot(\sigma\nabla\phi)=0 \tag{3.21}$$

若媒质是均匀的，σ 为常数，则

$$\nabla^2\phi=0 \tag{3.22}$$

即恒定电场中的电位满足拉普拉斯方程，只要给定边界条件，就可用这个方程计算电位，进而计算电场 $\boldsymbol{E}$ 和电流密度 $\boldsymbol{J}$。

对于均匀导电媒质，由于 $\nabla\cdot\boldsymbol{J}=0$，可导出 $\nabla\cdot\boldsymbol{E}=0$。这表明，导电媒质内部的净电荷体密度 $\rho=0$，也就是在恒定电场中，均匀导电媒质中的净电荷只能分布在导电媒质表面上，恒定电场就是由这些表面净电荷产生的。

应该指出的是，在开始给导电媒质充电时，是有电荷进入导电媒质的，但由于电荷的相互排斥作用，它们会向导电媒质表面扩散，经过一个很短的暂态过程后，电荷分布就会达到稳态，使导电媒质中的净电荷 $\rho=0$。这一结论推导如下：

设 $t=0$ 时体电荷密度为 ρ_0，由电流连续性方程（3.15）以及均匀媒质的特性得到

$$\frac{\partial\rho}{\partial t}=-\nabla\cdot\boldsymbol{J}=-\nabla\cdot(\sigma\boldsymbol{E})=-\frac{\sigma}{\varepsilon}\nabla\cdot\boldsymbol{D}=-\frac{\sigma}{\varepsilon}\rho \tag{3.23}$$

其解为

$$\rho=\rho_0\mathrm{e}^{-\frac{\sigma}{\varepsilon}t}=\rho_0\mathrm{e}^{-\frac{t}{\tau}} \tag{3.24}$$

式中，$\tau=\dfrac{\varepsilon}{\sigma}$ 称为弛豫时间（relaxation time）。以铜导体为例，$\varepsilon\approx\varepsilon_0=8.85\times10^{-12}\ \mathrm{F/m}$，$\sigma=5.8\times10^7\ \mathrm{S/m}$，$\tau\approx1.5\times10^{-19}\ \mathrm{s}$，弛豫时间很小，所以只需要极短的时间就能达到稳态，使体电荷等于 0，使电荷分布到媒质表面。对于大多数金属，都有 $\varepsilon\approx\varepsilon_0$，且 σ 数值很大，因此对于金属导体，上述结论普遍成立。

3.2.3 恒定电场的边界条件

当恒定电流通过两种不同导电媒质的分界面时，分界面两侧的电流密度和电场强度会发生改变。恒定电场的边界条件就是要确定这种改变所遵循的规律。

如图 3.2 所示，类似于静电场边界条件的推导方法，将恒定电场基本方程的积分形式 $\oint_C \boldsymbol{E}\cdot\mathrm{d}\boldsymbol{l}=0$ 应用于边界环路，推得电场强度在分界面处的切向分量是连续的；将恒定电场基

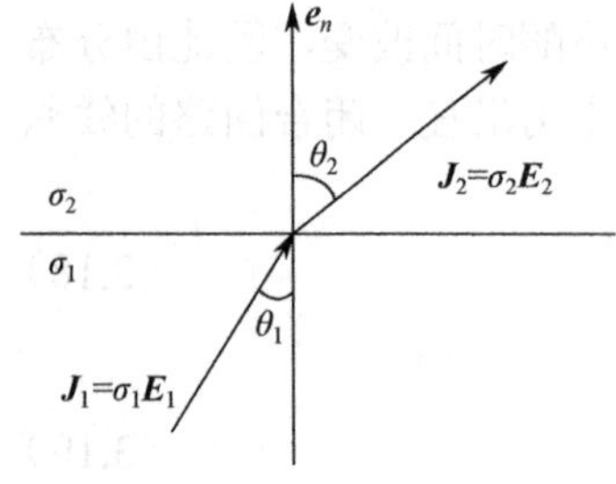

图 3.2 恒定电场的边界条件

本方程的积分形式$\oint_S \boldsymbol{E}\cdot \mathrm{d}\boldsymbol{S}=0$应用于边界高斯面，推得电流密度矢量在分界面处的法向分量是连续的。因此得到

$$\left.\begin{aligned} E_{1t}&=E_{2t} \\ J_{1n}&=J_{2n} \end{aligned}\right\} \tag{3.25}$$

写成矢量形式就是

$$\left.\begin{aligned} \boldsymbol{e}_n\times(\boldsymbol{E}_2-\boldsymbol{E}_1)&=0 \\ \boldsymbol{e}_n\cdot(\boldsymbol{J}_2-\boldsymbol{J}_1)&=0 \end{aligned}\right\} \tag{3.26}$$

利用欧姆定律的微分形式，式（3.25）改写成

$$\left.\begin{aligned} E_{1t}&=E_{2t} \\ \sigma_1 E_{1n}&=\sigma_2 E_{2n} \end{aligned}\right\} \tag{3.27}$$

设θ_1和θ_2分别为$\boldsymbol{J}_1$和$\boldsymbol{J}_2$与分界面法线方向的夹角，则

$$\left.\begin{aligned} E_1\sin\theta_1&=E_2\sin\theta_2 \\ \sigma_1 E_1\cos\theta_1&=\sigma_2 E_2\cos\theta_2 \end{aligned}\right\} \tag{3.28}$$

式（3.28）中上下两式相除，得到分界面两侧电流密度的角度关系为

$$\frac{\tan\theta_1}{\tan\theta_2}=\frac{\sigma_1}{\sigma_2} \tag{3.29}$$

例 3.1 同轴电缆内外半径分别为 a 和 b，中间有两层媒质，其分界面是半径为 c 的圆柱面，媒质的介电常数分别为ε_1和ε_2，电导率分别为σ_1和σ_2，如图 3.3 所示。如果在同轴电缆内外导体间加上电压 U，求媒质中的电场强度和媒质分界面上自由电荷的面密度。

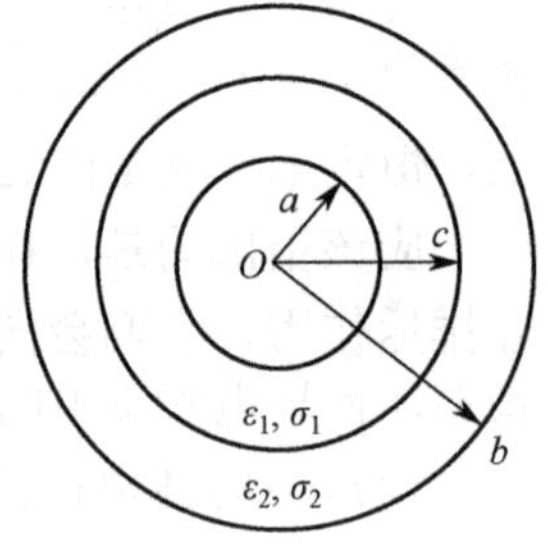

图 3.3 例 3.1 图

解 由于媒质的电导率$\sigma\neq 0$，所以内外导体之间沿径向有传导电流，设单位长度同轴电缆径向漏电流为 I，则两种媒质中沿径向的电流密度的大小可统一表示为

$$J_r=\frac{I}{2\pi r}$$

两媒质中电场强度的方向也是沿径向，其大小分别为

$$E_1=\frac{I}{2\pi r\sigma_1},\quad E_2=\frac{I}{2\pi r\sigma_2}$$

内外导体之间的电压为

$$U=\int_a^c E_1\mathrm{d}r+\int_c^b E_2\mathrm{d}r=\frac{I}{2\pi\sigma_1}\ln\frac{c}{a}+\frac{I}{2\pi\sigma_2}\ln\frac{b}{c}$$

求出漏电流 I 为

$$I=\frac{2\pi\sigma_1\sigma_2 U}{\sigma_2\ln(c/a)+\sigma_1\ln(b/c)}$$

故媒质中的电场强度为

$$E_1=\frac{\sigma_2 U}{\left(\sigma_2\ln\dfrac{c}{a}+\sigma_1\ln\dfrac{b}{c}\right)r},\quad E_2=\frac{\sigma_1 U}{\left(\sigma_2\ln\dfrac{c}{a}+\sigma_1\ln\dfrac{b}{c}\right)r}$$

媒质分界面上自由电荷的面密度为

$$\rho_s = (\varepsilon_2 E_{2n} - \varepsilon_1 E_{1n})|_{r=c} = \frac{(\varepsilon_2\sigma_1 - \varepsilon_1\sigma_2)U}{c(\sigma_2 \ln\frac{c}{a} + \sigma_1 \ln\frac{b}{c})}$$

3.3　恒定电场与静电场的比较

静电场是由静止电荷所产生的电场，恒定电场则是由不变的分布电荷所产生的电场。对于恒定电场，电荷以一定的速率做定向运动而形成恒定电流。对静电场，导体中的电场为 0；而对恒定电场，导体中的电场可不为 0，电流的存在会导致电场能量的损耗。如果要维持导体中的恒定电流，就必须有外加电源来不断补充被损耗的电场能量。恒定电场与静电场一样，会对处在其中的电荷有力的作用。

将导电媒质中恒定电场的场量 $\boldsymbol{E}$、$\boldsymbol{J}$ 等与绝缘媒质中静电场的场量 $\boldsymbol{E}$、$\boldsymbol{D}$ 等分别进行比较（如表 3.2 所示），可以看出它们之间的相似性。

表 3.2　恒定电场与静电场的比较

恒 定 电 场	静 电 场
$\nabla\times\boldsymbol{E}=\boldsymbol{0}$ 或 $\boldsymbol{E}=-\nabla\phi$	$\nabla\times\boldsymbol{E}=\boldsymbol{0}$ 或 $\boldsymbol{E}=-\nabla\phi$
$\nabla\cdot\boldsymbol{J}=0$	$\nabla\cdot\boldsymbol{D}=0$
$\boldsymbol{J}=\sigma\boldsymbol{E}$	$\boldsymbol{D}=\varepsilon\boldsymbol{E}$
$\boldsymbol{I}=\int_S \boldsymbol{J}\cdot\mathrm{d}\boldsymbol{S}$	$q=\oint_S \boldsymbol{D}\cdot\mathrm{d}\boldsymbol{S}$
$\nabla^2\phi=0$	$\nabla^2\phi=0$
$J_{1n}=J_{2n}$	$D_{1n}=D_{2n}$
$\frac{J_{1t}}{\sigma_1}=\frac{J_{2t}}{\sigma_2}$	$\frac{D_{1t}}{\varepsilon_1}=\frac{D_{2t}}{\varepsilon_2}$
$G=\frac{I}{U}$	$C=\frac{q}{U}$

可见，恒定电场与静电场的场量之间存在如下对偶关系：

恒定电场	$\boldsymbol{E}$	$\boldsymbol{J}$	σ	ϕ	I	G
静电场	$\boldsymbol{E}$	$\boldsymbol{D}$	ε	ϕ	q	C

利用这种对偶关系，如果某一问题在恒定电场中已得到解答，则可以置换其中的相关量，得到相应的静电场中的解；反之亦然。

在实验中，由于导电媒质中恒定电场的电位容易测量，故常用恒定电场来模拟静电场：通过在弱导电媒质中测出恒定电流场的电位分布，可得到恒定电场的分布，进而可得到在相同条件下绝缘媒质中的静电场分布。

例 3.2　同轴电缆内导体半径为 a，外导体内半径为 b，当中间填满电导率为 σ 的导电媒质时，计算单位长度的漏电导 G。如果中间填满的是介电常数为 ε 的绝缘媒质，计算单位长度的电容 C。

解　在例 3.1 中，令 $\sigma_1=\sigma_2=\sigma$，得到同轴线沿径向的漏电流 $I=\dfrac{2\pi\sigma U}{\ln(b/a)}$，因此单位长度的漏电导为

$$G=\frac{I}{U}=\frac{2\pi\sigma}{\ln\frac{b}{a}}$$

根据上述对偶关系，用 C 替换 G，用ε替换σ，即求得同轴电缆单位长度的电容为

$$C=\frac{q}{U}=\frac{2\pi\varepsilon}{\ln(b/a)}$$

本章小结

电流是由自由电荷的定向运动形成的，电流强度用单位时间内通过导电媒质某一横截面的电量来表示，它是一个标量。电流密度是一个矢量，其方向与该点正电荷运动方向相同，其大小为单位时间内通过垂直于电荷运动方向的单位面积的电量。

欧姆定律的微分形式是$\boldsymbol{J}=\sigma\boldsymbol{E}$，对于各向同性媒质，电流密度的方向与该点电场强度的方向相同。焦耳定律的微分形式是$p=J^2/\sigma=\sigma E^2$，它反映了导电媒质中各点的热功率损耗。

电流连续性方程反映了电荷守恒定律，其积分形式是$\oint_S\boldsymbol{J}\cdot\mathrm{d}\boldsymbol{S}=-\frac{\mathrm{d}q}{\mathrm{d}t}$，它表示从闭合面$S$流出的电流等于单位时间$S$面内电荷的减少；其微分形式是$\nabla\cdot\boldsymbol{J}+\frac{\partial\rho}{\partial t}=0$。

恒定电场的基本方程包括积分形式$\oint_S\boldsymbol{J}\cdot\mathrm{d}\boldsymbol{S}=0$和$\oint_C\boldsymbol{E}\cdot\mathrm{d}\boldsymbol{l}=0$，以及微分形式$\nabla\cdot\boldsymbol{J}=0$和$\nabla\times\boldsymbol{E}=\boldsymbol{0}$。还可以引入电位$\phi$，当$\sigma$为常数时，有$\nabla^2\phi=0$。

对于金属导体，弛豫时间是一个很小的数值，所以恒定电场的形成只需要在极短的时间内完成。

恒定电场的切向边界条件和法向边界条件分别为$E_{1t}=E_{2t}$和$J_{1n}=J_{2n}$，边界两侧电场的方向关系是$\frac{\tan\theta_1}{\tan\theta_2}=\frac{\sigma_1}{\sigma_2}$。

恒定电场与静电场之间存在对偶关系，利用这种关系，可以在已知一种场的解的情况下，通过置换相关物理量，得到另一种场的解。

思考题

3.1 为什么说电流强度是标量，而电流密度是矢量？

3.2 什么是欧姆定律的微分形式？什么是焦耳定律的微分形式？

3.3 如果导电媒质的电导率不是常数，则媒质内电荷的分布为 0 吗？$\nabla\times\boldsymbol{J}=\boldsymbol{0}$还成立吗？

3.4 写出电荷守恒定律的微分形式和积分形式。如果是恒定电流，则对应的表达式又是什么？

3.5 恒定电场切向边界条件和法向边界条件是怎样表示的？

3.6 什么是弛豫时间？导体的弛豫时间有什么特点？

3.7 电导率是如何定义的？它的单位是什么？

3.8 恒定电场与静电场的对偶关系有哪些主要特点？

习　题

3.1 设电导率为σ的导体构成横截面为矩形的半圆环，半圆环的内外半径分别为a和$a+d$，厚度为h，如题图3.1所示，求两端面A和B之间的电阻。

3.2 半径分别为a和b的同心导体球壳，已知内球壳电位为U，外球壳接地，两球壳之间媒质的电导率为σ，求两导体球壳之间的电场强度以及这个球形电阻器的电阻。

3.3 如题图3.2所示，电荷q均匀分布在半径为R的球体内，当球以恒定的角速度ω绕z轴旋转时（电荷分布不受影响），计算球内任一点P的电流密度$\boldsymbol{J}$。

3.4 在平行板电容器两极板之间，填充有两种有耗媒质，其介电常数分别为ε_1和ε_2，电导率分别为σ_1和σ_2，极板面积为S，两层介质厚度分别为d_1和d_2，如题图3.3所示。当下极板接地，上极板电位为U时，求两层媒质上的电压以及媒质分界面上自由电荷的面密度。

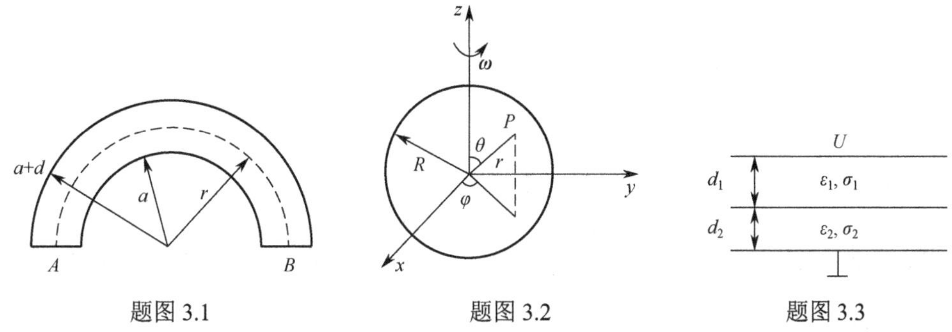

题图 3.1　　题图 3.2　　题图 3.3

3.5 有一宽度为3m的电流薄层，通过其上的电流强度为6A，位于$z=0$的平面上，电流方向从原点指向点(2,3,0)，求电流密度$\boldsymbol{J}_s$。

3.6 将一个半径为a的半球导体埋入大地中作为接地器，导体的平面部分与地面相合，设地的电导率为σ，求接地器与大地无限远处的电阻（接地电阻）。

3.7 如果导电媒质的电导率σ和介电常数ε都是坐标的函数，证明当媒质中通过恒定电流时，其中的电荷密度为$\rho=\left[\nabla\varepsilon-\dfrac{\varepsilon}{\sigma}\nabla\sigma\right]\cdot\boldsymbol{E}$。

扫码查
第3章习题答案

3.8 一个同轴圆柱形电容器，内外半径分别为a和b，中间媒质的电导率为σ，如果电容器上的电压为U，求单位圆柱长度媒质中所消耗的功率。

3.9 球形电容器中内外极板半径分别为a和b，其中的媒质是有耗的，电导率为σ，介电常数为ε。设两极板间的电压为U，求媒质中的电位ϕ（设外极板电位为零）、电场强度$\boldsymbol{E}$、漏电导G。

第4章　恒 定 磁 场

1820 年，奥斯特发现当导线中有电流通过时，会使置于导线附近的小磁针发生偏转，从而揭示了电学与磁学之间的联系；安培进一步通过实验推导出两个电流之间作用力所服从的基本定律；毕奥-萨伐尔则推导出计算载流导线所产生磁场的公式。这些实验和研究表明，在电流周围空间存在一种特殊的称为磁场的物质，这种物质对置于其中的电流有力的作用。

本章首先讨论真空中恒定磁场的基本方程；其次引入矢量磁位（又称磁矢势），并给出磁感应强度与矢量磁位之间的关系，从而简化磁感应强度的计算；再次，讨论当有磁介质存在时磁场所对应的边界条件；最后，讨论恒定磁场的能量表示。

4.1　恒定磁场的基本方程

本节从恒定电流之间相互作用的实验定律出发，讨论恒定磁场的性质，建立恒定磁场的基本方程。

4.1.1　安培力定律

安培（Ampère）通过大量实验总结出电流之间相互作用力的关系，称之为安培力定律。如图 4.1 所示，如果两个闭合导线回路 C_1 和 C_2 各载有稳定电流 I_1 和 I_2，则回路 C_2 受到回路 C_1 的作用力为

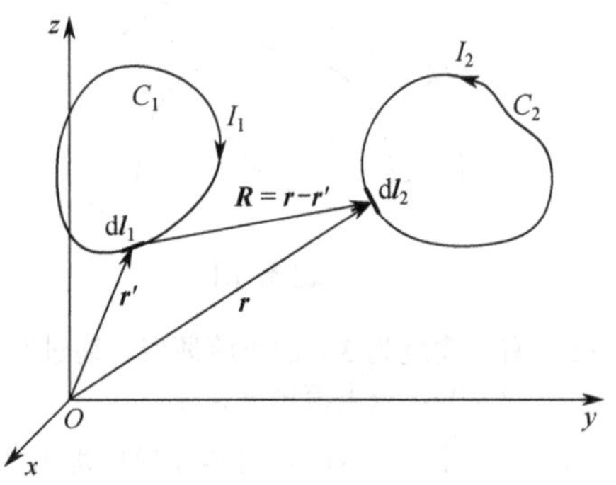

图 4.1　两截流回路的相互作用力

$$\boldsymbol{F}_{12}=\frac{\mu_0}{4\pi}\oint_{C_2}\oint_{C_1}\frac{I_2\mathrm{d}\boldsymbol{l}_2\times(I_1\mathrm{d}\boldsymbol{l}_1\times\boldsymbol{e}_R)}{R^2} \tag{4.1}$$

式中，$R=|\boldsymbol{r}-\boldsymbol{r}'|$ 是 C_1 上线元 $\mathrm{d}\boldsymbol{l}_1$ 到 C_2 上线元 $\mathrm{d}\boldsymbol{l}_2$ 的距离，$\boldsymbol{R}=\boldsymbol{r}-\boldsymbol{r}'$ 是距离矢量，$\boldsymbol{e}_R$ 是对应的单位矢量；μ_0 称为真空中的磁导率（permeability），它是一个常量，其大小为 $\mu_0=4\pi\times10^{-7}$ H/m（亨/米）。

对电流元而言，$I_1\mathrm{d}\boldsymbol{l}_1$ 对 $I_2\mathrm{d}\boldsymbol{l}_2$ 的作用力就是

$$\mathrm{d}\boldsymbol{F}_{12}=\frac{\mu_0 I_1 I_2}{4\pi R^2}\mathrm{d}\boldsymbol{l}_2\times(\mathrm{d}\boldsymbol{l}_1\times\boldsymbol{e}_R) \tag{4.2}$$

安培力定律具有较复杂的方向关系，这源于电流元的矢量性，当方向关系确定时，两个电流元之间的作用力反比于它们之间距离的平方。

扫码学习
电学中的牛顿
——安培

4.1.2　毕奥-萨伐尔定律

磁场的概念是基于载流试验线圈所受磁力建立起来的，图 4.1 中线圈 C_2 所受到的作用力是由 C_1 线圈的电流在 C_2 上各个线元处产生的磁场对线元 $\mathrm{d}\boldsymbol{l}_2$ 作用力的矢量和。如果 C_1 线圈的电流是稳定电流，则产生的磁场为静磁场或恒定磁场。

由式（4.2），可以导出电流元 $I\mathrm{d}\boldsymbol{l}$ 在空间点产生磁场的表达式，如图 4.2 所示，得到

$$\mathrm{d}\boldsymbol{B} = \frac{\mu_0 I}{4\pi R^2}\mathrm{d}\boldsymbol{l}\times\boldsymbol{e}_R \tag{4.3}$$

矢量 $\boldsymbol{B}$ 称为磁感应强度（magnetic flux density），其单位是 T（特斯拉）。

闭合线电流在空间 P 点所产生的磁感应强度，可用积分表示为

$$\boldsymbol{B} = \frac{\mu_0}{4\pi}\oint_C \frac{I\mathrm{d}\boldsymbol{l}\times\boldsymbol{e}_R}{R^2} \tag{4.4}$$

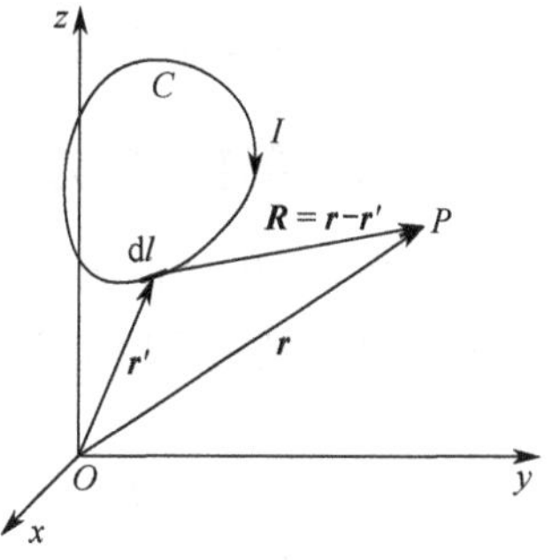

图 4.2　线电流产生的磁场

式（4.3）和式（4.4）称为毕奥−萨伐尔定律（Biot−Savart law）的微分形式和积分形式。

值得一提的是，毕奥和萨伐尔两位物理学家几乎与安培同时完成了长直电流线附近小磁针受力的实验，总结了电流元产生磁场的规律，揭示了恒定磁场是无源场和涡旋场。

式（4.3）表明，载流导线上的电流元 $I\mathrm{d}\boldsymbol{l}$ 在真空中某点 P 产生的磁感应强度 $\mathrm{d}\boldsymbol{B}$，其大小与电流元 $I\mathrm{d}\boldsymbol{l}$ 的大小成正比，与电流元 $I\mathrm{d}\boldsymbol{l}$ 和单位矢量 $\boldsymbol{e}_R$ 之间夹角 θ 的正弦成正比，与距离 R 的平方成反比，$\mathrm{d}\boldsymbol{B}$ 的方向由 $I\mathrm{d}\boldsymbol{l}$ 与 $\boldsymbol{e}_R$ 叉积的方向所确定。

如果产生磁场的电流呈现体分布，设体电流密度为 $\boldsymbol{J}(\boldsymbol{r}')$，则式（4.4）化为

$$\boldsymbol{B} = \frac{\mu_0}{4\pi}\int_\tau \frac{\boldsymbol{J}(\boldsymbol{r}')\times\boldsymbol{e}_R}{R^2}\mathrm{d}\tau' = \frac{\mu_0}{4\pi}\int_\tau \boldsymbol{J}(\boldsymbol{r}')\times\frac{\boldsymbol{r}-\boldsymbol{r}'}{|\boldsymbol{r}-\boldsymbol{r}'|^3}\mathrm{d}\tau' \tag{4.5}$$

有了磁感应强度的定义，电流元在磁场中受到的作用力就可写为

$$\mathrm{d}\boldsymbol{F} = I\mathrm{d}\boldsymbol{l}\times\boldsymbol{B} \tag{4.6}$$

对于体分布电流元可写为

$$\mathrm{d}\boldsymbol{F} = \boldsymbol{J}\times\boldsymbol{B}\mathrm{d}\tau \tag{4.7}$$

单位体积电流受到的作用力（即力密度）表示为

$$\boldsymbol{f} = \boldsymbol{J}\times\boldsymbol{B} \tag{4.8}$$

对于体密度为 ρ 载流子，利用关系式 $\boldsymbol{J} = \rho\boldsymbol{v}$，得到力密度为

$$\boldsymbol{f} = \rho\boldsymbol{v}\times\boldsymbol{B} \tag{4.9}$$

对于运动于磁场中的带电粒子 q，所受的作用力为

$$\boldsymbol{F} = q\boldsymbol{v}\times\boldsymbol{B} \tag{4.10}$$

扫码学习
毕奥−萨伐尔定律

式（4.9）和式（4.10）表示的力，称为洛伦兹力（Lorentz force）。

例 4.1　已知环形回路半径为 b，载有直流电流 I，如图 4.3 所示，求轴线上任一点的磁感应强度矢量 $\boldsymbol{B}$。

解　设 z 轴上任一点坐标为 $(0,0,z)$，将毕奥-萨伐尔定律应用于环形电路，有

$$\mathrm{d}\boldsymbol{l}' = \boldsymbol{e}_\varphi b\mathrm{d}\varphi'$$

$$\boldsymbol{R} = \boldsymbol{e}_z z - \boldsymbol{e}_\rho b$$

$$R = (z^2+b^2)^{1/2}$$

$$\boldsymbol{B} = \frac{\mu_0}{4\pi}\oint_C \frac{I\mathrm{d}\boldsymbol{l}'\times\boldsymbol{e}_R}{R^2} = \frac{\mu_0 I}{4\pi}\oint_C \frac{\boldsymbol{e}_\varphi b\mathrm{d}\varphi'\times(\boldsymbol{e}_z z - \boldsymbol{e}_\rho b)}{R^3}$$

$$= \frac{\mu_0 I}{4\pi}\oint_C \frac{\boldsymbol{e}_z b^2\mathrm{d}\varphi'}{R^3} = \boldsymbol{e}_z\frac{\mu_0 I}{4\pi}\oint_C \frac{b^2\mathrm{d}\varphi'}{(z^2+b^2)^{3/2}} = \boldsymbol{e}_z\frac{\mu_0 I b^2}{2(z^2+b^2)^{3/2}}$$

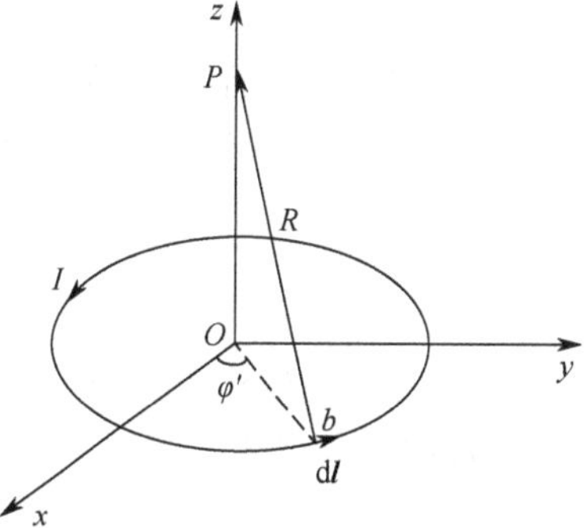

图 4.3　例 4.1 图

计算中应用了电流分布具有轴对称性，使得 $\boldsymbol{B}$ 只有 z 向分量，且积分与坐标 z 无关。

4.1.3 磁通连续性方程与安培环路定理

毕奥-萨伐尔定律给出了由已知电流分布求磁感应强度的计算公式，通过对该定律进行演变，可得到更适用的关系式，即磁通连续性方程和安培环路定理（又称安培定律或安培环路定律）。

当磁感应强度 $\boldsymbol{B}$ 穿过面元 $\mathrm{d}\boldsymbol{S}$ 时，定义 $\mathrm{d}\varPhi=\boldsymbol{B}\cdot\mathrm{d}\boldsymbol{S}$ 为元磁通，对于以闭合回路 C 为边界的任意开面 S，穿过该面的磁通为

$$\varPhi=\int_S \boldsymbol{B}\cdot\mathrm{d}\boldsymbol{S}=\int_S \boldsymbol{B}\cdot\boldsymbol{n}\mathrm{d}S \tag{4.11}$$

式中，$\boldsymbol{n}$ 为 $\mathrm{d}\boldsymbol{S}$ 的法向单位矢量，$\varPhi$ 的单位是 Wb（韦伯）。

对于一个闭合面 S，穿过的磁通为

$$\varPhi=\oint_S \boldsymbol{B}\cdot\mathrm{d}\boldsymbol{S}=\oint_S \boldsymbol{B}\cdot\boldsymbol{n}\mathrm{d}S \tag{4.12}$$

式中，$\boldsymbol{n}$ 规定为各个面元 $\mathrm{d}\boldsymbol{S}$ 的外法向单位矢量。

磁通连续性方程（flux continuity equation）指出，对于一个闭合面 S，$\boldsymbol{B}$ 穿过该面的磁通恒等于 0，即

$$\oint_S \boldsymbol{B}\cdot\mathrm{d}\boldsymbol{S}=0 \tag{4.13}$$

利用高斯散度定理，可得到磁通连续性方程的微分形式，即

$$\nabla\cdot\boldsymbol{B}=0 \tag{4.14}$$

下面对磁通连续性方程的微分形式进行证明。

对式（4.5）两边求散度，得到

$$\begin{aligned}\nabla\cdot\boldsymbol{B}&=\nabla\cdot\left[\frac{\mu_0}{4\pi}\int_\tau \boldsymbol{J}(\boldsymbol{r}')\times\frac{\boldsymbol{r}-\boldsymbol{r}'}{|\boldsymbol{r}-\boldsymbol{r}'|^3}\mathrm{d}\tau'\right]=\frac{\mu_0}{4\pi}\nabla\cdot\left[-\int_\tau \boldsymbol{J}(\boldsymbol{r}')\times\nabla\left(\frac{1}{|\boldsymbol{r}-\boldsymbol{r}'|}\right)\mathrm{d}\tau'\right]\\&=\frac{\mu_0}{4\pi}\int_\tau \boldsymbol{J}(\boldsymbol{r}')\cdot\left[\nabla\times\nabla\left(\frac{1}{|\boldsymbol{r}-\boldsymbol{r}'|}\right)\right]\mathrm{d}\tau'=0\end{aligned} \tag{4.15}$$

推导中要注意 ∇ 算符只是针对场点坐标有作用，而非源点坐标，还应用了矢量恒等式 $\nabla\cdot(\boldsymbol{A}\times\boldsymbol{B})=\boldsymbol{B}\cdot\nabla\times\boldsymbol{A}-\boldsymbol{A}\cdot\nabla\times\boldsymbol{B}$ 以及 $\nabla\times\nabla\varphi=\boldsymbol{0}$。

磁通连续性方程（4.13）和（4.14）表明，磁力线永远是闭合的，磁场没有标量的源，即自然界不存在与静电场中的电荷相对应的“磁荷”。磁通连续性方程是静磁场的基本方程之一。

恒定磁场的另一个基本方程是安培环路定理（Ampere's circuital theorem）。该定理指出，在真空中，磁感应强度沿任意闭合回路的线积分等于通过该回路的净电流乘以常数 μ_0，即

$$\oint_C \boldsymbol{B}\cdot\mathrm{d}\boldsymbol{l}=\mu_0 I \tag{4.16}$$

式中，$\mu_0=4\pi\times10^{-7}$ H/m，I 为穿过回路 C 的净电流。应用斯托克斯定理，可以得到安培环路定理的微分形式，即

$$\nabla\times\boldsymbol{B}=\mu_0\boldsymbol{J} \tag{4.17}$$

利用矢量恒等式，可以导出安培环路定理的微分形式，这里证明过程从略，可参见阅读材料。

对于静磁场具有柱面对称分布的情况，利用积分形式的安培环路定理可以直接计算磁感应强度分布。

例 4.2　半径为 a 的无限长圆柱导体，取其对称轴为 z 轴，如果圆柱体中电流密度分布为 $\boldsymbol{J} = J_0\left(1-\dfrac{2r}{a}\right)\boldsymbol{e}_z$，求空间磁感应强度分布。

解　由于 $\boldsymbol{J}$ 仅是径向坐标 r 的函数，且电流分布具有圆柱对称性，所以空间各点磁感应强度的方向是圆周的切向，大小仅是 r 的函数，即 $\boldsymbol{B} = B(r)\boldsymbol{e}_\varphi$，可用安培环路定理的积分形式求解。

当 $r<a$ 时，由于环路 C 所包围的净电流为

$$I = \int_0^r J_0\left(1-\frac{2r'}{a}\right)\cdot 2\pi r'\mathrm{d}r' = J_0\pi\left(r^2 - \frac{4r^3}{3a}\right) \tag{4.18}$$

故由式（4.16）得到

$$\oint_C \boldsymbol{B}\cdot\mathrm{d}\boldsymbol{l} = \oint_C B(r)\boldsymbol{e}_\varphi\cdot r\mathrm{d}\varphi\boldsymbol{e}_\varphi = B(r)r\oint_C \mathrm{d}\varphi = B(r)2\pi r = \mu_0 J_0\pi\left(r^2-\frac{4r^3}{3a}\right) \tag{4.19}$$

得到

$$\boldsymbol{B}(r) = \mu_0 J_0\left(\frac{r}{2}-\frac{2r^2}{3a}\right)\boldsymbol{e}_\varphi \tag{4.20}$$

当 $r>a$ 时，环路 C 所包围净电流就是式（4.18）中 $r=a$ 的情况，故 $I=-\dfrac{1}{3}J_0\pi a^2$，这时的净电流是负值，表明包围在环路中沿 $-z$ 方向的电流大于沿 $+z$ 方向的电流。用以上同样的方法求得

$$\oint_C \boldsymbol{B}\cdot\mathrm{d}\boldsymbol{l} = B(r)2\pi r = -\frac{1}{3}\mu_0 J_0\pi a^2 \tag{4.21}$$

$$\boldsymbol{B}(r) = -\frac{\mu_0 J_0 a^2}{6r}\boldsymbol{e}_\varphi \tag{4.22}$$

4.2　矢量磁位

通过引入辅助物理量——矢量磁位（vector magnetic potential），可以简化空间磁感应强度的计算。

4.2.1　矢量磁位的引入

在恒定磁场中，磁感应强度 $\boldsymbol{B}$ 的散度为 0；而根据矢量场的知识，一个矢量的旋度的散度恒等于 0。这表明，磁感应强度 $\boldsymbol{B}$ 可以用一个矢量 $\boldsymbol{A}$ 的旋度来表示，即

$$\boldsymbol{B} = \nabla\times\boldsymbol{A} \tag{4.23}$$

这个新矢量 $\boldsymbol{A}$ 就称为矢量磁位（磁矢势）。根据量纲分析，矢量磁位的单位为 T · m（特·米）。

矢量磁位是一个辅助物理量，利用它可以简化分析和计算，但其本身的物理意义在一般的讨论中并不强调。

4.2.2 矢量磁位的泊松方程

根据亥姆霍兹定理，一个矢量场是由它的散度和旋度所共同决定的。对矢量磁位 $\boldsymbol{A}$，只规定了它的旋度，而没有规定它的散度，也就是 $\boldsymbol{A}$ 的散度具有任意性。比如，对于任意矢量磁位 $\boldsymbol{A}=\boldsymbol{A}'+\nabla\psi$，其中 ψ 是一个任意的标量函数，$\boldsymbol{A}$ 和 $\boldsymbol{A}'$ 的旋度相同，即 $\boldsymbol{A}$ 和 $\boldsymbol{A}'$ 描述了相同的 $\boldsymbol{B}$，$\boldsymbol{A}$ 的选择不唯一。

为此，需要对 $\nabla\cdot\mathrm{A}$ 做出进一步的指定，称为规范。在静磁场中，一般采用库仑规范（Coulomb gauge），即

$$\nabla\cdot\boldsymbol{A}=0 \tag{4.24}$$

利用库仑规范，$\nabla\times\boldsymbol{B}$ 可改写为

$$\nabla\times\boldsymbol{B}=\nabla\times\nabla\times\boldsymbol{A}=\nabla(\nabla\cdot\boldsymbol{A})-\nabla^2\boldsymbol{A}=-\nabla^2\boldsymbol{A} \tag{4.25}$$

将式（4.25）代入式（4.17），得到

$$\nabla^2\boldsymbol{A}=-\mu_0\boldsymbol{J} \tag{4.26}$$

式（4.26）称为矢量磁位的泊松方程。

在直角坐标系中，矢量磁位的泊松方程可写成标量形式，即

$$\left.\begin{aligned}\nabla^2 A_x&=-\mu_0 J_x\\ \nabla^2 A_y&=-\mu_0 J_y\\ \nabla^2 A_z&=-\mu_0 J_z\end{aligned}\right\} \tag{4.27}$$

对于不存在电流的无源区域，$\boldsymbol{J}=\boldsymbol{0}$，矢量磁位的泊松方程可化成拉普拉斯方程，即

$$\nabla^2\boldsymbol{A}=\boldsymbol{0} \tag{4.28}$$

直角坐标系中的分量表达式为

$$\left.\begin{aligned}\nabla^2 A_x&=0\\ \nabla^2 A_y&=0\\ \nabla^2 A_z&=0\end{aligned}\right\} \tag{4.29}$$

还可将矢量磁位 $\boldsymbol{A}$ 直接表示成电流的积分形式。对于电流的体分布，有

$$\boldsymbol{A}=\frac{\mu_0}{4\pi}\int_\tau\frac{\boldsymbol{J}\mathrm{d}\tau}{R} \tag{4.30}$$

对于电流的面分布和线分布，分别有

$$\boldsymbol{A}=\frac{\mu_0}{4\pi}\int_S\frac{\boldsymbol{J}_S\mathrm{d}S}{R} \tag{4.31}$$

$$\boldsymbol{A}=\frac{\mu_0}{4\pi}\int_C\frac{I\mathrm{d}\boldsymbol{l}}{R} \tag{4.32}$$

将式（4.30）～式（4.32）分别在直角坐标系中投影，还可分别写出矢量磁位在 3 个坐标轴方向的分量积分表达式，这里从略。

将矢量磁位（磁矢势）$\boldsymbol{A}$ 沿闭合环路 C 积分，并利用斯托克斯公式，得到

$$\oint_C\boldsymbol{A}\cdot\mathrm{d}\boldsymbol{l}=\int_S\nabla\times\boldsymbol{A}\cdot\mathrm{d}\boldsymbol{S}=\int_S\boldsymbol{B}\cdot\mathrm{d}\boldsymbol{S}=\varPhi \tag{4.33}$$

可见，$\boldsymbol{A}$ 沿 C 的环路积分等于 $\boldsymbol{B}$ 通过以 C 为边界的任一表面 S 的磁通，这也间接反映了 $\boldsymbol{A}$ 的物理含义。

4.2.3 磁偶极子的磁场

对于一个半径为 a 的圆环，通以电流 I，当场点距离远大于 a 时，这个圆环可视为一个小圆环，小圆环的电流回路称为磁偶极子（magnetic dipole）。用 $\boldsymbol{p}_m = I\boldsymbol{S} = IS\boldsymbol{e}_n$ 表示磁偶极子的磁偶极矩（magnetic dipole moment），其中 S 为小圆环的面积，$\boldsymbol{e}_n$ 为其法向单位矢量，其方向与电流呈右手螺旋关系。在图 4.4 中，将 z 轴取为垂直于圆环平面的对称轴，$\boldsymbol{e}_n$ 指向 z 轴方向。当计算磁偶极子在空间任一点的磁感应强度时，可以先计算矢量磁位 $\boldsymbol{A}$，再求它的旋度得到磁感应强度 $\boldsymbol{B}$，这种方法比直接用毕奥-萨伐尔定律计算更为简单。

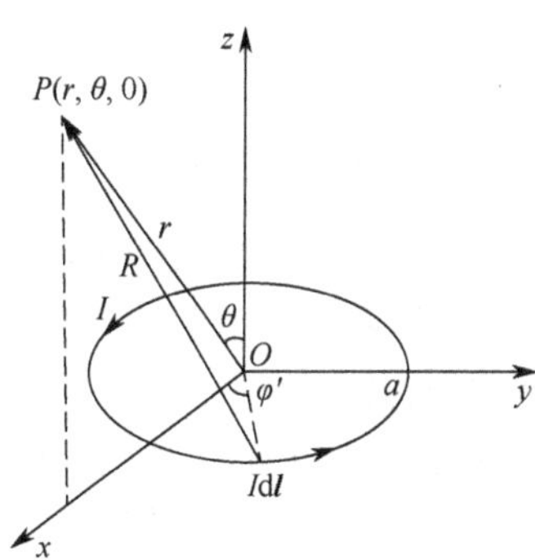

图 4.4　小圆环电流环路

由对称性分析可知，各点 $\boldsymbol{A}$ 的方向都是沿着与小圆环相切的方向，且其大小是坐标 r 和 θ 函数。不失一般性，在计算 $\boldsymbol{A}$ 的大小时，可将场点取在 xOz 平面上，这时场点的球坐标为 $p(r,\theta,0)$，$\boldsymbol{A}$ 的方向是 y 方向。

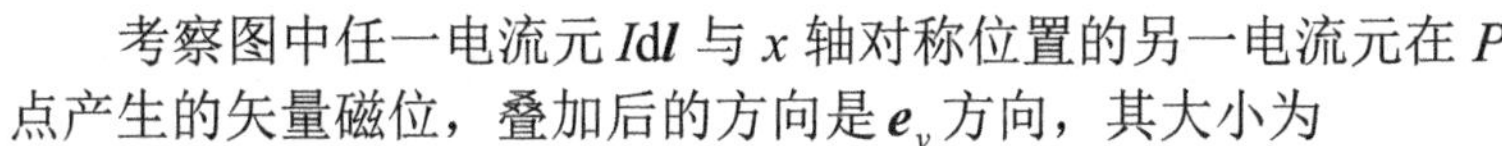

考察图中任一电流元 $I\mathrm{d}\boldsymbol{l}$ 与 x 轴对称位置的另一电流元在 P 点产生的矢量磁位，叠加后的方向是 $\boldsymbol{e}_y$ 方向，其大小为

$$\mathrm{d}A_y = 2\mathrm{d}A\cos\varphi' \tag{4.34}$$

通过积分，可求得整个小圆环电流在 P 点产生的矢量磁位，即

$$A_y = \frac{\mu_0 I}{4\pi}\int_0^{\pi}\frac{2a\mathrm{d}\varphi'\cos\varphi'}{R} \tag{4.35}$$

根据三角形几何关系，求出电流元至场点的距离为

$$R = (r^2 + a^2 - 2ra\sin\theta\cos\varphi')^{1/2} \tag{4.36}$$

对于小圆环来说，$r \gg a$，近似处理后得到

$$\frac{1}{R} \approx \frac{1}{r}\left(1 + \frac{a}{r}\sin\theta\cos\varphi'\right) \tag{4.37}$$

因此有

$$\begin{aligned} A_y &= \frac{\mu_0 I}{2\pi}\int_0^{\pi}\frac{a}{r}\left(1+\frac{a}{r}\sin\theta\cos\varphi'\right)\cos\varphi'\mathrm{d}\varphi' \\ &= \frac{\mu_0 \pi a^2 I\sin\theta}{4\pi r^2} \end{aligned} \tag{4.38}$$

写成一般形式，有

$$\mathrm{A} = \boldsymbol{e}_\varphi\frac{\mu_0 p_\mathrm{m}\sin\theta}{4\pi r^2} \tag{4.39}$$

式中，$p_\mathrm{m} = I\cdot\pi a^2$ 是小圆环的磁偶极矩。

再利用球坐标系中的求旋度公式，得到磁感应强度为

$$\boldsymbol{B} = \nabla\times\boldsymbol{A} = 2\boldsymbol{e}_r\frac{\mu_0 p_\mathrm{m}}{4\pi r^3}\cos\theta + \boldsymbol{e}_\theta\frac{\mu_0 p_\mathrm{m}}{4\pi r^3}\sin\theta \tag{4.40}$$

对于 z 轴上远区的场点，$\theta = 0$，$\boldsymbol{B} = \boldsymbol{e}_z\dfrac{\mu_0 p_\mathrm{m}}{2\pi r^3}$，这与例 4.1 中当 $z \gg b$ 的计算结果相同。

4.3 磁介质中的场方程

前面介绍了真空中的磁通连续性方程与安培环路定理。当有磁介质存在时，由于磁介质在外磁场作用下会产生附加磁场，从而对总的磁场产生影响，因此磁介质中的场方程需要做相应的变化。

4.3.1 介质的磁化

实体介质在磁场作用下会呈现磁性，这些介质也称为磁介质。磁介质在磁场作用下呈现磁性的现象称为磁化。磁化过程是磁介质在外部磁场作用下，其内部状态发生变化，并反过来影响磁场的分布。

在介质内部，分子中的每个电子围绕原子核旋转，形成一个闭合的环形电流。所有电子产生的磁效应可等效为一个分子电流，分子电流在外部产生的磁场相当于一个磁偶极子产生的磁场。分子的磁偶极矩用矢量 $\boldsymbol{p}_{\mathrm{m}}$ 表示，这是一个微观物理量。

非铁磁介质又分为顺磁介质和抗磁介质。顺磁介质的分子磁矩不为零，在外磁场作用下产生沿磁场方向的附加磁场，使总磁场加强；抗磁介质分子磁矩为零，在外磁场作用下产生沿磁场相反方向的附加磁场，使总磁场减弱。

介质中有大量分子，为了反映磁介质的宏观效应，可引出磁化强度（magnetization）$\boldsymbol{M}$，它是一个矢量，定义为单位体积中磁偶极矩的矢量和：

$$\boldsymbol{M}=\lim_{\Delta\tau\to 0}\frac{\sum \boldsymbol{p}_{\mathrm{m}}}{\Delta\tau} \tag{4.41}$$

$\boldsymbol{M}$ 的单位是 A/m。

$\boldsymbol{M}$ 是一个宏观物理量，反映了磁介质的磁化状态。当无外部磁场存在时，对于抗磁介质，$\boldsymbol{M}=\boldsymbol{0}$；对于顺磁介质，由于各分子磁矩取向杂乱无章，所以也有 $\boldsymbol{M}=\boldsymbol{0}$，故介质均不会产生附加磁场。但当介质处于外部磁场中时，在磁场作用下，对于抗磁介质分子，磁矩形成且沿外磁场的相反方向排列；对于顺磁介质分子，磁矩会在外磁场力的作用下沿着外磁场方向排列。这两种情况都使得 $\boldsymbol{M}$ 不为零，会产生附加磁场，从而使总磁场发生变化。

理论分析表明，当磁介质内部是非均匀磁化时，各点的 $\boldsymbol{M}$ 不相同，这时会产生体束缚电流。体束缚电流密度用 $\boldsymbol{J}_{\mathrm{m}}$ 表示，$\boldsymbol{J}_{\mathrm{m}}$ 与 $\boldsymbol{M}$ 的关系为

$$\boldsymbol{J}_{\mathrm{m}}=\nabla\times\boldsymbol{M} \tag{4.42}$$

体束缚电流源于相邻分子电流不能完全抵消的结果。

如果磁介质内部是均匀磁化的，则各点的 $\boldsymbol{M}$ 相同，这时介质内体束缚电流为零。

对于置于真空中的磁介质，无论是均匀磁化还是非均匀磁化，介质表面都会出现磁化电流，用面束缚电流密度 $\boldsymbol{J}_{\mathrm{ms}}$ 表示，可求得

$$\boldsymbol{J}_{\mathrm{ms}}=\boldsymbol{M}\times\boldsymbol{e}_n \tag{4.43}$$

式中，$\boldsymbol{e}_n$ 是介质表面处指向真空的单位法向矢量。

4.3.2 介质中磁场的基本方程

磁介质内部形成的磁化电流与传导电流一样，同样会产生磁场，因此总的磁场是由传导

电流和磁化电流共同产生的，这时安培环路定理的微分形式（4.17）应进行改造，得到

$$\nabla\times\boldsymbol{B}=\mu_0(\boldsymbol{J}+\boldsymbol{J}_{\mathrm{m}})=\mu_0\boldsymbol{J}+\mu_0\nabla\times\boldsymbol{M} \tag{4.44}$$

将式（4.44）中含有旋度的部分合并，得到

$$\nabla\times\left(\frac{\boldsymbol{B}}{\mu_0}-\boldsymbol{M}\right)=\boldsymbol{J} \tag{4.45}$$

这样表达的好处是方程右边只含有可以测量的传导电流，而将不可测量的磁化电流合并到左边旋度式中。

引入磁场强度（magnetic field intensity）$\boldsymbol{H}$，其定义为

$$\boldsymbol{H}=\frac{\boldsymbol{B}}{\mu_0}-\boldsymbol{M} \tag{4.46}$$

则得到有磁介质存在时安培环路定理的微分形式：

$$\nabla\times\boldsymbol{H}=\boldsymbol{J} \tag{4.47}$$

磁场强度 $\boldsymbol{H}$ 是在存在磁介质的情况下，为了使磁场的安培环路定理得到简化而引入的辅助物理量，这个物理量的单位是安培/米（A/m）。需要注意的是，$\boldsymbol{H}$ 本身并没有确切的物理意义，真正有物理意义的是磁感应强度 $\boldsymbol{B}$。

利用斯托克斯定理，得到有磁介质存在时安培环路定理的积分形式：

$$\oint_C\boldsymbol{H}\cdot\mathrm{d}\boldsymbol{l}=I \tag{4.48}$$

对于大多数物质（铁氧体除外），理论和实验都表明，$\boldsymbol{M}$ 和 $\boldsymbol{H}$ 有简单的线性关系，即

$$\boldsymbol{M}=\chi_{\mathrm{m}}\boldsymbol{H} \tag{4.49}$$

式中，比例系数 χ_{m} 称为介质的磁化率（magnetic susceptibility）。对于顺磁介质，χ_{m} 为正值；对于抗磁介质，χ_{m} 为负值；而对于铁磁介质，它是磁场强度 $\boldsymbol{H}$ 的函数，且与物质的磁化历史有关。

对于非铁磁介质，由式（4.46），$\boldsymbol{B}$ 和 $\boldsymbol{H}$ 的关系简化为

$$\boldsymbol{B}=\mu_0(\boldsymbol{H}+\boldsymbol{M})=\mu_0(\boldsymbol{H}+\chi_{\mathrm{m}}\boldsymbol{H})=\mu_0\mu_{\mathrm{r}}\boldsymbol{H}=\mu_{\mathrm{r}}\boldsymbol{H} \tag{4.50}$$

式中，$\mu_{\mathrm{r}}=1+\chi_{\mathrm{m}}$ 称为相对磁导率（relative permeability），这是一个无量纲的量；而 $\mu=\mu_0\mu_{\mathrm{r}}$ 称为绝对磁导率（absolute permeability），其量纲与 μ_0 相同。对于顺磁介质和抗磁介质，其 χ_{m} 都非常接近于 0，因此其 μ_{r} 都非常接近于 1。

扫码学习
介质的磁化

对于有磁介质存在的情况，磁感应强度 $\boldsymbol{B}$ 的基本方程与在真空条件下的公式（4.13）和（4.14）相同，即 $\oint_S\boldsymbol{B}\cdot\mathrm{d}\boldsymbol{S}=0$ 和 $\nabla\cdot\boldsymbol{B}=0$。

例 4.3　计算在均匀磁介质体内的磁化电流密度 $\boldsymbol{J}_{\mathrm{m}}$ 与传导电流密度 $\boldsymbol{J}$ 的关系。

解　根据定义，磁感应强度与磁场强度的关系为

$$\boldsymbol{H}=\frac{\boldsymbol{B}}{\mu_0}-\boldsymbol{M}$$

因此，

$$\boldsymbol{J}_{\mathrm{m}}=\nabla\times\boldsymbol{M}=\nabla\times\left(\frac{\boldsymbol{B}}{\mu_0}-\boldsymbol{H}\right)=\nabla\times\left(\frac{\mu}{\mu_0}-1\right)\boldsymbol{H}$$

对均匀磁介质，μ 是一个常数，所以

$$\boldsymbol{J}_{\mathrm{m}}=\left(\frac{\mu}{\mu_0}-1\right)\nabla\times\boldsymbol{H}=\left(\frac{\mu}{\mu_0}-1\right)\boldsymbol{J}=(\mu_r-1)\boldsymbol{J}$$

可见，在均匀磁介质中，只有存在传导电流的点，才有磁化电流。需要注意的是，均匀磁介质并不一定是均匀磁化的，即均匀磁介质中 $\boldsymbol{M}$ 不一定是常数。

4.4 恒定磁场的边界条件

在不同介质分界面处的磁感应强度 $\boldsymbol{B}$ 和磁场强度 $\boldsymbol{H}$，只有给出边界值的关系，才能进行含有不同物理性质介质区域中磁场的计算。恒定磁场在边界的不连续性分为法向边界条件和切向边界条件。

4.4.1 磁感应强度的法向边界条件

将磁通连续性方程的积分形式 $\oint_S \boldsymbol{B}\cdot \mathrm{d}\boldsymbol{S}=0$ 应用于图 4.5 所示的两层磁介质分界的高斯面，类似于第 2 章中图 2.15 静电场法向边界条件的推导方法，得到

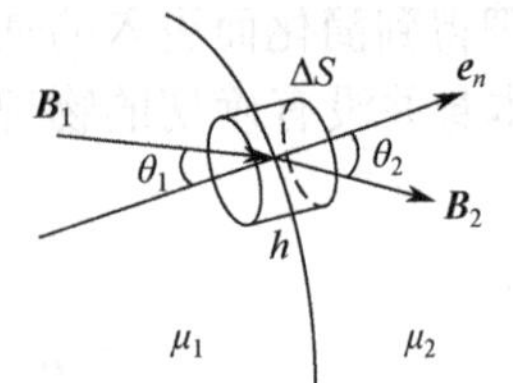

图 4.5 $\boldsymbol{B}$ 的法向边界条件

$$B_{1n}=B_{2n} \tag{4.51}$$

写成矢量形式：

$$\boldsymbol{e}_n\cdot(\boldsymbol{B}_2-\boldsymbol{B}_1)=0 \tag{4.52}$$

这就是磁感应强度的法向边界条件。

式（4.52）表明，在分界面处磁感应强度的法向分量是连续的。

4.4.2 磁场强度的切向边界条件

将安培环路定理的积分形式 $\oint_C \boldsymbol{H}\cdot \mathrm{d}\boldsymbol{l}=I$ 应用到图 4.6 所示的两层磁介质分界面的闭合小环路 C，类似于第 2 章图 2.16 静电场切向边界条件的推导方法，得到

$$\oint_C \boldsymbol{H}\cdot \mathrm{d}\boldsymbol{l}=H_{2t}\Delta l-H_{1t}\Delta l=J_S\Delta l \tag{4.53}$$

即

$$H_{2t}-H_{1t}=J_S \tag{4.54}$$

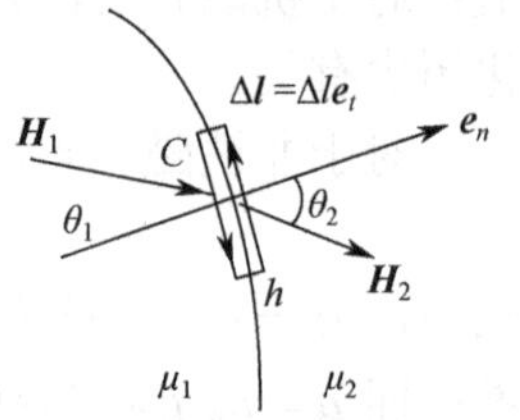

图 4.6 $\boldsymbol{H}$ 的切向边界条件

这就是磁场强度的切向边界条件。

式（4.54）表明，当分界面上有传导电流存在时，磁场强度的切向分量是不连续的。只有当分界面上没有传导电流时，磁场强度的切向分量才是连续的，即

$$H_{2t}-H_{1t}=0 \tag{4.55}$$

磁场强度的切向边界条件也可写成矢量形式，设图 4.6 中积分环路 C 的法线方向单位矢为 $\boldsymbol{e}_S$，它与 C 的绕行方向呈右手螺旋关系，则有

$$\boldsymbol{e}_t=\boldsymbol{e}_S\times\boldsymbol{e}_n \tag{4.56}$$

因此式（4.53）可写成

$$\oint_C \boldsymbol{H}\cdot \mathrm{d}\boldsymbol{l}=(\boldsymbol{H}_2-\boldsymbol{H}_1)\cdot(\boldsymbol{e}_S\times\boldsymbol{e}_n)\Delta l=\boldsymbol{J}_S\cdot\boldsymbol{e}_S\Delta l$$

即

$$\oint_C \boldsymbol{H}\cdot \mathrm{d}\boldsymbol{l}=\boldsymbol{e}_n\times(\boldsymbol{H}_2-\boldsymbol{H}_1)\cdot\boldsymbol{e}_S=\boldsymbol{J}_S\cdot\boldsymbol{e}_S \tag{4.57}$$

因为回路 C 是任意选取的，对应的 $\boldsymbol{e}_S$ 也就是任意的。式（4.57）两边进行比较，得到磁场强度切向边界条件的矢量表达式为

$$\boldsymbol{e}_n \times (\boldsymbol{H}_2 - \boldsymbol{H}_1) = \boldsymbol{J}_S \tag{4.58}$$

例 4.4　有一无限长的线电流 I 沿 z 轴流动，在 $z<0$ 的半空间充满磁导率为 μ 的均匀介质，$z>0$ 的半空间为真空，如图 4.7 所示。计算全空间磁感应强度 $\boldsymbol{B}$ 及磁化电流 I_{ms} 的分布。

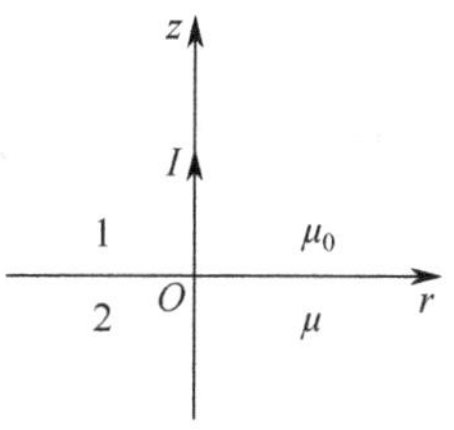

图 4.7　例 4.4 图

解　由安培环路定理，有

$$\oint_C \boldsymbol{H} \cdot \mathrm{d}\boldsymbol{l} = I$$

取 C 为以电流为对称轴的圆环，由于导线无限长，且磁场具有轴对称性，这时 $\boldsymbol{H}$ 只有 φ 分量，积分后得到

$$H_\varphi = \frac{I}{2\pi r}$$

磁场强度表达式对 $z<0$ 和 $z>0$ 的半空间都成立，这是因为在 $z=0$ 的分界面上，除 $r=0$ 外的各点均没有传导电流。因此，磁场强度在分界面处应具有连续性，只有两区域的磁场强度表达式相同，才能满足连续性要求。

对于磁感应强度，由于上、下半空间磁介质不同，所以磁感应强度在分界面处并不连续，得到

当 $z>0$ 时，

$$B_\varphi = \frac{\mu_0 I}{2\pi r}$$

当 $z<0$ 时，

$$B_\varphi = \frac{\mu I}{2\pi r}$$

由于在 $z<0$ 的空间充满均匀磁介质，所以在介质中 $r=0$ 以外区域没有体磁化电流分布，即 $\boldsymbol{J}_{\mathrm{m}} = \boldsymbol{0}$。但在 $r=0$ 处，有一个线磁化电流，这个电流的大小为

$$I_{\mathrm{m}} = (\mu_{\mathrm{r}} - 1)I$$

磁化电流沿 e_z 流到界面 O 点处，再沿径向形成表面磁化电流，表面磁化电流密度为

$$\boldsymbol{J}_{\mathrm{ms}} = \boldsymbol{M} \times \boldsymbol{e}_z\big|_{z=0} = \boldsymbol{e}_\varphi M_\varphi \times \boldsymbol{e}_z\big|_{z=0} = \boldsymbol{e}_r M_\varphi\big|_{z=0} = \boldsymbol{e}_r(\mu_r - 1)H_\varphi\big|_{z=0} = \boldsymbol{e}_r \frac{(\mu_r - 1)I}{2\pi r}\bigg|_{z=0}$$

分界面上总的面磁化电流为

$$I_{\mathrm{ms}} = 2\pi r \cdot J_{\mathrm{ms}} = (\mu_{\mathrm{r}} - 1)I$$

可见，下半空间线磁化电流 I_{m} 与表面磁化电流 I_{ms} 相等。

4.5　恒定磁场的能量

磁场作为一种特殊的物质，和电场一样具有能量。磁场能量（磁能）是在建立回路电流的过程中形成的，分布于磁场所在的整个空间中；只要在磁场不为 0 的地方，就存在磁能。系统的磁能仅与系统的最终状态有关，与能量的建立过程无关。

可以证明，若载流回路中为体电流分布，则截流回路系统的磁场总能量可用矢量磁位（磁矢势）$\boldsymbol{A}$ 表示为

$$W_{\mathrm{m}}=\frac{1}{2}\int_{\tau}\boldsymbol{A}\cdot\boldsymbol{J}\mathrm{d}\tau \tag{4.59}$$

由$\boldsymbol{J}=\nabla\times\boldsymbol{H}$，得到

$$W_{\mathrm{m}}=\frac{1}{2}\int_{\tau}\boldsymbol{A}\cdot(\nabla\times\boldsymbol{H})\mathrm{d}\tau \tag{4.60}$$

应用$\nabla\cdot(\boldsymbol{H}\times\boldsymbol{A})=\boldsymbol{A}\cdot\nabla\times\boldsymbol{H}-\boldsymbol{H}\cdot\nabla\times\boldsymbol{A}$以及高斯散度定理，得到

$$\begin{aligned}W_{\mathrm{m}}&=\frac{1}{2}\int_{\tau}\nabla\cdot(\boldsymbol{H}\times\boldsymbol{A})\mathrm{d}\tau+\frac{1}{2}\int_{\tau}\boldsymbol{H}\cdot(\nabla\times\boldsymbol{A})\mathrm{d}\tau\\&=\frac{1}{2}\oint_{S}(\boldsymbol{H}\times\boldsymbol{A})\cdot\mathrm{d}\boldsymbol{S}+\frac{1}{2}\int_{\tau}\boldsymbol{H}\cdot\boldsymbol{B}\mathrm{d}\tau\end{aligned} \tag{4.61}$$

对全空间进行积分，由于$|\boldsymbol{H}|\propto 1/r^2$，$|\boldsymbol{A}|\propto 1/r$，而$|\boldsymbol{S}|\propto r^2$，因此式（4.61）中右边第一项积分趋于0，则磁场总能量为

$$W_{\mathrm{m}}=\frac{1}{2}\int_{\tau}\boldsymbol{H}\cdot\boldsymbol{B}\mathrm{d}\tau \tag{4.62}$$

单位体积中的磁场能量，即磁场的能量密度（magnetic energy density）为

$$w_{\mathrm{m}}=\frac{1}{2}\boldsymbol{H}\cdot\boldsymbol{B} \tag{4.63}$$

对于各向同性介质，$\boldsymbol{B}=\mu\boldsymbol{H}$，因而磁场的能量密度也可表示为

$$w_{\mathrm{m}}=\frac{1}{2}\mu H^2=\frac{B^2}{2\mu} \tag{4.64}$$

扫码学习
磁场总能量的矢势表示

需要说明的是，磁场的能量储存在磁场中，而并非储存在恒定电流上。在计算总的磁场能量时，式（4.59）和式（4.62）等价，但$w_{\mathrm{m}}=\frac{1}{2}\boldsymbol{H}\cdot\boldsymbol{B}$表示磁场的能量密度，而$w_{\mathrm{m}}=\frac{1}{2}\boldsymbol{A}\cdot\boldsymbol{J}$并不代表磁场的能量密度。

例 4.5 内外导体半径分别为 R_1 和 R_2 的同轴电缆（不计外导体厚度），通有电流 I，如图4.8所示，试求单位长度电缆储存的磁场能量与单位长度的自感。

解 同轴电缆可视为无限长，电流从内导体流入，从外导体流出。由于轴对称性，电缆内外的磁场强度由安培环路定理计算得到：

$$\boldsymbol{H}_1=\boldsymbol{e}_\varphi\frac{1}{2\pi r}\frac{\pi r^2 I}{\pi a^2}=\boldsymbol{e}_\varphi\frac{rI}{2\pi a^2}\quad(r\leqslant R_1)$$

$$\boldsymbol{H}_2=\boldsymbol{e}_\varphi\frac{I}{2\pi r}\quad(R_1\leqslant r\leqslant R_2)$$

$$\boldsymbol{H}_3=0\quad(r>R_2)$$

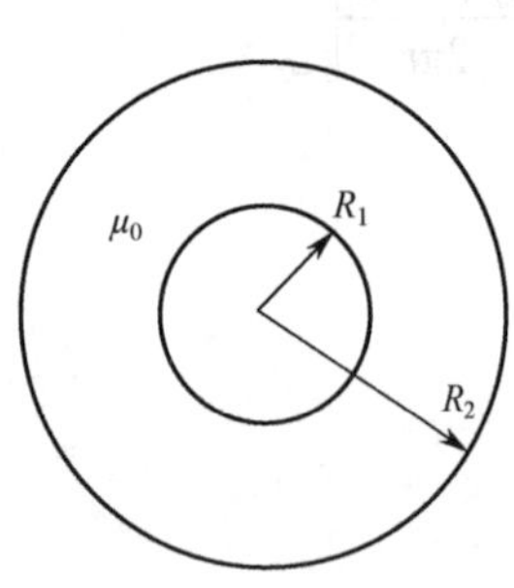

图4.8 例4.5图

设导体的磁导率为μ_0，则同轴电缆单位长度储存的磁场能量为

$$\begin{aligned}W_{\mathrm{m}}&=\int_{\tau}\frac{1}{2}\boldsymbol{H}\cdot\boldsymbol{B}\mathrm{d}\tau=\int_{\tau}\frac{1}{2}\mu_0 H^2\mathrm{d}\tau\\&=\frac{\mu_0}{2}\left(\int_0^{R_1}H_1^2\cdot 2\pi r\mathrm{d}r+\int_{R_1}^{R_2}H_2^2\cdot 2\pi r\mathrm{d}r\right)=\frac{\mu_0 I^2}{4\pi}\left(\frac{1}{4}+\ln\frac{R_2}{R_1}\right)\end{aligned}$$

单位长度自感为

$$L=\frac{2W_{\mathrm{m}}}{I^2}=\frac{\mu_0}{2\pi}\left(\frac{1}{4}+\ln\frac{R_2}{R_1}\right)$$

本章小结

任何两个电流之间都存在相互作用力，作用力的大小和方向服从安培环路定理。电流之间相互作用力的本质是电流 1 在电流 2 处产生了磁场，该磁场对电流 2 产生了作用力。电流产生磁场的规律由毕奥-萨伐尔定律描述。

磁场大小和方向用磁感应强度 $\boldsymbol{B}$ 表示，单位是为 T。在真空中的恒定磁场服从磁通连续性方程与安培环路定理，分为积分形式和微分形式。磁通连续性方程表明，磁力线永远是闭合的，磁场没有标量的源，自然界不存在与静电场中的电荷相对应的“磁荷”。

磁感应强度 $\boldsymbol{B}$ 可用矢量磁位（磁矢势）$\boldsymbol{A}$ 的旋度来表示。在静磁场中，一般采用库仑规范，即$\nabla\cdot\boldsymbol{A}=0$。通过已知的电流分布，先计算矢量磁位 $\boldsymbol{A}$，再计算磁感应强度 $\boldsymbol{B}$，这样可以简化计算 $\boldsymbol{B}$ 的过程。

介质在磁场作用下会产生磁化，并反过来影响磁场的分布。磁化的本质是分子电流沿外磁场方向排列起来，并产生附加磁场。非铁磁介质可分为顺磁介质和抗磁介质两类。磁化强度 $\boldsymbol{M}$ 是描述磁化强弱的宏观物理量，磁介质内部磁化体电流密度与 $\boldsymbol{M}$ 的关系为 $\boldsymbol{J}_{\mathrm{m}}=\nabla\times\boldsymbol{M}$，表面磁化电流为$\boldsymbol{J}_{\mathrm{ms}}=\boldsymbol{M}\times\boldsymbol{e}_n$。

磁场强度 $\boldsymbol{H}$ 是一个辅助物理量，一般定义是$\boldsymbol{H}=\dfrac{\boldsymbol{B}}{\mu_0}-\boldsymbol{M}$。当有磁介质存在时，安培环路定理的微分形式和积分形式分别为$\nabla\times\boldsymbol{H}=\boldsymbol{J}$和$\oint_C\boldsymbol{H}\cdot\mathrm{d}\boldsymbol{l}=I$，磁化效应包含在 $\boldsymbol{H}$ 中。对于非铁磁介质，$\boldsymbol{B}$ 和 $\boldsymbol{H}$ 的关系为$\boldsymbol{B}=\mu_0\mu_{\mathrm{r}}\boldsymbol{H}=\mu\boldsymbol{H}$，且$\mu_{\mathrm{r}}\approx1$。

磁感应强度的法向边界条件为$\boldsymbol{e}_n\cdot(\boldsymbol{B}_2-\boldsymbol{B}_1)=0$，磁场强度的切向边界条件为$\boldsymbol{e}_n\times(\boldsymbol{H}_2-\boldsymbol{H}_1)=\boldsymbol{J}_{\mathrm{s}}$。

磁场具有能量，分布于磁场所在的空间中，磁能密度的一般表达式为$w_{\mathrm{m}}=\dfrac{1}{2}\boldsymbol{H}\cdot\boldsymbol{B}$；对于各向同性介质，$w_{\mathrm{m}}=\dfrac{1}{2}\mu H^2=\dfrac{B^2}{2\mu}$。

思考题

4.1 什么是洛伦兹力？运动粒子受到的洛伦兹力与粒子速度的大小和方向是什么关系？

4.2 磁感应强度满足$\nabla\cdot\boldsymbol{B}=0$，反映了怎样的物理意义？

4.3 为什么说磁感应强度是一个有旋无源场？

4.4 什么是库仑规范？为什么需要库仑规范？

4.5 磁化强度是如何定义的？它的物理意义是什么？

4.6 什么是均匀磁介质？什么是均匀磁化？

4.7 磁场强度 $\boldsymbol{H}$ 是如何定义的？对各向同性介质，$\boldsymbol{H}$ 与 $\boldsymbol{B}$ 有怎样的关系？

4.8 恒定磁场的切向和法向边界条件是什么？

4.9 计算恒定磁场总能量的公式可写为$W_{\mathrm{m}}=\dfrac{1}{2}\int_\tau\boldsymbol{A}\cdot\boldsymbol{J}\mathrm{d}\tau$，能否说明$\dfrac{1}{2}\boldsymbol{A}\cdot\boldsymbol{J}$就是磁能密度？

习 题

4.1 如题图 4.1 所示，内半径为 a、外半径为 b 的均匀带电圆环，绕过环心 O 且与圆环平面垂直的轴线以角速度 ω 旋转，圆环上所带电量为 $+Q$，求环心 O 的磁感应强度 $\boldsymbol{B}$。

4.2 一根无限长的载流圆柱导体，半径为 R，电流 I 均匀分布在圆柱截面上，如题图 4.2 所示，求电流产生的磁场通过图中阴影部分的磁通（阴影部分宽为 $2R$，高为 h）。

4.3 一半径为 R 的无限长圆柱形导体，相对磁导率为 μ_r，沿圆柱轴线方向均匀通有电流，其电流密度为 $\boldsymbol{J}$，求柱内外磁场强度 $\boldsymbol{H}$ 和磁感应强度 $\boldsymbol{B}$ 的分布。

4.4 有一无限长同轴电缆，内外导体半径分别为 a 和 b，电缆内填充不同介质，上半部的磁导率为 μ_1，下半部磁导率为 μ_2，如题图 4.3 所示。当通以电流 I 时，求两种介质中的磁场强度。

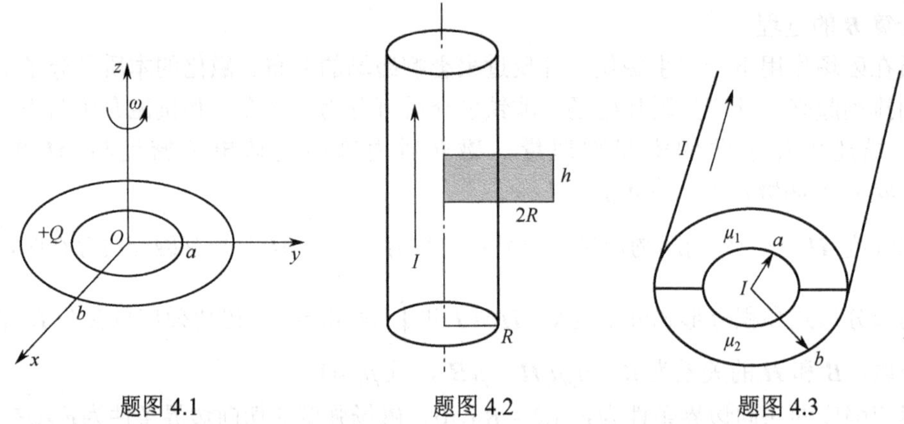

题图 4.1　　题图 4.2　　题图 4.3

4.5 已知矢量函数 $\boldsymbol{H}=\boldsymbol{e}_x(-ay)+\boldsymbol{e}_y ax$，$\boldsymbol{B}=\mu_0\boldsymbol{H}$，试判断该矢量函数可否为磁场？如果是，计算源变量（电流密度）$\boldsymbol{J}$。

4.6 已知某电流在空间产生的矢量磁位 $\boldsymbol{A}=\boldsymbol{e}_x x^2 y+\boldsymbol{e}_y xy^2+\boldsymbol{e}_z(y^2-z^2)$，求磁感应强度的空间分布。

4.7 已知在柱面坐标系中的矢量函数 $\boldsymbol{B}=\dfrac{\mu_0 I\rho}{2\pi a^2}\boldsymbol{e}_\varphi$，证明该矢量函数可以表示磁场，并求出它的涡旋场。

4.8 一半径为 a 的无限长导线，磁导率为 μ_0，通以电流 I。（1）计算导体内长为 l 区域所储存的磁场能量 W_1。（2）如果以导体轴作一长为 l 的同轴圆柱面，要求在导线与圆柱面之间所储存的磁能等于 $4W_1$，问圆柱面的半径 R 是多少？

4.9 半径为 a 的磁介质球，中心在坐标原点，已知介质中的磁化强度 $\boldsymbol{M}=(Az^2+B)\boldsymbol{e}_z$，其中 A 和 B 是常数，求介质中的体束缚电流密度 $\boldsymbol{J}_{\rm m}$ 和面束缚电流密度 $\boldsymbol{J}_{\rm ms}$。

4.10 有一同轴空心圆柱导体，其上通以电流 I，按半径不同，空间分为 5 个区域，各半径尺寸如题图 4.4 所示。图中阴影部分为导体，磁导率均为 μ_0。计算空间各区域的磁场强度以及空间单位长度的磁场能量。

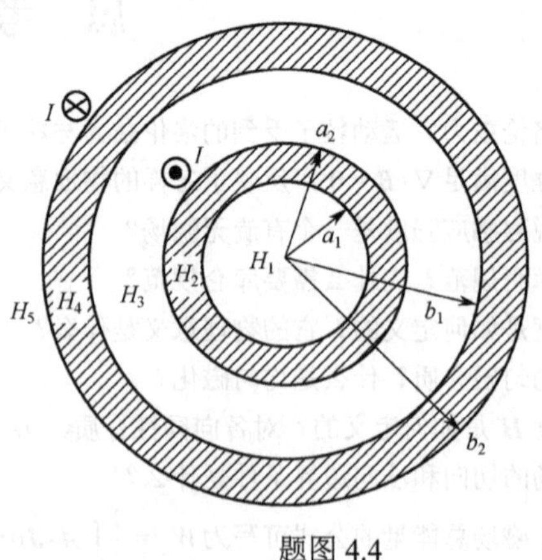

题图 4.4

第 5 章　时变电磁场

在静电场和恒定磁场中，电场和磁场不随时间变化，静电场中的 $\boldsymbol{E}$、$\boldsymbol{D}$ 与恒定磁场中的 $\boldsymbol{B}$、$\boldsymbol{H}$ 互不影响，各自独立，可以分别进行研究。

当电场和磁场都随时间变化时，称为时变电磁场（简称时变场），这时它们彼此之间不再相互独立，而是相互依赖、共同存在。变化的电场可以产生变化的磁场，变化的磁场也会产生变化的电场，这种相互激发会形成电磁场在空间的传播，即电磁波。

法拉第首先通过实验方法总结出电磁感应定律，给出了变化的磁场产生电场的数学表示。这个电场的环路积分一般不为零，等于环路中的感应电动势，它可以推动电流在闭合导体回路中流动。

麦克斯韦在前人成就的基础上，对整个电磁现象进行了系统、全面的研究，并独立提出了位移电流假说，将电磁场理论用简洁、对称、完美的数学形式表示出来，得到经典电动力学最完整的表达式，即麦克斯韦方程组。他预言了电磁波的存在，指出光是电磁波的一种形式，推导出电磁波的传播速度等于光速，这就将电学、磁学和光学统一起来。

本章首先介绍法拉第电磁感应定律和麦克斯韦位移电流假说，并在此基础上得出麦克斯韦方程组的积分和微分形式，导出时变场一般形式的边界条件；然后讨论关于电磁场能量守恒的坡印亭定理；最后介绍麦克斯韦方程组对时谐场的表达形式。

5.1　麦克斯韦方程组

麦克斯韦方程组（Maxwell equations）是一组描述电场、磁场与电荷密度、电流密度之间关系的偏微分方程组，全面反映了电场和磁场的基本性质，是对电磁场基本规律简明而完美的描述。

5.1.1　法拉第电磁感应定律

1831 年，英国物理学家法拉第在实验中发现，当穿过闭合导线的磁通发生变化时，在导线中会产生电流，此后通过大量实验总结出导线中产生的电动势与磁通变化的规律，即电磁感应定律。电磁感应定律是电磁学发展历程中的重大发现，揭示了电与磁之间的相互联系和相互转化。

法拉第电磁感应定律（Faraday's law of electromagnetic induction）指出，对于一个周长为 C 的闭合导体回路，当穿过回路的磁通 $\varPhi$ 发生变化时，将出现感应电流，回路中对应的感应电动势 ε 为

$$\varepsilon = -\frac{\mathrm{d}\varPhi}{\mathrm{d}t} \tag{5.1}$$

式中，负号反映了楞次定律，即感应电流具有这样的流向，它所产生的磁场总是阻碍引起感应电流磁通的变化。在图 5.1 中，取环路 C 的正方向与 $\varPhi$ 的正方向呈右手螺旋关系，则当

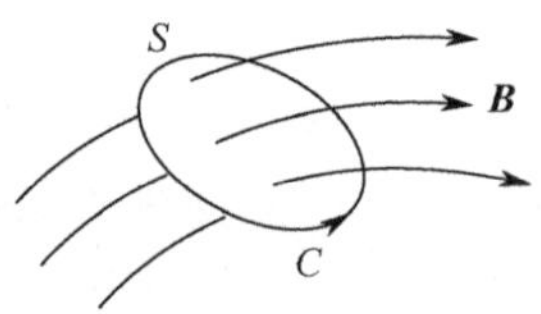

图 5.1　磁通变化与感应电动势

$\mathrm{d}\Phi/\mathrm{d}t>0$时，$\varepsilon$的方向与 C 相反；而当$\mathrm{d}\Phi/\mathrm{d}t<0$时，$\varepsilon$的方向与$C$相同。

对于以C为边界的任意曲面S，磁通Φ可用曲面积分表示为

$$\Phi=\oint_S \boldsymbol{B}\cdot\mathrm{d}\boldsymbol{S} \tag{5.2}$$

而感应电动势可用回路中的感应电场$\boldsymbol{E}$的积分来表示，即

$$\varepsilon=\oint_C \boldsymbol{E}\cdot\mathrm{d}\boldsymbol{l} \tag{5.3}$$

于是式（5.1）可写成

$$\oint_C \boldsymbol{E}\cdot\mathrm{d}\boldsymbol{l}=-\frac{\mathrm{d}}{\mathrm{d}t}\oint_S \boldsymbol{B}\cdot\mathrm{d}\boldsymbol{S}=-\oint_S \frac{\partial \boldsymbol{B}}{\partial t}\cdot\mathrm{d}\boldsymbol{S} \tag{5.4}$$

利用斯托克斯定理，写成微分形式，有

$$\nabla\times\boldsymbol{E}=-\frac{\partial \boldsymbol{B}}{\partial t} \tag{5.5}$$

式（5.4）和式（5.5）分别称为法拉第电磁感应定律的积分形式和微分形式。这两式表明，变化的磁场是产生回路感应电场的源。这个结论可推广到没有导体回路的情况，即在不存在实际回路的情况下，这种随时间变化的磁通也将感应出电场。

扫码学习
电学之父——法拉第

如果磁场不随时间变化，则有$\nabla\times\boldsymbol{E}=\boldsymbol{0}$，这是静电场满足的旋度公式，表明静电场是式（5.5）的特殊情况。式（5.5）对时变电磁场和静电场都成立，是电磁场的基本方程。

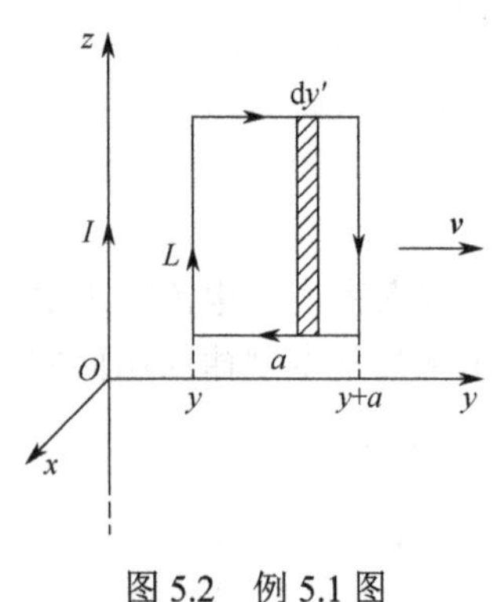

图 5.2　例 5.1 图

例 5.1　如图 5.2 所示，长直导线中通有电流 I，与导线共面的线圈共有 N 匝，宽为 a，长为 L。当线圈以速度 v 向右运动时，求线圈中的感应电动势。

解　取线圈的绕行正方向如图中所示，长直导线电流在线圈中各处产生的磁感应强度为

$$\boldsymbol{B}=-\boldsymbol{e}_x\frac{\mu_0 I}{2\pi y}$$

每匝线圈中的磁通为

$$\Phi=\int_S \boldsymbol{B}\cdot\mathrm{d}\boldsymbol{S}=\int_y^{y+a}\left(-\boldsymbol{e}_x\frac{\mu_0 I}{2\pi y'}\right)\cdot(-\boldsymbol{e}_x L)\mathrm{d}y'=\frac{\mu_0 LI}{2\pi}[\ln(y+a)-\ln y]$$

注意到$\dfrac{\mathrm{d}y}{\mathrm{d}t}=v$，则线圈中的感应电动势为

$$\varepsilon=-N\frac{\mathrm{d}\Phi}{\mathrm{d}t}=\frac{N\mu_0 LIav}{2\pi y(y+a)}$$

$\varepsilon>0$，说明感应电动势的方向与绕行正方向相同。

5.1.2　位移电流

在对恒定磁场的讨论中，得到安培环路定理的积分形式为$\oint_C \boldsymbol{H}\cdot\mathrm{d}\boldsymbol{l}=I$，其中$I$是穿过以环路 C 为边界的任意曲面的净传导电流。麦克斯韦发现，将这一定律应用于时变电磁场时出现了矛盾。

考察一个电容器的充放电过程，如图 5.3 所示。当电压 $u(t)$随时间变化时，电路中的传导电流为 $i(t)$；但电容器中没有传导电流，只有随时间变化的电场。当安培环路定理应用于以图中 C 为环路的任意曲面时，有：

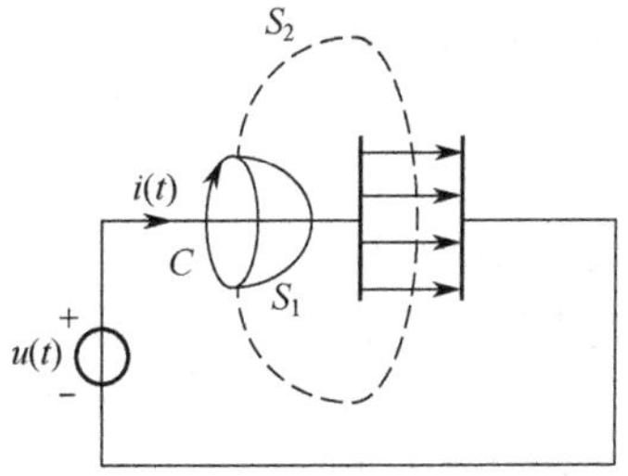

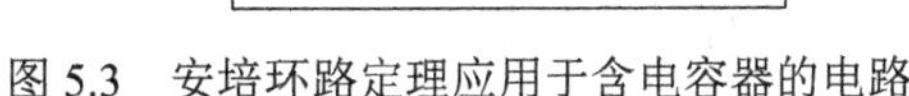

图 5.3　安培环路定理应用于含电容器的电路

对于 S_1 面，有传导电流穿过其上，即

$$\oint_C \boldsymbol{H}\cdot \mathrm{d}\boldsymbol{l} = i(t) \tag{5.6}$$

对于 S_2 面，没有传导电流穿过其上，即

$$\oint_C \boldsymbol{H}\cdot \mathrm{d}\boldsymbol{l} = 0 \tag{5.7}$$

对于以同一闭合回路为边界的不同曲面，应用安培环路定理时得到不同的结果，这是很不合理的。这只能说明恒定磁场中的安培环路定理对时变场不适用，或需要进行修正。

麦克斯韦针对恒定磁场中安培环路定理应用于时变场时出现矛盾的情况，提出了著名的位移电流假说。他认为，电容器两极板间传导电流中断处存在另一种性质的电流，称之为位移电流，用 i_d 表示；位移电流穿过了 S_2 面，其大小与线路中的传导电流 $i(t)$相等。

运用电流连续性方程，可以推导出位移电流表达式。对于图 5.3 中由 S_1 和 S_2 组成的闭合面 S，运用电流连续性方程，应有

$$\oint_S \boldsymbol{J}\cdot \mathrm{d}\boldsymbol{S} = -\frac{\mathrm{d}q}{\mathrm{d}t} \tag{5.8}$$

式中，q 是极板上的自由电荷。应用高斯定理，电量 q 可用电位移矢量表示为

$$\oint_S \boldsymbol{D}\cdot \mathrm{d}\boldsymbol{S} = q \tag{5.9}$$

得到

$$\oint_S \boldsymbol{J}\cdot \mathrm{d}\boldsymbol{S} = -\frac{\mathrm{d}}{\mathrm{d}t}\oint_S \boldsymbol{D}\cdot \mathrm{d}\boldsymbol{S} = -\oint_S \frac{\partial \boldsymbol{D}}{\partial t}\cdot \mathrm{d}\boldsymbol{S} \tag{5.10}$$

定义位移电流密度（displacement current density）为

$$\boldsymbol{J}_\mathrm{d} = \frac{\partial \mathrm{D}}{\partial t} \tag{5.11}$$

则通过 S 面的位移电流就是

$$i_\mathrm{d} = \oint_S \frac{\partial \mathrm{D}}{\partial t}\cdot \mathrm{dS} \tag{5.12}$$

由于 S_1 面仅有传导电流通过，而 S_2 面仅有位移电流通过，因此上式也可写成

$$\int_{S_1} \boldsymbol{J}\cdot \mathrm{d}\boldsymbol{S} = -\int_{S_2} \frac{\partial \boldsymbol{D}}{\partial t}\cdot \mathrm{d}\boldsymbol{S} \tag{5.13}$$

可见，从 S_1 面流入的传导电流等于从 S_2 面流出的位移电流，也可写成

$$\oint_S \left(\boldsymbol{J} + \frac{\partial \boldsymbol{D}}{\partial t}\right)\cdot \mathrm{d}\boldsymbol{S} = 0 \tag{5.14}$$

将 $\boldsymbol{J} + \dfrac{\partial \boldsymbol{D}}{\partial t}$ 称为全电流密度（full current density），则（5.14）表明全电流是连续的。

引入位移电流后，安培环路定理可改写为用全电流表示，即全电流安培环路定理：

$$\oint_C \boldsymbol{H}\cdot \mathrm{d}\boldsymbol{l} = i(t) + i_\mathrm{d}(t) = \int_S \left(\boldsymbol{J} + \frac{\partial \boldsymbol{D}}{\partial t}\right)\cdot \mathrm{d}\boldsymbol{S} \tag{5.15}$$

利用斯托克斯定理，写成微分形式，有

$$\nabla \times \boldsymbol{H} = \boldsymbol{J} + \frac{\partial \boldsymbol{D}}{\partial t} \tag{5.16}$$

式（5.15）和式（5.16）表明，位移电流与传导电流一样，也是产生磁场的源；但位移电流的本质是变化的电场，而不是电荷的定向运动。法拉第电磁感应定律表明变化的磁场可以产生电场，而位移电流假说表明变化的电场可以产生磁场，也就是电场和磁场可以相互激发，从而形成电磁波。

全电流安培环路定理是麦克斯韦对电磁场理论的重要贡献之一，为完整的电磁场理论体系构建奠定了基础。

例 5.2 已知海水的电导率为$\sigma = 4\text{S/m}$，相对介电常数为$\varepsilon_r = 81$，如果电场按余弦规律变化，求当频率为1MHz和1GHz时的位移电流与传导电流的比值。

解 设电场大小的瞬时表达式为

$$E = E_m \cos(\omega t)$$

则位移电流密度的大小为

$$J_d = \frac{\partial D}{\partial t} = -\omega \varepsilon E_m \sin(\omega t)$$

其峰值为

$$J_{dm} = \omega \varepsilon E_m$$

而传导电流密度的大小为

$$J = \sigma E = \sigma E_m \cos(\omega t)$$

其峰值为

$$J_m = \sigma E_m$$

位移电流与传导电流的峰值之比为

$$\frac{J_{dm}}{J_m} = \frac{\omega \varepsilon E_m}{\sigma E_m} = \frac{\omega \varepsilon}{\sigma} = \frac{2\pi \varepsilon_0 \varepsilon_r}{\sigma} f \approx 1.13 \times 10^{-9} f/\text{Hz}$$

当 $f = 1\text{MHz}$ 时，$\frac{J_{dm}}{J_m} = 1.13 \times 10^{-3}$；当 $f = 1\text{GHz}$ 时，$\frac{J_{dm}}{J_m} = 1.13$。这个结果表明，位移电流随频率的增加而增大。当频率较低时，海水以传导电流为主，位移电流可以忽略，这时海水相当于良导体；当频率远大于 1GHz 时，海水以位移电流为主，传导电流可忽略，这时海水相当于良介质。

由此可总结出一般判断方法是：当$\frac{\sigma}{\omega \varepsilon} \gg 1$时为良导体；当$\frac{\sigma}{\omega \varepsilon} \ll 1$时为良介质。

例 5.3 在图 5.3 所示的电路中，如果是平板电容器，极板面积为 S，极板间距离为 d，中间是空气，当加在电容器两端的交流电压为$v_C = V_m \sin(\omega t)$时，计算与导线距离为 r 处的磁场强度。

解 导线中的传导电流为

$$i_c = C\frac{dv_C}{dt} = \frac{\varepsilon_0 S}{d} \omega V_m \cos(\omega t)$$

而电容器极板间的位移电流为

$$i_d = \oint_S \frac{\partial \boldsymbol{D}}{\partial t} \cdot d\boldsymbol{S} = S\frac{\partial D}{\partial t} = \varepsilon_0 S \frac{\partial E}{\partial t} = \frac{\varepsilon_0 S}{d} \frac{\partial v_C}{\partial t} = \frac{\varepsilon_0 S}{d} \omega V_m \cos(\omega t)$$

可见，导线中的传导电流与电容器极板间的位移电流相等。

应用安培环路定理$\oint_C \boldsymbol{H}\cdot \mathrm{d}\boldsymbol{l} = i_{\mathrm{c}}(t)+i_{\mathrm{d}}(t)$，选用图中的$S_1$面，则只有传导电流；而选用$S_2$面时，则只有位移电流。但这两个电流相等，因此得到的结果相同，故

$$\oint_C \boldsymbol{H}\cdot \mathrm{d}\boldsymbol{l} = \frac{\varepsilon_0 S}{d}\omega V_{\mathrm{m}}\cos(\omega t)$$

假设电路中的导线是长直导线，则磁场的方向是$\boldsymbol{e}_\varphi$方向，且其大小具有轴对称性，故

$$2\pi r H_\varphi = \frac{\varepsilon_0 S}{d}\omega V_{\mathrm{m}}\cos(\omega t)$$

$$H_\varphi = \frac{\varepsilon_0 S}{2\pi r d}\omega V_{\mathrm{m}}\cos(\omega t)$$

5.1.3　麦克斯韦方程组

麦克斯韦通过对库仑定律、安培环路定理、法拉第电磁感应定律等基本规律进行深入的研究和总结，并独立提出位移电流假说，概括出宏观电磁场所遵循的普遍物理规律，即麦克斯韦方程组。麦克斯韦方程组是一组矢量方程，包含四个偏微分方程，这些方程描述了电场、磁场与电荷密度、电流密度之间的普遍联系，使电场和磁场成为一个不可分割的整体。

麦克斯韦方程组分为微分形式与积分形式，微分形式为

$$\left.\begin{aligned}
&\nabla\times\boldsymbol{H} = \boldsymbol{J}+\frac{\partial \boldsymbol{D}}{\partial t}\\
&\nabla\times\boldsymbol{E} = -\frac{\partial \boldsymbol{B}}{\partial t}\\
&\nabla\cdot\boldsymbol{B} = 0\\
&\nabla\cdot\boldsymbol{D} = \rho
\end{aligned}\right\}\tag{5.17}$$

式中，$\boldsymbol{J}$是传导电流密度，ρ是自由电荷的体密度。

积分形式为

$$\left.\begin{aligned}
&\oint_C \boldsymbol{H}\cdot\mathrm{d}\boldsymbol{l} = \int_S\left(\boldsymbol{J}+\frac{\partial \boldsymbol{D}}{\partial t}\right)\cdot\mathrm{d}\boldsymbol{S}\\
&\oint_C \boldsymbol{E}\cdot\mathrm{d}\boldsymbol{l} = -\int_S \frac{\partial \boldsymbol{B}}{\partial t}\cdot\mathrm{d}\boldsymbol{S}\\
&\oint_S \boldsymbol{B}\cdot\mathrm{d}\boldsymbol{S} = 0\\
&\oint_S \boldsymbol{D}\cdot\mathrm{d}\boldsymbol{S} = q
\end{aligned}\right\}\tag{5.18}$$

在麦克斯韦方程组中，第一方程为全电流定律，是安培环路定理的一般形式，表明传导电流和位移电流都是产生磁场的源；第二方程反映了法拉第电磁感应定律，即变化的磁场也是产生电场的源；第三方程反映了磁通连续性原理，即磁场是无散场，磁感应线是闭合曲线；第四方程反映了电场的高斯定理，即电场是有散场，电荷是产生电场的源。

通过式（5.17）的第一和第四方程，还可以导出电流连续性方程，即电荷守恒定律。事实上，对式（5.17）的第一方程两边求散度得

$$\nabla\cdot(\nabla\times\boldsymbol{H}) = \nabla\cdot\boldsymbol{J}+\frac{\partial}{\partial t}\nabla\cdot\boldsymbol{D} = 0 \tag{5.19}$$

将式（5.17）的第四方程代入，即得

$$\nabla \cdot \boldsymbol{J} + \frac{\partial \rho}{\partial t} = 0 \tag{5.20}$$

这就是电流连续性方程的微分形式。

式（5.17）的四个方程是相容的，但并不是完全独立的。可以证明，其中的两个散度方程可利用电流连续性方程直接从两个旋度方程导出。

在麦克斯韦方程组中，$\boldsymbol{B}$ 和 $\boldsymbol{H}$ 之间、$\boldsymbol{E}$ 和 $\boldsymbol{D}$ 之间、$\boldsymbol{J}$ 和 $\boldsymbol{E}$ 之间都有一定关系，在各向同性线性媒质中且频率不很高时，有

$$\left.\begin{aligned} \boldsymbol{D} &= \varepsilon \boldsymbol{E} \\ \boldsymbol{B} &= \mu H \\ \boldsymbol{J} &= \sigma \boldsymbol{E} \end{aligned}\right\} \tag{5.21}$$

式（5.21）也称为媒质的本构关系。

麦克斯韦方程组是在总结前人各种实验定律并在一定假设条件下建立起来的，是对电磁现象的宏观数学描述。赫兹通过实验证实了麦克斯韦电磁理论的正确性，从而使麦克斯韦方程组成为各种电磁场工程应用中最根本的理论指导，也是分析各种电磁场应用的基本出发点，是课程学习的核心内容。

关于运动电荷在电磁场中的受力问题，麦克斯韦方程组并未涉及。但从前面各章的分析中可知：在静电场中，单位体积静电荷受到的作用力为 $\boldsymbol{f} = \rho \boldsymbol{E}$；在恒定磁场中，载流导体单位体积受到的作用力为 $\boldsymbol{f} = \rho(\mathrm{v} \times \boldsymbol{B})$。当电荷和电流处于随时间变化的电磁场中时，受力情况是怎样的呢？洛伦兹提出，如果密度为 ρ 的电荷以速度 v 在电磁场中运动，则单位体积电荷所受到作用力为

$$\boldsymbol{f} = \rho \boldsymbol{E} + \rho(\boldsymbol{v} \times \boldsymbol{B}) \tag{5.22}$$

这就是一般情况下的洛伦兹力公式。洛伦兹力公式的正确性已为大量实验所证实，它和麦克斯韦方程组一起构成了电磁理论的基础。

扫码学习
经典电磁理论奠基人麦克斯韦

扫码学习
著名物理学家赫兹

例 5.4 已知真空中的电场强度 $\boldsymbol{E} = \boldsymbol{e}_x A\cos(\omega t - \beta z)$，其中 A 是电场的振幅，ω 是角频率，β 是常数。求：（1）磁感应强度 $\boldsymbol{B}$ 的表达式；（2）常数 β 的大小。

解 真空中 $\sigma = 0$，$\rho = 0$，$\boldsymbol{J} = \boldsymbol{0}$，$\varepsilon = \varepsilon_0$，$\mu = \mu_0$。

（1）由麦克斯韦方程组（5.17）第二方程，有

$$\nabla \times \boldsymbol{E} = -\frac{\partial \boldsymbol{B}}{\partial t}$$

$$\frac{\partial \boldsymbol{B}}{\partial t} = -\nabla \times \boldsymbol{E} = \begin{vmatrix} \boldsymbol{e}_x & \boldsymbol{e}_y & \boldsymbol{e}_z \\ \dfrac{\partial}{\partial x} & \dfrac{\partial}{\partial y} & \dfrac{\partial}{\partial z} \\ E_x & 0 & 0 \end{vmatrix} = \boldsymbol{e}_y A\beta \sin(\omega t - \beta z)$$

两边积分，得 $\boldsymbol{B}$ 的表达式为

$$\boldsymbol{B} = \boldsymbol{e}_y \frac{A\beta}{\omega} \cos(\omega t - \beta z)$$

（2）由麦克斯韦方程组（5.17）第一方程，有

$$\nabla \times \boldsymbol{H} = \frac{\partial \boldsymbol{D}}{\partial t}$$

将 $\boldsymbol{H}=\dfrac{\boldsymbol{B}}{\mu_0}$ 和 $\boldsymbol{D}=\varepsilon_0\boldsymbol{E}$ 代入，得到

$$\frac{1}{\mu_0}\begin{vmatrix}\boldsymbol{e}_x & \boldsymbol{e}_y & \boldsymbol{e}_z\\ \dfrac{\partial}{\partial x} & \dfrac{\partial}{\partial y} & \dfrac{\partial}{\partial z}\\ 0 & B_y & 0\end{vmatrix}=\varepsilon_0\frac{\partial}{\partial t}\left[\boldsymbol{e}_x A\cos(\omega t-\beta z)\right]$$

展开后得

$$\frac{A\beta^2}{\mu_0\omega}\sin(\omega t-\beta z)=A\varepsilon_0\omega\sin(\omega t-\beta z)$$

因此

$$\beta=\omega\sqrt{\mu_0\varepsilon_0}$$

5.2　时变场的边界条件

在时变电磁场（时变场）情况下，电磁场在两种不同媒质分界面处的关系，就是时变场的边界条件，这是麦克斯韦方程组有确定解的前提。

5.2.1　一般形式的边界条件

在分界面两侧是一般媒质的情况下，类似于静电场和恒定磁场边界条件的推导方法，将麦克斯韦方程组的积分形式——式（5.18）应用于在分界面处所作的微小高斯面和安培环路，并取边界处由媒质 1 指向媒质 2 的单位法向量为 $\boldsymbol{e}_n$，可求得时变场边界条件的数学表达式。

磁场强度 $\boldsymbol{H}$ 的切向边界条件为

$$\boldsymbol{e}_n\times(\boldsymbol{H}_2-\boldsymbol{H}_1)=\boldsymbol{J}_S \quad 或 \quad H_{2t}-H_{1t}=J_S \tag{5.23}$$

电场强度 $\boldsymbol{E}$ 的切向边界条件为

$$\boldsymbol{e}_n\times(\boldsymbol{E}_2-\boldsymbol{E}_1)=\boldsymbol{0} \quad 或 \quad E_{2t}-E_{1t}=0 \tag{5.24}$$

磁感应强度 $\boldsymbol{B}$ 的法向边界条件为

$$\boldsymbol{e}_n\cdot(\boldsymbol{B}_2-\boldsymbol{B}_1)=0 \quad 或 \quad B_{2n}-B_{1n}=0 \tag{5.25}$$

电位移矢量 $\boldsymbol{D}$ 的法向边界条件为

$$\boldsymbol{e}_n\cdot(\boldsymbol{D}_2-\boldsymbol{D}_1)=\rho_S \quad 或 \quad D_{2n}-D_{1n}=\rho_S \tag{5.26}$$

可以看出：电场强度 $\boldsymbol{E}$ 的切向分量始终是连续的，磁感应强度 $\boldsymbol{B}$ 的法向分量也是始终连续的；而磁场强度 $\boldsymbol{H}$ 的切向分量一般不连续，取决于表面是否存传导电流；电位移矢量 $\boldsymbol{D}$ 的法向分量一般也不连续，取决于表面是否存在自由电荷。

5.2.2　理想导体表面的边界条件

如果媒质 1 是理想导体，媒质 2 是理想媒质，取单位法向矢量 $\boldsymbol{e}_n$ 的方向为从导体指向媒质。由于理想导体的电导率 $\sigma_1=\infty$，故 $\boldsymbol{E}_1=\boldsymbol{D}_1=\boldsymbol{0}$，否则由 $\boldsymbol{J}_1=\sigma\boldsymbol{E}_1$ 会使电流密度趋于无穷大；又由于理想导体中 $\nabla\times\boldsymbol{E}_1=-\dfrac{\partial\boldsymbol{B}_1}{\partial t}=\boldsymbol{0}$，可知 $\boldsymbol{B}_1$ 只能是一个常矢量，即导体中不存在随时

间变化的磁场，若不考虑这个恒定磁场，导体内部磁场也处处为 0。因此，导体外理想介质中的 $\boldsymbol{E}_2$、$\boldsymbol{D}_2$ 和 $\boldsymbol{B}_2$、$\boldsymbol{H}_2$，可分别用 $\boldsymbol{E}$、$\boldsymbol{D}$ 和 $\boldsymbol{B}$、$\boldsymbol{H}$ 表示，边界条件转化为

$$\boldsymbol{e}_n \times \boldsymbol{H} = \boldsymbol{J}_S \quad 或 \quad H_t = J_S \tag{5.27}$$

$$\boldsymbol{e}_n \times \boldsymbol{E} = \boldsymbol{0} \quad 或 \quad E_t = 0 \tag{5.28}$$

$$\boldsymbol{e}_n \cdot \boldsymbol{B} = 0 \quad 或 \quad B_n = 0 \tag{5.29}$$

$$\boldsymbol{e}_n \cdot \boldsymbol{D} = \rho_S \quad 或 \quad D_n = \rho_S \tag{5.30}$$

以上公式表明：在导体与介质分界面处的介质中没有切向电场分量，总电场与理想导体表面相垂直；分界面处的介质中也没有法向磁场分量，总磁场与理想导体表面相平行。

理想导体中的电场和磁场始终为 0，意味着当电磁波入射到导体表面时，不会进入导体内部，而是发生全反射。但实际金属导体的电导率是一个很大的数值而不是无穷大，因此仍有很少的电磁能量进入导体内部，电磁波在导体表面接近于全反射。

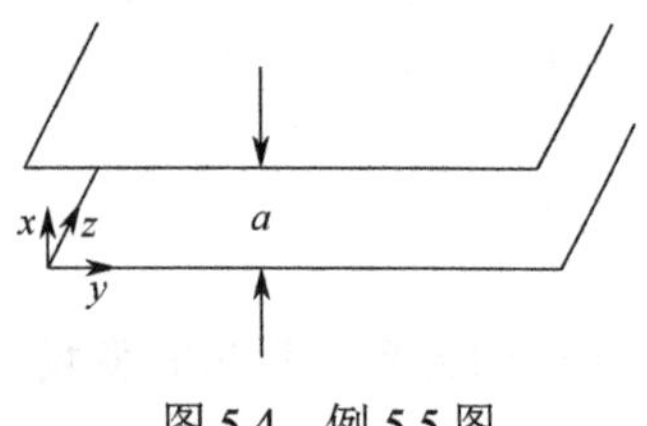

图 5.4 例 5.5 图

例 5.5 两块无限大的平板理想导体，平板之间的距离为 a，如图 5.4 所示。已知板间电场强度的表达式为 $\boldsymbol{E} = \boldsymbol{e}_x E_0 \mathrm{e}^{\mathrm{j}(\omega t - kz)}$，磁场强度的表达式为 $\boldsymbol{H} = \boldsymbol{e}_y \sqrt{\dfrac{\varepsilon_0}{\mu_0}} E_0 \mathrm{e}^{\mathrm{j}(\omega t - kz)}$，其中 ω 是角频率，k 和 E_0 都是常数。求两平板内壁上的面电荷密度和电流密度。

解 利用边界条件 $\boldsymbol{e}_n \cdot \boldsymbol{D} = \rho_S$ 求面电荷密度，利用边界条件 $\boldsymbol{e}_n \times \boldsymbol{H} = \boldsymbol{J}_S$ 求电流密度。注意各个导体面的法向是从导体指向空气。

对于 x=0 的导体平面，面电荷密度为

$$\rho_S |_{x=0} = \boldsymbol{e}_x \cdot \varepsilon_0 \boldsymbol{E} |_{x=0} = \varepsilon_0 E_0 \mathrm{e}^{\mathrm{j}(\omega t - kz)}$$

对于 x=a 的导体平面，面电荷密度为

$$\rho_S |_{x=a} = -\boldsymbol{e}_x \cdot \varepsilon_0 \boldsymbol{E} |_{x=a} = -\varepsilon_0 E_0 \mathrm{e}^{\mathrm{j}(\omega t - kz)}$$

对于 x=0 的导体平面，电流密度为

$$\boldsymbol{J}_S = \boldsymbol{e}_x \times \boldsymbol{H} |_{x=0} = \boldsymbol{e}_x \times \boldsymbol{e}_y \sqrt{\frac{\varepsilon_0}{\mu_0}} E_0 \mathrm{e}^{\mathrm{j}(\omega t - kz)} |_{x=0} = \boldsymbol{e}_z \sqrt{\frac{\varepsilon_0}{\mu_0}} E_0 \mathrm{e}^{\mathrm{j}(\omega t - kz)}$$

对于 x=a 的导体平面，电流密度为

$$\boldsymbol{J}_S = -\boldsymbol{e}_x \times \boldsymbol{H} |_{x=a} = -\boldsymbol{e}_z \sqrt{\frac{\varepsilon_0}{\mu_0}} E_0 \mathrm{e}^{\mathrm{j}(\omega t - kz)}$$

5.2.3 理想介质表面的边界条件

如果媒质 1 和媒质 2 都是理想介质，则在分界面上既没有自由电荷，也没有传导电流，此时边界条件转化为

$$\boldsymbol{e}_n \times (\boldsymbol{H}_2 - \boldsymbol{H}_1) = \boldsymbol{0} \quad 或 \quad H_{2t} = H_{1t} \tag{5.31}$$

$$\boldsymbol{e}_n \times (\boldsymbol{E}_2 - \boldsymbol{E}_1) = \boldsymbol{0} \quad 或 \quad E_{2t} = E_{1t} \tag{5.32}$$

$$\boldsymbol{e}_n \cdot (\boldsymbol{B}_2 - \boldsymbol{B}_1) = 0 \quad 或 \quad B_{2n} = B_{1n} \tag{5.33}$$

$$\boldsymbol{e}_n \cdot (\boldsymbol{D}_2 - \boldsymbol{D}_1) = 0 \quad 或 \quad D_{2n} = D_{1n} \tag{5.34}$$

以上公式表明：在两种理想介质分界面上，电场强度切向分量和磁场强度切向分量是连续的，电位移矢量法向分量和磁感应强度法向分量也是连续的。

在电磁场求解中，边界条件是很重要的，这是因为麦克斯韦方程组由四个偏微分方程组成，它们的解包含积分常数，必须由边界条件来确定，以使得解是唯一的。

5.3　坡印亭定理与坡印亭矢量

电磁场是一种特殊物质，具有能量。在对静电场的讨论中，各向同性介质单位体积中的静电能量，即电场能量密度（electric energy density）为

$$w_{\mathrm{e}} = \frac{1}{2}\boldsymbol{E}\cdot\boldsymbol{D} = \frac{1}{2}\varepsilon E^2 \tag{5.35}$$

在对恒定磁场的讨论中，各向同性介质单位体积中的磁场能量，即磁场的能量密度为

$$w_{\mathrm{m}} = \frac{1}{2}\boldsymbol{B}\cdot\boldsymbol{H} = \frac{1}{2}\mu H^2 \tag{5.36}$$

对于时变电磁场，电场与磁场同时存在。上面的电场能量密度和磁场能量密度计算公式可以推广到时变电磁场，总的电磁能量密度是电场能量密度和磁场能量密度之和，即

$$w = w_{\mathrm{e}} + w_{\mathrm{m}} = \frac{1}{2}\varepsilon E^2 + \frac{1}{2}\mu H^2 \tag{5.37}$$

但由于是时变电磁场，电场强度 $\boldsymbol{E}$ 和磁场强度 $\boldsymbol{H}$ 既是空间坐标的函数，又是时间的函数，因此总电磁能量密度也是时间和空间的函数，这表明电磁能量可以在空间运动和传播。

5.3.1　坡印亭定理

坡印亭定理（Poynting theorem）是由坡印亭提出的关于电磁场能量守恒的定理，这个定理可以从麦克斯韦方程组直接导出。

设有闭合面 Σ，其所包围的空间体的体积为 τ，体内含有均匀、线性和各向同性媒质，体内无外加源。根据矢量恒等式，有

$$\nabla\cdot(\boldsymbol{E}\times\boldsymbol{H}) = \boldsymbol{H}\cdot\nabla\times\boldsymbol{E} - \boldsymbol{E}\cdot\nabla\times\boldsymbol{H} \tag{5.38}$$

将麦克斯韦方程组中的 $\nabla\times\boldsymbol{E} = -\dfrac{\partial\boldsymbol{B}}{\partial t}$ 和 $\nabla\times\boldsymbol{H} = \boldsymbol{J} + \dfrac{\partial\boldsymbol{D}}{\partial t}$ 代入上式，得

$$\nabla\cdot(\boldsymbol{E}\times\boldsymbol{H}) = -\boldsymbol{H}\cdot\frac{\partial\boldsymbol{B}}{\partial t} - \boldsymbol{E}\cdot\boldsymbol{J} - \boldsymbol{E}\cdot\frac{\partial\boldsymbol{D}}{\partial t} \tag{5.39}$$

由媒质的特性，有 $\boldsymbol{D} = \varepsilon\boldsymbol{E}$，$\boldsymbol{B} = \mu\boldsymbol{H}$，且 ε 和 μ 是常数，故得到

$$\boldsymbol{H}\cdot\frac{\partial\boldsymbol{B}}{\partial t} = \frac{1}{2}\left(\boldsymbol{H}\cdot\frac{\partial\boldsymbol{B}}{\partial t} + \boldsymbol{B}\cdot\frac{\partial\boldsymbol{H}}{\partial t}\right) = \frac{\partial}{\partial t}\left(\frac{1}{2}\boldsymbol{H}\cdot\boldsymbol{B}\right) = \frac{\partial w_{\mathrm{m}}}{\partial t} \tag{5.40}$$

$$\boldsymbol{E}\cdot\frac{\partial\boldsymbol{D}}{\partial t} = \frac{1}{2}\left(\boldsymbol{E}\cdot\frac{\partial\boldsymbol{D}}{\partial t} + \boldsymbol{D}\cdot\frac{\partial\boldsymbol{E}}{\partial t}\right) = \frac{\partial}{\partial t}\left(\frac{1}{2}\boldsymbol{E}\cdot\boldsymbol{D}\right) = \frac{\partial w_{\mathrm{e}}}{\partial t} \tag{5.41}$$

再利用欧姆定律的微分形式，得

$$\boldsymbol{E}\cdot\boldsymbol{J} = \sigma E^2 = p_T \tag{5.42}$$

式中，p_T 表示热功率密度，即单位时间单位体积中消耗的焦耳热。于是式（5.39）转化为

$$\nabla\cdot(\boldsymbol{E}\times\boldsymbol{H}) = -\frac{\partial}{\partial t}(w_{\mathrm{e}} + w_{\mathrm{m}}) - p_T \tag{5.43}$$

由斯托克斯定理，得到积分形式：

$$-\oint_{\Sigma}(\boldsymbol{E}\times\boldsymbol{H})\cdot \mathrm{d}\boldsymbol{\Sigma}=\frac{\mathrm{d}}{\mathrm{d}t}\int_{\tau}(w_{\mathrm{e}}+w_{\mathrm{m}})\mathrm{d}\tau+\int_{\tau}p_T\mathrm{d}\tau = \frac{\mathrm{d}}{\mathrm{d}t}(W_{\mathrm{e}}+W_{\mathrm{m}})+P_T \tag{5.44}$$

式（5.43）和式（5.44）分别为坡印亭定理的微分形式和积分形式。

在式（5.44）式中，$\frac{\mathrm{d}}{\mathrm{d}t}(W_{\mathrm{e}}+W_{\mathrm{m}})$ 为体积 τ 中单位时间内增加的电磁总能量，P_T 为体积 τ 中单位时间内消耗的热功率。根据能量守恒，$-\oint_{\Sigma}(\boldsymbol{E}\times\boldsymbol{H})\cdot \mathrm{d}\boldsymbol{\Sigma}$ 必然是从闭合面 Σ 单位时间流入到体积 τ 中的电磁能量。这就是坡印亭定理的物理意义，反映了电磁场的能量守恒。

5.3.2 坡印亭矢量

既然 $-\oint_{\Sigma}(\boldsymbol{E}\times\boldsymbol{H})\cdot \mathrm{d}\boldsymbol{\Sigma}$ 表示电磁场通过闭合面 Σ 流入到体积 τ 中的功率，$\boldsymbol{E}\times\boldsymbol{H}$ 就表示通过单位面积的功率流，这是一个矢量，称为坡印亭矢量（Poynting vector）或能流密度矢量（energy flux density vector），常用 $\boldsymbol{S}$ 表示，即

$$\boldsymbol{S}=\boldsymbol{E}\times\boldsymbol{H} \tag{5.45}$$

坡印亭矢量 $\boldsymbol{S}$ 的方向为电磁能量传递的方向，其大小为单位时间内流过与之垂直的单位面积的电磁能量，单位是 $\mathrm{W/m^2}$ 。

例 5.6 半径为 a 的圆形平板电容器，间距为 d，两板间填充介电常数为 ε 、电导率为 σ 媒质，如图 5.5 所示。当在两板间施加电压 $U=U_0\cos(\omega t)$，且频率较低时，求：（1）电容器中任一点的磁场强度 $\boldsymbol{H}$；（2）电容器中任一点的坡印亭矢量 $\boldsymbol{S}$；（3）电容器中的热损耗功率 P。

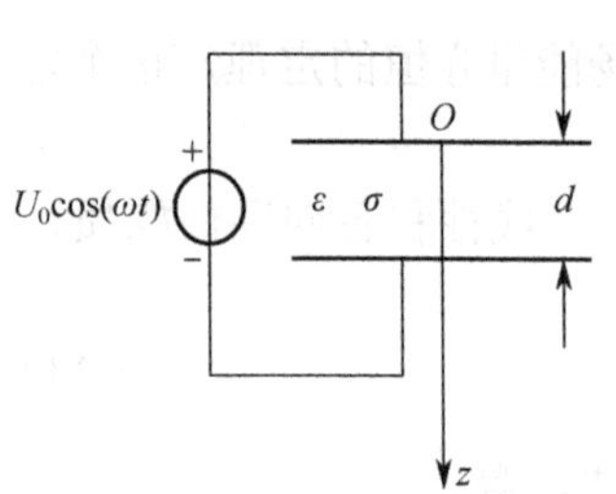

图 5.5 例 5.6 图

解 （1）建立图中所示坐标系，略去电容器边缘效应，并注意到电压参考正方向为上正下负，则电容器中电位移矢量为

$$\boldsymbol{D}=\varepsilon\boldsymbol{E}=\boldsymbol{e}_z\frac{\varepsilon U_0\cos(\omega t)}{d}$$

电容器中的位移电流密度 $\boldsymbol{J}_{\mathrm{d}}$ 和传导电流密度 $\boldsymbol{J}$ 分别为

$$\boldsymbol{J}_{\mathrm{d}}=\frac{\partial \boldsymbol{D}}{\partial t}=-\boldsymbol{e}_z\frac{\omega\varepsilon U_0\sin(\omega t)}{d}$$

$$\boldsymbol{J}=\sigma\boldsymbol{E}=\boldsymbol{e}_z\frac{\sigma U_0\cos(\omega t)}{d}$$

在电容器中应用全电流安培环路定理，得到

$$\oint_C \boldsymbol{H}\cdot \mathrm{d}\boldsymbol{l}=\int_S(\boldsymbol{J}+\boldsymbol{J}_{\mathrm{d}})\cdot \mathrm{d}\boldsymbol{S}$$

注意到磁场方向是圆周切线方向$(\boldsymbol{e}_\varphi)$，$\boldsymbol{e}_\varphi$ 与 z 轴呈右手螺旋关系，磁场大小具有柱面对称性，且各个面元 $\mathrm{d}\boldsymbol{S}$ 的方向与 $\boldsymbol{J}$ 和 $\boldsymbol{J}_{\mathrm{d}}$ 相同，故有

$$2\pi rH=(J+J_{\mathrm{d}})\pi r^2$$

$$\boldsymbol{H}=\boldsymbol{e}_\varphi\frac{1}{2}(J+J_{\mathrm{d}})r=\boldsymbol{e}_\varphi\frac{r}{2}\left[\frac{\sigma U_0\cos(\omega t)}{d}-\frac{\omega\varepsilon U_0\sin(\omega t)}{d}\right]$$

（2）坡印亭矢量为

$$\begin{aligned}\boldsymbol{S}&=\boldsymbol{E}\times\boldsymbol{H}=EH\boldsymbol{e}_z\times\boldsymbol{e}_\varphi=EH(-\boldsymbol{e}_r)\\&=-\boldsymbol{e}_r r\left[\frac{\sigma U_0^2}{2d^2}\cos^2(\omega t)-\frac{\omega\varepsilon U_0^2}{4d^2}\sin 2(\omega t)\right]\end{aligned}$$

可见，能流是从电容器外部沿 $-\boldsymbol{e}_r$ 方向流入的。

（3）热功率密度为

$$p = \sigma E^2 = \sigma \frac{U_0^2 \cos^2(\omega t)}{d^2}$$

整个电容器中的热功率为

$$P = \int_\tau \sigma E^2 \mathrm{d}\tau = \sigma \frac{U_0^2 \cos^2(\omega t)}{d^2} \cdot \pi a^2 d = \frac{\sigma \pi a^2}{d} U_0^2 \cos^2(\omega t)$$

5.4　时谐电磁场

本节讨论在工程中应用最多的一种时变电磁场，其场源和场量均随时间按正弦或余弦规律变化，这样时变电磁场称为时谐电磁场（time-harmonic electromagnetics）或正弦电磁场。时谐电磁场（简称时谐场）是分析各种时变电磁场的基础。

5.4.1　电磁场的波动方程

在均匀、各向同性理想介质中，$\sigma = 0$，ε 和 μ 是标量且为常数，如果介质中无源，即 $\rho = 0$ 和 $\boldsymbol{J} = \boldsymbol{0}$，则麦克斯韦方程组变为

$$\left.\begin{aligned} \nabla \times \boldsymbol{H} &= \varepsilon \frac{\partial \boldsymbol{E}}{\partial t} \\ \nabla \times \boldsymbol{E} &= -\mu \frac{\partial \boldsymbol{H}}{\partial t} \\ \nabla \cdot \boldsymbol{H} &= 0 \\ \nabla \cdot \boldsymbol{E} &= 0 \end{aligned}\right\} \tag{5.46}$$

对式（5.46）中第二式两边取旋度，并将第一式代入，得到

$$\nabla \times \nabla \times \boldsymbol{E} = -\mu \frac{\partial}{\partial t}(\nabla \times \boldsymbol{H}) = -\mu\varepsilon \frac{\partial^2 \boldsymbol{E}}{\partial t^2} \tag{5.47}$$

由于 $\nabla \times \nabla \times \boldsymbol{E} = \nabla(\nabla \cdot \boldsymbol{E}) - \nabla^2 \boldsymbol{E} = -\nabla^2 \boldsymbol{E}$，故有

$$\nabla^2 \boldsymbol{E} - \mu\varepsilon \frac{\partial^2 \boldsymbol{E}}{\partial t^2} = \boldsymbol{0} \tag{5.48}$$

按类似的方法，得到 $\boldsymbol{H}$ 满足的方程为

$$\nabla^2 \boldsymbol{H} - \mu\varepsilon \frac{\partial^2 \boldsymbol{H}}{\partial t^2} = \boldsymbol{0} \tag{5.49}$$

式（5.48）和式（5.49）分别为电场 $\boldsymbol{E}$ 和磁场 $\boldsymbol{H}$ 所满足的波动方程（wave equation）。

通过对波动方程进行求解，可知电磁场具有波动性，即电磁场的能量可以从一点转移到另一点，且电磁场可以脱离电荷、电流而独立存在，电磁波的传播速度为 $v = \frac{1}{\sqrt{\mu\varepsilon}}$。

当电磁波在真空中传播时，传播速度为 $c = \frac{1}{\sqrt{\mu_0 \varepsilon_0}} = 3 \times 10^8\ \mathrm{m/s}$，这是一个常数，表明对各种频率的电磁波，都以相同的速度——光速 c 传播。光速 c 是最基本的物理常量之一。

5.4.2 时谐场的复数表示

时谐场随时间按正弦或余弦规律变化，对于电场强度而言，它的每一分量的表达式为

$$\left.\begin{aligned} E_x(\boldsymbol{r},t) &= E_{xm}(\boldsymbol{r})\cos[\omega t+\psi_x(t)] \\ E_y(\boldsymbol{r},t) &= E_{ym}(\boldsymbol{r})\cos[\omega t+\psi_y(t)] \\ E_z(\boldsymbol{r},t) &= E_{zm}(\boldsymbol{r})\cos[\omega t+\psi_z(t)] \end{aligned}\right\} \tag{5.50}$$

用复数形式表示，则有

$$\left.\begin{aligned} E_x(\boldsymbol{r},t) &= \mathrm{Re}[\dot{E}_x(\boldsymbol{r})\mathrm{e}^{\mathrm{j}\omega t}] \\ E_y(\boldsymbol{r},t) &= \mathrm{Re}[\dot{E}_y(\boldsymbol{r})\mathrm{e}^{\mathrm{j}\omega t}] \\ E_z(\boldsymbol{r},t) &= \mathrm{Re}[\dot{E}_z(\boldsymbol{r})\mathrm{e}^{\mathrm{j}\omega t}] \end{aligned}\right\} \tag{5.51}$$

其中

$$\left.\begin{aligned} \dot{E}_x(\boldsymbol{r}) &= E_{xm}(\boldsymbol{r})\mathrm{e}^{\mathrm{j}\psi_x(\mathrm{r})} \\ \dot{E}_y(\boldsymbol{r}) &= E_{ym}(\boldsymbol{r})\mathrm{e}^{\mathrm{j}\psi_y(\mathrm{r})} \\ \dot{E}_z(\boldsymbol{r}) &= E_{zm}(\boldsymbol{r})\mathrm{e}^{\mathrm{j}\psi_z(\mathrm{r})} \end{aligned}\right\} \tag{5.52}$$

瞬时电场强度用复数形式表示为

$$\boldsymbol{E}(\boldsymbol{r},t) = \mathrm{Re}[\dot{\boldsymbol{E}}(\boldsymbol{r})\mathrm{e}^{\mathrm{j}\omega t}] \tag{5.53}$$

式中，$\dot{\boldsymbol{E}}(\boldsymbol{r})$ 称为复振幅，它是一个矢量，但仅是坐标 $\boldsymbol{r}$ 的函数，不包含时间。

瞬时磁场强度同样可用复数形式表示为

$$\boldsymbol{H}(\boldsymbol{r},t) = \mathrm{Re}[\dot{\boldsymbol{H}}(\boldsymbol{r})\mathrm{e}^{\mathrm{j}\omega t}] \tag{5.54}$$

当式（5.53）对时间求导数时，有 $\dfrac{\partial \boldsymbol{E}(\boldsymbol{r},t)}{\partial t} = \mathrm{j}\omega \boldsymbol{E}(\boldsymbol{r},t)$，$\dfrac{\partial^2 \boldsymbol{E}(\boldsymbol{r},t)}{\partial t^2} = -\omega^2 \boldsymbol{E}(\boldsymbol{r},t)$，因此对于复数形式的电场，利用这种求导关系可大大简化计算过程；对于复数形式的磁场也是如此。

5.4.3 麦克斯韦方程组的复数形式

将复数形式的时谐场公式（5.53）和（5.54）代入一般形式的麦克斯韦方程组（5.17），并利用上述求导关系进行推导。

对于式（5.17）中的第一方程 $\nabla\times\boldsymbol{H} = \boldsymbol{J} + \dfrac{\partial \boldsymbol{D}}{\partial t}$，得到

$$\nabla\times\mathrm{Re}[\dot{\boldsymbol{H}}(\boldsymbol{r})\mathrm{e}^{\mathrm{j}\omega t}] = \mathrm{Re}[\dot{\boldsymbol{J}}\mathrm{e}^{\mathrm{j}\omega t}] + \mathrm{j}\omega\mathrm{Re}[\dot{\boldsymbol{D}}(\boldsymbol{r})\mathrm{e}^{\mathrm{j}\omega t}] \tag{5.55}$$

即

$$\mathrm{Re}[\nabla\times\dot{\boldsymbol{H}}(\boldsymbol{r})\mathrm{e}^{\mathrm{j}\omega t}] = \mathrm{Re}\{[\dot{\boldsymbol{J}} + \mathrm{j}\omega\dot{\boldsymbol{D}}(r)]\mathrm{e}^{\mathrm{j}\omega t}\} \tag{5.56}$$

两边去掉时间因子 $\mathrm{e}^{\mathrm{j}\omega t}$，则得到复数形式的麦克斯韦方程组第一方程微分形式：

$$\nabla\times\dot{\boldsymbol{H}} = \dot{\boldsymbol{J}} + \mathrm{j}\omega\dot{\boldsymbol{D}} \tag{5.57}$$

式（5.57）中各个矢量都仅是坐标的函数。可见，引入复数形式后，把对时间的导数运算变成复数的代数运算，这使得计算得到简化。

用同样的方法，可得到麦克斯韦方程组其他方程的复数形式，合并起来有

$$\left.\begin{aligned}\nabla\times\dot{\boldsymbol{H}}&=\dot{\boldsymbol{J}}+\mathrm{j}\omega\dot{\mathrm{D}}\\\nabla\times\dot{\boldsymbol{E}}&=-\mathrm{j}\omega\dot{\boldsymbol{B}}\\\nabla\cdot\dot{\boldsymbol{B}}&=0\\\nabla\cdot\dot{\boldsymbol{D}}&=\dot{\rho}\end{aligned}\right\}\tag{5.58}$$

用复数形式研究时谐场的问题，也称为频域问题。

本构关系为

$$\dot{\boldsymbol{D}}=\varepsilon\dot{\boldsymbol{E}}\text{，}\quad\dot{\boldsymbol{B}}=\mu\dot{\boldsymbol{H}}\text{，}\quad\dot{\boldsymbol{J}}=\sigma\dot{\boldsymbol{E}}\tag{5.59}$$

电流连续性方程为

$$\nabla\cdot\dot{\boldsymbol{J}}=-\mathrm{j}\omega\dot{\rho}\tag{5.60}$$

对于无源区域时谐场，波动方程（5.48）和（5.49）可化成亥姆霍兹方程，即

$$\left.\begin{aligned}\nabla^2\dot{\boldsymbol{E}}+\omega^2\mu\varepsilon\dot{\boldsymbol{E}}=\boldsymbol{0}\\\nabla^2\dot{\boldsymbol{H}}+\omega^2\mu\varepsilon\dot{\boldsymbol{H}}=\boldsymbol{0}\end{aligned}\right\}\tag{5.61}$$

上面各场量仅是坐标的函数，与时间无关，通过求解这个方程可得到场量随空间坐标的变化关系，再通过式（5.53）和式（5.54），可得到场量的瞬时表达式。

5.4.4　平均能流密度

能流密度定义为$\boldsymbol{S}=\boldsymbol{E}\times\boldsymbol{H}$，它表示单位时间内流过与之垂直的单位面积的电磁能量，一般$\boldsymbol{S}$既是空间坐标的函数，又是时间的函数。对于时谐场，往往采用平均能流密度，即在一个时间周期内计算的能流密度的平均值，在工程中平均能流密度比瞬时能流密度更有应用价值。

对于任一复数$a+\mathrm{j}b$，取其实部，可写成$\mathrm{Re}(a+\mathrm{j}b)=\dfrac{1}{2}[(a+\mathrm{j}b)+(a+\mathrm{j}b)^*]$，即复数的实部可用该复数及其复共轭来表示。因此由式（5.53）和式（5.54），电场强度和磁场强度的瞬时表达式可分别改写为

$$\boldsymbol{E}(\boldsymbol{r},t)=\mathrm{Re}[\dot{\boldsymbol{E}}(\boldsymbol{r})\mathrm{e}^{\mathrm{j}\omega t}]=\frac{1}{2}[\dot{\boldsymbol{E}}(\boldsymbol{r})\mathrm{e}^{\mathrm{j}\omega t}+\dot{\boldsymbol{E}}^*(\boldsymbol{r})\mathrm{e}^{-\mathrm{j}\omega t}]\tag{5.62}$$

$$\boldsymbol{H}(\boldsymbol{r},t)=\mathrm{Re}[\dot{\boldsymbol{H}}(\boldsymbol{r})\mathrm{e}^{\mathrm{j}\omega t}]=\frac{1}{2}[\dot{\boldsymbol{H}}(\boldsymbol{r})\mathrm{e}^{\mathrm{j}\omega t}+\dot{\boldsymbol{H}}^*(\boldsymbol{r})\mathrm{e}^{-\mathrm{j}\omega t}]\tag{5.63}$$

瞬时能流密度可如下计算：

$$\begin{aligned}\boldsymbol{S}(\boldsymbol{r},t)&=\boldsymbol{E}(\boldsymbol{r},t)\times\boldsymbol{H}(\boldsymbol{r},t)\\&=\frac{1}{2}[\dot{\boldsymbol{E}}(\boldsymbol{r})\mathrm{e}^{\mathrm{j}\omega t}+\dot{\boldsymbol{E}}^*(\boldsymbol{r})\mathrm{e}^{-\mathrm{j}\omega t}]\times\frac{1}{2}[\dot{\boldsymbol{H}}(\boldsymbol{r})\mathrm{e}^{\mathrm{j}\omega t}+\dot{\boldsymbol{H}}^*(\boldsymbol{r})\mathrm{e}^{-\mathrm{j}\omega t}]\\&=\frac{1}{2}\mathrm{Re}[\dot{\boldsymbol{E}}(\boldsymbol{r})\times\dot{\boldsymbol{H}}^*(\boldsymbol{r})]+\frac{1}{2}\mathrm{Re}[\dot{\boldsymbol{E}}(\boldsymbol{r})\times\dot{\boldsymbol{H}}(\boldsymbol{r})\mathrm{e}^{\mathrm{j}2\omega t}]\end{aligned}\tag{5.64}$$

平均能流密度为

$$\boldsymbol{S}_{\mathrm{av}}=\frac{1}{T}\int_0^T\boldsymbol{E}(\boldsymbol{r},t)\times\boldsymbol{H}(\boldsymbol{r},t)\mathrm{d}t=\mathrm{Re}\left[\frac{1}{2}\dot{\boldsymbol{E}}(\boldsymbol{r})\times\dot{\boldsymbol{H}}^*(\boldsymbol{r})\right]\tag{5.65}$$

式中，$\dfrac{1}{2}\dot{\boldsymbol{E}}(\boldsymbol{r})\times\dot{\boldsymbol{H}}^*(\boldsymbol{r})$称为复坡印亭矢量，取其实部即为平均能流密度$\boldsymbol{S}_{\mathrm{av}}$，也称为坡印亭矢量的平均值。

例 5.7 已知电磁波的复数形式为 $\dot{\boldsymbol{E}}=\boldsymbol{e}_x\mathrm{j}E_0\sin(kz)$，$\dot{\boldsymbol{H}}=\boldsymbol{e}_y\sqrt{\dfrac{\varepsilon_0}{\mu_0}}E_0\cos(kz)$，其中 $k=\dfrac{2\pi}{\lambda}$，求在 $z=\dfrac{\lambda}{8}$ 处的坡印亭矢量瞬时值 $\boldsymbol{S}(t)$ 和平均值 $\boldsymbol{S}_{\mathrm{av}}$。

解 电场强度和磁场强度的瞬时表达式分别为

$$\boldsymbol{E}=\mathrm{Re}(\dot{\boldsymbol{E}}\mathrm{e}^{\mathrm{j}\omega t})=\mathrm{Re}(\boldsymbol{e}_x\mathrm{j}E_0\sin(kz)\mathrm{e}^{\mathrm{j}\omega t})=-\boldsymbol{e}_xE_0\sin(kz)\sin(\omega t)$$

$$\boldsymbol{H}=\mathrm{Re}(\dot{\boldsymbol{H}}\mathrm{e}^{\mathrm{j}\omega t})=\mathrm{Re}\left[\boldsymbol{e}_y\sqrt{\frac{\varepsilon_0}{\mu_0}}E_0\cos(kz)\mathrm{e}^{\mathrm{j}\omega t}\right]=\boldsymbol{e}_y\sqrt{\frac{\varepsilon_0}{\mu_0}}E_0\cos(kz)\cos(\omega t)$$

在 $z=\dfrac{\lambda}{8}$ 处的坡印亭矢量瞬时值为

$$\boldsymbol{S}(t)=[-\boldsymbol{e}_xE_0\sin(kz)\sin(\omega t)]\times\left[\boldsymbol{e}_y\sqrt{\frac{\varepsilon_0}{\mu_0}}E_0\cos(kz)\cos(\omega t)\right]\Bigg|_{z=\lambda/8}$$

$$=-\boldsymbol{e}_z\frac{1}{4}E_0^2\sqrt{\frac{\varepsilon_0}{\mu_0}}\sin(2kz)\sin(2\omega t)\Big|_{z=\lambda/8}=-\boldsymbol{e}_z\frac{1}{4}E_0^2\sqrt{\frac{\varepsilon_0}{\mu_0}}\sin(2\omega t)$$

在 $z=\dfrac{\lambda}{8}$ 处的坡印亭矢量平均值为

$$\boldsymbol{S}_{\mathrm{av}}=\mathrm{Re}\left[\frac{1}{2}\dot{\boldsymbol{E}}(\boldsymbol{r})\times\dot{\boldsymbol{H}}^*(\boldsymbol{r})\right]$$

$$=\mathrm{Re}\left\{\frac{1}{2}[\boldsymbol{e}_x\mathrm{j}E_0\sin(kz)]\times\left[\boldsymbol{e}_y\sqrt{\frac{\varepsilon_0}{\mu_0}}E_0\cos(kz)\right]\right\}=\boldsymbol{0}$$

上式中对于任意坐标点 z，复坡印亭矢量 $\dfrac{1}{2}\dot{\boldsymbol{E}}(\boldsymbol{r})\times\dot{\boldsymbol{H}}^*(\boldsymbol{r})$ 是一个纯虚数，因此对于任意 z，都有 $\boldsymbol{S}_{\mathrm{av}}=\boldsymbol{0}$。

本章小结

本章引入时变电磁场的概念，讨论随时间变化的磁场如何激发变化的电场，以及随时间变化的电场如何激发变化的磁场，得到完整描述时变电磁场规律的麦克斯韦方程组。

法拉第通过实验，发现变化的磁场能够在闭合导线回路中产生感应电流，总结出法拉第电磁感应定律，即感应电动势与穿过闭合回路的磁通成正比，电动势的方向符合楞次定律。法拉第电磁感应定律有微分形式和积分形式，对应的表达式分别是 $\nabla\times\boldsymbol{E}=-\dfrac{\partial\boldsymbol{B}}{\partial t}$ 和 $\oint_C\boldsymbol{E}\cdot\mathrm{d}\boldsymbol{l}=-\dfrac{\mathrm{d}}{\mathrm{d}t}\oint_S\boldsymbol{B}\cdot\mathrm{d}\boldsymbol{S}$。

麦克斯韦独立提出了位移电流假说，定义位移电流密度为 $\boldsymbol{J}_{\mathrm{d}}=\dfrac{\partial\boldsymbol{D}}{\partial t}$，这使得在电容器中中断了的传导电流被位移电流所接替，全电流是连续的。位移电流的本质是变化的电场，它与传导电流一样，也是产生磁场的源。

麦克斯韦对宏观电磁场的基本定律，特别是法拉第电磁感应定律和安培环路定理进行总结、归纳，并在位移电流假说的基础上，提出了适用于时变电磁场的麦克斯韦方程组。该方程组揭示了电场与磁场以及电磁场与电荷、电流之间的相互关系，形成了经典电磁场理论。麦克斯韦方程组的微分形式和积分形式，分别对应于式（5.17）和式（5.18）。

由麦克斯韦方程组得知，变化的电场可以产生磁场，变化的磁场也可以产生电场，时变电场与时变磁场同时存在，相互激发，形成电磁场在空间的传播，即电磁波。

在不同媒质分界面上，会出现电磁场的突变，这时需要利用边界条件进行讨论。边界条件共有四个方程，分为切向边界条件和法向边界条件，它们是通过麦克斯韦方程组的积分形式推出的，对应的一般公式为式（5.23）～式（5.26）。对于理想导体，其内部的电场和磁场均为 0，但在导体表面会存在传导电流和自由电荷，因此理想导体与理想介质分界面处的边界条件可转化为式（5.27）～式（5.30）。对于两种理想介质，其分界面上不出现传导电流和自由电荷，因此其边界条件可转化为式（5.31）～式（5.34）。

电磁场是一种特殊的物质，具有能量和动量，在一般情况下的电磁能量密度可表示为 $w=\frac{1}{2}\boldsymbol{E}\cdot\boldsymbol{D}+\frac{1}{2}\boldsymbol{B}\cdot\boldsymbol{H}$；对于线性各向同性介质，可简化为 $w=\frac{1}{2}\varepsilon E^2+\frac{1}{2}\mu H^2$，如果是均匀介质，则 ε 和 μ 是常数。

坡印亭矢量也称为能流密度矢量，定义为 $\boldsymbol{S}=\boldsymbol{E}\times\boldsymbol{H}$，该矢量的方向为电磁能量传递的方向，大小为单位时间内流过与之垂直的单位面积的电磁能量。$-\oint_{\Sigma}(\boldsymbol{E}\times\boldsymbol{H})\cdot\mathrm{d}\Sigma$ 表示单位时间内从闭合面 Σ 流入的电磁能量。

在时谐电磁场（时谐场）中，场源和场量均随时间按正弦或余弦规律变化，这种电磁场不仅在工程应用中经常遇到，而且也是分析其他电磁场的基础。

在均匀和各向同性理想介质中，电场和磁场分别满足波动方程，从而说明电磁波具有波动性。如果是时谐场，则波动方程化为亥姆霍兹方程。亥姆霍兹方程中的电场和磁场仅是坐标的函数，与时间无关。对于时谐场，当去掉时间因子后，得到麦克斯韦方程组的复数表达式（5.58），复数形式的电磁场仅是空间坐标的函数，在数学上计算起来更为方便。

对于时谐场，常用平均能流密度来表示空间某点的能流密度在一个时间周期中的平均值：$\boldsymbol{S}_{\mathrm{av}}=\mathrm{Re}\left[\frac{1}{2}\dot{\boldsymbol{E}}(\boldsymbol{r})\times\dot{\boldsymbol{H}}^*(\boldsymbol{r})\right]$。

思　考　题

5.1　$\varepsilon=-\frac{\mathrm{d}\Phi}{\mathrm{d}t}$，说明式中负号的物理含义。

5.2　在麦克斯韦方程组中，法拉第电磁感应定律的微分形式和积分形式是如何表达的？

5.3　什么是传导电流？什么是位移电流？写出传导电流密度和位移电流的表达式。

5.4　写出全电流安培环路定理，并说明其物理意义。

5.5　写出麦克斯韦方程组的微分形式和积分形式。

5.6　由麦克斯韦方程组的微分形式第二方程推导出第三方程。

5.7　对于各向同性线性媒质，媒质的本构关系有哪些？

5.8　什么是坡印亭矢量？它表达了怎样的物理意义？

5.9　在理想导体内部，电场强度和磁场强度是多少？在导体表面处，电场和磁场满足怎样的边界条件？

5.10 如果在两媒质分界面上电位移矢量的法向分量连续，则需要满足怎样的边界条件？

5.11 什么是波动方程？什么是亥姆霍兹方程？它们之间有怎样的关系？

5.12 对于时谐电磁场，平均能流密度表达了怎样的物理内容？如何进行计算？

5.13 什么是坡印亭定理？它的物理意义是什么？

5.14 时谐电磁场的复矢量是如何定义的？它与瞬时量之间有怎样的关系？

习　题

5.1 如题图 5.1 所示，在一个半径为 a 的无限长圆柱中有磁场通过，磁通的变化规律是 $\Phi(t)=\Phi_0\sin(\omega t)$，计算圆柱内外任意点 P 的电场强度。

5.2 设良导体铜的 $\varepsilon_{\mathrm{r}}=1$，$\sigma=5.7\times10^7$ S/m，当工作频率为 $f=100$ GHz 时，计算位移电流密度与传导电流密度大小的比值，结果说明了什么问题？

5.3 已知真空中的电场强度 $\boldsymbol{E}=\boldsymbol{e}_yE_0\cos(\omega t-\beta x)$，求磁场强度 $\boldsymbol{H}$ 和坡印亭矢量的瞬时表达式 $\boldsymbol{S}$。

5.4 已知真空中的磁场强度为 $\boldsymbol{H}=\boldsymbol{e}_y0.01\cos(6\pi\times10^6t-2\pi z)$ A/m，求与磁场强度相对应的位移电流密度 $\boldsymbol{J}_{\mathrm{d}}$。

5.5 已知时变电磁场在空间某点的电场强度和磁场强度的瞬时值分别为 $\boldsymbol{E}=\boldsymbol{E}_0\cos(\omega t-\varphi_{\mathrm{e}})$ 和 $\boldsymbol{H}=\boldsymbol{H}_0\cos(\omega t-\varphi_{\mathrm{m}})$，写出电场强度和磁场强度的复数表达式，并计算平均能流密度。

5.6 已知磁场强度的复数表达式为 $\boldsymbol{H}=(\boldsymbol{e}_x4+\boldsymbol{e}_y5\mathrm{j})\mathrm{e}^{\mathrm{j}\beta z}$，试写出磁场强度的瞬时表达式 $\boldsymbol{H}(x,y,z,t)$。

5.7 已知垂直放置在球坐标系原点的电流元 $I\mathrm{d}\boldsymbol{l}$ 在远区产生的电磁场的复数形式为 $\boldsymbol{E}=\boldsymbol{e}_\theta\mathrm{j}\dfrac{60\pi I\mathrm{d}l}{\lambda r}\sin\theta\,\mathrm{e}^{-\mathrm{j}\beta r}$，$\boldsymbol{H}=\boldsymbol{e}_\varphi\mathrm{j}\dfrac{I\mathrm{d}l}{2\lambda r}\sin\theta\,\mathrm{e}^{-\mathrm{j}\beta r}$，其中 λ 为波长，β 为相移常数。求：（1）电磁场的瞬时值表达式；（2）平均坡印亭矢量。

5.8 如题图 5.2 所示，空间有两种媒质，以 $x=0$ 为分界面，已知 $\mu_1=5\mu_0$，$\mu_2=3\mu_0$，媒质 1 中某点磁场强度 $\boldsymbol{H}_1=6\boldsymbol{e}_x+8\boldsymbol{e}_y$ A/m，分界处面电流密度 $\boldsymbol{J}_S=-4\boldsymbol{e}_z$ A/m²，求该点处的 $\boldsymbol{B}_1$、$\boldsymbol{B}_2$ 和 $\boldsymbol{H}_2$。

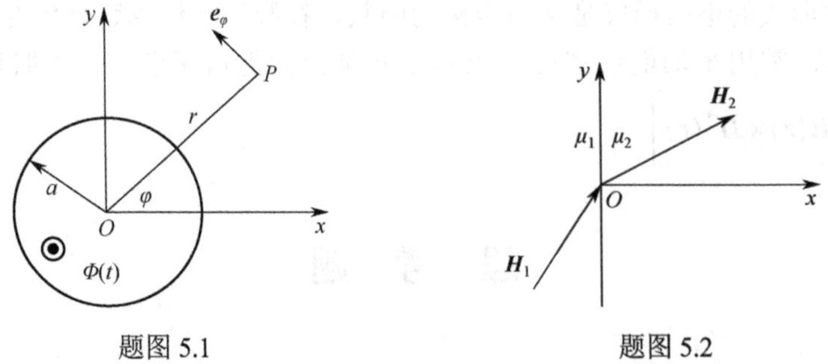

题图 5.1　　　　题图 5.2

5.9 利用麦克斯韦方程组积分形式，推导磁场强度的切向边界条件：$\boldsymbol{e}_n\times(\boldsymbol{H}_2-\boldsymbol{H}_1)=\boldsymbol{J}_S$。

5.10 半径为 a、电导率为 σ 的无限长直圆柱导线，沿轴向通以均匀恒定电流 I，导线表面有均匀面电荷 ρ_S。

（1）求导线表面外侧的能流密度 $\boldsymbol{S}$；

（2）证明由导线表面进入导线内的电磁能量恰好等于导线内的焦耳热损耗。

第6章　平面电磁波

通过对麦克斯韦方程组的分析可知，变化的电场是磁场的涡旋源，变化的磁场是电场的涡旋源，电场和磁场可以相互激发，从而形成电磁波（简称波）。对于无源区域，电场和磁场分别满足波动方程；对于无源区的时谐场，电场和磁场的复矢量分别满足亥姆霍兹方程。

本章首先从麦克斯韦方程方程组出发，讨论波动方程最简单的平面波解，特别是时谐场亥姆霍兹方程的平面波解及其传播规律，包括在无界理想介质中的均匀平面波和无界导电介质中的均匀平面波；然后讨论电磁波的极化以及均匀平面波对平面分界面入射时产生反射和折射的规律等。

6.1　无界理想介质中的均匀平面波

根据电磁波到达空间各点所构成的等相位面（波阵面），可将电磁波分为平面电磁波、柱面电磁波和球面电磁波等。平面电磁波简称平面波（plane wave），其等相位面是一个无限大的平面，如果其等相位面上各点电场和磁场的大小和方向也相同，则称之它为均匀平面电磁波（uniform plane wave），这时波的传播方向与等相位面相垂直，电场和磁场均与传播方向垂直，且大小仅是一维坐标和时间的函数，这在讨论有关电磁波的特性时十分方便，能够突显其物理本质。

均匀平面电磁波是一种理想的波动形式。实际上，当距离波源比较远且研究范围比较小时，可将实际电磁波作为平面波来近似处理。比如，一个点波源辐射的是球面波，但在远区的较小区域观察时就很接近平面波。

研究均匀平面电磁波的传播特性不仅能帮助人们理解复杂的波动现象，而且在实际电磁波分析中也可用均匀平面波的叠加进行处理。

6.1.1　无源区域波动方程的解

对于均匀、各向同性理想介质，空间任一点介质的性质都是相同的，即σ、μ和ε都是不随位置变化的常数，这时在无源区域的麦克斯韦方程组转化为波动方程（5.48）和（5.49）。对于均匀平面波，设电磁波沿 z 方向传播，电场强度方向为 x 方向，磁场强度方向为 y 方向，这时波动方程中的电场强度和磁场强度仅是坐标 z 和时间 t 的函数，即

$$\frac{\partial^2 E_x}{\partial z^2}-\mu\varepsilon\frac{\partial^2 E_x}{\partial t^2}=0 \tag{6.1}$$

$$\frac{\partial^2 H_y}{\partial z^2}-\mu\varepsilon\frac{\partial^2 H_y}{\partial t^2}=0 \tag{6.2}$$

对于一维波动方程（6.1），其通解为

$$E_{\mathrm{x}}=f_1\left(z-\frac{1}{\sqrt{\mu\varepsilon}}t\right)+f_2\left(z+\frac{1}{\sqrt{\mu\varepsilon}}t\right) \tag{6.3}$$

式中，f_1和f_2是任意函数，取决于波的激励形式。

考察第一项$f_1\left(z-\frac{1}{\sqrt{\mu\varepsilon}}t\right)$，当$t=0$时，其在$z=0$处的值为$f_1(0)$；而对于任意 t，其在$z=\frac{1}{\sqrt{\mu\varepsilon}}t$处的值仍为$f_1(0)$。这表明，观察者在运动过程中随时可看到相同的波形，但观察点位置z要随时间t按上面的规律发生相应变化，对应电磁波的速度为

$$v=\frac{1}{\sqrt{\mu\varepsilon}} \tag{6.4}$$

如果电磁波是在真空中传播，则$\mu=\mu_0=4\pi\times10^{-7}$ H/m，$\varepsilon=\varepsilon_0=\frac{1}{36\pi\times10^9}$ F/m，得到电磁波在真空中的传播速度为

$$c=\frac{1}{\sqrt{\mu_0\varepsilon_0}}=3\times10^8\ \text{m/s} \tag{6.5}$$

$f_1(z-vt)$表示以速度v沿z方向传播的行波（traveling wave），称为正行波或右行波。同理，$f_2(z+vt)$表示以速度v沿$-z$方向传播的行波，称为反行波或左行波。对于无限大空间都是均匀介质的传播问题，没有反射波的存在，因此式（6.3）中的解只需要保留一项，一般用右行波表示，电场的通解可表示为

$$E_x=f(z-vt) \tag{6.6}$$

需要注意的是，如果存在介质不连续现象，沿反方向传播的反射波就不能忽略。

6.1.2 无源区域时谐场波动方程的解

对于时谐场，场量随时间按正弦规律变化，在无界理想介质中的波动方程转化为亥姆霍兹方程（5.61），即$\nabla^2\dot{\boldsymbol{E}}+\omega^2\mu\varepsilon\dot{\boldsymbol{E}}=\boldsymbol{0}$和$\nabla^2\dot{\boldsymbol{H}}+\omega^2\mu\varepsilon\dot{\boldsymbol{H}}=\boldsymbol{0}$，令$\omega^2\mu\varepsilon=k^2$，则

$$k=\omega\sqrt{\mu\varepsilon}=\frac{\omega}{v} \tag{6.7}$$

k称为相移常数，也称为波数（wavenumber）。相移常数通常也用β表示。

对于沿 z 方向传播的均匀平面波，为简便起见，略去复数场量上面的“·”，则亥姆霍兹方程中的电场方程简化为

$$\frac{\partial^2 E_x(z)}{\partial z^2}+k^2E_x(z)=0 \tag{6.8}$$

这时E_x是一个只与坐标z有关的复数，因此上式是一个常微分方程，通解为

$$E_x(z)=E_{\mathrm{m}}^{+}\mathrm{e}^{-\mathrm{j}kz}+E_{\mathrm{m}}^{-}\mathrm{e}^{+\mathrm{j}kz} \tag{6.9}$$

式中，E_{m}^{+}表示沿+z 方向传播的电场振幅，E_{m}^{-}表示沿 $-z$ 方向传播的电场振幅，它们一般都是由边界条件确定的复常数。当不考虑反射时，得到右行波电场的复数解为

$$E_x(z)=E_{\mathrm{m}}^{+}\mathrm{e}^{-\mathrm{j}kz} \tag{6.10}$$

将E_{m}^{+}用E_0表示，并写成矢量形式，则

$$\boldsymbol{E}=\boldsymbol{e}_xE_0\mathrm{e}^{-\mathrm{j}kz} \tag{6.11}$$

其中E_0是$z=0$处的电场复振幅，即$E_0=E_{\mathrm{m}}^{+}=E_{0\mathrm{m}}\mathrm{e}^{\mathrm{j}\varphi_0}$。同样，磁场的复数解为

$$\boldsymbol{H}=\boldsymbol{e}_yH_0\mathrm{e}^{-\mathrm{j}kz} \tag{6.12}$$

其中 H_0 是 $z=0$ 处的磁场复振幅。

利用麦克斯韦方程 $\nabla\times\boldsymbol{E}=-\dfrac{\partial\boldsymbol{B}}{\partial t}=-\mathrm{j}\omega\mu\boldsymbol{H}$，可以算出复振幅 E_0 和 H_0 的关系，即

$$\boldsymbol{H}=\frac{\mathrm{j}}{\omega\mu}\nabla\times\boldsymbol{E}=\frac{\mathrm{j}}{\omega\mu}\begin{vmatrix}\boldsymbol{e}_x & \boldsymbol{e}_y & \boldsymbol{e}_z\\ \dfrac{\partial}{\partial x} & \dfrac{\partial}{\partial y} & \dfrac{\partial}{\partial z}\\ E_x & 0 & 0\end{vmatrix}=\frac{\mathrm{j}}{\omega\mu}\boldsymbol{e}_y\frac{\partial E_x}{\partial z}$$
$$=\boldsymbol{e}_y\frac{k}{\omega\mu}E_0\mathrm{e}^{-\mathrm{j}kz}=\boldsymbol{e}_y\frac{E_0}{\eta}\mathrm{e}^{-\mathrm{j}kz}=\boldsymbol{e}_y H_0\mathrm{e}^{-\mathrm{j}kz} \tag{6.13}$$

可见，$\dfrac{E_0}{H_0}=\eta$。

η 称为介质的波阻抗（wave impedance），单位为 Ω，它表示电场振幅与磁场振幅的比值。η 的值与介质的特性有关，其大小为

$$\eta=\frac{\omega\mu}{k}=\frac{\mu}{\sqrt{\mu\varepsilon}}=\sqrt{\frac{\mu}{\varepsilon}} \tag{6.14}$$

对于真空中的平面电磁波，波阻抗为

$$\eta=\eta_0=\sqrt{\frac{\mu_0}{\varepsilon_0}}=120\pi(\Omega)\approx 377\Omega \tag{6.15}$$

将复数解即式（6.11）和式（6.12）写成瞬时表达式：

$$\boldsymbol{E}(z,t)=\mathrm{Re}[\boldsymbol{e}_x E_0\mathrm{e}^{-\mathrm{j}kz}\mathrm{e}^{\mathrm{j}\omega t}]=\boldsymbol{e}_x E_{0\mathrm{m}}\cos(\omega t-kz+\varphi_0) \tag{6.16}$$

$$\boldsymbol{H}(z,t)=\mathrm{Re}[\boldsymbol{e}_y H_0\mathrm{e}^{-\mathrm{j}kz}\mathrm{e}^{\mathrm{j}\omega t}]=\boldsymbol{e}_y H_{0\mathrm{m}}\cos(\omega t-kz+\varphi_0) \tag{6.17}$$

式中，$E_{0\mathrm{m}}$ 和 $H_{0\mathrm{m}}$ 是实常数，$\dfrac{E_{0\mathrm{m}}}{H_{0\mathrm{m}}}=\eta$，$\omega t-kz+\varphi_0$ 是相位，φ_0 是初始相位。

6.1.3　均匀平面波传播特性

从式（6.16）和（6.17）可知，对固定的时间 t，z 相同的点对应的相位是一个常数，即等相位面是与 z 轴相垂直的 xy 平面，表示的是均匀平面波，等相位方程为

$$\omega t-kz=常数 \tag{6.18}$$

等相位面行进的速度称为相速度（phase velocity），即平面波的传播速度，速度沿着与等相位面相垂直的方向，大小为

$$v_{\mathrm{p}}=\frac{\mathrm{d}z}{\mathrm{d}t}=\frac{\omega}{k}=\frac{1}{\sqrt{\mu\varepsilon}} \tag{6.19}$$

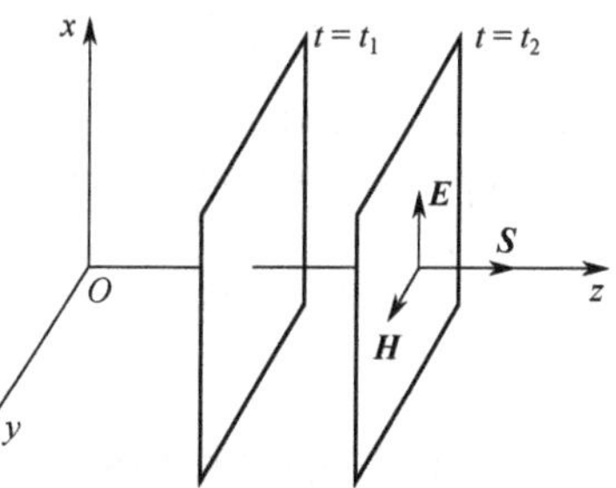

图 6.1　均匀平面波的传播

平面电磁波的传播形式可用图 6.1 来形象说明，图中垂直于 z 轴的无限大平面为等相位面，以相速度 v_{p} 向右传播，在各个平面上，$\boldsymbol{E}$ 的方向始终为 x 方向，$\boldsymbol{H}$ 的方向始终为 y 方向，能流密度 $\boldsymbol{S}=\boldsymbol{E}\times\boldsymbol{H}$ 的方向始终为 z 方向，三者呈右手螺旋关系。

下面考察一下相移常数 k 的物理意义。由式（6.7）可知

$$k=\frac{\omega}{v_\mathrm{p}}=2\pi\frac{f}{v_\mathrm{p}}=\frac{2\pi}{\lambda} \tag{6.20}$$

式中，f 为电磁波的频率，λ 是波长。一个波长的波对应一个全波，可见，相移常数 k 表示平面波传播距离为 2π 时所包含的全波的个数，因此也称为波数。或者说，空间相位 $k\lambda$ 变化 2π 时所经过的距离为一个波长。

由于 $k=\omega\sqrt{\mu\varepsilon}$ 与介质属性有关，因此对于相同频率的不同介质，对应的 k 不相同。介质中的波长也可表示为 $\lambda=\dfrac{1}{f\sqrt{\mu\varepsilon}}$，由于对一般介质而言，$\mu\approx\mu_0$，因此在同一频率下，$\varepsilon=\varepsilon_\mathrm{r}\varepsilon_0$ 越大，介质中的波长 λ 越短于真空中的波长 λ_0，这称为缩波效应。ε_r 越大，λ 越短；对于陶瓷，ε_r 可高达 100，这意味着在其中传播的电磁波波长可缩短 1/10，从而可大大减小设备尺寸，这对于航天和军事工程设备尤为重要。微带天线也常利用这种缩波效应来实现小型化设计。

对于平面电磁波的解（6.16）和（6.17），当时间一定时，电场和磁场都是坐标 z 的函数，呈现电磁波的空间波动性。图 6.2 绘出了某一时刻空间各点的电场和磁场分布图，实线表示电场强度矢量，虚线表示磁场强度矢量。

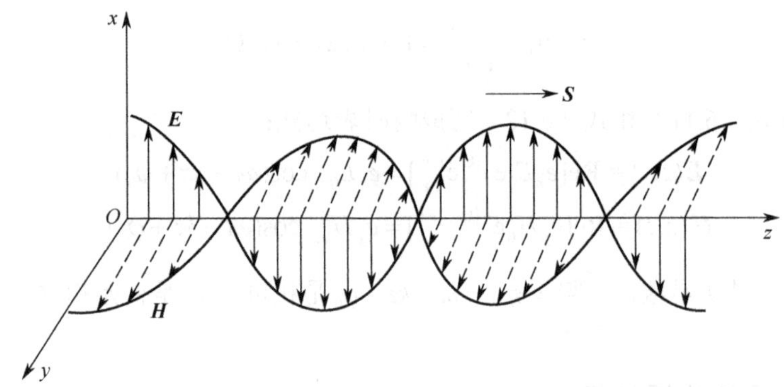

图 6.2　理想介质中的均匀平面波

对于正弦波电磁场，能流密度的平均值为

$$\boldsymbol{S}_\mathrm{av}=\frac{1}{2}\mathrm{Re}(\boldsymbol{E}\times\boldsymbol{H}^*)=\frac{1}{2}\mathrm{Re}\left(\boldsymbol{e}_xE_0\mathrm{e}^{-\mathrm{j}kz}\times\boldsymbol{e}_y\frac{E_0^*}{\eta}\mathrm{e}^{\mathrm{j}kz}\right)=\boldsymbol{e}_z\frac{E_{0\mathrm{m}}^2}{2\eta} \tag{6.21}$$

$\boldsymbol{S}_\mathrm{av}$ 是一个常数，表明在与传播方向相垂直的平面上，单位面积所通过的平均功率都相同；这是因为对于理想介质，传播过程中没有能量损耗，各点的电场和磁场都是等振幅的。

对于均匀无耗介质，在空间任一点上和任何时刻，电场能量密度都等于磁场能量密度。事实上，电场能量密度为 $w_\mathrm{e}=\dfrac{1}{2}\varepsilon E^2$，磁场能量密度为 $w_\mathrm{m}=\dfrac{1}{2}\mu H^2$，但 $\dfrac{E}{H}=\eta=\sqrt{\dfrac{\mu}{\varepsilon}}$，因此有

$$w_\mathrm{e}=w_\mathrm{m} \tag{6.22}$$

以上讨论均假定均匀平面波的传播方向为 z 方向；如果传播方向为任意方向 $\boldsymbol{e}_n$，则需要引入波矢量（wave vector，又称波矢），即

$$\boldsymbol{k}=k\boldsymbol{e}_n=\frac{2\pi}{\lambda}\boldsymbol{e}_n \tag{6.23}$$

式中，$\boldsymbol{e}_n$ 是平面波传播方向的单位矢量，这时平面电磁波复数解（6.11）和（6.12）可改写为

$$\boldsymbol{E}=\boldsymbol{E}_0\mathrm{e}^{-\mathrm{j}\boldsymbol{k}\cdot\boldsymbol{r}} \tag{6.24}$$

$$\boldsymbol{H}=\frac{1}{\eta}\boldsymbol{e}_n\times\boldsymbol{E}_0\mathrm{e}^{-\mathrm{j}\boldsymbol{k}\cdot\boldsymbol{r}}=\frac{1}{\eta}\boldsymbol{e}_n\times\boldsymbol{E} \tag{6.25}$$

式中，$\boldsymbol{r}$ 是位置矢量，在直角坐标系中有

$$\begin{aligned}\boldsymbol{k}\cdot\boldsymbol{r}&=(\boldsymbol{e}_xk_x+\boldsymbol{e}_yk_y+\boldsymbol{e}_zk_z)\cdot(\boldsymbol{e}_xx+\boldsymbol{e}_yy+\boldsymbol{e}_zz)\\&=k_xx+k_yy+k_zz\end{aligned} \tag{6.26}$$

沿任意方向传播的平面电磁波中，电场 $\boldsymbol{E}$、磁场 $\boldsymbol{H}$ 和波矢量 $\boldsymbol{k}$ 三者相互垂直，图 6.3 绘出了它们之间的方向关系。

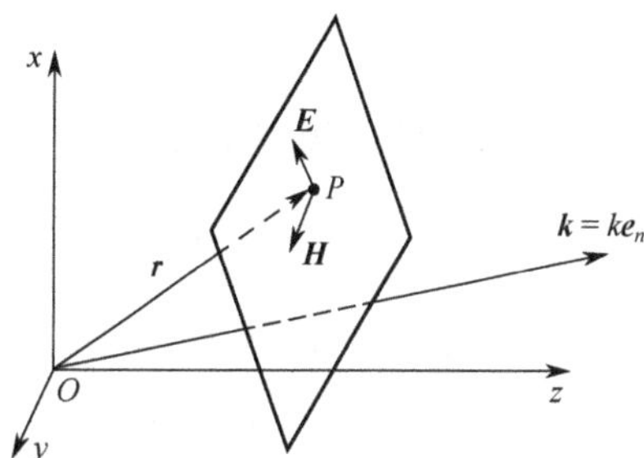

图 6.3　沿任意方向传播的均匀平面波

图 6.3 中的平面为等相位面，与波矢量 $\boldsymbol{k}$ 相垂直，平面上任一场点 P 的电场 $\boldsymbol{E}$ 和磁场 $\boldsymbol{H}$ 的方向均在该平面内，且满足 $\boldsymbol{E}\times\boldsymbol{H}$ 沿 $\boldsymbol{k}$ 的方向。

关于无界理想介质中的均匀平面波，主要传播特性总结如下：

（1）电场、磁场和传播方向三者相互垂直，呈右手螺旋关系，这种波称为横电磁波（transverse electromagnetic wave），即 TEM 波。

（2）电场和磁场的振幅不随传播距离的增加而衰减，电场振幅与磁场振幅之比是一个常数，等于波阻抗 $\eta=\sqrt{\dfrac{\mu}{\varepsilon}}$；真空中的波阻抗 $\eta=\sqrt{\dfrac{\mu_0}{\varepsilon_0}}=120\pi\,\Omega$。

（3）电场和磁场的时间和相位相同，它们同时达到最大值或最小值，等相位面是一个无限大的平面。

（4）瞬时坡印亭矢量 $\boldsymbol{S}=\boldsymbol{E}\times\boldsymbol{H}$ 沿着电磁波传播方向，电磁波传播速度为 $v_\mathrm{p}=\dfrac{1}{\sqrt{\mu\varepsilon}}$。

（5）在一个时间周期中坡印亭矢量的平均值为 $\boldsymbol{S}_\mathrm{av}=\boldsymbol{e}_z\dfrac{E_{0\mathrm{m}}^2}{2\eta}$，它是一个常数。

（6）在空间任一点上和任何时刻，电场能量密度都等于磁场能量密度，即 $w_\mathrm{e}=w_\mathrm{m}$。

例 6.1　理想介质中的均匀平面波沿 z 方向传播，已知电场方向为 x 方向，其振幅为 10^{-4} V/m，电磁波的频率为 100 MHz，介质参数 $\varepsilon_\mathrm{r}=4$，$\mu_\mathrm{r}=1$。在 $t=0$ 时 $z=\dfrac{1}{8}$ m 处，电场达到最大值。（1）写出电场强度 $\boldsymbol{E}$ 的瞬时表达式；（2）写出磁场强度 $\boldsymbol{H}$ 的瞬时表达式。

解　（1）平面波电场强度的一般表达式为

$$\boldsymbol{E}=\boldsymbol{e}_xE_{0\mathrm{m}}\cos(\omega t-kz+\varphi_0)$$

其中

$$k=\frac{\omega}{v_\mathrm{p}}=\omega\sqrt{\mu\varepsilon}=\frac{2\pi f}{c}\sqrt{\varepsilon_\mathrm{r}}=\frac{2\pi\times100\times10^6}{3\times10^8}\sqrt{4}=\frac{4\pi}{3}\mathrm{m}^{-1}$$

根据条件，在$t=0$时$z=\frac{1}{8}$ m处电场达最大，要求相位$\omega t-kz+\varphi_0=0$，得到

$$\varphi_0=kz|_{z=\frac{1}{8}\text{m}}=\frac{4\pi}{3}\times\frac{1}{8}=\frac{\pi}{6}$$

因此电场的瞬时表达式为

$$\boldsymbol{E}=\boldsymbol{e}_x\times10^{-4}\cos\left(2\pi\times10^8t-\frac{4\pi}{3}z+\frac{\pi}{6}\right)\ \text{V/m}$$

（2）介质的波阻抗为

$$\eta=\sqrt{\frac{\mu}{\varepsilon}}=\sqrt{\frac{\mu_0}{\varepsilon_0\varepsilon_r}}=60\pi\ \Omega$$

故磁场强度的一般表达式为

$$\boldsymbol{H}=\boldsymbol{e}_y\frac{E}{\eta}=\boldsymbol{e}_y\frac{10^{-4}}{60\pi}\cos\left(2\pi\times10^8t-\frac{4\pi}{3}z+\frac{\pi}{6}\right)\ \text{A/m}$$

例 6.2 在理想介质中，已知均匀平面电磁波的电场强度表达式为$\boldsymbol{E}=\boldsymbol{e}_z\times100\times\cos(2\pi\times10^6t-2\pi\times10^{-2}x)\ \mu\text{V/m}$，介质的相对磁导率$\mu_r=1$。求电磁波的：（1）频率$f$；（2）波长$\lambda$；（3）磁感应强度$\boldsymbol{B}$；（4）介质的相对介电常数$\varepsilon_r$。

解

（1）由电场强度表达式知，$\omega=2\pi\times10^6\text{rad/s}$，故频率$f=\frac{\omega}{2\pi}=10^6$ Hz。

（2）波数$k=2\pi\times10^{-2}\text{rad/m}$，故波长$\lambda=\frac{2\pi}{k}=100$ m。

（3）从电场强度表达式知，电磁波沿x方向传播，电场方向是z方向，因此$\boldsymbol{B}$的方向必然是y方向，而$\boldsymbol{E}\times\boldsymbol{H}$在任意$z$和$t$都应指向$x$方向，故$\boldsymbol{B}$的表达式为

$$\begin{aligned}\boldsymbol{B}=\mu\boldsymbol{H}&=-\boldsymbol{e}_y\frac{\mu}{\eta}E=-\boldsymbol{e}_y\sqrt{\mu\varepsilon}E=-\boldsymbol{e}_y\frac{k}{\omega}E\\&=-\boldsymbol{e}_y\times10^{-12}(2\pi\times10^6t-2\pi\times10^{-2}x)\ \ (\text{T})\end{aligned}$$

（4）电磁波在介质中的波速为$v=\frac{1}{\sqrt{\mu\varepsilon}}=\frac{\omega}{k}$，即$\frac{1}{\sqrt{\varepsilon_r\mu_0\varepsilon_0}}=\frac{\omega}{k}$，故得到

$$\varepsilon_r=\left(\frac{ck}{\omega}\right)^2=(3\times10^8\times10^{-8})^2=9$$

6.2 无界导电介质中的均匀平面波

在理想介质中，电导率σ=0，介质中没有传导电流。如果是导电介质，$\sigma\neq0$，介质中将有传导电流存在，即$\boldsymbol{J}=\sigma\boldsymbol{E}$，这会导致电磁能量的损耗，平面电磁波在导电介质中传播时会表现出与在理想介质中一些不同的特性。

6.2.1 导电介质中的波动方程

电磁波在均匀导电介质中传播时，$\boldsymbol{J}=\sigma\boldsymbol{E}$，$\rho=0$，对于时谐场，麦克斯韦方程组复数

形式的第一方程可写为

$$\nabla \times \boldsymbol{H} = \boldsymbol{J} + \mathrm{j}\omega\varepsilon\boldsymbol{E} = \mathrm{j}\omega\left(\varepsilon - \mathrm{j}\frac{\sigma}{\omega}\right)\boldsymbol{E} = \mathrm{j}\omega\varepsilon_c\boldsymbol{E} \tag{6.27}$$

式中，$\varepsilon_{\mathrm{c}} = \varepsilon - \mathrm{j}\dfrac{\sigma}{\omega}$称为复介电常数（complex permittivity），电导率的影响包含在ε_{c}中。复介电常数虚部与实部的大小比值为

$$\frac{\sigma}{\omega\varepsilon} = \frac{\sigma E}{\omega\varepsilon E} = \frac{|\boldsymbol{J}|}{|\boldsymbol{J}_{\mathrm{d}}|} \tag{6.28}$$

可见，其比值就是传导电流与位移电流之比，传导电流越大，损耗越大。工程上常用损耗角δ的正切来表示介质的损耗程度，即

$$\tan\delta = \frac{\sigma}{\omega\varepsilon} \tag{6.29}$$

对式（6.27）两边求散度，得到

$$\nabla \cdot \boldsymbol{E} = \frac{1}{\mathrm{j}\omega\varepsilon_{\mathrm{c}}}\nabla \cdot (\nabla \times \boldsymbol{H}) = 0 \tag{6.30}$$

因此，时谐场复数形式的麦克斯韦方程组转化为

$$\left.\begin{aligned} &\nabla \times \boldsymbol{H} = \mathrm{j}\omega\varepsilon_{\mathrm{c}}\boldsymbol{E} \\ &\nabla \times \boldsymbol{E} = -\mathrm{j}\omega\mu\boldsymbol{H} \\ &\nabla \cdot \boldsymbol{E} = 0 \\ &\nabla \cdot \boldsymbol{H} = 0 \end{aligned}\right\} \tag{6.31}$$

类似于前面的推导，由式（6.31）可得到电场和磁场满足的亥姆霍兹方程为

$$\left.\begin{aligned} &\nabla^2\boldsymbol{E} + k_{\mathrm{c}}^2\boldsymbol{E} = 0 \\ &\nabla^2\boldsymbol{H} + k_{\mathrm{c}}^2\boldsymbol{H} = 0 \end{aligned}\right\} \tag{6.32}$$

式中，$k_{\mathrm{c}}^2 = \omega^2\mu\varepsilon_{\mathrm{c}}$，即$k_{\mathrm{c}} = \omega\sqrt{\mu\varepsilon_{\mathrm{c}}}$，$k_{\mathrm{c}}$是导电介质中的复波数。

在讨论导电介质中的电磁波传播时，常将式（6.32）写成

$$\left.\begin{aligned} &\nabla^2\boldsymbol{E} - \gamma^2\boldsymbol{E} = 0 \\ &\nabla^2\boldsymbol{H} - \gamma^2\boldsymbol{H} = 0 \end{aligned}\right\} \tag{6.33}$$

式中，$\gamma^2 = -k_{\mathrm{c}}^2 = -\omega^2\mu\varepsilon_{\mathrm{c}}$，即$\gamma = \mathrm{j}k_{\mathrm{c}} = \mathrm{j}\omega\sqrt{\mu\varepsilon_{\mathrm{c}}}$。$\gamma$称为传播常数（propagation constant），它是一个复数，可写成

$$\gamma = \alpha + \mathrm{j}\beta \tag{6.34}$$

其中实部α称为电磁波的衰减常数（attenuation constant），虚部β称为电磁波的相移常数（phase constant）。

6.2.2　导电介质中的均匀平面波

假设导电介质中的平面波沿 z 方向传播，电场方向为 x 方向，则式（6.33）中电场的亥姆霍兹方程简化为

$$\frac{\partial^2 E_x}{\partial z^2} - \gamma^2 E_x = 0 \tag{6.35}$$

不考虑反射波，这个方程的解为

$$\boldsymbol{E}=\boldsymbol{e}_x E_{\mathrm{m}} e^{-\gamma z}=\boldsymbol{e}_x E_{\mathrm{m}} \mathrm{e}^{-\alpha z} \mathrm{e}^{-\mathrm{j}\beta z} \tag{6.36}$$

式中，$\mathrm{e}^{-\alpha z}$ 表示电场的振幅随着 z 的增加按指数规律衰减，α 反映了传播单位长度的衰减，因此称为衰减常数，单位为 Np/m（奈培/米）；$\mathrm{e}^{-\mathrm{j}\beta z}$ 表示电场传播中相位随 z 增加而滞后，β 反映了传播单位长度的相位滞后，因此称为相移常数，单位为 rad/m。

关于导电介质中磁场的解，可由式（6.31）中第二方程求得，即

$$\boldsymbol{H}=-\frac{1}{\mathrm{j}\omega\mu}\nabla\times\boldsymbol{E}=-\frac{1}{\mathrm{j}\omega\mu}\begin{vmatrix}\boldsymbol{e}_x & \boldsymbol{e}_y & \boldsymbol{e}_z\\ \dfrac{\partial}{\partial x} & \dfrac{\partial}{\partial y} & \dfrac{\partial}{\partial z}\\ E_x & 0 & 0\end{vmatrix} \tag{6.37}$$

$$=\boldsymbol{e}_y\frac{\gamma}{\mathrm{j}\omega\mu}E_{\mathrm{m}}\mathrm{e}^{-\gamma z}=\boldsymbol{e}_y\frac{1}{\eta_{\mathrm{c}}}E_{\mathrm{m}}\mathrm{e}^{-\alpha z}\mathrm{e}^{-\mathrm{j}\beta z}$$

式中，$\eta_{\mathrm{c}}=\dfrac{\mathrm{j}\omega\mu}{\gamma}=\sqrt{\dfrac{\mu}{\varepsilon_{\mathrm{c}}}}$ 为导电介质中的复波阻抗（complex wave impedance），可表示为 $\eta_{\mathrm{c}}=|\eta_{\mathrm{c}}|\mathrm{e}^{\mathrm{j}\theta}$。$\theta$ 是一个正值，这表明，在导电介质中，磁场的相位比电场相位滞后 θ。

将 $\varepsilon_{\mathrm{c}}=\varepsilon-\mathrm{j}\dfrac{\sigma}{\omega}$ 代入到复波阻抗公式，得到

$$\eta_{\mathrm{c}}=\sqrt{\frac{\mu}{\varepsilon_{\mathrm{c}}}}=\frac{\sqrt{\dfrac{\mu}{\varepsilon}}}{\sqrt{1-\mathrm{j}\dfrac{\sigma}{\omega\varepsilon}}}=\frac{\eta}{\sqrt{1-\mathrm{j}\dfrac{\sigma}{\omega\varepsilon}}} \tag{6.38}$$

对于理想介质，$\sigma=0$，因而有 $\eta_{\mathrm{c}}=\eta=\sqrt{\dfrac{\mu}{\varepsilon}}$。

从式（6.36）和式（6.37）可知，在导电介质中传播的仍是平面电磁波，电场强度 $\boldsymbol{E}$ 和磁场强度 $\boldsymbol{H}$ 在空间上仍然相互垂直，且都垂直于传播方向，遵守右手螺旋定则，即有

$$\boldsymbol{H}=\frac{1}{\eta_{\mathrm{c}}}\boldsymbol{e}_z\times\boldsymbol{E} \tag{6.39}$$

利用 $\gamma^2=-\omega^2\mu\left(\varepsilon-\mathrm{j}\dfrac{\sigma}{\omega}\right)$ 和 $\gamma=\alpha+\mathrm{j}\beta$，可以得到

$$\left.\begin{aligned}\alpha^2-\beta^2&=-\omega^2\mu\varepsilon\\ 2\alpha\beta&=\omega\mu\sigma\end{aligned}\right\} \tag{6.40}$$

由这个方程组求得

$$\alpha=\omega\sqrt{\frac{\mu\varepsilon}{2}\left[\sqrt{1+\left(\frac{\sigma}{\omega\varepsilon}\right)^2}-1\right]} \tag{6.41}$$

$$\beta=\omega\sqrt{\frac{\mu\varepsilon}{2}\left[\sqrt{1+\left(\frac{\sigma}{\omega\varepsilon}\right)^2}+1\right]} \tag{6.42}$$

由于在导电介质中 β 与频率不是线性关系，因此电磁波的相速度 $v_{\mathrm{p}}=\dfrac{\omega}{\beta}$ 是频率的函数。

也就是说，在同一种介质中，不同频率电磁波的相速度是不相同的，这种现象称为色散。因此，导电介质是色散介质。

当频率不变，电导率σ增加时，α和β都增加，这时电磁波的衰减增加，相速度减小，波长变短。

导电介质还有一重要特性，即电场和磁场具有不同的能量密度，且电场能量密度小于磁场能量密度；而理想介质中磁场能量密度与电场能量密度相等。

由式（6.36）和式（6.37），可求得一个时间周期中电场和磁场的平均能量密度分别为

$$\left.\begin{aligned} w_{\mathrm{e}} &= \frac{1}{4}\varepsilon\left|E_{\mathrm{m}}^{2}\right|\mathrm{e}^{-2\alpha|z|} \\ w_{\mathrm{m}} &= w_{\mathrm{e}}\left[1+\left(\frac{\sigma}{\omega\varepsilon}\right)^{2}\right]^{\frac{1}{2}} \geqslant w_{\mathrm{e}} \end{aligned}\right\} \tag{6.43}$$

6.2.3 良导体中的主要电磁参数

良导体（good conductor）是指介质中的传导电流远大于位移电流，即$\dfrac{\sigma}{\omega\varepsilon} \gg 1$，由式（6.41）和式（6.42）得到近似公式：

$$\alpha \approx \beta \approx \sqrt{\frac{\omega\mu\sigma}{2}} = \sqrt{\pi f\mu\sigma} \tag{6.44}$$

这个结果表明，α和β近似相等，其大小正比于$\sqrt{f}$和$\sqrt{\sigma}$。

传播常数近似为

$$\gamma = \alpha + \mathrm{j}\beta \approx \sqrt{\pi f\mu\sigma}\,(1+\mathrm{j}) \tag{6.45}$$

良导体的波阻抗为

$$\eta_{\mathrm{c}} = \sqrt{\frac{\mu}{\varepsilon_{\mathrm{c}}}} \approx \sqrt{\frac{\mathrm{j}\omega\mu}{\sigma}} = (1+\mathrm{j})\sqrt{\frac{\pi f\mu}{\sigma}} = \sqrt{\frac{2\pi f\mu}{\sigma}}\ \mathrm{e}^{\mathrm{j}\pi/4} \tag{6.46}$$

式（6.46）中的相角表示电场与磁场的相位差，因此在良导体中，磁场相位滞后于电场 45°。

高频电磁波在良导体中的衰减系数很大。例如，对于铜导体，$\sigma = 5.8\times10^{7}\ \mathrm{S/m}$，$\mu_{\mathrm{r}} \approx 1$，当频率$f$=3MHz 时，$\alpha \approx 2.62\times10^{4}\ \mathrm{Np/m}$。

当电磁波从良导体表面向导体内部传播时，定义其幅值衰减到表面处幅值的 1/e ≈ 0.368 倍时对应的传播距离为趋肤深度（skin depth），用δ表示，则$\mathrm{e}^{-\alpha\delta} = \mathrm{e}^{-1}$，得到

$$\delta = \frac{1}{\alpha} = \sqrt{\frac{2}{\omega\mu\sigma}} = \sqrt{\frac{1}{\pi f\mu\sigma}} \tag{6.47}$$

对于良导体，σ的值很大，δ的值很小，电磁波传播很短的距离后就几乎衰减完了，因此良导体中的电磁波主要存在于导体表面附近的区域。这种现象也称为趋肤效应（skin effect）。频率越高，趋肤深度也越小，这时电流主要集中在导体表面的薄层中流动，这与低频或直流电流均匀分布于导体横截面的情况不同。

良导体中的相速度为

$$v_p = \frac{\omega}{\beta} = \sqrt{\frac{2\omega}{\mu\sigma}} = 2\sqrt{\frac{\pi f}{\mu\sigma}} \tag{6.48}$$

良导体中的波长为

$$\lambda = \frac{2\pi}{\beta} = 2\sqrt{\frac{\pi}{f\mu\sigma}} \tag{6.49}$$

由式（6.46）可见，波阻抗的实部和虚部相同，即具有相等的电阻分量和电抗分量：

$$\eta_c = (1+\mathrm{j})\sqrt{\frac{\pi f\mu}{\sigma}} = R_s + \mathrm{j}X_s \tag{6.50}$$

式中，$R_s = X_s = \sqrt{\dfrac{\pi f\mu}{\sigma}} = \dfrac{1}{\sigma\delta}$，表明这些分量与趋肤深度有关。$R_s = \dfrac{1}{\sigma\delta}$可理解为厚度为$\delta$的良导体每平方米的电阻，称为表面电阻；$X_s = \dfrac{1}{\sigma\delta}$称为表面电抗；$Z_s = R_s + \mathrm{j}X_s$称为表面阻抗。

为了减小高频电阻，唯一的办法是增加良导体的表面积，比如采用相互绝缘的多股线。

由式（6.43）还可以看到：对良导体，磁场能量远大于电场能量，只有当$\sigma = 0$时，才有磁场能量等于电场能量。

例 6.3 电磁波在良导体铜中传播，计算当频率为 100Hz、1MHz 和 10GHz 时的趋肤深度。

解 铜的电导率$\sigma = 5.8\times10^7\ \mathrm{S/m}$，磁导率$\mu \approx \mu_0 = 4\pi\times10^{-7}\ \mathrm{H/m}$，故

$$\delta = \sqrt{\frac{1}{\pi f\mu\sigma}} = \sqrt{\frac{1}{4\pi^2\times10^{-7}\times5.8\times10^7 f}} \approx \frac{0.066}{\sqrt{f}}\ (\mathrm{m})$$

当频率分别为 100 Hz、1 MHz 和 10 GHz 时，趋肤深度分别约为$6.6\ \mathrm{mm}$、$6.6\times10^{-2}\ \mathrm{mm}$和$6.6\times10^{-4}\ \mathrm{mm}$。从这个结果可以看出，频率越高，电磁波在铜中衰减越快，趋肤深度越小。

例 6.4 已知海水的电参数为$\mu \approx \mu_0$，$\varepsilon = 81\varepsilon_0$，$\sigma = 4\ \mathrm{S/m}$。（1）求当频率$f = 1\ \mathrm{MHz}$的均匀平面电磁波传播时的衰减常数$\alpha$、相移常数$\beta$、波阻抗$\eta_c$、相速度$v_p$和波长$\lambda$。（2）如果均匀平面波沿 z 方向传播，电场方向为 x 方向，其振幅为 1V/m，写出电场和磁场的瞬时表达式$\boldsymbol{E}(z,t)$和$\boldsymbol{H}(z,t)$。

解 （1）由于$\dfrac{\sigma}{\omega\varepsilon} = \dfrac{4}{2\pi\times1\times10^6\times81\times8.85\times10^{-12}} \approx 888 \gg 1$，因此在此频率下海水可视为良导体，得到

$$\alpha = \sqrt{\pi f\mu\sigma} = \pi\sqrt{10^6\times4\times10^{-7}\times4}\ \mathrm{Np/m} \approx 1.26\ \pi\ \mathrm{Np/m}$$

$$\beta = \sqrt{\pi f\mu\sigma} \approx 1.26\pi\ \mathrm{rad/m}$$

$$\eta_c = (1+\mathrm{j})\sqrt{\frac{\pi f\mu}{\sigma}} = 0.316\pi(1+\mathrm{j})\ \Omega \approx 1.4\mathrm{e}^{\mathrm{j}\pi/4}\ \Omega$$

$$v_p = \frac{\omega}{\beta} = \frac{2\pi f}{\beta} \approx 1.59\times10^6\ \mathrm{m/s}$$

$$\lambda = \frac{2\pi}{\beta} \approx 1.59\ \mathrm{m}$$

可见，在海水中电磁波速度变慢，波长变短。同时看到，电磁波在海水中的衰减也是很快的，频率越高，衰减越严重，这对地面与潜艇之间的通信等带来很大困难。如果要使衰减

减小，就必须降低工作频率；但即使在 1 kHz 的低频下，衰减仍然很明显。

（2）设电场的初相位为 0，则电场强度瞬时表达式为

$$\begin{aligned}\boldsymbol{E} &= \boldsymbol{e}_x E_{\mathrm{m}} \mathrm{e}^{-\alpha z}\cos(\omega t-\beta z)\\ &= \boldsymbol{e}_x \mathrm{e}^{-1.26\pi z}\cos(2\pi\times10^6 t-1.26\pi z)\ \mathrm{V/m}\end{aligned}$$

磁场强度瞬时表达式为

$$\begin{aligned}\boldsymbol{H} &= \boldsymbol{e}_y \frac{E}{\eta_{\mathrm{c}}} = \mathrm{e}_y \frac{E_{\mathrm{m}}}{|\eta_{\mathrm{c}}|} e^{-\alpha z}\cos(\omega t-\beta z-\theta)\\ &= \boldsymbol{e}_y 0.71\mathrm{e}^{-1.26\pi z}\cos(2\pi\times10^6 t-1.26\pi z-\pi/4)\ \mathrm{A/m}\end{aligned}$$

6.2.4　良介质中的主要电磁参数

良介质即弱导电介质（low-loss dielectric），是指 $\sigma\neq0$，但 $\frac{\sigma}{\omega\varepsilon}\ll1$，其物理含义是传导电流远小于位移电流。此时由式（6.41）和式（6.42），得到衰减常数和相移常数的近似关系为

$$\alpha=\omega\sqrt{\frac{\mu\varepsilon}{2}\left[\sqrt{1+\left(\frac{\sigma}{\omega\varepsilon}\right)^2}-1\right]}\approx\frac{\sigma}{2}\sqrt{\frac{\mu}{\varepsilon}} \tag{6.51}$$

$$\beta=\omega\sqrt{\frac{\mu\varepsilon}{2}\left[\sqrt{1+\left(\frac{\sigma}{\omega\varepsilon}\right)^2}+1\right]}\approx\omega\sqrt{\mu\varepsilon} \tag{6.52}$$

由式（6.38）得到波阻抗为

$$\eta_{\mathrm{c}}=\frac{\eta}{\sqrt{1-\mathrm{j}\frac{\sigma}{\omega\varepsilon}}}\approx\sqrt{\frac{\mu}{\varepsilon}}\left(1+\mathrm{j}\frac{\sigma}{2\omega\varepsilon},\right) \tag{6.53}$$

波长为

$$\lambda=\frac{2\pi}{\beta} \tag{6.54}$$

相速度为

$$v=\frac{\omega}{\beta}=\frac{1}{\sqrt{\mu\varepsilon}} \tag{6.55}$$

可见，弱导电介质中的波长 λ 和相速度 v 与在理想介质中的表达式相同。

6.3　电磁波的极化

电磁波的极化是指波的电场强度空间取向随时间变化的性质，它描述了电场强度在空间给定点的时变特性。

用电场强度矢量端点随时间变化的轨迹来描述电磁波的极化。如果轨迹是直线，则称为线极化；如果轨迹是圆，则称为圆极化；如果轨迹是椭圆，则称为椭圆极化。

对于沿 z 方向传播的均匀平面波，电场强度一般情况下应包括两个分量，即

$$\boldsymbol{E}=\boldsymbol{e}_x E_x+\boldsymbol{e}_y E_y \tag{6.56}$$

对于时谐场电磁波，这两个分量的振幅和相位可以不同，写成瞬时表达式分别为

$$\left.\begin{aligned} E_x &= E_{xm}\cos(\omega t - kz + \varphi_x) \\ E_y &= E_{ym}\cos(\omega t - kz + \varphi_y) \end{aligned}\right\} \tag{6.57}$$

此时合成电场强度的矢量端点的轨迹可能是直线、圆或椭圆。为简单起见，只讨论 $z = 0$ 的等相位面上的极化情况。

6.3.1 线极化

如果电场强度的两个分量 E_x 和 E_y 相位相同，即 $\varphi_x = \varphi_y = \varphi$，则在 $z = 0$ 的等相位面上有

$$\left.\begin{aligned} E_x &= E_{xm}\cos(\omega t + \varphi) \\ E_y &= E_{ym}\cos(\omega t + \varphi) \end{aligned}\right\} \tag{6.58}$$

合成电场强度的大小为

$$E = \sqrt{E_x^2 + E_y^2} = \sqrt{E_{xm}^2 + E_{ym}^2}\cos(\omega t + \varphi) \tag{6.59}$$

合成电场强度 $\boldsymbol{E}$ 的方向与 x 轴的夹角为

$$\alpha = \arctan\frac{E_y}{E_x} = \arctan\frac{E_{ym}}{E_{xm}} \tag{6.60}$$

可以看到，尽管合成电场强度的大小随时间变化，但其方向恒定，只在一条直线上变化。这种类型的极化就是线极化（linear polarization），如图 6.4（a）所示，其中的线极化方向在第一、三象限。

如果 E_x 和 E_y 相位相反，即 $\varphi_y - \varphi_x = \pm\pi$，在 z=0 的等相位面上有

$$\alpha = \arctan\frac{E_y}{E_x} = -\arctan\frac{E_{ym}}{E_{xm}} \tag{6.61}$$

这个夹角也是恒定的，电场强度矢量的轨迹在第二、四象限，仍为线极化波，如图 6.4（b）所示。

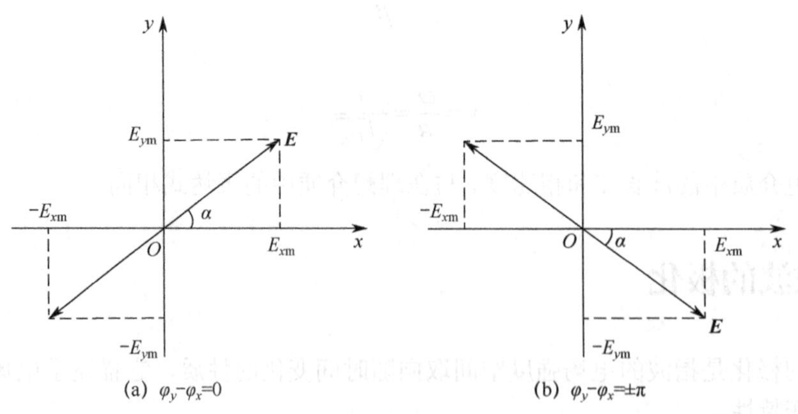

图 6.4　线极化

如果电场强度只在水平方向上变化，则称为水平极化波；如果电场强度只在垂直方向上变化，则称为垂直极化波。

在无线通信中，接收天线的极化状态应与被接收电磁波的极化状态相匹配，这样才能尽

最大可能接收该电磁波的功率。例如，电视发射天线一般与大地平行架设，发射水平极化波，这时电视接收的线天线也应调整到与大地平行的位置，以实现极化匹配，达到最佳接收效果。

扫码学习
电磁波的线极化

6.3.2　圆极化

在式（6.57）中，如果 E_x 和 E_y 振幅相等，但相位相差为 $\dfrac{\pi}{2}$，则合成波的极化即为圆极化（circular polarization）。如果 $\varphi_y-\varphi_x=\dfrac{\pi}{2}$，则在 $z=0$ 的等相位面上有

$$\left.\begin{aligned} E_x &= E_{\rm m}\cos(\omega t+\varphi_x) \\ E_y &= E_{\rm m}\cos(\omega t+\varphi_x+\frac{\pi}{2}) = -E_{\rm m}\sin(\omega t+\varphi_x) \end{aligned}\right\} \tag{6.62}$$

合成波电场强度的大小为

$$E=\sqrt{E_x^2+E_y^2}=E_{\rm m} \tag{6.63}$$

合成波电场强度与 x 轴的夹角为

$$\alpha=\arctan\frac{E_y}{E_x}=-(\omega t+\varphi_x) \tag{6.64}$$

合成电场强度的大小是常数，而方向随时间发生改变，其矢量端点的轨迹是一个圆，故称之为圆极化。

圆极化波有左旋和右旋之分：当电场旋转方向与传播方向呈右手螺旋关系时，对应于右旋圆极化波；当电场旋转方向与传播方向呈左手螺旋关系时，对应于左旋圆极化波。

如图 6.5 所示，在 $\varphi_y-\varphi_x=\dfrac{\pi}{2}$ 情况下，随着 t 的增加，电场强度 $\boldsymbol{E}$ 的端点沿顺时针方向旋转，而电磁波沿 z 方向传播，故旋转方向与传播方向呈左手螺旋关系，这是左旋圆极化波。

如果 $\varphi_y-\varphi_x=-\dfrac{\pi}{2}$，则合成波电场强度与 x 轴的夹角为

$$\alpha=\arctan\frac{E_y}{E_x}=\omega t+\varphi_x \tag{6.65}$$

这时随着 t 的增加，电场强度 $\boldsymbol{E}$ 的端点沿逆时针方向旋转，旋转方向与传播方向呈右手螺旋关系（如图 6.6 所示），这是右旋圆极化波。

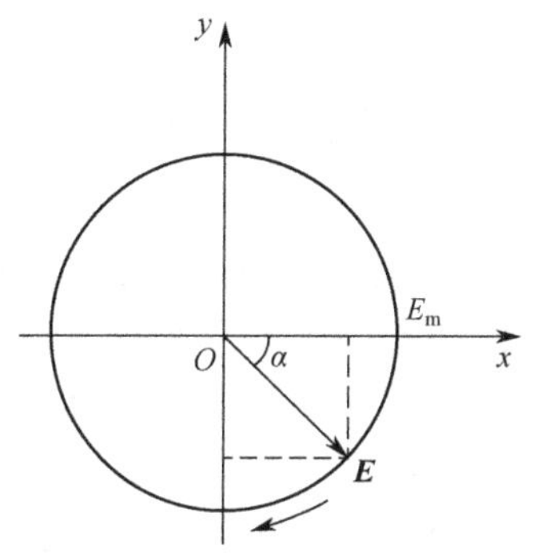

图 6.5　左旋圆极化波

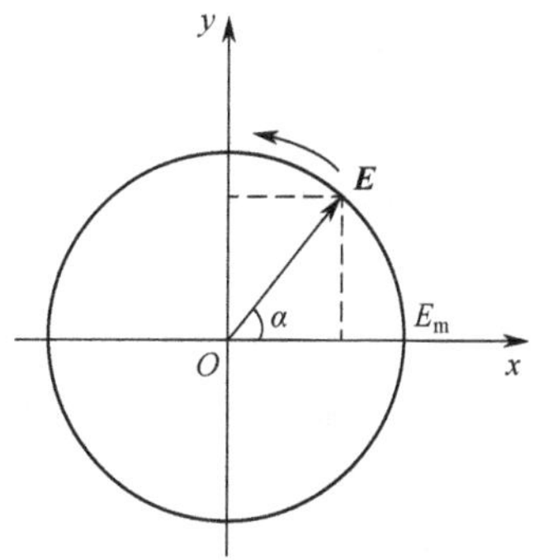

图 6.6　右旋圆极化波

当信号被接收时，必须考虑波的极化方式。对于飞机、火箭等飞行器，在飞行过程中其状态和位置在不断变化，为了保证通信的可靠性，飞行器和地面的接收机等往往采用圆极化天线。

扫码学习

左旋圆极化和右旋圆极化

6.3.3 椭圆极化

在大多数情况下是振幅 E_{xm} 和 E_{ym} 任意，但 $\varphi_y-\varphi_x$ 不等于 0、$\pm\pi$ 和 $\pm\dfrac{\pi}{2}$，或者 $\varphi_y-\varphi_x=\pm\dfrac{\pi}{2}$，但 $E_{xm}\neq E_{ym}$，这时构成椭圆极化波。在式（6.57）中，为不失一般性，令 $\varphi_x=0$，$\varphi_y=\varphi$，则在 z=0 的等相位面上有

$$\left.\begin{aligned}E_x&=E_{xm}\cos(\omega t)\\E_y&=E_{ym}\cos(\omega t+\varphi)\end{aligned}\right\}\tag{6.66}$$

消去 ωt，得到方程

$$\frac{E_x^2}{E_{xm}^2}+\frac{E_y^2}{E_{ym}^2}-\frac{2E_xE_y}{E_{xm}E_{ym}}\cos\varphi=\sin^2\varphi\tag{6.67}$$

对于确定的相位差 $\varphi_y-\varphi_x=\varphi$，式（6.67）是一个关于 E_x 和 E_y 的椭圆方程，也就是合成波电场强度 $\boldsymbol{E}$ 的端点在一个椭圆上旋转，故称该合成波的极化为椭圆极化（elliptical polarization），如图 6.7 所示。

图 6.7　椭圆极化

从式（6.67）和图 6.7 可知，在一般情况下，长短轴并不在坐标轴上，只有当 $\varphi_y-\varphi_x=\varphi=\pm\dfrac{\pi}{2}$ 时，椭圆的长短轴才处在坐标轴上。

椭圆极化波同样有左旋和右旋之分：当 E_y 的相位超前于 E_x 时为左旋椭圆极化波，当 E_y 的相位滞后于 E_x 时为右旋椭圆极化波。此时的旋转角速度不再是常数 ω，而是时间的函数。

定义椭圆极化角 θ 为椭圆长轴与 x 轴的夹角，可以证明这个夹角满足

$$\tan(2\theta)=\frac{2E_{xm}E_{ym}}{E_{xm}^2-E_{ym}^2}\cos\varphi\tag{6.68}$$

不难看出，线极化波和圆极化波都是椭圆极化波的特例。

电磁波的极化在日常生活中有很多应用。比如，工业电磁干扰主要是垂直极化波，所以电视广播台发射水平极化的电磁波，而用户也使用水平接收天线，从而可以抑制地面的电磁干扰。又如，光波是一种电磁波，其极化方向是随机的，光学中将电磁波的极化特性称为偏振特性，因此自然光是无偏振的。当自然光通过具有一定偏振特性的滤光片时，可获得偏振光，这可应用于立体电影的拍摄。拍摄时使用两个偏振方向相互垂直的镜头从不同角度取景，放映时需要观众佩带一副左右相互垂直的偏振镜片，这时左眼只能看到银幕上的“左视”画面，右眼只能看到银幕上的“右视”画面，这个过程和眼睛直接观看物体的效果一样，银幕上的画面就产生了立体感。

例 6.5　已知电场强度所表示的平面电磁波为 $\boldsymbol{E}=\boldsymbol{e}_x 2\mathrm{e}^{-\mathrm{j}\pi z}+\boldsymbol{e}_y 4\mathrm{e}^{-\mathrm{j}\pi z+\mathrm{j}\frac{5\pi}{4}}$，试判断该电磁波的极化方式。

解　$\varphi_x=0$，$\varphi_y=\dfrac{5\pi}{4}$，$\varphi_y-\varphi_x=\dfrac{5\pi}{4}=-\dfrac{3\pi}{4}$，表明 E_y 滞后于 E_x 的相位为 $\dfrac{3\pi}{4}$，又 $E_{xm}\neq E_{ym}$，故该电磁波为右旋椭圆极化波。

例 6.6　平面电磁波电场强度的复数表达式为 $\boldsymbol{E}(z)=\boldsymbol{e}_x\mathrm{j}E_\mathrm{m}\mathrm{e}^{\mathrm{j}kz}-\boldsymbol{e}_y E_\mathrm{m}\mathrm{e}^{\mathrm{j}kz}$，试判断该电磁波的极化方式。

扫码学习
左旋椭圆极化和
右旋椭圆极化

解　将电场强度表达式改写成标准形式，即 $\boldsymbol{E}(z)=\boldsymbol{e}_x E_\mathrm{m}\mathrm{e}^{\mathrm{j}(kz+\frac{\pi}{2})}+\boldsymbol{e}_y E_\mathrm{m}\mathrm{e}^{\mathrm{j}(kz+\pi)}$，由于 $\varphi_y-\varphi_x=+\dfrac{\pi}{2}$，且由表达式可知，平面电磁波沿$-z$方向传播，电场强度两个分量振幅相等，故为右旋圆极化波。

6.4　均匀平面波对平面分界面的反射与折射

电磁波在传播过程中会遇到不同介质分界面的情况，由于两种介质的电磁参数不同，从介质 1 入射到介质 2 的电磁波往往有一部分能量会反射回介质 1，而另一部分则会折射到介质 2。本节仍以均匀平面电磁波为对象，研究由两种不同介质构成无限大平面时在两种介质中平面波的传播规律。电磁波入射到分界面时，其入射方式可以分为垂直入射（normal incidence）和斜入射（oblique incidence）。

6.4.1　对理想介质平面的垂直入射

设有两种理想介质，介质 1 的参数为 ε_1 和 μ_1，介质 2 的参数为 ε_2 和 μ_2，两种介质的电导率都为 0。如图 6.8 所示，$z=0$ 的平面是两介质的分界面，均匀平面波从介质 1 垂直入射到分界面。设入射波电场强度 $\boldsymbol{E}_\mathrm{i}$、反射波电场强度 $\boldsymbol{E}_\mathrm{r}$ 和折射波电场强度 $\boldsymbol{E}_\mathrm{t}$ 的正方向都沿着 x 方向，用 $\boldsymbol{k}_\mathrm{i}$、$\boldsymbol{k}_\mathrm{r}$ 和 $\boldsymbol{k}_\mathrm{t}$ 分别表示入射、反射和折射方向的波矢量，则入射波磁场强度 $\boldsymbol{H}_\mathrm{i}$、反射波磁场强度 $\boldsymbol{H}_\mathrm{r}$ 和折射波磁场强度 $\boldsymbol{H}_\mathrm{t}$ 沿着 y 方向，但其正方向应满足电场强度与磁场强度的叉积沿波矢量方向，在图 6.8 中用⊗和⊙分别表示各磁场的正方向为垂直于纸面向内和向外。

图 6.8　垂直入射到理想介质平面

设介质 1 中的入射波电场强度为

$$\boldsymbol{E}_\mathrm{i}(z)=\boldsymbol{e}_x E_\mathrm{im}\mathrm{e}^{-\mathrm{j}\beta_1 z} \tag{6.69}$$

则入射波磁场强度为

$$\boldsymbol{H}_\mathrm{i}(z)=\boldsymbol{e}_y\frac{E_\mathrm{im}}{\eta_1}\mathrm{e}^{-\mathrm{j}\beta_1 z} \tag{6.70}$$

式中，$\beta_1=\omega\sqrt{\mu_1\varepsilon_1}$，$\eta_1=\sqrt{\dfrac{\mu_1}{\varepsilon_1}}$。

同理，设介质 1 中反射波的电场强度为

$$\boldsymbol{E}_{\mathrm{r}}(z)=\boldsymbol{e}_x E_{\mathrm{rm}} \mathrm{e}^{\mathrm{j}\beta_1 z} \tag{6.71}$$

则反射波磁场强度为

$$\boldsymbol{H}_{\mathrm{r}}(z)=-\boldsymbol{e}_y \frac{E_{\mathrm{rm}}}{\eta_1} \mathrm{e}^{\mathrm{j}\beta_1 z} \tag{6.72}$$

介质 1 中的总场是入射场和反射场的叠加，得到

$$\boldsymbol{E}_1(z)=\boldsymbol{E}_{\mathrm{i}}(z)+\boldsymbol{E}_{\mathrm{r}}(z)=\boldsymbol{e}_x(E_{\mathrm{im}} \mathrm{e}^{-\mathrm{j}\beta_1 z}+E_{\mathrm{rm}} \mathrm{e}^{\mathrm{j}\beta_1 z}) \tag{6.73}$$

$$\boldsymbol{H}_1(z)=\boldsymbol{H}_{\mathrm{i}}(z)+\boldsymbol{H}_{\mathrm{r}}(z)=\boldsymbol{e}_y \frac{1}{\eta_1}(E_{\mathrm{im}} \mathrm{e}^{-\mathrm{j}\beta_1 z}-E_{\mathrm{rm}} \mathrm{e}^{\mathrm{j}\beta_1 z}) \tag{6.74}$$

在介质 2 中只有折射波，则电场强度和磁场强度分别写为

$$\boldsymbol{E}_2(z)=\boldsymbol{E}_{\mathrm{t}}(z)=\boldsymbol{e}_x E_{\mathrm{tm}} \mathrm{e}^{-\mathrm{j}\beta_2 z} \tag{6.75}$$

$$\boldsymbol{H}_2(z)=\boldsymbol{H}_{\mathrm{t}}(z)=\boldsymbol{e}_y \frac{E_{\mathrm{tm}}}{\eta_2} \mathrm{e}^{-\mathrm{j}\beta_2 z} \tag{6.76}$$

其中，$\beta_2=\omega\sqrt{\mu_2\varepsilon_2}$，$\eta_2=\sqrt{\dfrac{\mu_2}{\varepsilon_2}}$。

上面各式中，β_1是波矢量$\boldsymbol{k}_{\mathrm{i}}$或$\boldsymbol{k}_{\mathrm{r}}$的大小，$\beta_2$是波矢量$\boldsymbol{k}_{\mathrm{t}}$的大小。

在两种理想介质的分界面上，没有自由电荷和传导电流，故在介质两侧的切向电场和切向磁场必须连续，即在$z=0$处有

$$E_{1x}=E_{2x}，\quad H_{1y}=E_{2y}$$

将式（6.73）～式（6.76）代入边界条件，得到

$$E_{\mathrm{im}}+E_{\mathrm{rm}}=E_{\mathrm{tm}} \tag{6.77}$$

$$\frac{1}{\eta_1}(E_{\mathrm{im}}-E_{\mathrm{rm}})=\frac{E_{\mathrm{tm}}}{\eta_2} \tag{6.78}$$

联立解方程组，得到

$$E_{\mathrm{rm}}=\frac{\eta_2-\eta_1}{\eta_2+\eta_1}E_{\mathrm{im}} \tag{6.79}$$

$$E_{\mathrm{tm}}=\frac{2\eta_2}{\eta_2+\eta_1}E_{\mathrm{im}} \tag{6.80}$$

定义边界面的反射系数（reflection coefficient）R为反射波电场强度振幅与入射波电场强度的振幅之比，则得到

$$R=\frac{E_{\mathrm{rm}}}{E_{\mathrm{im}}}=\frac{\eta_2-\eta_1}{\eta_2+\eta_1} \tag{6.81}$$

又定义边界面的折射系数（refraction coefficient）T为折射波电场强度振幅与入射波电场强度的振幅之比，则得到

$$T=\frac{E_{\mathrm{tm}}}{E_{\mathrm{im}}}=\frac{2\eta_2}{\eta_2+\eta_1} \tag{6.82}$$

反射系数R可正可负。当$\eta_2>\eta_1$时，R为正，表明反射电场强度与入射电场强度在$z=0$处同相叠加，此时$\boldsymbol{E}_1$为最大值，$\boldsymbol{H}_1$为最小值；而当$\eta_2<\eta_1$时，R为负，表明反射电场强度与入射电场强度在$z=0$处反相叠加，此时$\boldsymbol{E}_1$为最小值，$\boldsymbol{H}_1$为最大值。这里的反相意味着分界面上反射波电场强度与入射波电场强度相差半个波长，这种现象称为半波损失。

折射系数 T 始终为正值，表明折射波电场强度与入射波电场强度在分界面上是同相位的，且在数值上有 $0 \leqslant T \leqslant 2$。当 $\eta_2 > \eta_1$ 时，$T > 1$，表明折射波电场强度振幅大于入射波电场强度振幅；当 $\eta_2 < \eta_1$ 时，$T < 1$，表明折射波电场强度振幅小于入射波电场强度振幅。

由式（6.81）和式（6.82）可知，反射系数 R 与折射系数 T 之间的关系为

$$1 + R = T \tag{6.83}$$

将反射系数表达式（6.81）代入（6.73），得到介质 1 中合成场 $\boldsymbol{E}_1$ 表达式为

$$\begin{aligned}\boldsymbol{E}_1(z) &= \boldsymbol{e}_x(E_{\text{im}}\text{e}^{-\text{j}\beta_1 z} + RE_{\text{im}}\text{e}^{\text{j}\beta_1 z}) = \boldsymbol{e}_x E_{\text{im}}[(\text{e}^{-\text{j}\beta_1 z} - R\text{e}^{-\text{j}\beta_1 z}) + (R\text{e}^{-\text{j}\beta_1 z} + R\text{e}^{\text{j}\beta_1 z})] \\ &= \boldsymbol{e}_x E_{\text{im}}[(1-R)\text{e}^{-\text{j}\beta_1 z} + 2R\cos(\beta_1 z)]\end{aligned} \tag{6.84}$$

式（6.84）中第一项含有相位因子 $\text{e}^{-\text{j}\beta_1 z}$，表示沿 $+z$ 方向传播的行波；第二项是实数，表示驻波（standing wave）。这表明，介质 1 中的合成场是既有行波又有驻波的混合波，称为行驻波（traveling standing wave）。

介质 1 中合成场最大值为

$$\left|\boldsymbol{E}_1\right|_{\max} = E_{\text{im}}(1 + |R|) \tag{6.85}$$

最小值为

$$\left|\boldsymbol{E}_1\right|_{\min} = E_{\text{im}}(1 - |R|) \tag{6.86}$$

定义驻波系数（standing-wave ratio，也称为驻波比）ρ 为合成场最大值与最小值之比，则有

$$\rho = \frac{\left|\boldsymbol{E}_1\right|_{\max}}{\left|\boldsymbol{E}_1\right|_{\min}} = \frac{1+|R|}{1-|R|} \tag{6.87}$$

对给定的介质，驻波系数是一个大于等于 1、小于无限大的常数。

介质 1 中沿 z 方向传播的平均能流密度（即坡印亭矢量的平均值）为

$$\boldsymbol{S}_{\text{av1}} = \frac{1}{2}\text{Re}(\boldsymbol{E}_1 \times \boldsymbol{H}_1^*) = \boldsymbol{e}_z \frac{E_{\text{im}}^2}{2\eta_1}(1 - R^2) \tag{6.88}$$

它等于入射波平均能流密度减去反射波平均能流密度。

介质 2 中沿 z 方向传播的平均能流密度为

$$\boldsymbol{S}_{\text{av2}} = \frac{1}{2}\text{Re}(\boldsymbol{E}_2 \times \boldsymbol{H}_2^*) = \boldsymbol{e}_z \frac{E_{\text{tm}}^2}{2\eta_2} = \boldsymbol{e}_z \frac{E_{\text{im}}^2}{2\eta_2}T^2 \tag{6.89}$$

将 R 和 T 的表达式代入式（6.88）和式（6.89），可证得 $\text{S}_{\text{av1}} = \text{S}_{\text{av2}}$，这是能量守恒定律的必然结果。

例 6.7　均匀平面波从空气垂直入射到理想介质表面，已知空气中行驻波的 $\left|\boldsymbol{E}_1\right|_{\min} = 10\ \text{V/m}$，$\left|\boldsymbol{H}_1\right|_{\max} = 4.36 \times 10^{-2}\ \text{A/m}$，设介质 $\mu_{\text{r}} = 1$，求：

（1）折射波的振幅；

（2）反射系数和折射系数。

解　（1）因为空气的介电常数小于介质的介电常数，故空气的波阻抗大于介质的波阻抗。由式（6.81），反射系数小于 0，在分界面处空气侧对应于电场的波节和磁场的波腹。由边界条件，折射波电场强度振幅 $E_{2\text{m}} = \left|\boldsymbol{E}_1\right|_{\min} = 10\ \text{V/m}$，折射波磁场强度振幅 $H_{2\text{m}} = \left|\boldsymbol{H}_1\right|_{\max} = 4.36 \times 10^{-2}\ \text{A/m}$。

（2）根据驻波系数的定义

$$\rho=\frac{|\boldsymbol{E}_1|_{\max}}{|\boldsymbol{E}_1|_{\min}}=\frac{\eta_0|\boldsymbol{H}_1|_{\max}}{|\boldsymbol{E}_1|_{\min}}=\frac{377\times4.36\times10^{-2}}{10}=1.644$$

而 $\rho=\dfrac{1+|R|}{1-|R|}$，故求得 $|R|=0.243$，即 $R=-0.243$。再由 $1+R=T$，求得 $T=1+R=0.757$。

6.4.2 对理想导体平面的垂直入射

如图 6.9 所示，设平面电磁波从介质 1（μ_1,ε_1）垂直入射到介质 2（理想导体，$\sigma_2=\infty$）。对于理想导体，没有折射波，导体中的电场和磁场均为 0，故图 6.9 中只画出入射电场、磁场和反射电场、磁场，有关正方向的确定与图 6.8 相同。

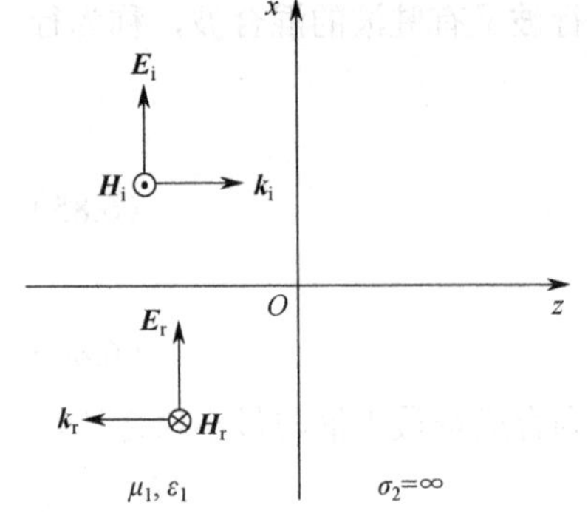

图 6.9 垂直入射到平面理想导体

与前面的讨论类似，入射波电场强度和磁场强度分别为

$$\boldsymbol{E}_{\mathrm{i}}(z)=\boldsymbol{e}_x E_{\mathrm{im}}\mathrm{e}^{-\mathrm{j}\beta_1 z} \tag{6.90}$$

$$\boldsymbol{H}_{\mathrm{i}}(z)=\boldsymbol{e}_y\frac{E_{\mathrm{im}}}{\eta_1}\mathrm{e}^{-\mathrm{j}\beta_1 z} \tag{6.91}$$

反射波的电场强度和磁场强度分别为

$$\boldsymbol{E}_{\mathrm{r}}(z)=\boldsymbol{e}_x E_{\mathrm{rm}}\mathrm{e}^{\mathrm{j}\beta_1 z} \tag{6.92}$$

$$\boldsymbol{H}_{\mathrm{r}}(z)=-\boldsymbol{e}_y\frac{E_{\mathrm{rm}}}{\eta_1}\mathrm{e}^{\mathrm{j}\beta_1 z} \tag{6.93}$$

介质 1 中的总场为

$$\boldsymbol{E}_1(z)=\boldsymbol{E}_{\mathrm{i}}(z)+\boldsymbol{E}_{\mathrm{r}}(z)=\boldsymbol{e}_x(E_{\mathrm{im}}\mathrm{e}^{-\mathrm{j}\beta_1 z}+E_{\mathrm{rm}}\mathrm{e}^{\mathrm{j}\beta_1 z}) \tag{6.94}$$

$$\boldsymbol{H}_1(z)=\boldsymbol{H}_{\mathrm{i}}(z)+\boldsymbol{H}_{\mathrm{r}}(z)=\boldsymbol{e}_y\frac{1}{\eta_1}(E_{\mathrm{im}}\mathrm{e}^{-\mathrm{j}\beta_1 z}-E_{\mathrm{rm}}\mathrm{e}^{\mathrm{j}\beta_1 z}) \tag{6.95}$$

在 $z=0$ 处，应用边界条件 $\boldsymbol{E}_1=0$，得到

$$E_{\mathrm{rm}}=-E_{\mathrm{im}} \tag{6.96}$$

将式（6.96）代入式（6.94）和式（6.95），分别得到

$$\boldsymbol{E}_1(z)=\boldsymbol{e}_x E_{\mathrm{im}}(\mathrm{e}^{-\mathrm{j}\beta_1 z}-\mathrm{e}^{\mathrm{j}\beta_1 z})=-\boldsymbol{e}_x\mathrm{j}2E_{\mathrm{im}}\sin(\beta_1 z) \tag{6.97}$$

$$\boldsymbol{H}_1(z)=\boldsymbol{e}_y\frac{E_{\mathrm{im}}}{\eta_1}(\mathrm{e}^{-\mathrm{j}\beta_1 z}+\mathrm{e}^{\mathrm{j}\beta_1 z})=\boldsymbol{e}_y\frac{2}{\eta_1}E_{\mathrm{im}}\cos(\beta_1 z) \tag{6.98}$$

由于理想导体对电磁场产生了全反射，介质 1 中总的电场和磁场都是驻波。

将电场强度和磁场强度的复数形式写成瞬时表达式，有

$$\boldsymbol{E}_1(z,t)=\mathrm{Re}[\boldsymbol{E}_1(z)\mathrm{e}^{\mathrm{j}\omega t}]=\boldsymbol{e}_x 2E_{\mathrm{im}}\sin(\beta_1 z)\sin(\omega t) \tag{6.99}$$

$$\boldsymbol{H}_1(z,t)=\mathrm{Re}[\boldsymbol{H}_1(z)\mathrm{e}^{\mathrm{j}\omega t}]=\mathrm{e}_y\frac{2}{\eta_1}E_{\mathrm{im}}\cos(\beta_1 z)\cos(\omega t) \tag{6.100}$$

合成电场强度振幅随坐标 z 的变化规律为

$$|\boldsymbol{E}_1(z)|=2E_{\mathrm{im}}|\sin(\beta_1 z)| \tag{6.101}$$

这表明，合成电场强度振幅是坐标 z 的函数。当满足 $\beta_1 z=-n\pi$ 时，合成电场强度振幅始终为零，对应电场的波节点，波节点坐标为

$$z=-\frac{n\pi}{\beta_1}=-\frac{n\lambda_1}{2}\quad (n=0,1,2,...)\tag{6.102}$$

而当 $\beta_1 z=-(2n+1)\pi/2$ 时，合成电场强度振幅最大，对应电场的波腹点，波腹点坐标为

$$z=-\frac{(2n+1)\pi}{2\beta_1}=-\frac{(2n+1)\lambda_1}{4}\quad (n=0,1,2,\cdots)\tag{6.103}$$

可见，边界 $z=0$ 处是合成电场的波节点，此后 z 每减小 $\lambda_1/2$ 都是合成电场的波节点；$z=-\lambda_1/4$ 处是合成电场的波腹点，此后 z 每减小 $\lambda_1/2$ 都是合成电场的波腹点。

在式（6.100）中，合成磁场强度的振幅随坐标 z 的变化规律为

$$|\boldsymbol{H}_1(z)|=\frac{2}{\eta_1}E_{\text{im}}|\cos(\beta_1 z)|\tag{6.104}$$

通过比较式（6.101）与式（6.104）可知，电场波节点位置是磁场波腹点位置，电场波腹点位置是磁场波节点位置。$z=0$ 处对应于电场的波节和磁场的波腹。合成电场与磁场振幅的空间分布如图 6-10 所示。

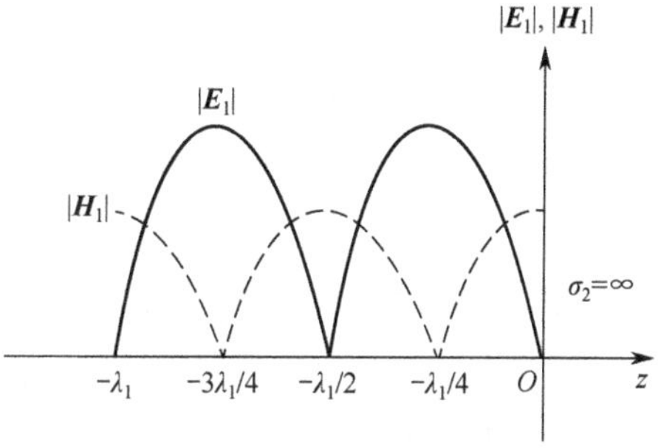

图 6.10　合成电场与磁场振幅的空间分布

由于电场和磁场存在空间正交性和时间正交性，因此合成场的平均坡印亭矢量等于零，其数学表达式就是

$$\boldsymbol{S}_{1\text{av}}=\frac{1}{2}\text{Re}[\boldsymbol{E}_1(z)\times\boldsymbol{H}_1^*(z)]=\boldsymbol{0}\tag{6.105}$$

这表明，驻波不会发生电磁能量的传输，仅在两个波节点之间发生电场能量与磁场能量的交换。

6.4.3　对理想介质平面的斜入射

当平面电磁波从理想介质 1 斜入射到理想介质 2 时，入射波、反射波和折射波的波矢量 $\boldsymbol{k}_\text{i}$、$\boldsymbol{k}_\text{r}$ 和 $\boldsymbol{k}_\text{t}$ 都不垂直于分界面，分别将 $\boldsymbol{k}_\text{i}$、$\boldsymbol{k}_\text{r}$ 和 $\boldsymbol{k}_\text{t}$ 与分界面法线方向构成的平面称为入射面、反射面和折射面。可以证明，当平面波斜入射到两介质平面分界面时，波矢量 $\boldsymbol{k}_\text{i}$、$\boldsymbol{k}_\text{r}$ 和 $\boldsymbol{k}_\text{t}$ 位于同一平面内。

反射系数和折射系数与入射波的极化状态有关，如果入射波电场平行于入射平面，则称为平行极化（parallel polarization）；如果入射波电场垂直于入射平面，则称为垂直极化（perpendicular polarization），这两种情况需要分别讨论。

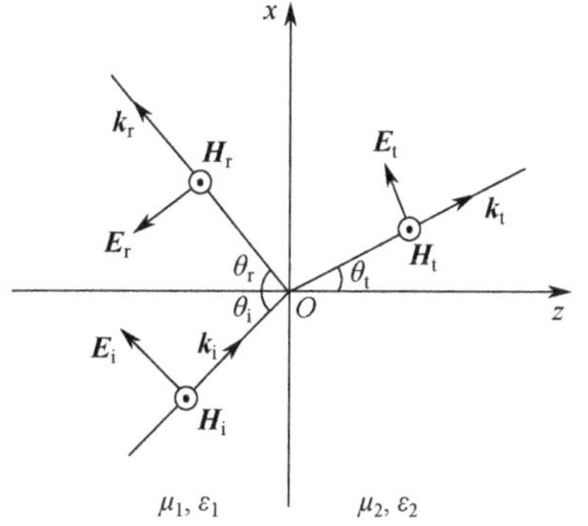

图 6.11　平行极化波斜入射

1．平行极化波的斜入射

在图 6.11 中，平行极化波以入射角 θ_i 斜入射到两介质的分界面，形成反射和折射，反射角为 θ_r，折射角为 θ_t。图中规定了磁场的正方向为垂直于纸面向外，这时入射电场强度 $\boldsymbol{E}_\text{i}$、反射电场强度 $\boldsymbol{E}_\text{r}$ 和折射电场强度 $\boldsymbol{E}_\text{t}$ 的方向都在入射平面内，但其正方向不是任意的，而是由电场、磁场和传播方向根据右手螺旋定则来确定的。

设三个波矢量方向的单位矢量分别为 $\boldsymbol{e}_\text{i}$、$\boldsymbol{e}_\text{r}$ 和 $\boldsymbol{e}_\text{t}$，则

$\boldsymbol{k}_{\mathrm{i}}=\beta_1\boldsymbol{e}_{\mathrm{i}}$， $\boldsymbol{k}_{\mathrm{r}}=\beta_1\boldsymbol{e}_{\mathrm{r}}$， $\boldsymbol{k}_{\mathrm{t}}=\beta_2\boldsymbol{e}_{\mathrm{t}}$，区域 1 中合成电场强度为

$$\boldsymbol{E}_1=\boldsymbol{E}_{\mathrm{i}}+\boldsymbol{E}_{\mathrm{r}}=\boldsymbol{E}_{\mathrm{im}}\mathrm{e}^{-\mathrm{j}\beta_1\boldsymbol{e}_{\mathrm{i}}\cdot\boldsymbol{r}}+\boldsymbol{E}_{\mathrm{rm}}\mathrm{e}^{-\mathrm{j}\beta_1\boldsymbol{e}_{\mathrm{i}}\cdot\boldsymbol{r}} \tag{6.106}$$

区域 2 中电场强度为

$$\boldsymbol{E}_2=\boldsymbol{E}_{\mathrm{t}}=\boldsymbol{E}_{\mathrm{tm}}\mathrm{e}^{-\mathrm{j}\beta_2\boldsymbol{e}_{\mathrm{t}}\cdot\boldsymbol{r}} \tag{6.107}$$

将波矢量方向的单位矢量分别投影到 x 和 z 方向，得到

$$\left.\begin{aligned}\boldsymbol{e}_{\mathrm{i}}&=\boldsymbol{e}_x\sin\theta_{\mathrm{i}}+\boldsymbol{e}_z\cos\theta_{\mathrm{i}}\\\boldsymbol{e}_{\mathrm{r}}&=\boldsymbol{e}_x\sin\theta_{\mathrm{r}}-\boldsymbol{e}_z\cos\theta_{\mathrm{r}}\\\boldsymbol{e}_{\mathrm{t}}&=\boldsymbol{e}_x\sin\theta_{\mathrm{t}}+\boldsymbol{e}_z\cos\theta_{\mathrm{t}}\end{aligned}\right\} \tag{6.108}$$

将式（6.108）代入式（6.106）和式（6.107），并将各个电场强度振幅也投影到 x 和 z 方向，得到各个电场分量表达式：

$$\left.\begin{aligned}E_{1x}&=E_{\mathrm{im}}\cos\theta_{\mathrm{i}}\mathrm{e}^{-\mathrm{j}\beta_1(x\sin\theta_{\mathrm{i}}+z\cos\theta_{\mathrm{i}})}-E_{\mathrm{rm}}\cos\theta_{\mathrm{r}}\mathrm{e}^{-\mathrm{j}\beta_1(x\sin\theta_{\mathrm{r}}-z\cos\theta_{\mathrm{r}})}\\E_{1z}&=-E_{\mathrm{im}}\sin\theta_{\mathrm{i}}\mathrm{e}^{-\mathrm{j}\beta_1(x\sin\theta_{\mathrm{i}}+z\cos\theta_{\mathrm{i}})}-E_{\mathrm{rm}}\sin\theta_{\mathrm{r}}\mathrm{e}^{-\mathrm{j}\beta_1(x\sin\theta_{\mathrm{r}}-z\cos\theta_{\mathrm{r}})}\\E_{2x}&=E_{\mathrm{tm}}\cos\theta_{\mathrm{t}}\mathrm{e}^{-\mathrm{j}\beta_2(x\sin\theta_{\mathrm{t}}+z\cos\theta_{\mathrm{t}})}\\E_{2z}&=-E_{\mathrm{tm}}\sin\theta_{\mathrm{t}}\mathrm{e}^{-\mathrm{j}\beta_2(x\sin\theta_{\mathrm{t}}+z\cos\theta_{\mathrm{t}})}\end{aligned}\right\} \tag{6.109}$$

利用电场的切向边界条件，在 $z=0$ 处，有 $E_{1x}=E_{2x}$，得到

$$E_{\mathrm{im}}\cos\theta_{\mathrm{i}}\mathrm{e}^{-\mathrm{j}\beta_1(x\sin\theta_{\mathrm{i}}+z\cos\theta_{\mathrm{i}})}-E_{\mathrm{rm}}\cos\theta_{\mathrm{r}}\mathrm{e}^{-\mathrm{j}\beta_1(x\sin\theta_{\mathrm{r}}-z\cos\theta_{\mathrm{r}})}=E_{\mathrm{tm}}\cos\theta_{\mathrm{t}}\mathrm{e}^{-\mathrm{j}\beta_2(x\sin\theta_{\mathrm{t}}+z\cos\theta_{\mathrm{t}})} \tag{6.110}$$

式（6.110）是一个恒等式，这要求

$$\beta_1 x\sin\theta_{\mathrm{i}}=\beta_1 x\sin\theta_{\mathrm{r}}=\beta_2 x\sin\theta_{\mathrm{t}} \tag{6.111}$$

$$E_{\mathrm{im}}\cos\theta_{\mathrm{i}}-E_{\mathrm{rm}}\cos\theta_{\mathrm{r}}=E_{\mathrm{tm}}\cos\theta_{\mathrm{t}} \tag{6.112}$$

由式（6.111）得到

$$\theta_{\mathrm{i}}=\theta_{\mathrm{r}} \tag{6.113}$$

$$\beta_1\sin\theta_{\mathrm{i}}=\beta_2\sin\theta_{\mathrm{t}} \tag{6.114}$$

式（6.113）表明，入射角等于反射角，这是电磁波的反射定律，也称为斯涅尔反射定律（Snell's law of reflection）。

将式（6.114）改写为

$$\frac{\sin\theta_{\mathrm{t}}}{\sin\theta_{\mathrm{i}}}=\frac{\beta_1}{\beta_2}=\frac{\sqrt{\mu_1\varepsilon_1}}{\sqrt{\mu_2\varepsilon_2}}=\frac{\sqrt{\mu_{\mathrm{r}1}\varepsilon_{\mathrm{r}1}}}{\sqrt{\mu_{\mathrm{r}2}\varepsilon_{\mathrm{r}2}}}=\frac{n_1}{n_2} \tag{6.115}$$

这是电磁波的折射定律，也称为斯涅尔折射定律（Snell's law of refraction），其中 n_1 和 n_2 分别代表介质 1 和介质 2 的折射率。对于一般介质， $\mu_{\mathrm{r}1}\approx\mu_{\mathrm{r}2}\approx 1$，因此折射定律也可表示为

$$\frac{\sin\theta_{\mathrm{t}}}{\sin\theta_{\mathrm{i}}}=\frac{\sqrt{\varepsilon_1}}{\sqrt{\varepsilon_2}}=\frac{n_1}{n_2} \tag{6.116}$$

式（6.112）给出了电场强度之间的振幅关系，但其中有 3 个振幅量，计算反射系数和折射系数还不充分，可利用两介质分界面磁场强度切向连续的边界条件来增加一个方程，即在 $z=0$ 处，$H_{1y}=H_{2y}$。

由于

$$\left.\begin{aligned}H_{1y}&=\frac{E_{\mathrm{im}}}{\eta_1}\mathrm{e}^{-\mathrm{j}\beta_1(x\sin\theta_{\mathrm{i}}+z\cos\theta_{\mathrm{i}})}+\frac{E_{\mathrm{rm}}}{\eta_1}\mathrm{e}^{-\mathrm{j}\beta_1(x\sin\theta_{\mathrm{r}}-z\cos\theta_{\mathrm{r}})}\\H_{2y}&=\frac{E_{\mathrm{tm}}}{\eta_2}\mathrm{e}^{-\mathrm{j}\beta_2(x\sin\theta_{\mathrm{t}}+z\cos\theta_{\mathrm{t}})}\end{aligned}\right\} \tag{6.117}$$

在 $z=0$ 处有

$$\frac{E_{\mathrm{im}}}{\eta_1}\mathrm{e}^{-\mathrm{j}\beta_1 x\sin\theta_{\mathrm{i}}}+\frac{E_{\mathrm{rm}}}{\eta_1}\mathrm{e}^{-\mathrm{j}\beta_1 x\sin\theta_{\mathrm{r}}}=\frac{E_{\mathrm{tm}}}{\eta_2}\mathrm{e}^{-\mathrm{j}\beta_2 x\sin\theta_{\mathrm{t}}} \tag{6.118}$$

将式（6.113）和式（6.114）的关系代入式（6.118），得到

$$\frac{E_{\mathrm{im}}}{\eta_1}+\frac{E_{\mathrm{rm}}}{\eta_1}=\frac{E_{\mathrm{tm}}}{\eta_2} \tag{6.119}$$

由式（6.112）和式（6.119），可求得反射系数 $R_{//}$ 和折射系数 $T_{//}$：

$$\left.\begin{aligned}R_{//}&=\frac{E_{\mathrm{rm}}}{E_{\mathrm{im}}}=\frac{\eta_1\cos\theta_{\mathrm{i}}-\eta_2\cos\theta_{\mathrm{t}}}{\eta_1\cos\theta_{\mathrm{i}}+\eta_2\cos\theta_{\mathrm{t}}}\\T_{//}&=\frac{E_{\mathrm{tm}}}{E_{\mathrm{im}}}=\frac{2\eta_2\cos\theta_{\mathrm{t}}}{\eta_1\cos\theta_{\mathrm{i}}+\eta_2\cos\theta_{\mathrm{t}}}\end{aligned}\right\} \tag{6.120}$$

对于一般非磁性介质，$\eta_1=\sqrt{\dfrac{\mu_0}{\varepsilon_1}}$，$\eta_2=\sqrt{\dfrac{\mu_0}{\varepsilon_2}}$，再利用折射定律得到

$$\left.\begin{aligned}R_{//}&=\frac{E_{\mathrm{rm}}}{E_{\mathrm{im}}}=\frac{(\varepsilon_2/\varepsilon_1)\cos\theta_{\mathrm{i}}-\sqrt{(\varepsilon_2/\varepsilon_1)-\sin^2\theta_{\mathrm{i}}}}{(\varepsilon_2/\varepsilon_1)\cos\theta_{\mathrm{i}}+\sqrt{(\varepsilon_2/\varepsilon_1)-\sin^2\theta_{\mathrm{i}}}}\\T_{//}&=\frac{E_{\mathrm{tm}}}{E_{\mathrm{im}}}=\frac{2\sqrt{\varepsilon_2/\varepsilon_1}\cos\theta_{\mathrm{i}}}{(\varepsilon_2/\varepsilon_1)\cos\theta_{\mathrm{i}}+\sqrt{(\varepsilon_2/\varepsilon_1)-\sin^2\theta_{\mathrm{i}}}}\end{aligned}\right\} \tag{6.121}$$

式（6.121）称为平行极化波的菲涅耳公式。

特别地，当平面电磁波垂直入射时，$\theta_{\mathrm{i}}=\theta_{\mathrm{t}}=0$，由式（6.120）得到

$$\left.\begin{aligned}R_{//}&=\frac{\eta_1-\eta_2}{\eta_1+\eta_2}\\T_{//}&=\frac{2\eta_2}{\eta_1+\eta_2}\end{aligned}\right\} \tag{6.122}$$

2. 垂直极化波的斜入射

图 6.12 所示是垂直极化波斜入射到两介质分界面的情况。图中 $\boldsymbol{E}_{\mathrm{i}}$、$\boldsymbol{E}_{\mathrm{r}}$ 和 $\boldsymbol{E}_{\mathrm{t}}$ 垂直于入射平面，且假定其正方向垂直于纸面向外；对应的磁场 $\boldsymbol{H}_{\mathrm{i}}$、$\boldsymbol{H}_{\mathrm{r}}$ 和 $\boldsymbol{H}_{\mathrm{t}}$ 平行于入射面，其正方向如图中所标注。推导反射系数和折射系数的过程与平行极化波斜入射情况类似，得到

$$\left.\begin{aligned}R_{\perp}&=\frac{E_{\mathrm{rm}}}{E_{\mathrm{im}}}=\frac{\cos\theta_{\mathrm{i}}-\sqrt{(\varepsilon_2/\varepsilon_1)-\sin^2\theta_{\mathrm{i}}}}{\cos\theta_{\mathrm{i}}+\sqrt{(\varepsilon_2/\varepsilon_1)-\sin^2\theta_{\mathrm{i}}}}\\T_{\perp}&=\frac{E_{\mathrm{tm}}}{E_{\mathrm{im}}}=\frac{2\cos\theta_{\mathrm{i}}}{\cos\theta_{\mathrm{i}}+\sqrt{(\varepsilon_2/\varepsilon_1)-\sin^2\theta_{\mathrm{i}}}}\end{aligned}\right\} \tag{6.123}$$

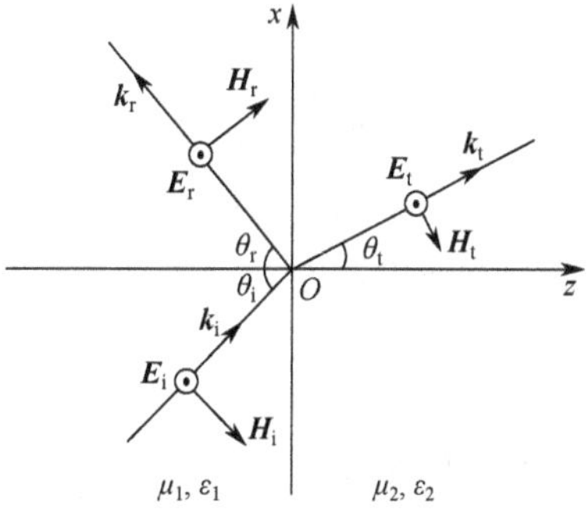

图 6.12　垂直极化波斜入射

式（6.123）称为垂直极化波的菲涅耳公式。

特别地，当平面电磁波垂直入射时，$\theta_{\mathrm{i}}=\theta_{\mathrm{t}}=0$，由式（6.123）得到

$$\left.\begin{aligned} R_{\perp} &= \frac{\eta_2 - \eta_1}{\eta_1 + \eta_2} \\ T_{\perp} &= \frac{2\eta_2}{\eta_1 + \eta_2} \end{aligned}\right\} \tag{6.124}$$

比较式（6.122）和式（6.124）发现，两种极化波垂直入射到介质分界面时，折射系数相同，而反射系数相差一个负号。这是因为：对于垂直极化波，入射波、反射波和折射波电场正方向相同；而对于平行极化波，入射波、反射波电场正方向相反，入射波与折射波电场正方向相同。

3．全反射和全透射

由折射定律即式（6.116），得到$\dfrac{\sin\theta_{\rm i}}{\sin\theta_{\rm t}}=\sqrt{\dfrac{\varepsilon_2}{\varepsilon_1}}$。如果$\varepsilon_1>\varepsilon_2$，即电磁波波从光密介质入射到光疏介质，则当$\theta_{\rm t}=90^\circ$时，没有折射波，只有反射波，这种现象就是全反射（total reflection）。发生全反射对应的入射角用$\theta_{\rm c}$表示，称为临界角（critical angle），即$\sin\theta_{\rm c}=\sqrt{\dfrac{\varepsilon_2}{\varepsilon_1}}$。只要$\theta_{\rm i}\geqslant\theta_{\rm c}$就会发生全反射，这时$R_{/\!/}=R_{\perp}=1$。

全透射（total transmission）是指电磁波在分界面无反射，全部进入到介质 2。对于垂直极化波的斜入射，由式（6.123）可知，除非$\varepsilon_1=\varepsilon_2$，否则不会产生全透射。对于平行极化波的斜入射，由式（6.121）令$R_{/\!/}=0$，可求得产生全透射对应入射角$\theta_{\rm B}$的计算公式，即

$$(\varepsilon_2/\varepsilon_1)\cos\theta_{\rm B}-\sqrt{(\varepsilon_2/\varepsilon_1)-\sin^2\theta_{\rm B}}=0 \tag{6.125}$$

求解得

$$\theta_{\rm B}=\arctan\sqrt{\frac{\varepsilon_2}{\varepsilon_1}} \tag{6.126}$$

扫码学习
理想介质面的全反射

$\theta_{\rm B}$称为布儒斯特角（Brewster angle）。

当任意极化的电磁波以布儒斯特角入射到两介质分界面时，由于平行极化波全透射，故反射只有垂直极化波，这可以用于极化滤波。

例 6.8 参见图 6.11，平面电磁波从空气入射到$z=0$半无限大介质平面，已知介质的相对介电常数为$\varepsilon_{\rm r}$=3，相对磁导率为$\mu_{\rm r}=1$，入射波电场强度为$\boldsymbol{E}_{\rm i}=(\boldsymbol{e}_x+\sqrt{3}\boldsymbol{e}_z){\rm e}^{-{\rm j}\frac{\pi}{3}(\sqrt{3}x+z)}$ V/m，求反射系数和折射系数。

解 因为入射电场没有y分量，因此是平行极化的斜入射，只需要计算$R_{/\!/}$和$T_{/\!/}$。

由于平面波的标准形式是$\boldsymbol{E}_{\rm i}=\boldsymbol{E}_{\rm im}{\rm e}^{-{\rm j}\boldsymbol{k}_{\rm i}\cdot\boldsymbol{r}}$，将$\boldsymbol{E}_{\rm i}$的表达式代入其中进行相位比较，得到入射波的波矢量为

$$\boldsymbol{k}_{\rm i}=\frac{\pi}{3}(\sqrt{3}\boldsymbol{e}_x+\boldsymbol{e}_z)$$

因此入射角$\theta_{\rm i}=\arctan\sqrt{3}=\dfrac{\pi}{3}$，将$\theta_{\rm i}$代入式（6.121）得到

$$R_{/\!/}=\frac{(\varepsilon_{\rm r2}/\varepsilon_{\rm r1})\cos\theta_{\rm i}-\sqrt{(\varepsilon_{\rm r2}/\varepsilon_{\rm r1})-\sin^2\theta_{\rm i}}}{(\varepsilon_{\rm r2}/\varepsilon_{\rm r1})\cos\theta_{\rm i}+\sqrt{(\varepsilon_{\rm r2}/\varepsilon_{\rm r1})-\sin^2\theta_{\rm i}}}=\frac{3\cos\dfrac{\pi}{3}-\sqrt{3-\sin^2\dfrac{\pi}{3}}}{3\cos\dfrac{\pi}{3}+\sqrt{3-\sin^2\dfrac{\pi}{3}}}=0$$

$$T_{//}=\frac{2\sqrt{\varepsilon_{r2}/\varepsilon_{r1}}\cos\theta_i}{(\varepsilon_{r2}/\varepsilon_{r1})\cos\theta_i+\sqrt{(\varepsilon_{r2}/\varepsilon_{r1})-\sin^2\theta_i}}=\frac{2\sqrt{3}\cos\frac{\pi}{3}}{3\cos\frac{\pi}{3}+\sqrt{3-\sin^2\frac{\pi}{3}}}=\frac{1}{\sqrt{3}}$$

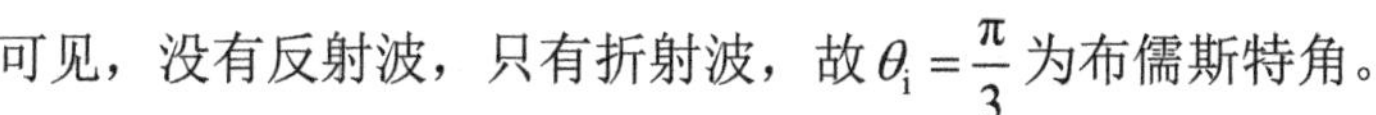

可见，没有反射波，只有折射波，故$\theta_i=\frac{\pi}{3}$为布儒斯特角。

本 章 小 结

平面电磁波是麦克斯韦方程组在无源空间中解的最基本形式，是进一步理解复杂电磁波的基础。当电磁波等相位面是一个无限大平面时，该电磁波称为平面电磁波；如果等相位面上各点电场强度和磁场强度的大小和方向都分别相同，则该电磁波称为均匀平面电磁波。

对于均匀、各向同性理想介质，麦克斯韦方程组在无源区域中可转化为波动方程，电磁波的速度为$v=\frac{1}{\sqrt{\mu\varepsilon}}$。对于时谐场，波动方程可转化为亥姆霍兹方程。在平面波解中的相移常数（波数）为$k=\frac{\omega}{v}=\omega\sqrt{\mu\varepsilon}=\frac{2\pi}{\lambda}$，介质的波阻抗为$\eta=\sqrt{\frac{\mu}{\varepsilon}}$，在真空中的波阻抗为$\eta_0=\sqrt{\frac{\mu_0}{\varepsilon_0}}=120\pi\Omega\approx377\,\Omega$。

时谐场均匀平面波的主要特性：电场、磁场和传播方向三者相互垂直，呈右手螺旋关系，为横电磁波，即 TEM 波；电场强度振幅与磁场强度振幅之比等于波阻抗η；电场和磁场的相位相同；瞬时坡印亭矢量（能流密度）$\boldsymbol{S}=\boldsymbol{E}\times\boldsymbol{H}$沿着电磁波传播方向；在一个时间周期中坡印亭矢量的平均值为$\boldsymbol{S}_{av}=\frac{1}{2}\mathrm{Re}(\boldsymbol{E}\times\boldsymbol{H}^*)=\boldsymbol{e}_z\frac{E_{om}^2}{2\eta}$；在空间任一点任何时刻，电场能量密度等于磁场能量密度，即$w_e=w_m$。

导电介质中时谐场的解满足亥姆霍兹方程$\frac{\partial^2E_x}{\partial z^2}-\gamma^2E_x=0$，其中传播常数$\gamma=\alpha+\mathrm{j}\beta$，$\alpha$为衰减常数，反映了传播单位长度的衰减；$\beta$为相移常数，反映了传播单位长度的相位滞后。导电介质中电磁波的相速度$v_p=\frac{\omega}{\beta}$是频率的函数。判断是否为良导体的条件是$\frac{\sigma}{\omega\varepsilon}\gg1$；对于良导体，$\alpha\approx\beta\approx\sqrt{\frac{\omega\mu\sigma}{2}}=\sqrt{\pi f\mu\sigma}$。

电磁波的极化一般分为线极化、圆极化和椭圆极化。如果电场矢量端点的轨迹是直线，则称为线极化；如果端点的轨迹是圆，则称为圆极化；如果端点的轨迹是椭圆，则称为椭圆极化。圆极化和椭圆极化还有左旋与右旋之分：如果沿着传播方向看某点电场矢量端点的轨迹顺时针旋转，则为右旋极化，逆时针旋转则为左旋极化。

任何一种极化的均匀平面电磁波，都可以用两个互相垂直的线极化波来表示，所以研究电磁波的反射和折射，只需对线极化电磁波进行讨论；当电磁波垂直入射分界面时，电场和磁场的方向均与分界面相平行，因此只需讨论一个方向的线极化波；当电磁波斜入射到分界面时，电场可分解为垂直极化波和平行极化波，这时需要对这两种极化波分别进行讨论。

对于理想介质平面的垂直入射，反射系数为$R=\dfrac{\eta_2-\eta_1}{\eta_2+\eta_1}$，折射系数为$T=\dfrac{2\eta_2}{\eta_2+\eta_1}$，且有$1+R=T$。介质1中的合成场一般为行驻波，驻波系数$\rho=\dfrac{|\boldsymbol{E}_1|_{\max}}{|\boldsymbol{E}_1|_{\min}}=\dfrac{1+|R|}{1-|R|}$。

对于理想导体的垂直入射，导体中的电场和磁场为0，介质中电场和磁场都是驻波，电场和磁场存在空间正交性和时间正交性，合成场的平均坡印亨矢量等于零。

当平面电磁波对理想介质平面斜入射时，入射波、反射波和折射波都在同一平面内，且满足斯涅尔反射定律，即入射角等于反射角$\theta_\mathrm{i}=\theta_\mathrm{r}$；也满足斯涅尔折射定律，即$\dfrac{\sin\theta_\mathrm{t}}{\sin\theta_\mathrm{i}}=\dfrac{\sqrt{\varepsilon_1}}{\sqrt{\varepsilon_2}}=\dfrac{n_1}{n_2}$。当平行极化波斜入射时，反射系数和折射系数分别为$R_{//}=\dfrac{(\varepsilon_2/\varepsilon_1)\cos\theta_\mathrm{i}-\sqrt{(\varepsilon_2/\varepsilon_1)-\sin^2\theta_\mathrm{i}}}{(\varepsilon_2/\varepsilon_1)\cos\theta_\mathrm{i}+\sqrt{(\varepsilon_2/\varepsilon_1)-\sin^2\theta_\mathrm{i}}}$和$T_{//}=\dfrac{2\sqrt{\varepsilon_2/\varepsilon_1}\cos\theta_\mathrm{i}}{(\varepsilon_2/\varepsilon_1)\cos\theta_\mathrm{i}+\sqrt{(\varepsilon_2/\varepsilon_1)-\sin^2\theta_\mathrm{i}}}$；当垂直极化波斜入射时，反射系数和折射系数分别为$R_\perp=\dfrac{\cos\theta_\mathrm{i}-\sqrt{(\varepsilon_2/\varepsilon_1)-\sin^2\theta_\mathrm{i}}}{\cos\theta_\mathrm{i}+\sqrt{(\varepsilon_2/\varepsilon_1)-\sin^2\theta_\mathrm{i}}}$和$T_\perp=\dfrac{2\cos\theta_\mathrm{i}}{\cos\theta_\mathrm{i}+\sqrt{(\varepsilon_2/\varepsilon_1)-\sin^2\theta_\mathrm{i}}}$。当电磁波波从光密介质入射到光疏介质时，会发生全反射，临界角$\theta_\mathrm{c}=\arcsin\sqrt{\dfrac{\varepsilon_2}{\varepsilon_1}}$。对于平行极化波的斜入射，当入射角为布儒斯特角，即$\theta_\mathrm{B}=\arctan\sqrt{\dfrac{\varepsilon_2}{\varepsilon_1}}$时，会发生全透射现象。

思 考 题

6.1 麦克斯韦方程组什么情况下可以转化为波动方程？什么情况下可转化为亥姆霍兹方程？

6.2 波阻抗是如何定义的？真空中的波阻抗是多少？

6.3 平面电磁波的传播特性主要有哪些？

6.4 什么是驻波？它与行波有什么区别？

6.5 构成良导体的条件是什么？对应的物理意义是什么？

6.6 电磁波在导体中传播时，趋肤深度是如何定义的？当频率增加时，趋肤深度如何变化？

6.7 对于右旋圆极化波，垂直于传播方向的两个电场分量的大小和相位具有怎样的关系？

6.8 当均匀平面波从介质向理想导体表面垂直入射时，在介质中的合成波具有什么特点？

6.9 一个左旋圆极化波垂直入射到两种介质分界面上，其反射波是什么极化波？

6.10 什么是平行极化入射波？什么是垂直极化入射波？

6.11 均匀平面波垂直入射到两种理想介质分界面时，在什么情况下透射系数大于1？

6.12 什么是斯涅尔反射定律？什么是斯涅尔折射定律？

6.13 什么情况下会出现全反射？发生全反射的临界角如何确定？

6.14 什么是全透射现象？发生全透射的布儒斯特角如何确定？对于垂直极化波斜入射，是否会发生全透射？

习　题

6.1　已知真空中电场强度表达式为

$$\boldsymbol{E}(z,t)=\boldsymbol{e}_x 0.03\sin(\omega t-\beta z)+\boldsymbol{e}_y 0.04\cos\left(\omega t-\beta z-\frac{\pi}{3}\right)\ \text{V/m}$$

求：

（1）电场强度的复数表达式；

（2）磁场强度的复数表达式；

（3）磁场强度的瞬时表达式。

6.2　真空中传播的平面电磁波电场为 $\boldsymbol{E}(z,t)=\boldsymbol{e}_x 100\cos(\omega t-2\pi z)\text{V/m}$，求：电磁波的波长、相速度、频率、波阻抗、磁场强度和平均能流密度。

6.3　已知空气中传播的均匀平面波的电场复数形式为 $\boldsymbol{E}=\boldsymbol{e}_z 20\text{e}^{-\text{j}(3x+4y)}$ V/m，求：

（1）电磁波传播方向；

（2）电磁波的频率和波长；

（3）磁场强度 $\boldsymbol{H}$ 的表达式。

6.4　无界理想均匀介质中沿任意方向传播的平面波为 $\boldsymbol{E}=\boldsymbol{E}_0\text{e}^{-\text{j}k\boldsymbol{e}_n\cdot\boldsymbol{r}}$，介质参数为 μ 和 ε，波数 $k=\omega\sqrt{\mu\varepsilon}$，$\boldsymbol{E}_0$ 为常矢量。试证明：

（1）$\boldsymbol{E}_0\cdot\boldsymbol{e}_n=0$；

（2）$\boldsymbol{H}=(\boldsymbol{e}_n\times\boldsymbol{E})\sqrt{\dfrac{\varepsilon}{\mu}}$。

6.5　已知在理想均匀介质中传播的均匀平面波，电场强度大小的表达式为 $E=10\cos\left(\omega t-kz+\dfrac{\pi}{3}\right)\text{mV/m}$，频率 $f=150\,\text{MHz}$，介质参数为 $\mu_\text{r}=1$，$\varepsilon_\text{r}=4$。求：相速度 v_p、波长 λ、相移常数 k、波阻抗 η。

6.6　余弦平面电磁波从空气垂直入射到海平面，已知电磁波在空气中的波长 $\lambda_0=600\text{ m}$，海水参数为 $\varepsilon_\text{r}=80$，$\mu_\text{r}=1$，$\sigma=1\text{S/m}$。求：电磁波在海水中传播的衰减常数 α、相移常数 β、相速度 v_p、波长 λ 和波阻抗 $|\eta_\text{c}|$。

6.7　已知理想介质的相对介电常数为 ε_r，相对磁导率为 $\mu_\text{r}=1$，在其中传播均匀平面电磁波的电场强度表达式为 $\boldsymbol{E}(x,t)=\boldsymbol{e}_y 377\cos(10^9 t+5x)$ V/m。求：

（1）电磁波传播方向；

（2）介质的相对介电常数 ε_r；

（3）磁场强度 $\boldsymbol{H}(x,t)$；

（4）平均能流密度 $\boldsymbol{S}_\text{av}$。

6.8　在真空中磁场强度表达式为 $\boldsymbol{H}(z,t)=-\boldsymbol{e}_x 2.65\cos(2\pi\times10^8 t-kz)$ A/m，求：（1）电磁波的频率 f、波长 λ 和波数 k；（2）电场强度表达式 $\boldsymbol{E}(z,t)$。

6.9　在理想介质（$\varepsilon=\varepsilon_0\varepsilon_\text{r}$，$\mu=\mu_0\mu_\text{r}$，$\sigma=0$）中，均匀平面电磁波电场强度和磁场强度分别为 $\boldsymbol{E}(z,t)=\boldsymbol{e}_x 10\cos(6\pi\times10^7 t-0.8\pi z)$ V/m，$\boldsymbol{H}(z,t)=\boldsymbol{e}_y\dfrac{1}{6\pi}\cos(6\pi\times10^7 t-0.8\pi z)$ A/m，求：（1）波阻抗 η 和相速度 v_p；（2）相对介电常数 ε_r 和相对磁导率 μ_r。

6.10　在空气中（$\varepsilon\approx\varepsilon_0$，$\mu\approx\mu_0$）传播的均匀平面电磁波，已知磁场强度的表达式为 $\boldsymbol{H}(\boldsymbol{r},t)=3(\boldsymbol{e}_x+2\boldsymbol{e}_y+\boldsymbol{e}_z)\cos(\omega t+3x-y-z)$ A/m，求：

（1）电磁波传播方向的单位矢量 $\boldsymbol{e}_n$；

（2）电场强度 $\boldsymbol{E}(\boldsymbol{r},t)$。

6.11 试证明，均匀平面波在良导体中每传播一个波长的距离，场强衰减大约为55dB。

6.12 已知均匀平面电磁波的电场强度表达式为 $\boldsymbol{E}(z)=-\boldsymbol{e}_x \mathrm{j}E_\mathrm{m}\mathrm{e}^{\mathrm{j}kz}-\boldsymbol{e}_y E_\mathrm{m}\mathrm{e}^{\mathrm{j}kz}$ ，求：

（1）电磁波传播方向；

（2）电磁波极化方式。

6.13 均匀平面波从相对介电常数为 $\varepsilon_{\mathrm{r1}}$ 的介质 1 垂直入射到相对介电常数为 $\varepsilon_{\mathrm{r2}}$ 的介质 2，设两介质中 $\mu_1=\mu_2=\mu_0$。如果反射系数 R 与折射系数 T 的大小相等，计算 $\varepsilon_{\mathrm{r1}}$ 与 $\varepsilon_{\mathrm{r2}}$ 满足的关系。

6.14 一均匀平面电磁波沿 z 轴由理想介质垂直入射到 $z=0$ 的理想导体表面，已知入射波的电场强度为 $\boldsymbol{E}_\mathrm{i}=\boldsymbol{e}_x 100\sin(\omega t-\beta z)+\boldsymbol{e}_y 300\cos(\omega t-\beta z)$ ，求：

（1）入射波电场强度的复数形式；

（2）反射波电场强度的复数形式；

（3）理想介质中合成波电场强度的复数形式。

6.15 一均匀平面电磁波由自由空间向某一理想介质垂直入射，现测得自由空间区域的驻波系数为 $\rho=2$ ，且分界处是电场的波节点，求此介质的相对介电常数 ε_r（设此介质的 $\mu_r=1$）。

6.16 均匀平面波从空气垂直入射到某理想介质表面，已知空气中合成波的驻波比 $\rho=3$ ，介质内折射波的波长是空气中波长的 1/6，且分界面表面上是合成电场的最小点。求此介质的相对磁导率 μ_r 和相对介电常数 ε_r。

6.17 当平面电磁波从介电常数为 ε_1 的理想介质 1 斜入射到介电常数为 ε_2 的理想介质 2 时，证明：对于平行极化波，产生全透射的条件是入射角满足布儒斯特角，即 $\theta_\mathrm{B}=\arctan\sqrt{\dfrac{\varepsilon_2}{\varepsilon_1}}$ 。

扫码查
第 6 章习题答案

下篇

天 线 技 术

第 7 章　电波传播基本理论

7.1　电波及电波传播概述

7.1.1　电磁波基本知识

1. 电磁波频谱分布

电磁波是电波和磁波的总称，习惯上称为电波。电磁波里的电波和磁波是互相依存而又不可分割的两部分，只要有交变的电波就有交变的磁波，反过来说也是一样。无论光波还是无线电波，都是电磁波，它们的区别只是频率不同。图 7.1 所示是电磁波频谱分布图。

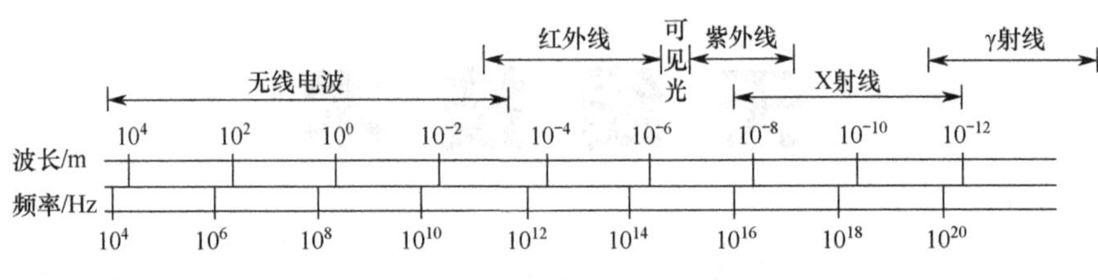

图 7.1　电磁波频谱分布图

不同频率的电磁波，显示出不同的特性，具有不同的用途。无线电通信就是应用无线电波携带能量来传送信号的。无线电波和光波在电磁波频谱分布图上的不同之处仅是频率不同，因此尽管它们的特性有很大的差异，但也有很多相似的地方，我们在学习无线电波时，常常借助光波传播的一些现象来解释无线电波中一些抽象难懂的概念。本书研究的范围是无线电波，为了叙述方便，本书中无线电波简称电波。

2. 电波的波长、频率和传播速度的关系

电波传播的速度等于波长和频率的乘积，用公式表示为

$$v = f\lambda \tag{7.1}$$

式中，f 是电波的频率，常用单位为 Hz、kHz 和 GHz；λ 是电波的波长，常用单位为 m、cm 和 mm；v 是电波的速度，常用单位为 km/s、m/s 等。

因为周期 $T = 1/f$，所以式（7.1）也可写成

$$v = \lambda / T \tag{7.2}$$

在任何非导电的介质中，电磁波的传播速度是由介质的介电常数 ε 和磁导率 μ 决定的，它们的关系是

$$v = 1/\sqrt{\varepsilon\mu} \tag{7.3}$$

因为 $\varepsilon = \varepsilon_r\varepsilon_0$，$\mu = \mu_r\mu_0$（其中 ε_0 和 μ_0 分别为真空的介电常数和磁导率，ε_r 和 μ_r 分别为介质的相对介电常数和相对磁导率），所以式（7.3）又可写成

$$v=\frac{1}{\sqrt{\varepsilon_r\varepsilon_0\mu_r\mu_0}}=\frac{1}{\sqrt{\varepsilon_r\mu_r}}\cdot\frac{1}{\sqrt{\varepsilon_0\mu_0}}=\frac{v_0}{\sqrt{\varepsilon_r\mu_r}} \tag{7.4}$$

式中，$v_0=1/\sqrt{\varepsilon_0\mu_0}$ 为真空中电波的速度。

在真空中，$\varepsilon_r=1$，$\mu_r=1$，所以 $v=v_0$。把 $\varepsilon_0=\frac{1}{36\pi}\times10^{-9}\,\text{F/m}$ 和 $\mu_0=4\pi\times10^{-7}\,\text{H/m}$ 代入 v_0 表达式中，即得 $v_0=3\times10^8\,\text{m/s}$，就是每秒 30 万千米，这一数值恰好与光在真空中的传播速度一样。

这样一来，只要我们知道了电波的频率（或周期）就可以求出其波长，或者知道波长就可以求出其频率（或周期）。同时可知道，在其他不同非导电的介质中，由于介质的介电常数 ε 和磁导率 μ 的不同，电波在其中的传播速度是不一样的；又由于电波频率不会随介质不同而变化，因此电波波长在不同介质中是不同的。

7.1.2　无线电波的特点

1. 远区辐射场的概念

由于无线通信双方的通信距离 r 通常满足 $r\gg\lambda/(2\pi)$（λ 为电波的波长），因此接收点处的场称为远区辐射场，这就是人们在研究电波传播问题时，通常只关心电波的远区辐射场的原因。发射天线辐射的无线电波等相位面是球面波。所谓等相位面，是指相位相同的点构成的面。接收的电磁波能量是球面波上的一部分，在远区可近似将球面波看成平面波。在自由空间和无损耗介质中传播的电磁波远区辐射场只有电场矢量和磁场矢量两个分量，电场矢量、磁场矢量和传播方向三者是两两相互垂直的，呈右手螺旋关系，即当右手四指弯曲的方向是从电场方向转到磁场方向时，大拇指的方向就是电磁波传播的方向，如图 7.2 所示。

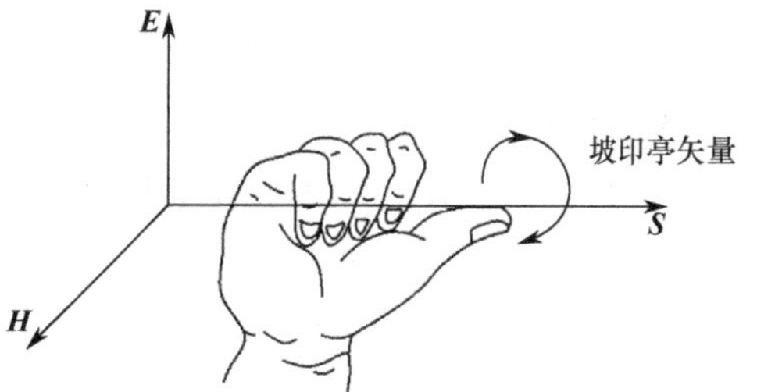

图 7.2　电场矢量、磁场矢量和传播方向三者的方向呈右手螺旋关系

2. 功率流密度和坡印亭矢量

电磁波传播是有能量传播。单位时间内穿过与传播方向垂直的单位面积的能量，称为坡印亭矢量 $\boldsymbol{S}$ 或称能流密度，又称功率流密度，常常简称为功率密度。

$$\boldsymbol{S}=\boldsymbol{E}\times\boldsymbol{H} \tag{7.5}$$

式中，$\boldsymbol{E}$ 的单位是 V/m（伏/米），$\boldsymbol{H}$ 的单位是 A/m（安/米），$\boldsymbol{S}$ 的单位是 W/m^2（瓦/米^2）。

应当注意，$\boldsymbol{S}$ 是时间的函数，因为不同时间的电场和磁场强度是不同的。

3. 工程上平面波极化描述方法

电波在媒质空间中传播时，由于媒质的不同特性会对电波产生反射、散射、吸收等现象，使得电波改变了传播方向，或使得电波的场强方向与电波传播方向的相对关系发生变化。电波的极化就是用来描述电波在空间内物理位置变化的现象。

在工程上描述线极化波空间相对位置的方法通常有两种：

（1）以入射面（入射线与法线构成的平面）为基准来确定。如果线极化波的电场矢量在入射面内，则称其为平行极化波；如果线极化波的电场矢量垂直于入射面，则称其为垂直极化波。

（2）以水平面为基准来确定。如果线极化波的电场矢量平行于水平面，则称其为水平极化波；如果线极化波的电场矢量垂直于水平面，则称其为垂直极化波。

前者适合描述自由空间的电波，后者多用来描述沿地球表面传播的电波。

4. 平面波的扩散、反射、折射与绕射

1）扩散现象

由于扩张而减弱电波的现象称为扩散现象。电波离开发射天线后，便向四面八方扩张出去，如图 7.3 所示。如果球体的半径为 r，球体的表面积为 $4\pi r^2$，那么每秒通过单位面积的能量（S）与电波传播的距离（r）的平方成反比，即 $S \propto \frac{1}{r^2}$。因此，距离越远，电波的强度越弱。

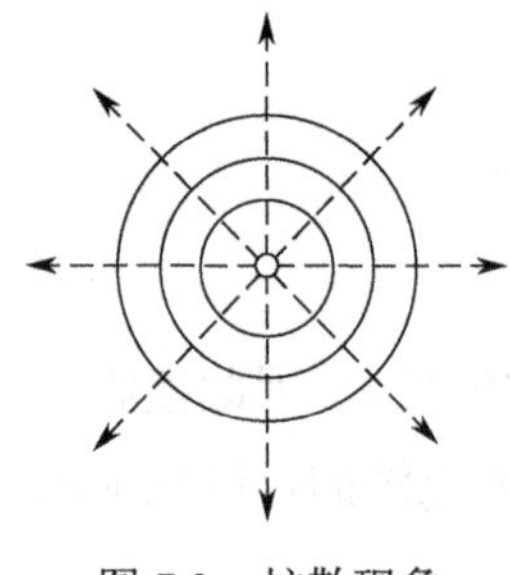

图 7.3　扩散现象

2）反射现象

当电波由一种介质进入另一种介质时，在原介质中传播方向发生改变的现象称为反射现象，如图 7.4 所示。这种反射的规律类似于光波的反射规律：入射角等于反射角；遇到理想导体就发生全反射，否则就为部分反射；没有反射的那部分能量就被吸收而损耗掉。

3）折射现象

如图 7.5 所示，当电波由介电常数为 ε_1 的介质进入介电常数为 ε_2 的介质时，在介电常数为 ε_2 的介质中传播方向发生变化的现象称为折射。两种物质的介电常数相差越大，电波传播方向的变化也越大。变化的大小通常以折射率 n 表示。$n=1$ 表示传播方向没有变化；$n \neq 1$，传播方向就要变化；当电波在 $\mu=1$ 的介质中传播时，折射率 $n=\sqrt{\varepsilon}$。

根据折射定理有

$$\frac{n_1}{n_2}=\sqrt{\frac{\varepsilon_1}{\varepsilon_2}}=\sqrt{\frac{\varepsilon_{1\mathrm{r}}}{\varepsilon_{2\mathrm{r}}}}=\frac{\sin\theta_2}{\sin\theta_1} \tag{7.6}$$

式中，$\varepsilon_{1\mathrm{r}}$、$\varepsilon_{2\mathrm{r}}$ 分别为介质 1 及介质 2 中的相对介电常数；θ_1 为入射角；θ_2 为折射角。

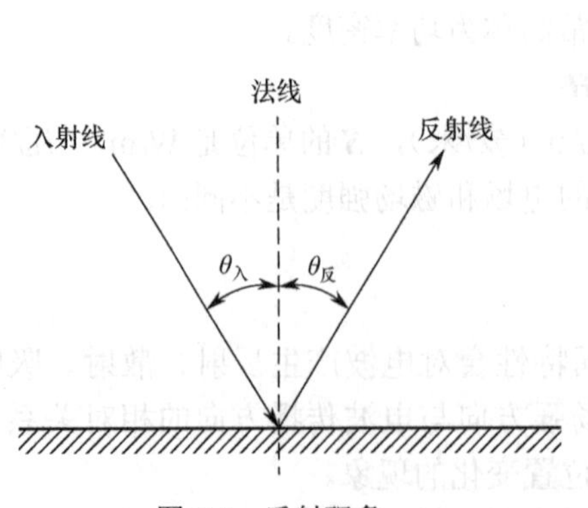

图 7.4　反射现象

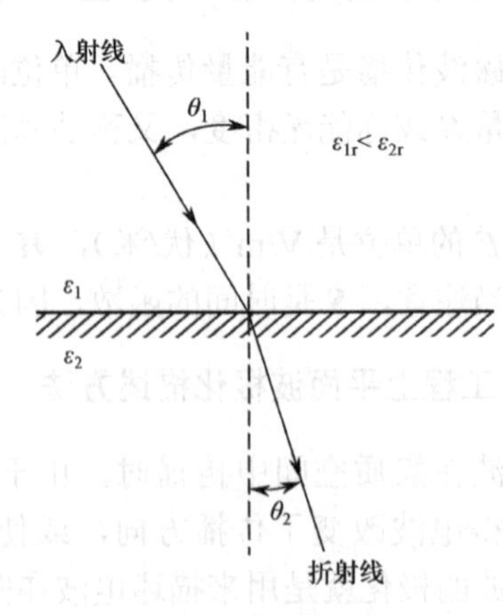

图 7.5　折射现象

4）绕射现象

电波绕过障碍物而继续向前传播的现象称为绕射，如图 7.6 所示。当一个人在墙的一边说话时，另一个人在墙的另一边可以听到声音，这是声波具有绕射能力的结果。电波也有此特性，所以才能沿地球表面传播。绕射能力的大小与频率的高低有关：频率低，绕射能力强；频率高，绕射能力弱。

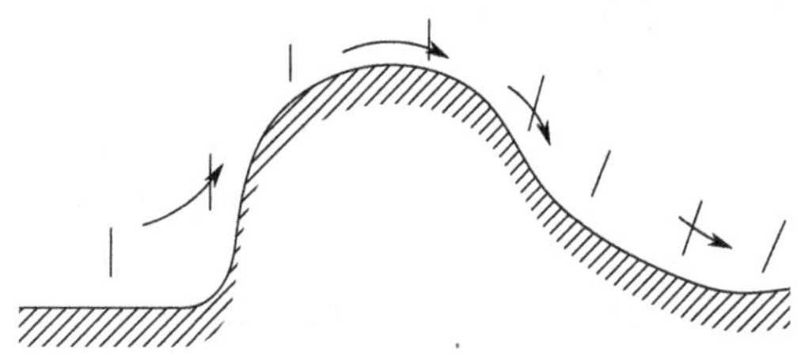

图 7.6　绕射现象

7.1.3　电波传播的媒质特性

电波传播是指电波在媒质空间中的传播。媒质空间实际上是地球表面、大气层以及星际空间。尽管媒质空间的特征是千差万别的，例如，地球表面有高山、森林、海洋、湖泊等不同的地质、地形条件，大气层又有对流层、平流层、电离层等不同层次之分，但在本质上影响电波传播特性的是这些媒质的电磁特性。媒质的电磁特性是用介电常数 ε、磁导率 μ 及电导率 σ 来表征的。

根据不同媒质对电波传播影响的不同，可将媒质分成如下不同类型：均匀与非均匀媒质，无耗与有耗媒质，色散与非色散媒质，线性与非线性媒质，各向同性与各向异性媒质。

7.1.4　电波传播方式

电波从发射天线辐射出来后，以不同的传播方式到达接收点。电波传播主要有图 7.7 所示的几种不同方式。

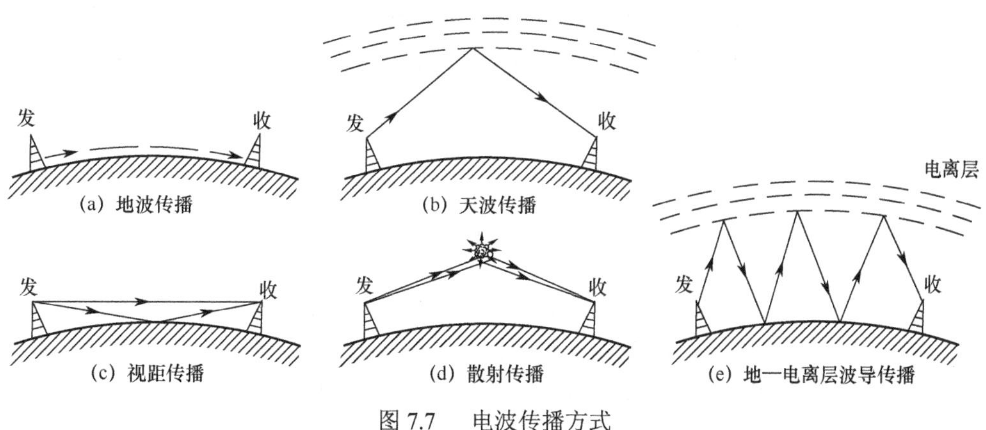

图 7.7　电波传播方式

（1）地波传播：沿地球表面传播的电波称为地波，如图 7.7（a）所示。

（2）天波传播：电波由电离层“反射”回来而到达接收点的传播方式称为天波传播，如图 7.7（b）所示。

（3）视距传播：电波以直线的方式或经地面反射的方式传播到接收点，称为视距传播，如图 7.7（c）所示。

（4）散射传播：由于大气及电离层的不规则变化，在离地面一定高度形成一个大气结构不均匀的区域，当电波射向这种不均匀介质时便产生散射现象，使部分电波到达接收点。这种传播方式称为散射传播，如图 7.7（d）所示。

（5）地—电离层波导传播：电波在以地球表面及电离层下缘为界的地壳形空间内传播，称为地-电离层波导传播，如图 7.7（e）所示。这种传播方式主要用于低频、甚低频远距离通信及标准频率和时间信号的传播。

（6）外大气层及行星际空间电波传播：电波传播的空间主要是在外大气层或行星际空间，并且以宇宙飞船、人造地球卫星或星体为对象，在地—空或空—空之间传播。目前主要用于卫星通信、宇宙通信及无线电探测、遥控等业务。

7.1.5 无线电波的基本传输特性

电波在媒质空间中传播时，由于各种不同媒质电磁特性的不同，会使电波产生扩散、吸收、折射、反射、散射等现象，从而使得电波的传播方向及场强的大小发生了各种不同的变化，同时由于各种因素的影响，信号有可能产生失真。要保证通信的完成，接收点的场强必须满足一定的信噪比及信号保真度要求。下面就媒质对电波传播的影响进行概括性的讨论。

1. 传输损耗

造成电波在媒质空间中传播时电磁场强度变小，即造成传输损耗，其原因有二：一是能量的分散，二是能量的吸收。能量的分散和吸收在表现形式上都是使电波中场的能量降低，但是它们的作用过程是有本质区别的。能量的扩散、电波的反射、折射及散射等因素是造成能量分散的原因；能量的吸收是指电波在传播过程中能量被转化成其他形式的能量（如热能），使得电波的能量减小。

2. 多径传输

多径传输是指电波通过不同的传输途径到达接收点的现象。例如，在视距传播中电波是通过直接波和反射波这两种途径到达接收点的；又如，天波传播存在多种传播模式，图 7.8 所示为天波短波双径传播模式。

3. 衰落现象

接收点信号随时间的不同而有忽大忽小、无次序、无规则变化的现象，称为衰落现象。信号在多径传输时，其中的某一个或多个途径不稳定，使得该途径的路程不断地变化着，合成场强就会互相干涉而造成衰落现象。图 7.9（a）、图 7.9（b）所示均为接收点总场强由天波和地波合成的情况。其中，天波是靠电离层反射的，而电离层的高度和密度是在不断变化的。因此，天波的路径长短是在时时变化的，而地波的路径相对比较稳定，二者合成的波就会产生衰落现象。

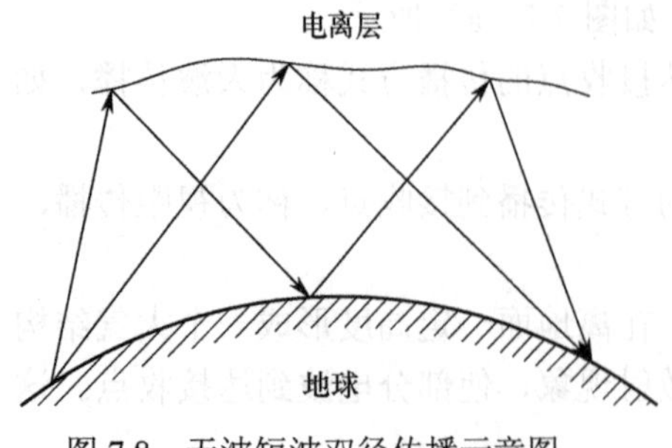

图 7.8 天波短波双径传播示意图

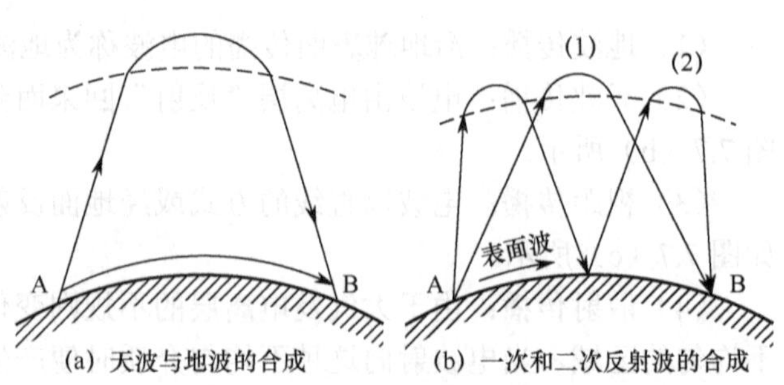

图 7.9 天、地合成波的衰落现象

4. 传输失真

无线电信号是包含若干不同频率成分的，当电波传播到达接收点时，只有信号的各频率分量具有相同的衰减比例，且同时到达，才可保证信号不失真。信号的失真包括振幅失真和相位失真。

信号通过媒质产生失真的原因有两个：一是媒质的色散效应，二是多径效应。

在导电媒质中电波传播的相速度的表示式为

$$v_{\mathrm{p}}=\frac{\omega}{\beta}=\frac{1}{\sqrt{\frac{\mu\varepsilon}{2}\left(\sqrt{1+\left(\frac{\sigma}{\omega\varepsilon}\right)^{2}}+1\right)}} \tag{7.7}$$

式中，v_{p} 为电波传播的相速度；β 为电波在导电媒质中的相移常数；ω 为电波的角频率。

由式（7.7）可看出，当媒质的电导率不为零时，相速度是频率的函数，即导电媒质或有耗媒质都是色散媒质。

多径效应会引起不同频率的电波在到达接收点时其振幅大小的改变不一样，还会造成数字波形展宽。

5. 极化匹配

接收天线与来波的极化必须互相适应，即达到“极化匹配”；否则将产生“极化损耗”，造成天线接收到的信号能量受到一定的损失。极化损耗的大小可用“极化损耗因子”表示。假设来波电场 $\boldsymbol{E}_{\mathrm{i}}$ 和接收天线接收到的电场 $\boldsymbol{E}_{\mathrm{r}}$ 的极化分别表示为：

$$\boldsymbol{E}_{\mathrm{i}}=\boldsymbol{a}_{\mathrm{i}}E_{\mathrm{i}} \tag{7.8}$$

$$\boldsymbol{E}_{\mathrm{r}}=\boldsymbol{a}_{\mathrm{r}}E_{\mathrm{r}} \tag{7.9}$$

式中，$\boldsymbol{a}_{\mathrm{i}}$ 及 $\boldsymbol{a}_{\mathrm{r}}$ 分别是来波电场方向和接收天线极化方向的单位矢量，则极化损耗因子 p 为一无量纲因子：

$$p=\left|\boldsymbol{a}_{\mathrm{i}}\cdot\boldsymbol{a}_{\mathrm{r}}^{*}\right|^{2}=\cos^{2}\psi_{p} \tag{7.10}$$

式中，ψ_p 是两单位矢量间的夹角。

图 7.10 所示为来波是线极化波，接收天线也是线极化天线的情况。图中虚线表示来波电场方向 $\boldsymbol{a}_{\mathrm{i}}$，实线表示接收天线极化方向 $\boldsymbol{a}_{\mathrm{r}}$。图 7.10（a）表示天线的极化与来波的极化完全匹配，即两者的极化方向一致，则 $p=1$，天线能从来波得到最大功率；图 7.10（b）为一般情况，p 的大小等于 $\cos^{2}\psi_{p}$，为一介于 0 和 1 之间的数值；图 7.10（c）表示完全失配，即极化方向相互正交，则 $p=0$。

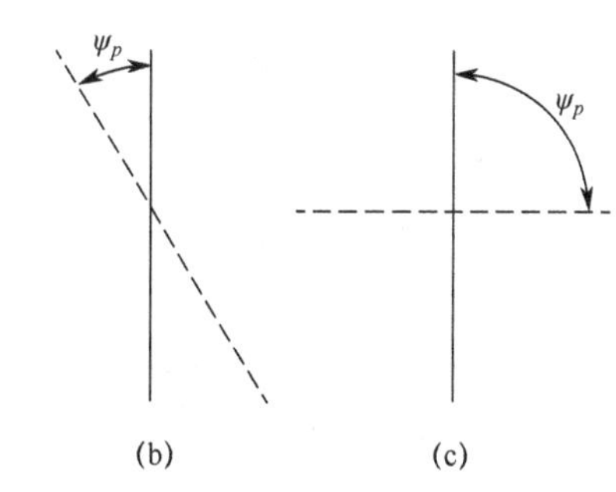

图 7.10　极化匹配

不同极化方式的来波及天线也可以互相配合使用。例如：线极化天线可以接收圆极化波，但效率较低，因为只收到两相互垂直分量之中的一个分量；圆极化天线可以有效地接收旋向相同的圆极化波或椭圆极化波，若旋向不一致则几乎不能接收。

7.2 地波传播

本节我们研究电波沿着地球表面传播的情况。当正境像天线架于理想导电地面上时，其最大辐射方向是沿着地球表面的，这时电波是紧靠着地面传播的，即电波是以地波的形式传播的。由于地波传播的波段受制于电波的绕射能力以及地对电波的损耗，因此，通常这种传播方式适用于中波、长波和超长波波段传播。地面的性质、地貌、地物等情况也会影响着地波传播的性能。

7.2.1 地面的电参数

实际的地面情况复杂多样，但我们研究的主要是它的电特性。一般可用大地土壤的电参数（即介电常数ε、电导率σ和磁导率μ）来描述地面的电特性。根据实际测量，绝大多数地面（铁磁物质除外）的磁导率μ都近似等于真空的磁导率μ_0，且几乎所有地面都可看成导体。不同种类地面的电参量之间有很大的区别。表 7.1 所示为几种典型地面的电参数。

表 7.1 典型地面的电参数

地面类型	相对介电常数 ε_r		电导率 σ / [1/(Ω·m)]	
	变化范围	平均值	变化范围	平均值
海水	80	80	0.66～6.6	4
江河或湖的淡水	80	80	10^{-3}～2.4×10^{-2}	10^{-3}
湿土	10～30	20	3×10^{-3}～3×10^{-2}	10^{-2}
干土	2～6	4	1.1×10^{-5}～2×10^{-3}	10^{-3}

对于具有均匀性质的光滑地面，我们可以直接选用该地面的电参数作为讨论和计算场强的依据；但若沿传播方向，土壤的电参数是渐变的，则可取一平均的介电常数和电导率进行分析；只有在两种地面电参数有着急剧变化的地方，才考虑由于土壤性质的突变而产生对电波传播的影响。

7.2.2 波前倾现象

如图 7.11（a）所示，当垂直极化波沿着地面传播时，电场$\boldsymbol{E}_{1z}$与地面垂直，它在地面上要产生感应电荷，这些电荷随着电波前进方向向前运动而形成地面电流。由于大地的电导率不为零，电流在地表面流过时，必然要产生水平方向的电压降，并产生相应的电场分量$\boldsymbol{E}_{1x}$。因此，当垂直极化波沿半导电地面传播时，合成电场的波前发生了倾斜，这种现象称为波前倾现象。合成电场与地面的夹角称为波前倾角，即图 7.11（a）中的$\varPsi$。$\boldsymbol{E}_{1x}$的值（E_{1x}）愈大，电波受到的损耗就愈大。

波前倾角$\varPsi$大小可由下式决定：

$$\tan\varPsi=\frac{E_{1\text{zm}}}{E_{1\text{xm}}}=\sqrt[4]{\varepsilon_r^2+(60\lambda\sigma)^2} \tag{7.11}$$

式中，ε_r是大地的相对介电常数；σ是大地的电导率。

此时沿地面传播的电磁功率密度$\boldsymbol{S}_1$是由$\boldsymbol{S}_{1x}$和$\boldsymbol{S}_{1z}$合成的，如图 7.11（b）所示。$\boldsymbol{S}_{1x}$表示

电波沿地表面向 x 轴正方向传播的那部分功率密度；$\boldsymbol{S}_{1z}$ 表示电波沿 z 轴负方向传播的功率密度，也即是被大地所吸收的那部分功率密度。

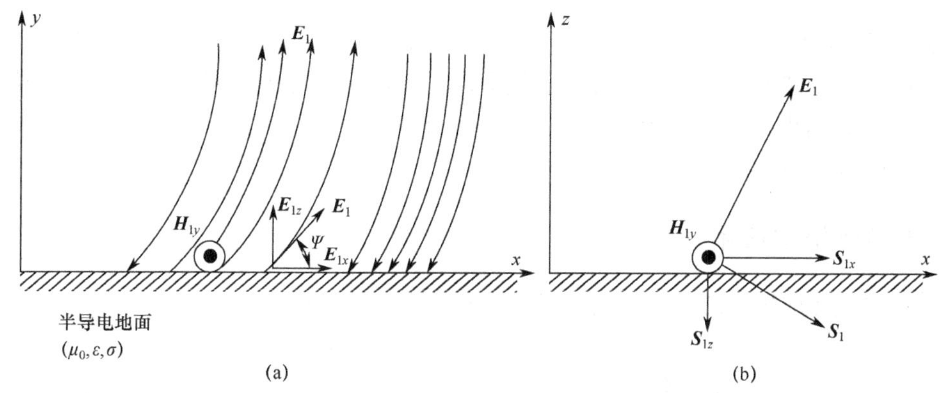

图 7.11　半导电地面上的波前倾现象

7.2.3　地波传播特性

1. 吸收

（1）从式（7.11）我们可看到，ε_r 和 σ 愈大，合成电场的倾角 Ψ 愈大，则 E_{1xm} 愈小，垂直入地的功率密度 S_{1z} 就愈小，电波受到地的损耗也就愈小。故电波在不同性质地面上传播所受到的衰减有如下的关系：海水 ≪ 湿土 ≪ 干地。

（2）同样我们可看到，λ 愈小，频率愈高，合成电场的倾角 Ψ 愈小，则 E_{1xm} 愈大，故电波的频率愈高，地对电波的吸收就愈大。因此，地波适宜于中波、长波和超长波的远距离通信，短波或超短波的地波传播只能实现十几千米或几千米的近距离通信。

（3）地波的传播损耗与极化方式也有很大的关系。水平极化波由于其电场矢量与地面平行，因此在传播过程中在地面内产生较大的感应电流，致使电波产生很大的衰减。因此，水平极化的电场在传播不远的距离后就很快被衰减了。所以地波传播宜采用垂直极化波，相应地，接收天线则多使用直立天线的型式。

2. 绕射

地球的曲率及地面的障碍物对电波传播有一定的阻碍作用，会产生绕射损失。电波的绕射能力与地形的起伏和波长的比值有关，若障碍物高度与波长比值很大，则绕射损失也很大，甚至会造成通信中断。一般来说，电波频率愈高，绕射能力愈弱；因此，长波绕射能力最强，中波次之，短波较弱，而超短波绕射能力更弱。从绕射能力来说，地波也适宜中波、长波和超长波的远距离通信。

3. 通信稳定

地波是沿地表面传播的，由于地表面的电性能及地貌地物等并不随时间很快地发生变化，并且基本上不受气候条件的影响，因此信号稳定。这是地波传播的突出优点。

4. 干扰

地波受到的干扰主要来自工业干扰和天电干扰。各种非周期性脉冲（如雷电和电器开关、电机的火花等就是这种信号）的干扰，频谱连续又很宽，且频率低，幅度大。

5. 发射机和天线较庞大

由于中长波的波长较长，为了提高天线辐射效率，天线尺寸一般要做到与波长的 1/4 可相比拟。因此，地波波段天线的物理尺寸较大。同时，为了增大传播距离，发射机功率也较大。在低频率、高电压和大电流情况下，发射机的元器件（R、L、C 等）的物理尺寸也较大，所以发射机的体积也得加大。

7.2.4 地波传播的应用

地波传播主要应用于广播、通信、导航和军事上的对潜通信。

7.3 电离层与天波传播

7.3.1 电离层的结构特点和对天波传播的影响

1. 电离层的形成与结构

电离层是地球上层大气的一部分，分布于地球表面以上几十千米至上千千米的高度，它是由电子、离子、中性分子及原子组成的等离子体介质。

太阳中紫外线（这是主要的电离源）和宇宙射线的照射、其他星球的辐射以及高速微粒的碰撞，使得大气层中的气体发生电离。大气层中电离现象十分显著的区域称为电离层。事实上，在大气分子不断被电离的同时，已经游离的电子和离子也在不断地发生中和。电离层的密度 N 就是指游离和中和同时存在且在平衡状态下的电子密度。

地球表面的大气随着高度 h 的不同，所受压力、密度和温度也不同，因此气体是分层的，所以高空的气体会出现几个电离十分显著的区域，亦即电离层也是分层的，如图 7.12 所示。根据观察，在夏季白天电离层可分为四层，由下而上分别为D 、E 、F_1 、F_2 层，其他季节白天 F_1 层消失；夜间D 层消失，F_1 和 F_2 合并为一层，仍叫 F_2 层。

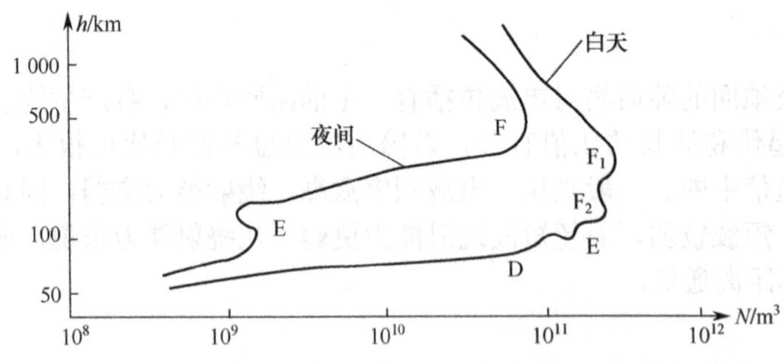

图 7.12 典型的电子密度随高度变化的曲线

气体电离程度不但跟温度、压力有关，更主要是决定于气体的密度和太阳光的辐射能量。气体密度大时，电离后电子密度也大，反之则小；太阳光辐射能量大时，电离后的电子密度也大，反之则小。因此，在上千千米以上的高空，虽然太阳光辐射强，但气体密度很小，所以电离密度并不大，不会形成电离层。在几十千米以下的低空，虽然气体密度很大，但太阳光穿透很厚的大气层后，紫外线能量由于被吸收而削弱了很多，所以电离密度不大，也不会形成电离层。这样，必然有中间某一高度是电离的最佳状态，其电子密度最大。因此，电离层电子密度从总体上会形成中间密度大、上下密度小的趋势；同理，每一电离层电子密度也遵循中间密度大、上下密度小的规律。

2. 电离层的变化规律

1）电离层的高度变化规律

各电离层高度的（平均值）的变化规律如表 7.2 所示。

表 7.2　各电离层高度（平均值）的变化规律

电离层	D		E	F_1		F_2		
时间	全年白天	夜间	全年	夏季白天	夜间	冬季白天	夏季白天	全年白天
高度/km	60～80	消失	110～130	180～240	—	220～240	250～400	180～300

由此可以看出：电离层各层的高度，F_2 层 > F_1 层 > E 层 > D 层，且夜间大于白天。夜间 D 层和 F_1 层由于电子和离子的中和而不存在。F_2 层的夏季白天较反常，这是由于夏季的气体受热向高空膨胀所致。高度的变化是下层变化范围小、上层变化范围大。

2）电离层密度的变化规律

（1）电离层的正常变化。

昼夜变化：总的来说白天的变化大于夜晚。冬天电离层的昼夜变化比较剧烈，夏天电离层的昼夜变化比较缓和；一日之中，最大电离层密度往往出现在中午以后，在黎明和黄昏时分电离层密度变化最快。

季节变化：一般情况下夏季电离层密度大于冬季；但在中、高纬度地区，冬天的电离层密度比夏天的大。

纬度变化：低纬度地区电离层密度大于高纬度地区。

11 年周期变化：太阳辐射能量的大小是由太阳表面的黑子数目的多少决定的。黑子数目多，太阳光辐射就强；反之则反。而黑子数目的多少，根据观察，有着 11 年周期的变化规律，但有±3 年误差；因此，电离层电子密度的变化也有着 11 年周期的变化规律。

（2）电离层的不正常变化。

电离层的不正常的变化主要有不定期 E_c 层的出现、电离层的突然吸收现象和电离层暴变。它们会使电离层的电离密度增大，引起电离层扰动。

3. 电离层的媒质特性

由于电离层中含有大量的自由电荷，且电子密度是随时间随机变化的，因而它是一种随机的、时空变化的、半导电的色散媒质；又由于地磁场的存在，使得电离层对天波的影响与入射波的极化方向有密切关系，因而它又是一种各向异性的媒质。

4. 电离层对天波传播的影响

1）电离层对电波的反射

为了简化物理概念，我们暂时不考虑地磁场作用，而把电离层看成各向同性的媒质。为了便于分析，假设电离层是由许多平行薄层构成的，且其电子密度仅随高度变化，如 图7.13 所示。因此，每一层的电子密度是相同的。当频率为 f 的电波以入射角 θ_0 射入电离层时，若满足下列关系，则电离层可将电波反射下来：

$$\sin\theta_0 = \sqrt{1-80.8N_n/f^2} \tag{7.12}$$

式中，N_n 为反射点处电离层的自由电子浓度，单位是 cm^{-3}；f 为电波频率，单位是 Hz。

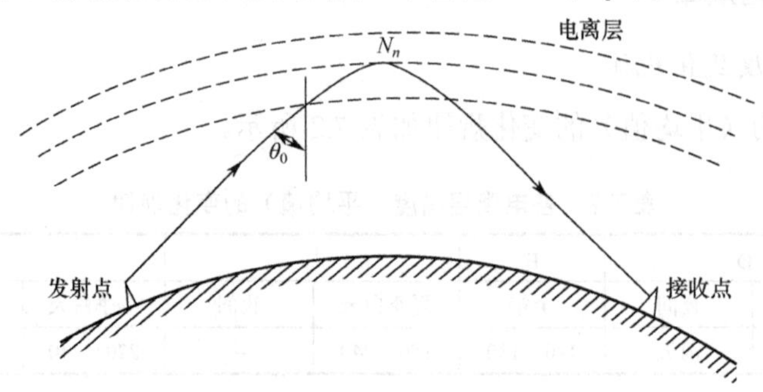

图 7.13　电离层反射电波的条件

从式（7.12）中，我们还可看出：

（1）当电波的频率 f 一定时，入射角 θ_0 愈大，反射所需的自由电子浓度 N_n 就愈小，即入射角 θ_0 愈大，电波在愈浅的电离层处就可被反射下来。

（2）当电波的入射角 θ_0 一定时，频率 f 愈高，反射所需的自由电子浓度 N_n 就愈大。客观上自由电子浓度的最大值是个有限值，因而频率超过一定限度，电波就会穿透电离层而进入太空。当电波的入射角 θ_0 一定时，而能反射下来的最高频率称极限频率 $f_{\max}$。

频率 f 愈高，反射所需的自由电子浓度 N_n 就愈大，电波也就愈需要深入电离层才能被反射。通常，长波反射点在 D 层；E 层白天反射短波的低频端，夜间反射中波波段；F_1 和 F_2 反射短波波段。

（3）若电波的反射点在同一电离层，则入射角 θ_0 愈大，反射下来的电波的频率 f 就愈高。

在同一电离层处，若垂直入射被反射下来的电波的频率为 f_v，斜入射角被反射下来的电波的频率为 f，则由式（7.12）可知二者之间满足如下关系：

$$f = f_v\sec\theta_0 \tag{7.13}$$

式（7.13）通常称为正割定律。

将垂直入射电离层而被反射下来的最大频率称为临界频率，用 f_c 表示。

因此，电离层极限频率 $f_{\max}$ 可由下式计算

$$f_{\max} = f_c\sec\theta_0 \tag{7.14}$$

2）电离层对电波的吸收

电波射向电离层，其能量一定会被电离层吸收掉一部分，吸收的大小跟电离密度、频率及电波传播所经过的路途长短等因素有关。电离密度大，频率低，所经路径长，损耗大。由于受地磁场的影响，当频率接近于磁旋谐振频率（$f_c \approx 1.4$ MHz）时，波的衰减特甚，这种情况要避免。

3）电离层高度 H、通信距离 d 和辐射仰角 Δ 之间的关系

当采用天波通信时，电波是经过电离层反射后才到达接收点的，因此电离层的高度 H 不

同，通信距离 d 也就不一样。同时，辐射仰角 Δ（电波射线同地面的夹角）不同，通信距离也不同。它们之间的关系可归纳如下：

（1）Δ 一定，$H\uparrow\rightarrow d\uparrow$，反之则反，如图 7.14 中的路径“1”和“2”。

（2）H 一定，$\Delta\uparrow\rightarrow d\downarrow$，反之则反，如图 7.14 的路径“3”和“2”。

（3）d 一定，$H\uparrow\rightarrow\Delta\uparrow$，反之则反，如图 7.14 的路径“4”和“2”。

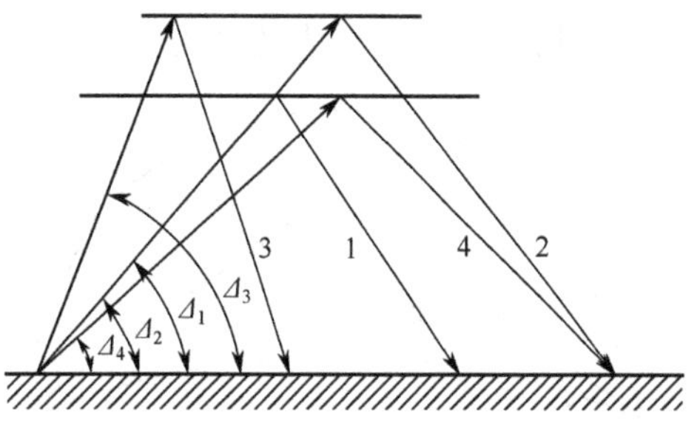

图 7.14　电离层高度、通信距离和辐射仰角之间的关系示意图

7.3.2　短波天波传播

1. 短波通信信道的传输模式

在短波天波传播中，由于天线波束较宽，射线发散性较大；同时电离层有多层，电波传播时还会出现多次反射现象。因此，通信中存在多径传输现象，即在一条通信电路中存在多种传输模式。传输模式与通信距离、工作频率、电离层状态等诸因素有关。图 7.15 所示是短波天波传播常见的传输模式。

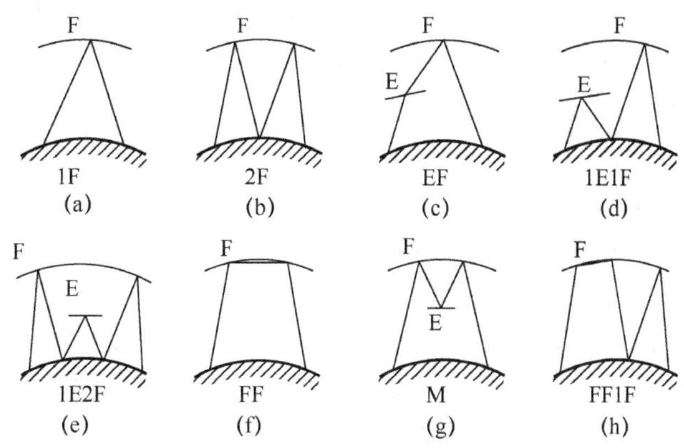

图 7.15　短波天波传播常见的传输模式

表 7.3 所示是各种通信距离可能存在的传输模式。

表 7.3　各种通信距离可能存在的传输模式

通信距离/km	可能的传输模式
0～2 000	1E,1F,2E,2F
2 000～4 000	2E,1F,2F,1E1F
4 000～6 000	3E,4E,2F,3F,4F,1E1F,2E1F
6 000～8 000	4E,2F,3F,4F,1E2F,2E2F

如图 7.16 所示，短波天波还存在几条射线路径传输的现象。通常在通信距离小于 4 000 km 时，主要传输模式为 1F 型，即电波是通过 F 层一次反射来实现的。即使在这种情况下，一般也可以有两条传输路径，其射线仰角分别为 Δ_1 和 Δ_2。高仰角的波以较慢的弯度经

过电离层电子密度较大的地方，而低仰角波则在电子密度较小处反射回地面。当频率逐渐增大时，高仰角波逐渐穿出电离层；当频率等于最高可用频率时，传播路径只有一条，且在电子密度小于N_{max}的某一高度上反射下来。

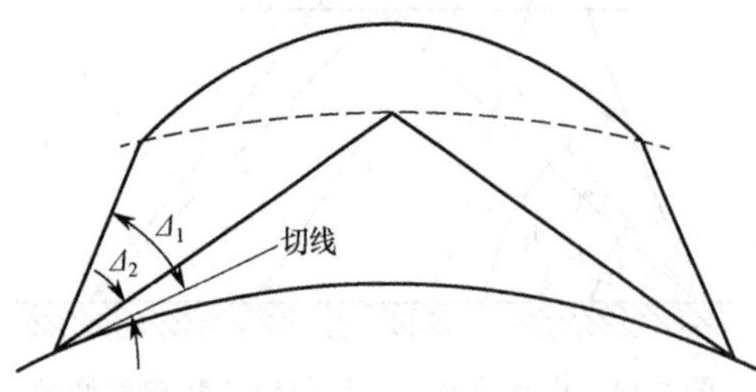

图 7.16　高仰角波与低仰角波示意图

2. 短波天波传播主要特点

1）优点

能以较小的功率进行远距离通信。由于天波通信是靠高空电离层反射来实现的，因此受地面的吸收及障碍物的影响较小。此外，这种通信方式的传输损耗，主要是自由空间的传播损耗，电离层吸收也较小，在中等距离（1 000 km 左右）上，电离层的损耗（中值）只不过 10 dB 左右，加上考虑衰落的随机分布特性而附加的衰落余量，总的传输损耗为二三十分贝的量级。由此可见，利用小功率的无线电台是完全可以实现远距离通信的。

2）缺点

（1）存在多径现象。

短波通信中存在下列多径现象：地面波和天波同时存在；天波的多模传输；由于电离层不可能是一平面，因而当电波入射后，会出现漫射现象；由地磁场影响而产生双折射现象，使得在同一地点可以有不同反射点反射下来的寻常波和非寻常波。

（2）衰落现象严重。

多径现象会使接收电平有严重的衰落现象，通常衰落时信号强度的变化可达几十倍到几百倍，并且使传输信号的带宽受限或引起传播失真等。因此，在电路设计或建立过程中，必须采取相应的措施来确保短波天波传输信道的稳定可靠。

衰落的形式主要有以下几种：

快衰落：衰落的周期由几十秒到十分之几秒不定，这种在足够短的时间间隔内接收信号电平的快速变化称为快衰落。短波快衰落的原因是电离层电子密度及高度的不断变化，电波射线轨迹也随之变化，就使得多条路径不能保持固定的相位差。因此接收点场强振幅总是不断地变化着，这种变化是随机的、快速的。频率愈高，衰落现象愈严重。克服快衰落的办法主要是采用空间分集的接收方式。

极化衰落：当电波通过电离层时，由于受地磁场作用而一般分裂为两个椭圆极化波。当电离层电子密度随机变化时，每个椭圆极化波也随之相应地改变其极化椭圆主轴的倾角，因而在接收天线上引起相应的极化衰落。

慢衰落：由于电离层吸收的变化而引起的衰落称为慢衰落。其克服方法一般是通过增加发射机功率、提高天线增益等来提高设备的能力。

（3）多径时延效应。

天波传播由于多径效应严重，多径时延较大（严重的可达 8 ms 左右），因此对带宽有很大限制，造成信道带宽较窄。特别是对于数字通信来说，多径时延更是严重地限制了数字通信的传输速率，必须采取多种抗多径的措施，才可能在保证满足所要求的误码率的前提下提高传输速率，增大通信容量。

（4）越距和寂静区。

越距：若电波的频率超过某一辐射仰角 Δ_0 的极限频率或没有使用高仰角的发射天线时，要使电波被反射下来就必须降低辐射仰角 Δ，相应地通信距离就会增大，那么 Δ_0 对应的通信距离为最近的距离。我们称发射点到天波反射回来的最近距离为越距。图 7.17 所示的距离 r_2 即为越距。

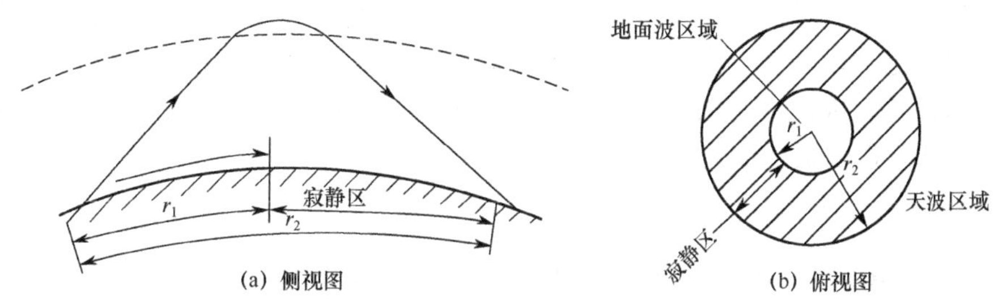

图 7.17　越距和寂静区

寂静区：如图 7.17 所示，假设发射天线是无方向性的，则 r_2 是天波覆盖不到区域的半径；r_1 是地波覆盖的最大区域的半径。r_1 距离很近，是因为短波以地波传播时地面对高频电波的衰减很快。那么（$r_2 - r_1$）是一环带的半径，该环带为天波和地波均达不到的区域，当然在此区域是收不到发射天线所发出的信号的，这个区域称为寂静区。

寂静区在短波通信中较常见。在通信中，为了保证 0～300 km 较近距离的通信，常常使用较低频率或近垂直入射方式工作。近垂直入射方式即用高仰角方向辐射较强的高射天线辐射信号。使用高射天线可以使天波传播的越距减小；工作频率降低，则可使地波传播距离增大，从而改善寂静区的通信问题。

（5）电离层暴变。

在接收信号时，即使收、发信机正常，有时也会出现信号突然中断的现象，这往往是由于电离层暴变引起的。由于太阳表面的黑子突然增多而发射出强大能量的紫外线和大量的带电粒子，电离层正常结构受到强烈的破坏，特别是对最上面的一层（F_2 层）影响最显著，因而有可能造成无线电通信的中断。

为防止电离层暴变对通信的破坏，通常可采取下述方法：

- 进行电离层暴变的预报，以便事先采取适当的措施；
- 选择工作频率，例如使用较低的频率利用 E 层反射；
- 增大发信机的功率，以减小电离层吸收的影响；
- 在电离层暴变最严重时，采用转播方法，以绕过电离层暴变地区。

（6）核爆炸对短波天波的影响。

当量十几万吨以下的核武器在低空和地面爆炸时，对短波天波通信无明显影响；五十万吨级的低空和地面爆炸，能使距爆心 10 千米以上以至上百千米范围内的短波通信明显减弱，甚至使小功率电台通信中断；百万吨级的核武器低空或地面爆炸时，在 D 层形成的附加电离区半径可达数百千米，但是，吸收较大以致使通信中断的半径只有 100 多千米。此时，在附加电离区覆盖地域内的电台，相互之间的天波通信常会发生中断，中断时间可达数小时之久；爆炸地域及周围 1 000 km 以内的通信也将遭到不同程度的影响和中断；在附加电离区覆盖地域边缘的电台向外的通信则不受影响。通信双方频率越高，功率越大，距离电力层暴变中心越远，所受影响就越小。

3. 短波天波通信频率的选择

1）天波通信频率选择的原因

在利用天波通信时，要靠电离层的反射才能实现。因此，工作频率是不能随意选择的。工作频率选得太高，固然在电离层中损耗小，但会因为频率过高而穿透电离层，无法完成通信任务；工作频率选得过低，尽管电离层可以把它反射回来，但由于频率过低，电波能量在电离层中的损耗过大，且噪声电平随频率降低而增大，以致不能保证必需的信噪比，同样也不能完成通信任务。因此，必须选择合适频率的天波，使其既能从电离层反射回来，又能保证足够的信噪比，确保通信的完成。

2）选频依据

图 7.18 中的最高可用频率（MUF）曲线是根据各地电离层观察站所提供的电离层参数的数据绘制而成的预测图，它略小于电离层最大反射的频率。

由于电离层图是根据有限的一些观测站所测结果推算得来的，虽有较大使用价值，但不可能做到很准确。加之电离层的不均匀性和易变性，电离层的参数也随时都会变化，因此，电离层的最高可用频率不很准确。因此，为确保通信的可靠性，在选择工作频率时应选为 MUF 的 0.85 倍，这样选择的短波通信频率称为最佳工作频率（OWF）。OWF 的具体曲线如图 7.18 所示。

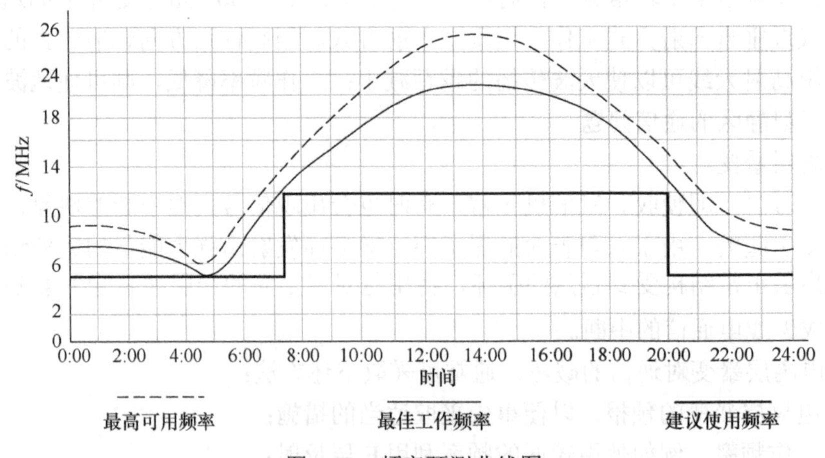

图 7.18　频率预测曲线图

最低可用频率是能保证所需的最低信噪比的频率。

在短波传播中，接收点所需的最小接收功率取决于所要求的信噪比和噪声功率。而额定最小的发射功率则取决于接收点所需的最小接收功率和传播损耗。

为了保证可靠通信，常用业务的信噪比一般应达到下列数值：

- 双边带无线电话信噪比：＞15 dB；
- 单边带无线电话信噪比：＞6 dB；
- 单边带数据传输信噪比：＞22 dB。

在短波波段，外部噪声比接收机的内部噪声大得多，因此接收点的噪声功率主要由外部噪声决定。外部噪声包括大气噪声、宇宙噪声和各种工业干扰噪声等。

大气噪声主要起源于雷电，频率越低，离赤道越近，噪声干扰越大；夏季比冬季噪声干扰大；夜间比白天噪声干扰大。宇宙噪声主要来自银河系和银河系外层空间。工业干扰噪声主要来自能产生火花的各种电气设备。在野外，短波波段噪声干扰主要决定于大气干扰，而在大城市则取决于工业干扰。因噪声功率与时间、地点等有关，故具体接收点的噪声功率可通过实测或通过有关公式、图表来估算。

由上求得当地噪声，再根据业务种类所要求的信噪比，即可计算出所需的最小信号场强。应当说明，一般估算的噪声是指野外条件下的大气噪声。对于大城市，由于市内工业干扰较强，所需的最小场强一般应相当于野外条件的 10 倍，而小城市则相当于野外条件的 4 倍。

确定了通信所需的最小电场强度，就可通过屡试法得到最低可用频率。先假设一功率，用给定的发射机功率和发射天线类型，若接收点场强小于所需的最小场强，则可将频率提高，重新计算，直到等于所需场强时，则这个频率即是最低可用频率。

通信的最佳工作频率（OWF）应处在最高可用频率和最低可用频率之间。如图 7.18 所示，发射机和接收机的工作频率随时间不断改变，这显然是十分不便的，因而应该在能够维持正常通信条件下，尽可能减少变换工作频率的次数，如在一天内用 2 至 3 个频率，这就是建议选用频率，如图 7.18 所示。

3）选频原则

（1）工作频率最好等于最佳工作频率。工作频率高于最佳工作频率是不可靠的；低于最佳工作频率则电波损耗较大，不能保证通信必需的信噪比；工作频率高于最高可用频率，电波会穿出电离层，导致通信中断。

（2）一昼夜内换频次数不要太多，一般 2～3 次为宜。较近距离通信最好只用两套频率，白天用的称日频，夜间用的称夜频。特殊情况下，一昼夜换频次数可增多，其多少由通信组织部门确定。

（3）近距离通信可日夜同频。只是选用频率稍低些，以保证夜间天波的通信，白天干扰小，也能通信，这样可以避免电台昼夜改频带来的麻烦。

（4）遇到电离层骚扰时，可适当降低使用频率。当遇到电离层突然吸收，以致较高频率不能用来通信时，只能用较低频率通信。

扫码学习
短波天波通信工作频率选择是否恰当的判断方法

7.4　视距传播

在超短波及以上波段，电离层是无法将电波反射下来的，这个波段可采用视距传播的方式进行无线传输。视距传播方式又分为：地面与地面之间的通信（也就是我们通常所说的微波中继，或者移动通信），称为地－地视距传播，如图 7.19（a）所示；地面与空中之间的通信（包括地面与卫星以及地面与飞机之间的通信等），称为地－空视距传播，如图 7.19（b）所示；还有空中与空中之间的通信（包括宇宙飞行器之间的通信以及飞机与飞机之间的通信等），如图 7.19（c）所示。

视距传播时电波具有几何光学的性质，“视线”所及的地方电波才能顺利到达。“视线”的最远距离称“视线距离”，在“视线距离”范围内可稳定地收发信号。由于受地球曲率的影响，视线距离一般只有几十千米。为了扩大覆盖面积，可将天线架高。若要实现远距离通信，可采用“接力”的方法。

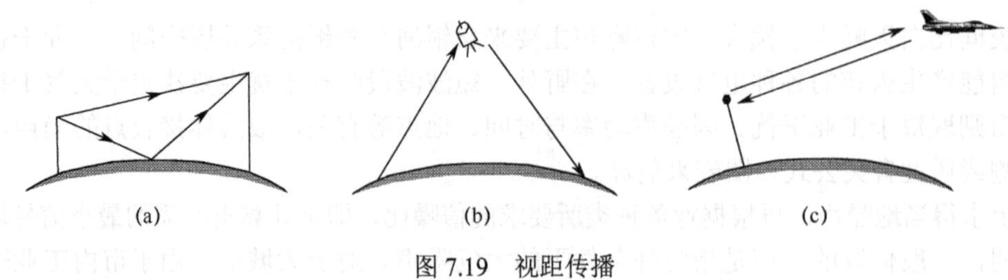

图 7.19　视距传播

由于视距传播的电波离地面近（天线不可能架得很高），波长又较短，绕射能力差，地形、地物都会对其产生反射和阻挡作用；又由于电波经过大气层的底部，因而会受到大气层的折射和吸收作用。因此，对于视距传播，要综合考虑传播媒质及地面对它的影响。

因此，视距传播时要求天线具有强的方向性及足够高的架设高度。

7.4.1　影响视距传播的地面菲涅耳区

在进行视距通信时，到达接收点的信号除了有空中传播的直射波外，常常还有地面的反射波。因此，当考虑地面反射影响时，视距通信必须考虑地面性质。

实际上，要使接收点的信号达到或接近自由空间传播的电平，地面起主要影响作用的只是一个有限的区域，这个区域称为电波传播的菲涅耳区。

1. 惠更斯–菲涅耳原理

惠更斯–菲涅耳原理指出，波在传播过程中，波面上的每一点都是一个进行二次辐射球面波（子波）的波源，任意时刻这些子波的包络就是新的波面。波在传播过程中，空间任一点的辐射场，是包围波源的任意封闭面上各点的二次波源发出的子波在该点相互干涉叠加的结果。

2. 菲涅耳带的划分方法及特点

1）菲涅耳带的划分方法

图 7.20 所示是自由空间的收发系统，A 为波源，B 为接收点。根据惠更斯–菲涅耳原理，可以作一个包围波源 A 的任意封闭曲面 S。为计算简单起见，令 S 是一个以波源 A 为中心，r_1 为半径的球面。图 7.20 中 r_2 为收发两点之间的距离与球面半径之差。再以接收点 B 为中心，依次用长度等于 $r_2+\lambda/2$、$r_2+2\times(\lambda/2)$、$r_2+3\times(\lambda/2)$……$r_2+n\cdot(\lambda/2)$ 为半径作球面，这些球面与 S 面相交，截出许多环带，这些环带分别称为第一菲涅耳带、第二菲涅耳带、第三菲涅耳带……第 n 菲涅耳带。假设 r_1、r_2 均远大于波长。

2）菲涅耳带的特点

（1）同一环带上的各惠更斯源到达 B 点的场强方向相同，因此，同一环带在 B 点产生的场强作用是相互加强的。

（2）每一环带与和它相邻的环带相位相差 $\lambda/2$，因此，相邻环带在 B 点产生的场强作用是相互抵消的。

（3）由于半径越大的环带距离接收点越远，因此，半径越大的环带在接收点产生的场强越小。

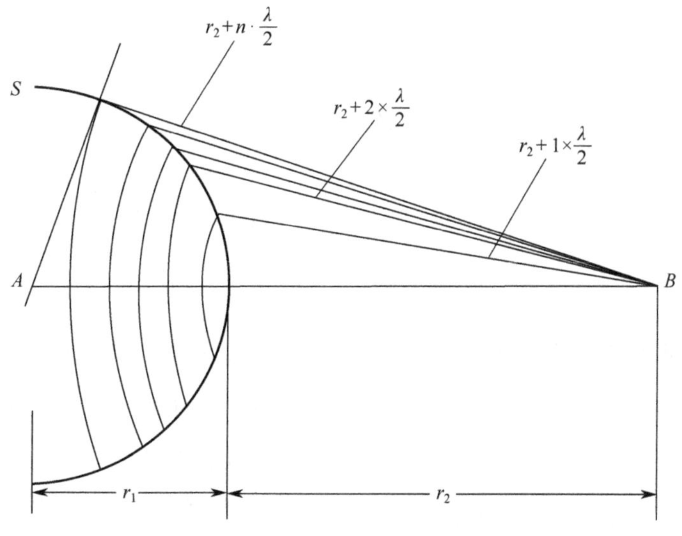

图 7.20 菲涅耳带的划分方法

3）接收点场强特点

由惠更斯–菲涅耳原理可知，B 点处的场就是各个菲涅耳带辐射场的总和。由图 7.21 可知，要使 B 点的场强达到自由空间的值，不一定需要很多个菲涅耳带，而只要第一个菲涅耳带面积的 1/3 就可以了。

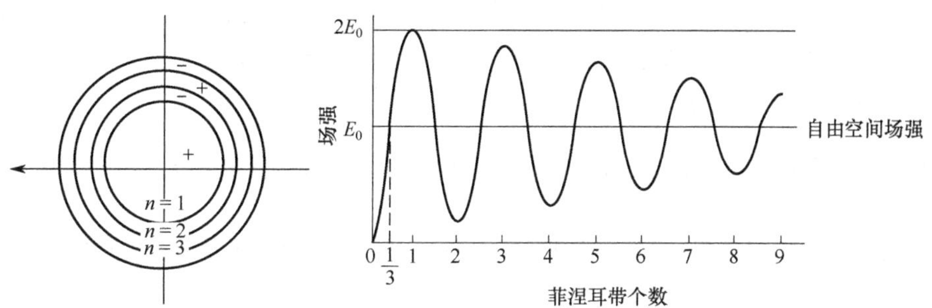

图 7.21 菲涅耳带个数与场强关系

3. 电波传播的菲涅耳区

1）在平面 S 上菲涅耳带的划分

一般情况下，通信距离是远大于收发天线尺寸及电波波长的，因此包围波源的球面可近似为一块无限大的平面。如图 7.22 所示，我们在 A、B 间插入一块无限大的平面 S，它垂直于 A、B 连线。实际上，无限大的平面 S 就是包围波源 A 的半径为无限大的球面，所以前面的原理和方法仍然适用，我们可以在平面 S 上依据满足式（7.15）的轨迹划分菲涅耳带。

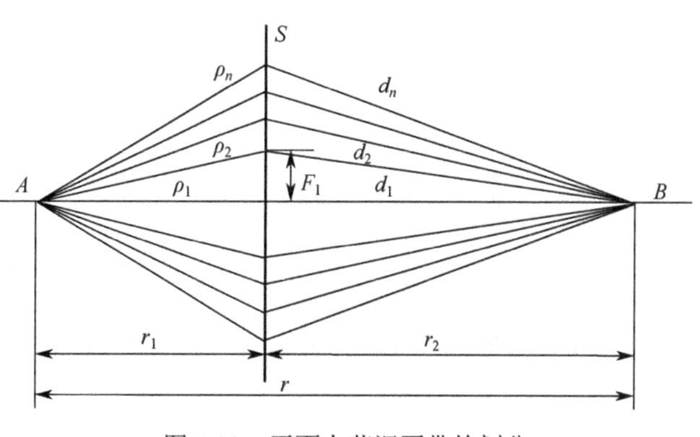

图 7.22 平面上菲涅耳带的划分

$$\begin{cases} \rho_1 + d_1 - r = 1 \times \dfrac{\lambda}{2} \\ \rho_2 + d_2 - r = 2 \times \dfrac{\lambda}{2} \\ \qquad \vdots \\ \rho_n + d_n - r = n \times \dfrac{\lambda}{2} \end{cases} \tag{7.15}$$

2）菲涅耳椭球区

平面 S 上菲涅耳带的划分满足：$\rho_n + d_n = r + n \cdot \dfrac{\lambda}{2} =$ 常数。若左右移动 S 面的位置，使 ρ、d 为变数，而它们的和为常数，根据几何知识可知，这些点的轨迹正是以 A、B 为焦点的旋转椭球面。这些椭球面所包围的空间区域，称作菲涅耳椭球区。$n=1$ 的椭球区称为第一菲涅耳椭球区，$n=2$、$n=3$……则分别称为第二菲涅耳椭球区、第三菲涅耳椭球区……因此，在自由空间中，从波源 A 辐射到达接收点 B 的电波能量，是通过以 A、B 为焦点的一系列菲涅耳区传播过来的，如图 7.23 所示。

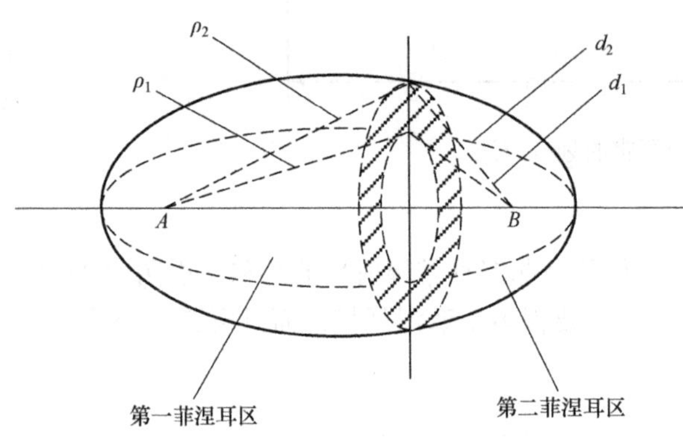

图 7.23　菲涅耳椭球区

3）菲涅耳区半径的计算

菲涅耳区半径是随着平面 S 的位置不同而变化的。不同位置半径大小是不同的。

（1）第一菲涅耳椭球区半径的计算。

图 7.22 中的 F_1 即为第一菲涅耳椭球区的半径，该图中 ρ_1 及 d_1 分别由式（7.16）和式（7.17）计算：

$$\rho_1 = \sqrt{r_1^2 + F_1^2} \approx r_1 + \frac{F_1^2}{2r_1} \tag{7.16}$$

$$d_1 = \sqrt{r_2^2 + F_1^2} \approx r_2 + \frac{F_1^2}{2r_2} \tag{7.17}$$

将式（7.16）和式（7.17）代入 $\rho_1 + d_1 - r = \dfrac{\lambda}{2}$，则

$$\rho_1 + d_1 - r = \frac{F_1^2}{2}\left(\frac{1}{r_1} + \frac{1}{r_2}\right) = \frac{\lambda}{2} \tag{7.18}$$

得第一菲涅耳椭球区的半径为

$$F_1 = \sqrt{\frac{\lambda r_1 r_2}{r}} \tag{7.19}$$

当平面 S 位于路径的中点时，该半径有最大值

$$F_{1\max} = \frac{1}{2}\sqrt{r \cdot \lambda} \tag{7.20}$$

（2）最小菲涅耳椭球区半径的计算。

接收点能得到与自由空间传播相同的信号强度时所需的菲涅耳椭球区的半径，称为最小菲涅耳椭球区的半径。

$$\pi F_0^2 = \frac{1}{3}(\pi F_1^2) \tag{7.21}$$

式中，F_0 为最小菲涅耳椭球区的半径。从而得

$$F_0 = \frac{1}{\sqrt{3}} F_1 \approx 0.577 F_1 \tag{7.22}$$

由于电波传播的主要通道未被全部遮挡住，因此接收点仍然可以收到信号，此种现象称为电波具有绕射能力。

波长越长，传播主区越大，相对遮挡部分就越小，接收点的场强也就越大；因此，频率越低，绕射能力越强。

7.4.2　平面地对视距传播的影响

1. 地面的反射系数

在视距传播中，从发射天线到接收天线，除直接波而外，还有一条经由地面反射的间接波，如图 7.24 所示。反射波的特性可由反射系数来说明。

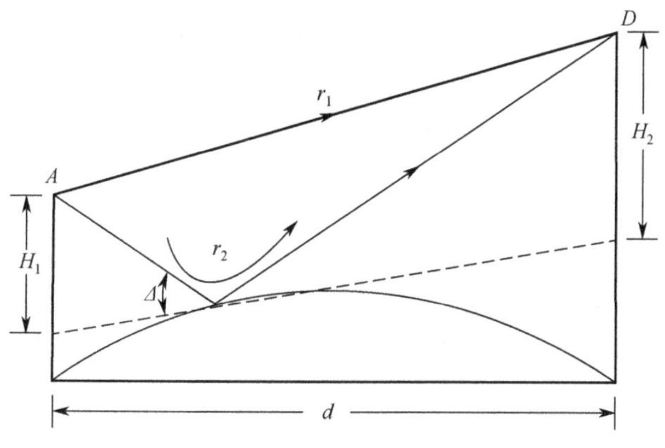

图 7.24　地面反射间接波

当反射点与波源相距较远时，可用平面波的反射系数来代替球面波的反射系数。设 E_1 表示反射波的电场振幅，E_0 表示入射波的电场振幅，则反射系数规定为 $\Gamma=E_1/E_0$。波的极化方向不同，反射系数的计算关系也不同。反射系数的大小决定于地的介电常数和入射波与地面之间的夹角。考虑到地的导电性，反射系数还与电导率和波长（频率）有关。不仅如此，当地是半导电介质时，反射系数还是复数，即 $\Gamma=|\Gamma|\mathrm{e}^{-\mathrm{j}\gamma}$。这里，$|\Gamma|$ 表示振幅大小之比，γ 表示经过反射而引起的相移。

对于水平极化波，反射系数计算公式为

$$\Gamma_{\mathrm{H}} = \frac{\sin\Delta - \sqrt{(\varepsilon_{\mathrm{r}} - \mathrm{j}60\lambda\sigma) - \cos^2\Delta}}{\sin\Delta + \sqrt{(\varepsilon_{\mathrm{r}} - \mathrm{j}60\lambda\sigma) - \cos^2\Delta}} \tag{7.23}$$

式中，$\Gamma_{\rm H}$ 为水平极化波地面反射系数，Δ 为入射波与地面之间的夹角，$\varepsilon_{\rm r}$ 为地面介电常数，σ 为地面电导率，λ 为电波的波长。

对于垂直极化波，反射系数计算公式为

$$\Gamma_{\rm V}=\frac{(\varepsilon_{\rm r}-{\rm j}60\lambda\sigma)\sin\Delta-\sqrt{(\varepsilon_{\rm r}-{\rm j}60\lambda\sigma)-\cos^2\Delta}}{(\varepsilon_{\rm r}-{\rm j}60\lambda\sigma)\sin\Delta+\sqrt{(\varepsilon_{\rm r}-{\rm j}60\lambda\sigma)-\cos^2\Delta}} \tag{7.24}$$

式中，$\Gamma_{\rm V}$ 为垂直极化波地面反射系数。

扫码学习
湿地与海水地面反射系数的计算

2. 地面反射的菲涅耳区

地面对电波反射起主要影响的区域不是收发点间的整个地面，而只是地面反射的菲涅耳区。

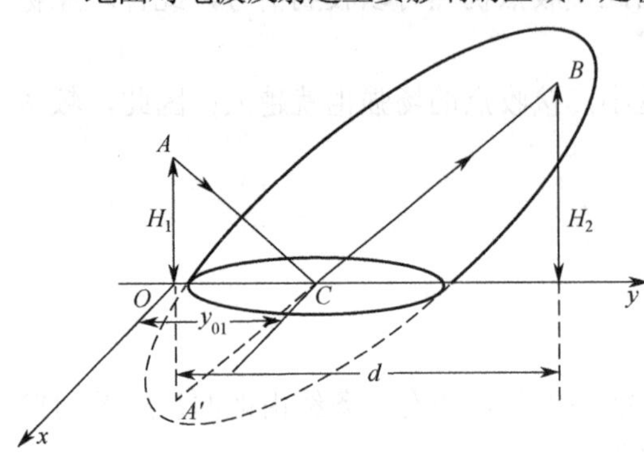

图 7.25　镜像法计算地面反射的菲涅耳区

地面反射的菲涅耳区的大小可以通过镜像法来确定。如图 7.25 所示，认为反射波射线由天线的镜像 A'点发出，根据电波传播的菲涅耳区概念，反射波的主要空间通道是以 A'和 B 为焦点的第一菲涅耳椭球区。而这个椭球区与地平面相交的区域为一个椭圆，由这个椭圆所限定的区域内的电流元对反射波具有重要意义，这个椭圆也被称为地面反射的菲涅耳区，即地面上的有效反射区。

在图 7.25 的坐标下，根据第一菲涅耳椭球区的尺寸，可以计算出该椭圆（有效反射区）的中心位置 C 的坐标如下：

$$\begin{cases} x_{01}=0 \\ y_{01}\approx\dfrac{d}{2}\dfrac{\lambda d+2H_1(H_1+H_2)}{\lambda d+(H_1+H_2)^2}\end{cases} \tag{7.25}$$

式中，x_{01}、y_{01} 分别为中心位置 C 点的横坐标和纵坐标，H_1 为发射天线架高，H_2 为接收天线架高，d 为收发两地的距离，λ 为电波的波长。

该椭圆的长轴在 y 方向，短轴在 x 方向。长轴的长度 b 为

$$b\approx\frac{d}{2}\frac{[\lambda d(\lambda d+4H_1H_2)]^{1/2}}{\lambda d+(H_1+H_2)^2} \tag{7.26}$$

短轴的长度 a 为

$$a\approx\frac{b}{d}[\lambda d+(H_1+H_2)^2]^{1/2} \tag{7.27}$$

可以根据地面反射的菲涅耳区地质的电参数确定反射系数，以判定地面反射波的大小和相位。

3. 非光滑地面的影响

所谓的非光滑地面，就是地面是不平坦的。地面是否平坦是具有相对性的，这是由波长与起伏高度之比决定的。起伏高度为几百米量级的丘陵地带，对于超长波可认为它是十分平坦的地面；可是对于厘米波，起伏高度为 10 cm 的平坦草地也应认为是粗糙地面。

地面不平坦主要会产生图 7.26 所示的漫反射，使反射波能量反射到各个方向，故其作用

相当于使反射系数降低。若地面非常粗糙，则可以忽略反射波的影响，而只考虑直射波。

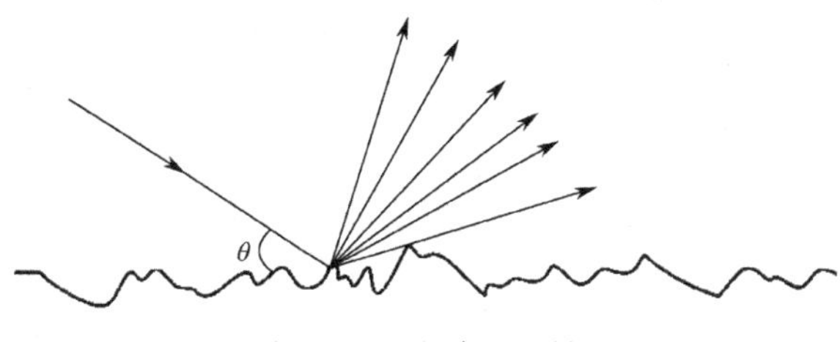

图 7.26　电波漫反射

7.4.3　光滑平面地视距传播场强的计算

1. 光滑地面的判别准则

光滑地面意味着地面足够平坦，这只是一种理想情况，实际地面却是起伏不平的。现在看一下反射面不平坦到什么程度就破坏了镜面反射，即在什么情况下反射波将漫射开来而不服从反射定律。

如图 7.27 所示，假设地面的起伏高度为 Δh，对于投射角（入射波与地面夹角）为 $\varDelta$ 方向的反射波，在凸出部分（C 处）反射的电波 a 与原平面地反射的电波 b 之间具有的相位差为

$$\begin{aligned}\Delta\varphi &= k\Delta r = k(CC' - CC_1) \\ &= k[CC' - CC'\cos(2\varDelta)] = k\frac{\Delta h}{\sin\varDelta}[1-\cos(2\varDelta)] \\ &= 2k\Delta h\sin\varDelta\end{aligned} \tag{7.28}$$

式中，k 为自由空间电波传播相移常数。

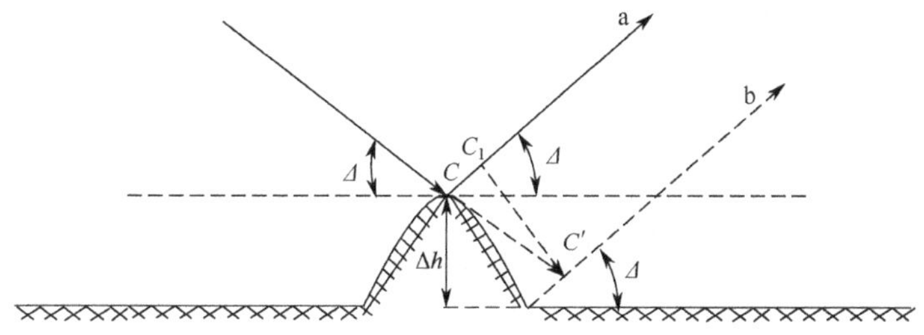

图 7.27　光滑地面的判别准则

为了能近似地将反射波仍然视为平面波，即仍有足够强的定向反射，要求 $\Delta\varphi < \pi/2$，相应地要求

$$\Delta h < \frac{\lambda}{8\sin\varDelta} \tag{7.29}$$

式（7.29）即为判别地面光滑与否的依据，也叫瑞利准则。当满足这个判别条件时，地面可被视为光滑地面；当不满足这个判别条件时，地面就被视为粗糙地面，其反射具有漫散射特性，反射能量呈扩散性。波长越短，投射角越大，越难被视为光滑地面，地面起伏高度的影响也就越大。

2. 光滑平面地上场强的计算

所谓光滑平面地，即地面不平坦度满足式（7.29），且通信距离较近，可以忽略地球曲率的影响。尽管只有在极少数情况下才可以这样认为，但其分析的结论却有着普遍意义。

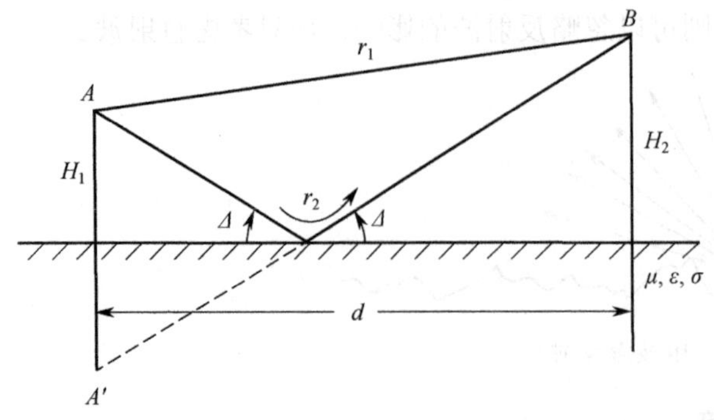

图 7.28 光滑的平面地上场强的计算

如图 7.28 所示，假设发射天线 A 的架设高度为 H_1，接收点 B 的接收天线架设高度为 H_2，直接波的传播路径为 r_1，地面反射波的传播路径为 r_2，入射波与地面之间的投射角为 Δ，收、发两点间的水平距离为 d。

接收点 B 的场强应为直接波与地面反射波的叠加。在传播路径远大于天线架高的情况下，两路波在 B 处的场强被视为极化方向相同。在实际问题中，如果沿 r_1 路径在 B 处产生的场强振幅为 E_1，沿 r_2 路径在 B 处产生的场强振幅为 E_2，在忽略方向系数的差异和强度上的差异后，B 处的总场强为

$$|E| = |E_1 + E_2| = \left|E_1(1 + \Gamma \mathrm{e}^{-\mathrm{j}k(r_2 - r_1)})\right| \tag{7.30}$$

式中，Γ 为地面的反射系数，k 为电波传播的相移常数。

式（7.30）中的 $(r_2 - r_1)$ 为两条路径之间的路程差，它可以表示为

$$\Delta r = r_2 - r_1 = \sqrt{(H_2 + H_1)^2 + d^2} - \sqrt{(H_2 - H_1)^2 + d^2} \approx \frac{2H_1H_2}{d} \tag{7.31}$$

地面的反射系数 Γ，与电波的投射角 Δ、电波的极化和波长以及地面的电参数有关。当 Δ 很小且地面电导率为有限值时，有

$$\Gamma = \Gamma_{\mathrm{H}} \approx \Gamma_{\mathrm{V}} \approx -1 \tag{7.32}$$

将式（7.31）及式（7.32）代入式（7.30）中，则合成场可以做如下简化：

$$|E| = |E_1 + E_2| = \left|E_1 \times 2\sin\left(\frac{k\Delta r}{2}\right)\right| = \left|E_1 \times 2\sin\left(\frac{2\pi H_1H_2}{\lambda d}\right)\right| \tag{7.33}$$

式中，E_1 实际上是电波在自由空间传播的场强值。

7.4.4 平面地上的地形地物对视距传播的影响

在选定地面上的视距传播路径时，应研究沿途的地形剖面图，由它来决定站址，并应用菲涅耳区的计算公式确定天线架设高度（架高）。为此，必须研究在地形剖面图上的传播余隙及其变化。所谓传播余隙，即图 7.29 中的 H_c，是指两天线发射中心的连线与地形障碍最高点的垂直距离。

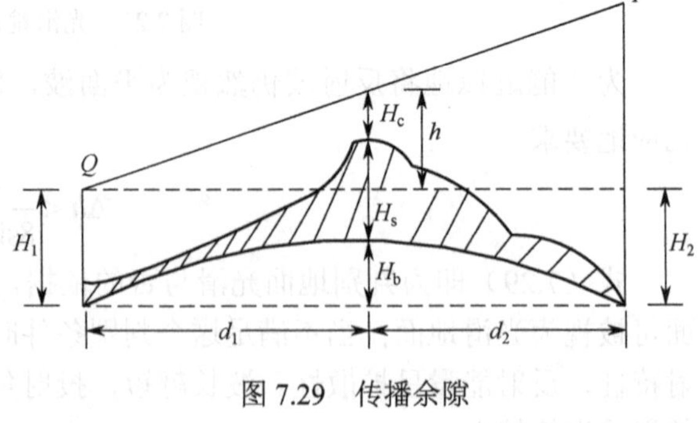

图 7.29 传播余隙

由上述的菲涅耳区原理可知，为保证两天线之间的传播为自由空间值，至少要使传播余隙 H_c 等于和大于最小菲涅耳区半径 F_0，即 $H_c \geqslant F_0$。

如果传播余隙 H_c 比较小，就有可能使视线受阻，引起附加的传播损耗。这时，可用图 7.30 所示的曲线来估计。该曲线的纵坐标是接收场强与自由空间传播场强之比的分贝（dB）值，横坐标是障碍上的传播余隙 H_c 与第一菲涅耳区半径 F_1 之比。图 7.30 中的一条曲

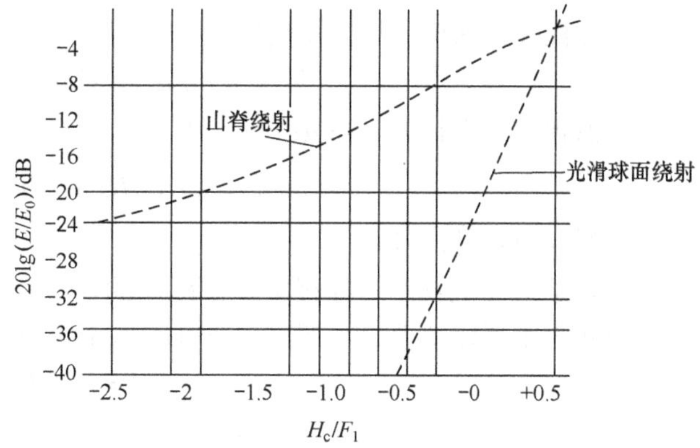

图 7.30　传播余隙较小的传播损耗估计

线表示楔形山脊障碍的损耗，另一条曲线表示光滑球面的损耗。

两天线中心连接的视线，如果被障碍物挡住，则认为传播余隙 H_c 为负值，因而 H_c/F_1 也是负值；如果视线正好掠过障碍物，则 $H_c=0$。从图 7.30 的曲线可以看出，当 $H_c=0$ 时，对于楔形山脊，接收场强低于自由空间值 6 dB；对于光滑球面，则低于自由空间值约 22 dB。可见后者引起的损耗比前者大得多。其他形状的地形障碍在这两曲线之间。如有多个障碍物，则总损耗应为其单独损耗的分贝数之和。

7.4.5　考虑地球曲率影响的非平面地视距传播的极限距离

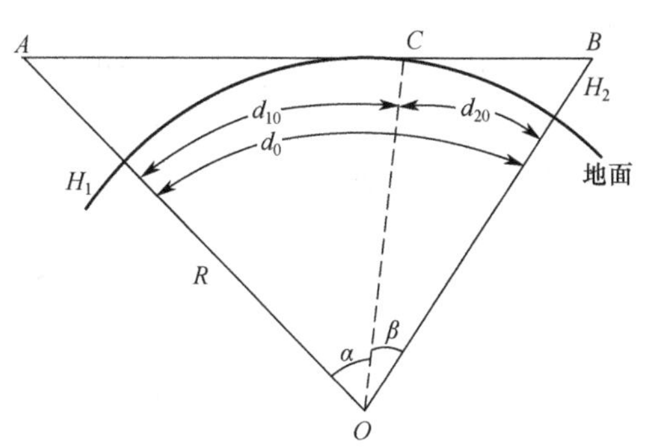

图 7.31　视距传播示意图

当通信距离较大时，必须考虑地球曲率对电波射线的影响。因为地球是球形的，凸起的地表面会挡住视线，此时地面被视为非平面地。

图 7.31 所示为视距传播示意图。假设地球表面是光滑的，且半径为 R。收发天线的架设高度 H_1 和 H_2 是确定的，那么在两天线之间就有一个与之对应的视线距离，它是当收发天线的连线和地面相切时在地面上的大圆弧长，即 d_0（注：图 7.31 中的 d_0、d_{10} 和 d_{20} 均为地面上的弧长）。因此，视距传播极限通信距离决定于地球半径和两天线的架设高度。

从图 7.31 可知

$$\cos\alpha = \frac{R}{R+H_1} \tag{7.34}$$

$$\sin\alpha = \sqrt{1-\left(\frac{R}{R+H_1}\right)^2} = \sqrt{\frac{2RH_1+H_1^{\ 2}}{(R+H_1)^2}} \tag{7.35}$$

实际上，$H_1 \ll R$，$H_2 \ll R$，α 很小，故式（7.35）可近似地表示为

$$\sin\alpha \approx \alpha \approx \sqrt{\frac{2RH_1}{R^2}} \tag{7.36}$$

考虑到 $d_{10}=\alpha R$，故得

$$d_{10} \approx \sqrt{2RH_1} \tag{7.37}$$

同理可求出

$$d_{20} \approx \sqrt{2RH_2} \tag{7.38}$$

于是视距传播极限通信距离即为

$$d_0 = d_{10} + d_{20} \approx \sqrt{2R}(\sqrt{H_1} + \sqrt{H_2}) \tag{7.39}$$

考虑到地球半径 $R \approx 6\,370$ km，则

$$d_0 \approx 3.57(\sqrt{H_1} + \sqrt{H_2}) \text{（km）} \tag{7.40}$$

式中，H_1、H_2 单位为 m。

这就是地面上视距传播极限通信距离的计算公式。由于大气折射的原因，电波射线被弯曲，故视线距离比 d_0 要大一些，实际的视距传播极限通信距离约为

$$d = 1.15 d_0 \tag{7.41}$$

即

$$d \approx 4.12(\sqrt{H_1} + \sqrt{H_2}) \text{（km）} \tag{7.42}$$

式中，H_1、H_2 单位为 m。

7.4.6 对流层大气对视距传播的影响

1. 大气对电波的折射

在低空大气层中，空气的主要成分是氮和氧。在此层气体中不发生电离现象，它的相对介电常数 ε_r 非常接近 1，比 1 略大万分之几。因此，它的折射率也稍大于 1，大约在 1.000 26～1.000 46 之间。为了清楚地表明这种微小的变化，常用折射指数 N 来表示。

折射指数的大小为

$$N = (n-1) \times 10^6 \tag{7.43}$$

式中，n 为大气的折射率。

这样，大气的折射指数 N 就在 260～460 之间变化。它与大气压强 p、绝对温度 T、水汽压 e 之间的关系为

$$N = \frac{77.6}{T}\left(p + \frac{4810e}{T}\right) \tag{7.44}$$

式中，p 和 e 的单位均为 mPa（毫帕）。

在正常的情况下，地面附近的 p 约为 102 3 mPa，e 约为 10 mPa。通常大气压强温度和水汽压都随高度的增加而下降。

图 7.32 所示为大气折射分类，根据射线弯曲情况将大气折射分为：逆折射、无折射、次折射、标准折射、临界折射、超折射等几类。不同的折射类型所对应的高度每升高 1 m 时折射指数的变化值如表 7.4 所示。

表 7.4　折射指数变化值

折 射 类 型	每升高 1 m 时折射指数的变化值	**K**
逆折射	>0	<1
无折射	=0	=1
次折射	0～−0.04	1～4/3
标准折射	−0.04	4/3
临界折射	−0.157	∞
超折射	<−0.157	—

由于理论计算中都是假定大气是均匀的，且电波是沿直线传播的，而实际中大气是非均匀的，且电波轨迹为曲线，这给实际计算带来了困难。为解决实际问题，假定电波射线轨迹和地球表面之间的相对曲率不变，使地球的半径改变到电波射线为直线，则这时的地球半径 R 称为等效地球半径 R_e，如图 7.33 所示。

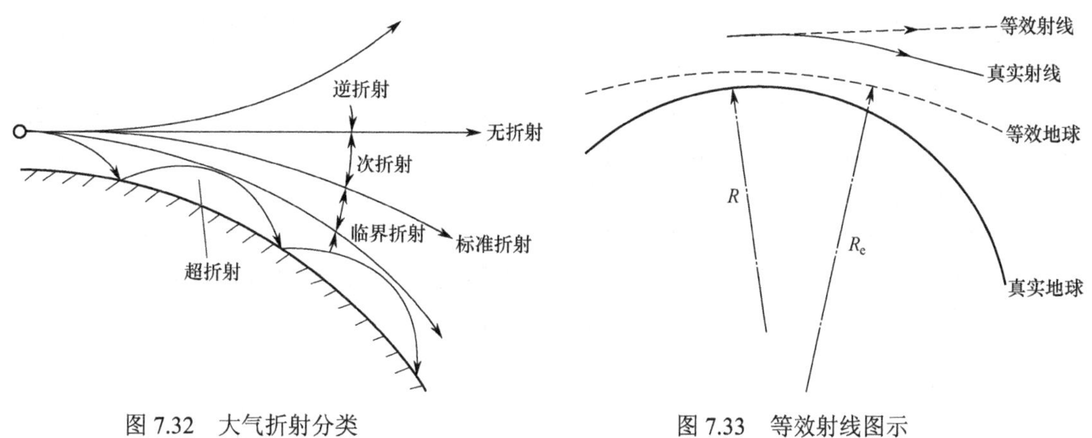

图 7.32　大气折射分类　　　　图 7.33　等效射线图示

2. 大气对电波的吸收

大气对无线电波的吸收主要有两方面。一方面是水滴（雾、雨、雪）对电波的散射使传播中的电波能量损失；另一方面是气体分子（水蒸气、氧）的谐振吸收。由于在电波的电磁场作用下，气体分子形成带电的小电偶极子（水分子则原来就是电偶极子），它们都有一个或几个自然谐振频率。如果电波的频率和它们的自然谐振频率一致，则将受到强吸收，其作用与电路中的谐振吸收回路相似。但这些吸收一直到 10 GHz（波长为 3 cm）都不很严重。当工作频率高于 10 GHz 时，大气吸收就比较显著了。至于毫米波传输系统，还应认真研究氧分子引起的谐振吸收。图 7.34 所示为对流层中电波吸收的情况，纵坐标为每千米的衰减分贝数，横坐标是波长（cm）。

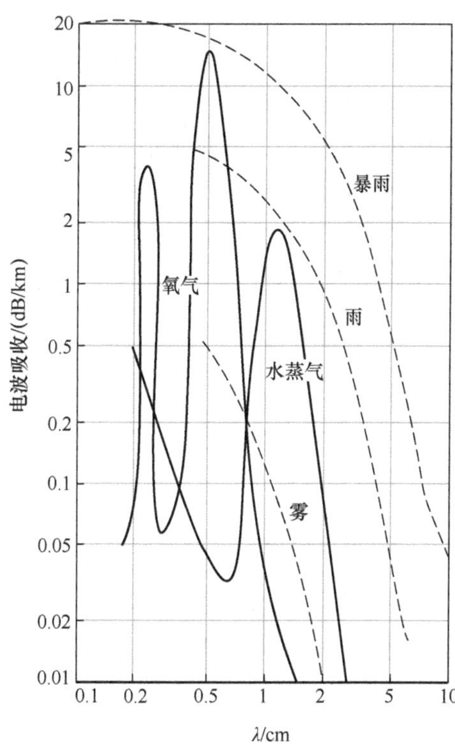

图 7.34　对流层中电波的吸收情况

视距传播反射波的存在及其变化是引起信号衰落的重要原因之一。因为，地面反射波的存在表明至少存在着两条传播路径，而且是不稳定的。这种情形和电离层的多径效应相似。此外，对流层的不均匀和显著的分层还会使电波在上空反射，这样也会形成多径效应而引起信号衰落。波长越短，信号变化越剧烈；因为波长短的电波只要路程差有很小的变化，就可能使相位有较大的变化。不过，总的来说，视距传播比天波传播稳定。在视距传播中，克服快衰落的有效办法是分集接收。在视距传播的空间分集中，通常采用垂直于传播方向且间隔开的两副天线，间隔距离大约为 100 个波长。

7.5 无线电干扰

在任何通信系统中，无线电接收质量的好坏并不取决于信号电场强度的绝对值，而取决于信号电场强度与噪声的比值（简称信噪比）。也就是说，噪声的存在使有用的信号最小场强值受到限制。

噪声共分为三大类。第一类是热噪声，它是由导体中带电粒子在一定温度下的随机运动所引起的；第二类是串噪声，它是由调制信号通过失真元件所引起的；第三类是干扰噪声，是由本系统或其他系统在空间传播的信号或干扰所引起的，这主要指环境噪声的干扰。

从电波传播的角度来看，我们主要讨论环境噪声的干扰，或称外部干扰。它可分为两大类，即自然噪声干扰和人为噪声干扰。自然噪声主要是大气噪声及来自太阳及宇宙的干扰噪声，人为干扰则包括通信电子干扰、电力线干扰及工业电气干扰等。

1. 大气噪声

大气噪声也称天电干扰，通常是指在大气层内由于各种气象条件所引起的噪声的统称。

天电干扰主要来源于雷电辐射。天电干扰电平一般是随着频率增高而逐渐减低，这主要是因为通常频谱密度与频率成反比。但在短波波段中白天却出现干扰电平随频率增高而加大的情况，这是因为白天在电离层内传播的波，当频率增高时电离层吸收损耗减小，而吸收减小的程度超过频谱密度的减小程度，因此出现干扰电平随频率增高而加大的现象；在夜间则因电离层的吸收一般都很小，与频率几乎没有关系，相对场强就主要由干扰源脉冲的频谱密度来决定，因而就出现了夜间干扰场强随频率增高而单调下降的情况。

天电干扰对长波、中波波段的影响极大，对短波波段也会有明显的影响，对超短波及以上波段基本上没什么影响。

2. 宇宙干扰

宇宙干扰是指宇宙空间的射电源所辐射的电磁波传到地面上所形成的干扰，主要是由银河系中的射电星体发出的。宇宙噪声主要影响 20～500 MHz 频率范围；当频率超过 1 GHz 时，宇宙噪声很小。

3. 人为噪声

人为噪声主要包括工业电气干扰、高压线、电机、电火花及家用电器设备等所产生的干扰。这类干扰强弱的参考值仅能近似地确定，而且也只能通过实际的测量求得。显然，市区的人为噪声电平要比郊区的高。图 7.35 所示为各种电磁噪声源的略图。

这些干扰来源不同，它们的频谱范围也不同，强度也不同，因此必须根据各种通信方式所使用的波段来研究其相应频段内的噪声情况。

利用干扰波的极化方式也可有效抑制干扰。例如以地波方式传播的干扰，可以看作垂直极化的干扰波，因为这时噪声场强的水平分量被地面很快衰减而传播不远。由于近处的工业干扰多以表面波方式传播，故工业干扰多是垂直极化的。为了抑制垂直极化的工业干扰，所以电视发射都采用水平极化天线。

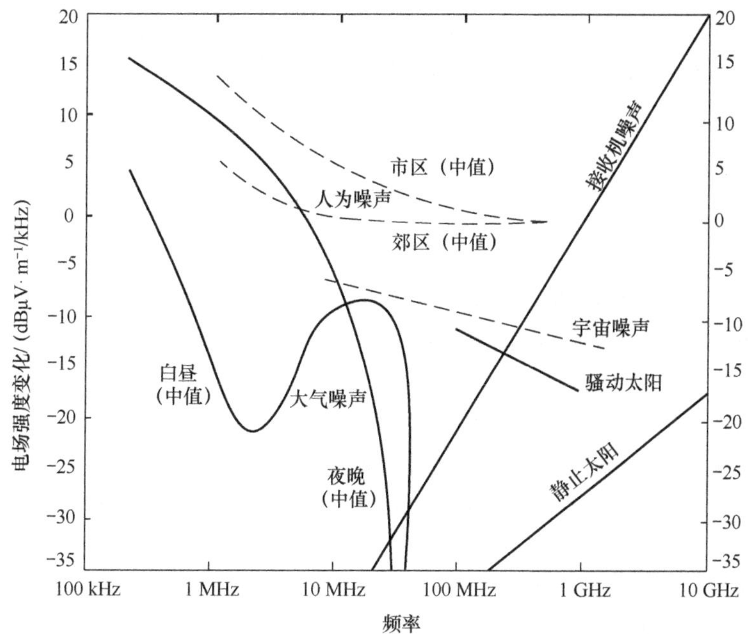

图 7.35　各种电磁噪声源的略图

本 章 小 结

无线通信是需要借助电磁波作为介质来完成的，电波传播的性能直接影响着通信的有效性和可靠性。因此，研究电波传播的机理对提高通信性能具有十分重要的意义。

电波是在地球表面、地球大气层或星际空间中传播的，电波受媒质和媒质交界面的作用，会产生扩散、反射、散射、折射、绕射和吸收等现象，使电波的特性参数如幅度、相位、极化、传播方向等发生变化。

电波传播方式主要有地波传播、天波传播及视距传播等。

地波传播是电波沿地球表面传播的形式。受地面的吸收及地球曲率的影响，地波适合波长较长的波段，如长波及超长波。地波传播主要应用在广播、通信、导航和军事上的对潜通信。

对于波长高于长波波段，地面对电波吸收增大，绕射能力弱，地波通信距离十分有限，需要选择其他的传播方式传播，如天波传播方式。天波传播即电波由电离层“反射”回来而到达接收点的传播方式。受电离层对电波的衰减及电离层自由电子浓度是一定的等因素的限制，天波可以反射下来的波段通常是长波、中波、短波及超短波等较低频段；若频率更高，电波将会穿出电离层而无法反射回地面。短波及短波以下波段的带宽窄，无线资源极其有限，如果要利用更高频率的波段进行通信，电波传播的方式通常会选择视距传播方式，即电波以直线的方式或经地面反射的方式将信号传播到接收点。

电波除了因为媒质特性使接收点信号受到影响外，影响其通信质量的另一个重要因素就是噪声和人为干扰。噪声共分为三大类。第一类是热噪声，它是由导体中带电粒子在一定温度下的随机运动所引起的；第二类是串噪声，它是由调制信号通过失真元件所引起的；第三类是干扰噪声，是由本系统或其他系统在空间传播的信号或干扰所引起的，这主要指环境噪声的干扰。在任何通信系统中，无线电接收质量的好坏不取决于信号电场强度的绝对值，而取决于信号电场强度与噪声的比值（简称信噪比）。也就是说，噪声的存在使有用的信号最小场强值受到限制。

习　题

7.1　电磁波远区辐射场有哪些场分量？它们的关系如何？

7.2　电波的扩散和传输损耗都表现在接收点场强的减小，它们本质区别是什么？

7.3　媒质的电磁特性用哪些参数来描述？

7.4　电波传播主要有哪几种方式？它们分别适合的频段是什么？

7.5　什么是波前倾现象？波前倾现象对地波通信有什么影响？

7.6　频率为 6 MHz 的电波沿着参数为 $\varepsilon_r = 10$，$\sigma = 0.01$ S/m 的湿地面传播，试求地面上的波前倾角。

7.7　电离层是如何形成的？为什么电离层仅存在于几十千米至上千千米的高度范围内？

7.8　电离层电子密度大小规律是什么？

7.9　电离层反射电波的条件是什么？

7.10　试求频率为 5 MHz 的电波在电离层电子密度为 1.5×10^{11}（个/ m^3）处反射时电波的入射角大小。当电波的入射角大于或小于该角度时将会发生什么现象？

7.11　若一电波的波长 $\lambda = 50$ m，入射角 $\theta_0 = 45°$，试求能使该电波反射回来的电离层的电子密度。

7.12　已知某电离层在入射角 $\theta_0 = 45°$ 的情况下的最高可用频率为 20×10^6 Hz，试计算该电离层的临界频率。

7.13　短波天波为什么要进行频率选择？频率选择的依据是什么？

7.14　地面起伏绝对值大，对于电波传播来说地面就是不平坦的，这种说法对不对？

7.15　什么是第一菲涅耳椭球区？

7.16　通信频率为 100 MHz，收、发天线的架设高度均为 85 m，水平传播距离为 18 km，计算第一菲涅耳区半径的最大值。根据计算结果判断电波传播的主要通道是否被阻挡。

7.17　如果地面起伏高度为 6 cm，投射角为 20°，求将该地面视为平面地的电波频率范围。

7.18　某一微波中继通信线路的工作频率为 5 GHz，两站的天线架高均为 85 m，试求标准大气下的视线距离。

扫码学习
第 7 章习题答案

7.19　大气对电波的折射主要有哪几类？

7.20　什么是大气对电波的谐振吸收？对信号有什么影响？

第 8 章　蜂窝移动通信中的电波传播

移动通信技术是一种通过空间电磁波来传输信息的技术，收、发之间的介质是电磁波，如图 8.1 所示。掌握无线电波传播特性是学习移动通信技术的基础，也是设计移动通信系统的必要前提。电波的传播特性直接关系到对通信设备性能的要求、天线架设高度的确定、通信距离的计算以及为实现优质、可靠的通信而必须采用的技术措施等一系列问题。

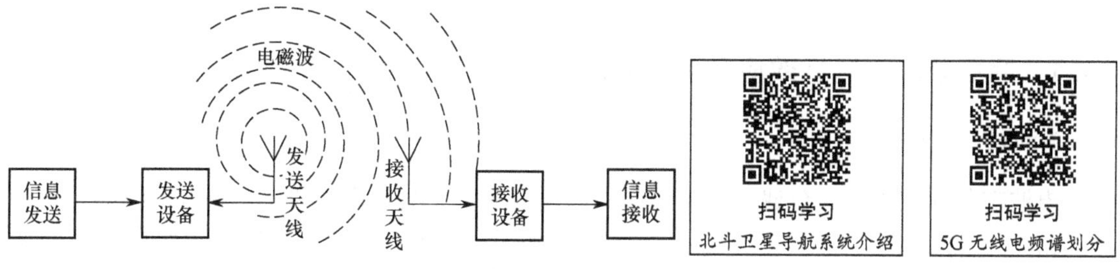

图 8.1　移动通信系统中的电波传播

8.1　蜂窝移动通信电波传播方式

8.1.1　蜂窝移动通信电波的视距传播方式

无线电波的波长不同，传播方式不同。当前蜂窝移动通信主要使用的频段属于超短波和微波波段。该波段因为频率太高，电波会穿出电离层不能返回地面，因而无法用天波通信。地波的传播损耗随着频率的增高而增大，由于频率太高，地波的衰减也很快；同时，地球是有一定曲率的，当通信距离较远时，电波必须具备较强的绕射能力，而高的频率波长短，绕射能力弱。因此，蜂窝移动通信的波段如果用地波通信，那么传播距离极其有限。所以，蜂窝移动通信的电波传播主要是依靠视距传播方式来实现的。

8.1.2　移动通信中的电波传播路径

实际移动通信中，由于电波受传播环境影响会有直射波、反射波、散射波、绕射波以及它们的合成波等多种形式。图 8.2 所示为移动通信中电波传播的主要四种路径，即直射、反射、绕射及散射。

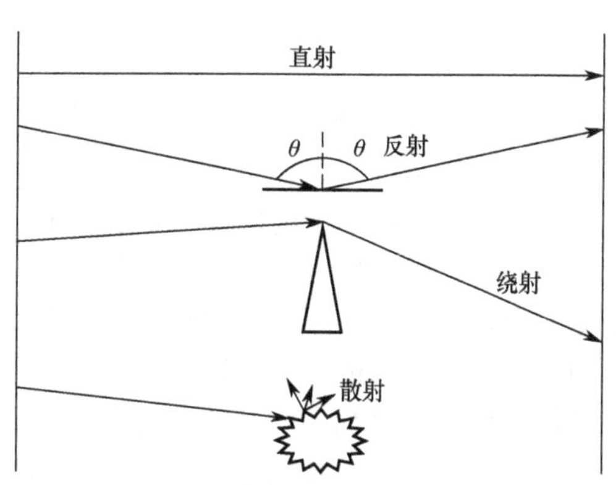

图 8.2　移动通信电波传播路径

电波传播过程中没有遇到任何的障碍物而直接到达接收端（即直射）的电波，称为直射波。直射波更多出现于理想的电波传播环境中。

电波在传播过程中遇到比自身的波长大

得多的物体时，会在物体表面发生反射，形成反射波。反射常发生于地表、建筑物的墙壁表面等。

电波在传播过程中被高大物体阻挡时，会由阻挡表面产生二次波，二次波能够散布于空间，甚至到达阻挡体的背面，那些到达阻挡体背面的电波就称为绕射波。由于地球表面的弯曲性和地表物体的密集性，绕射波在电波传播过程中起到了重要作用。

电波在传播过程中遇到表面粗糙的障碍物或者体积小但数目多的障碍物时，会在其表面发生散射，形成散射波。散射波可能散布于许多方向，因而电波的能量也被分散到多个方向。

8.2 蜂窝移动通信中电波传播特性

8.2.1 阴影效应、远近效应和多径效应

1. 阴影效应

电波在传播过程中，会遇到地形的起伏、建筑物，尤其是高大树木和树叶的遮挡，在传播接收区域上形成半盲区，产生电波的阴影，削弱了接收信号场强的大小。这种随移动台（MS）位置的不断变化而引起的接收信号场强中值的起伏变化，叫作阴影效应，如图 8.3 所示。

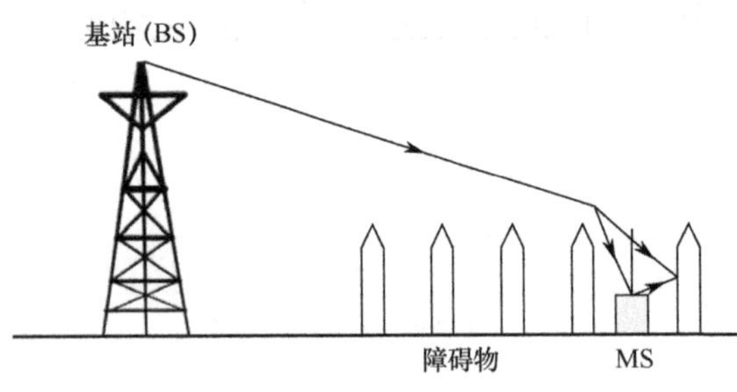

图 8.3 阴影效应

2. 远近效应

由于移动通信系统用户具有随机移动性，因而移动用户与基站间的距离也是随机变化的。若移动用户的发射功率都相同且固定不变，则离基站（BS）越近的用户，基站收到其发射的信号就会越强，相反就会越弱；同时，离基站近的用户发射不必要的强信号会对区域内的用户信号形成干扰，这就是远近效应，如图 8.4 所示。

由于 CDMA（码分多址）系统是自干扰系统，许多用户共用同一频段，因此远近效应问题更加突出。要克服远近效应，必须采用功率控制技术。

3. 多径效应

移动通信中无线电波除了直接传播外，还会受到地形、地物的影响，如遇到山丘、森林、地面或楼房等高大建筑物而产生反射。因此，到达接收天线的超短波或微波不仅有直射波，还有反射波，这种现象称作多径传输。

多径传输使得信号场强分布相当复杂，波动很大；又由于多径传输的影响，会使电波的极化方向发生变化，因此有的地方信号场强增强，有的地方信号场强减弱。另外，不同的障碍物对电波的反射能力也不同，例如，钢筋水泥建筑物对超短波的反射能力比砖墙强。由于多径传输使得接收端接收到的信号是多条路径上的信号的合成信号，这些不同路径上的信号在幅度、相位、频率和到达时间上都不尽相同，因而会产生信号的频率选择性衰落和时延扩展等现象，这就是多径效应，如图 8.5 所示。

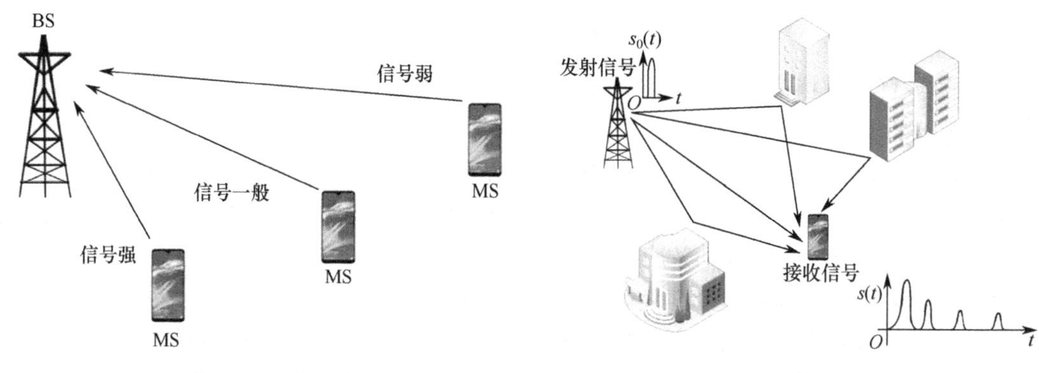

图 8.4　远近效应　　图 8.5　多径效应

所谓频率选择性衰落，是指信号中各分量的衰落状况与频率有关，即传输信道对信号中不同频率成分有不同的随机响应。由于信号中不同频率分量衰落不一致，所以衰落信号波形将产生失真。

所谓时延扩展（或时延散布），是指由于电波传播存在多条不同的路径，路径长度不同，且传输路径随移动台的运动而不断变化，因而可能导致发射端发射一个较窄的脉冲信号，在到达接收端时变成了由许多不同时延脉冲构成的一组很宽的信号，即引起接收信号脉冲宽度的扩展，如图 8.6 所示。

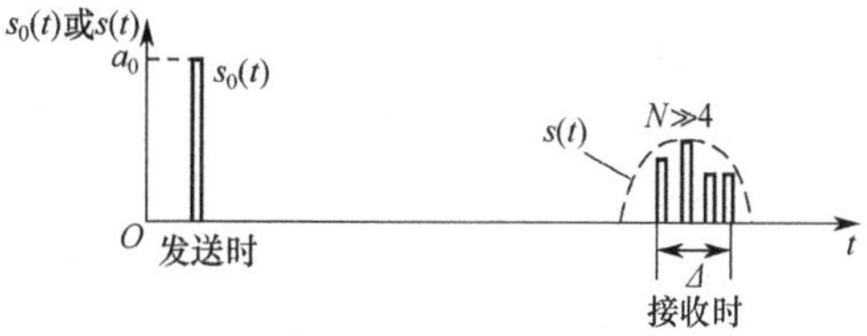

图 8.6　时延扩展

在图 8.6 中，发射信号大小可表示为

$$s_0(t) = a_0\delta(t) \tag{8.1}$$

式中，a_0 是脉冲信号的幅度，$\delta(t)$ 为脉冲信号。接收信号可表示为

$$s(t) = a_0\sum_{i=1}^{N}a_i\delta(\tau-\tau_i)\mathrm{e}^{\mathrm{j}\omega t} \tag{8.2}$$

式中，a_i 是不同时延脉冲信号的幅度；τ_i 是不同时延脉冲信号的时延；ω 是信号角频率。

时延扩展可直观地理解为在一串接收脉冲中，最大传输时延和最小传输时延的差值，即最后一个可分辨的延时信号与第一个延时信号到达时间的差值，记为 $\varDelta$。实际上，$\varDelta$ 就是脉冲展宽的时间。

在尽量避免多径传输效应发生的同时，可采取空间分集或极化分集的措施来减小多径传输效应的影响。

8.2.2　多普勒效应

所谓多普勒效应，就是当移动台与基站之间存在相对运动时，接收天线收到的来自发射天线发射信号的频率与发射天线实际发射信号的频率不相同。接收频率与发射频率之差称为多普勒频移（如图 8.7 所示），多普勒频移的大小可由下式来描述：

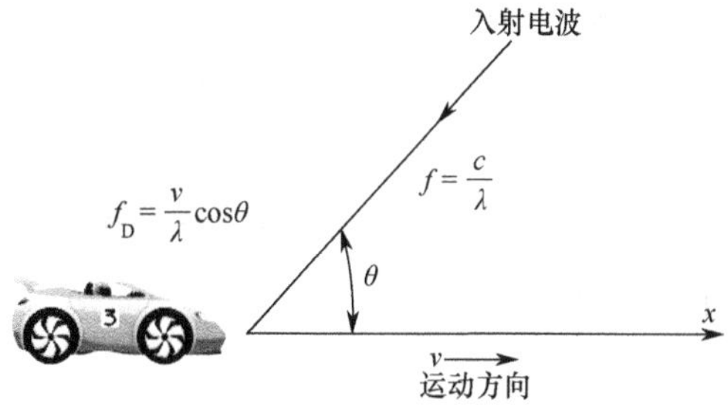

图 8.7　多普勒频移

$$f_D = \frac{v}{\lambda}\cos\theta \tag{8.3}$$

式中，f_D为多普勒频移；v为移动台的相对速度；λ为无线信号波长；θ为移动台移动速度与入射波之间的夹角。

式（8.3）表明，移动速度越快，入射角越小，多普勒效应就越明显。需要指出的是：多普勒效应只产生在高速（大于 70 km/h）移动通信时；而对于通常慢速移动的步行和准静态的室内通信，则无须考虑多普勒效应。

多普勒频移会引起时间选择性衰落。所谓时间选择性衰落，指的是由于移动台相对速度的变化引起多普勒频移大小也随之变化，这时即使没有多径信号，接收到的同一路信号的载频范围也会随时间而不断变化。

信号采用交织编码技术，可以改善时间选择性衰落的影响。

8.2.3 绕射损耗

电波在传播途径上遇到障碍物时，总是力图绕过障碍物，再向前传播。微波及超短波的绕射能力较弱，在高大障碍物后面会形成所谓的“阴影区”，信号质量将受到不同程度的损耗。这种由于障碍物对电波传输所引起的损耗，通常称为绕射损耗。

在移动通信中，通信的地形、地物环境十分复杂，很难对各种地形、地物引起的电波损耗做出准确的定量计算，只能做出一些定性分析，采用工程估算的方法。

下面介绍绕射损耗与菲涅耳余隙之间的关系。

设障碍物与发射点、接收点的相对位置如图 8.8 所示，其中T表示发射天线，R表示接收天线，h_T表示发射天线架高，h_R表示接收天线架高，H_C表示障碍物顶点P至直线AB之间的垂直距离。在传播理论中H_C称为菲涅耳余隙。图 8.8（a）所示为障碍物顶点P高于AB直射线的情况，则H_C称为负余隙；图 8.8（b）所示为障碍物顶点P低于AB直射线的情况，则H_C称为正余隙。

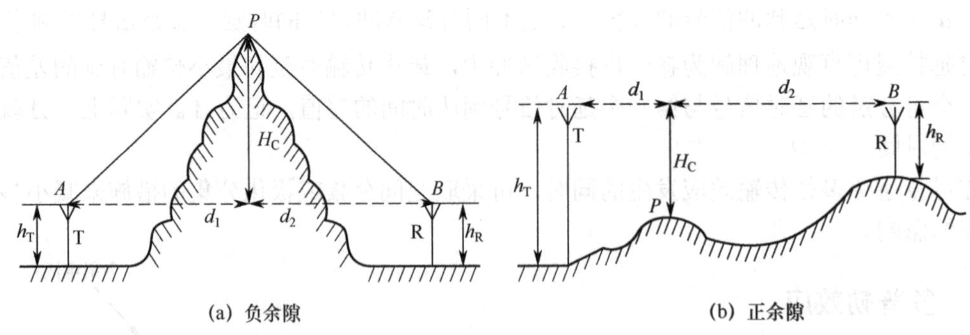

图 8.8 菲涅耳余隙

绕射损耗与菲涅耳余隙之间的关系如图 8.9 所示。其中F_1为第一菲涅耳区半径，其值由下式得到：

$$F_1 = \sqrt{\frac{\lambda d_1 d_2}{d_1 + d_2}} \tag{8.4}$$

式中，λ 为电波的波长；d_1 为发射天线到障碍物中点的水平距离；d_2 为接收天线到障碍物中点的水平距离。

由图 8.9 可见，当横坐标 $H_C / F_1 > 0.5$ 时，障碍物对直射波的传播基本上没有影响；当 $H_C = 0$，即 AB 直射线从障碍物顶点擦过时，绕射损耗约为 6 dB；当 $H_C < 0$ 时，AB 直射线低于障碍物顶点，绕射损耗急剧增加。

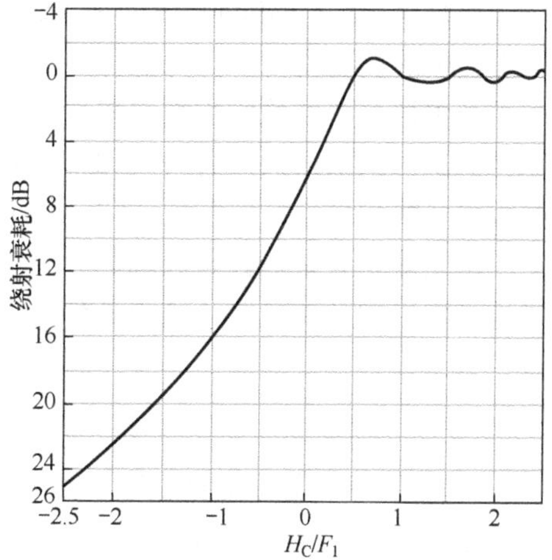

图 8.9　绕射损耗与菲涅耳余隙之间的关系

应该注意的是，信号质量受到影响的程度不是由收发天线之间障碍物的绝对物理尺寸决定的，而取决于障碍物的物理尺寸与电波的波长之比。例如，一座高楼的高度为 10 m，在距高楼 100 m 处，如果接收的是 216～223 MHz 的信号，接收信号场强比无高楼时减弱 16 dB；当接收 670 MHz 的信号时，接收信号场强将比无高楼时减弱 20 dB。如果建筑物的高度增加到 50 m 时，则在距建筑物 1 000 m 以内，接收信号的场强都将受到不同程度的减弱。也就是说，波长越短、频率越高，建筑物越高、距离越近，影响就越大；相反，波长越长、频率越低，建筑物越矮、距离越远，影响就越小。

因此，选择基站场地架设天线时，必须考虑绕射传播可能产生的各种不利因素，并尽量加以避免。

8.2.4　衰落现象

1. 慢衰落

慢衰落（slow fading）指的是无线信号强度的随机变化缓慢，具有十几分钟或几小时的长衰落周期，因此也称为长期衰落。

慢衰落主要是由阴影效应引起的。当电波在传播时必然会经过高度、位置、占地面积等都不同的遮挡物，而这些遮挡物之间的距离也是各不相同的。因此，接收到的信号均值就会产生变化，即造成阴影衰落。阴影衰落使信号电平变化较缓慢，属于慢衰落。

阴影衰落一般服从对数正态分布，反映了在中等范围（数百倍的波长量级）内的接收信号电平平均值起伏变化的趋势。对数正态分布的概率密度函数可表示为

$$p(x)=\begin{cases}\dfrac{1}{\sqrt{2\pi}\sigma}\exp\left[-\dfrac{(\ln x-m)^2}{2\sigma^2}\right], & x>0\\[2mm] 0, & x\leqslant 0\end{cases}\tag{8.5}$$

式中，x 为随机信号幅度值；m 为正态分布的中值；σ 为正态分布的标准偏差。

另外，由于气象条件的变化，电波折射系数随时间也会发生平缓变化，使得同一地点接收到的信号场强中值也随时间缓慢地变化。显然，在陆地上气象条件的变化比由于阴影效应引起的信号变化要慢得多，因此在工程上往往被忽略掉。

2. 快衰落

快衰落（fast fading）指的是无线信号强度在足够短的时间间隔内（如几秒、几分钟内）发生随机的快速变化，因此也称为短期衰落。

产生快衰落的原因主要是多径传播。由于接收天线收到来自同一发射源，但经周围地形地物的反射或散射而从各方向来的不同路径的电波，当接收天线移动时，这些电波之间的相对相位（即相位差）要发生变化，因而总合成的振幅就发生了起伏。

快衰落具有莱斯分布或瑞利分布的统计特性。假设 N 个信号的幅值和到达接收天线的方位角是随机的且满足统计独立条件，则接收信号为

$$s(t)=\sum_{i=1}^{N}s_i(t) \tag{8.6}$$

N 个到达接收天线的信号，如果其中一条路径信号明显强于其他路径信号，则信号包络服从莱斯分布。莱斯分布包络的概率密度为

$$p(r)=\begin{cases}\dfrac{r}{\sigma^2}\mathrm{e}^{-\frac{(r^2+A^2)}{2\sigma^2}}\mathrm{I}_0\left(\dfrac{Ar}{\sigma^2}\right), & A\geqslant 0,r\geqslant 0\\ 0, & r<0\end{cases} \tag{8.7}$$

式中，A 为直达信号的幅度；r 为接收信号的幅度；σ 为噪声标准偏差；$\mathrm{I}_0(\cdot)$ 为第一类 0 阶修正贝塞尔（Bessel）函数。

若在接收信号中没有主导分量，莱斯分布就转变为瑞利分布，即多径衰落的信号包络服从瑞利分布，故把这种多径衰落称为瑞利衰落。

瑞利分布包络的概率密度为

$$p(r)=\frac{r}{\sigma^2}\mathrm{e}^{-\frac{r^2}{2\sigma^2}},\quad 0\leqslant r\leqslant +\infty \tag{8.8}$$

图 8.10 所示为瑞利分布的概率密度曲线。

慢衰落和快衰落的信号变化情况如图 8.11 所示。其中，信号强度曲线的中值呈现慢速变化，是慢衰落；曲线的瞬时值呈快速变化，为快衰落。可见，快衰落与慢衰落尽管形成原因不同，但并不是两个独立的衰落，快衰落反映的是瞬时值，慢衰落反映的是瞬时值加权平均后的中值。

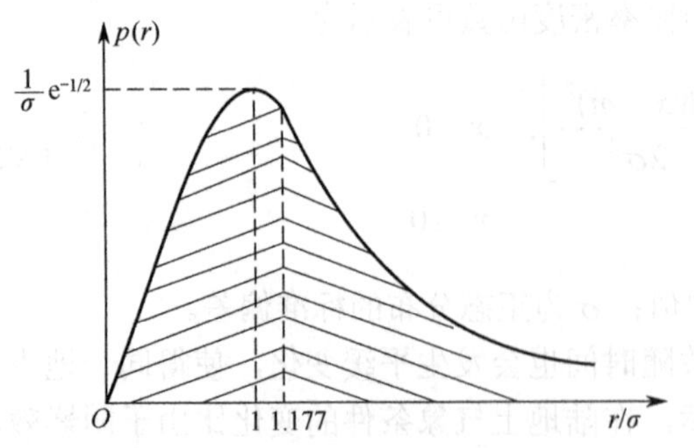

图 8.10　瑞利分布的概率密度曲线

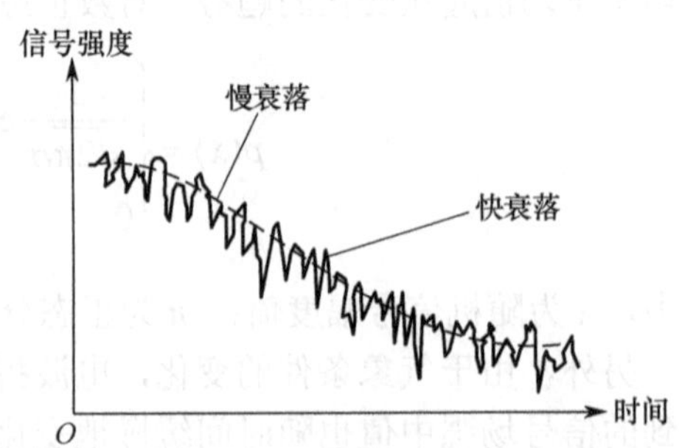

图 8.11　慢衰落与快衰落的信号变化情况

综上所述，自由空间的传播损耗是由于电波扩散引起的，是不可避免的。衰落对传输信号的质量和传输可靠度都有很大的影响，严重的衰落甚至会使传输中断。对于慢衰落来讲，由于它的变化速度十分缓慢，通常可以通过调整设备参量（如发射功率）来补偿。快衰落必须通过采用分集接收、自适应均衡等技术来抵抗。

8.3　典型电波传播损耗的计算

8.3.1　电波在自由空间中传播

无线电波在自由空间的传播是电波传播研究中最基本、最简单的一种。

自由空间是满足下述条件的理想空间：（1）均匀无损耗的无限大空间；（2）其中的媒质是各向同性的线性媒质；（3）电导率为零。

对于移动通信系统而言，其自由空间传播损耗 L_{fs} 仅与传输距离 d 和电波频率 f 有关，而与收发天线增益无关，损耗大小为

$$L_{fs} = 32.45\,\text{dB} + 20\lg(d/\text{km}) + 20\lg(f/\text{MHz}) \tag{8.9}$$

式中，d 为传输距离，f 为电波的频率。

从式（8.9）可看出，传播距离 d 越远，自由空间传播损耗 L_{fs} 越大，当传播距离 d 加大一倍时，L_{fs} 就增加 6 dB；电波频率 f 越高，L_{fs} 就越大，当电波频率 f 提高一倍时，自由空间传播损耗 L_{fs} 就增加 6 dB。

8.3.2　由建筑物外部向内部的穿透传播

发射机在建筑物外部时，电磁波可能会在穿透建筑物后继续传播，称为穿透传播。穿透传播会造成穿透损耗。穿透损耗可定义为建筑物室外场强与室内场强之比（以 dB 表示）。

影响穿透损耗的要素有：建筑物结构（砖石、钢筋混凝土、土等）和建筑物厚度、电波频率、楼层高度、进入室内的深度等。

简单来说，钢筋混凝土结构的穿透损耗大于砖石或土结构的穿透损耗；建筑物厚度大的穿透损耗比厚度小的穿透损耗高；电波频率越高，穿透能力越强，越容易通过门窗到达室内，越有利于在建筑物内部传播；楼层越高，穿透损耗越小；建筑物内的损耗随电波穿透深度（即进入室内的深度）的增大而增大。

穿透损耗随楼层高度的变化一般为−2 dB/层，因此一般都考虑一层或底层的穿透损耗。

下面是一组针对 900 MHz 频段综合国外测试结果的数据。

中等城市市区：一般钢筋混凝土框架建筑物，穿透损耗中值为 10 dB，标准偏差为 7.3 dB；郊区同类建筑物，穿透损耗中值为 5.8 dB，标准偏差为 8.7 dB。

大城市市区：一般钢筋混凝土框架建筑物，穿透损耗中值为 18 dB，标准偏差为 7.7 dB；郊区同类建筑物，穿透损耗中值为 13.1 dB，标准偏差为 9.5 dB；金属壳体结构或特殊金属框架结构的建筑物，穿透损耗中值为 27 dB。

由于我国的城市环境与国外有很大的不同，一般比国外同类地区要高 8～10 dB。

1 800 MHz 虽然其波长比 900 MHz 短，穿透能力更大，但绕射损耗更大；因此，实际上 1 800 MHz 的建筑物的穿透损耗比 900 MHz 的要大。GSM 规范 3.30 中提到，对于

1 800 MHz 的电波，城市环境中的建筑物的穿透损耗一般为 15 dB，农村为 10 dB，比同类地区 900 MHz 的穿透损耗大 5～10 dB。

8.3.3 其他损耗

1. 人体损耗

对于手持机，当位于使用者的腰部和肩部时，接收的信号场强比天线离开人体几个波长时将分别降低 4～7 dB 和 1～2 dB。一般人体损耗设为 3 dB。

2. 车内损耗

金属结构的汽车带来的车内损耗不能忽视，尤其在经济发达的城市，人的一部分时间是在汽车中度过的。一般车内损耗为 8～10 dB。

3. 馈线损耗

在 GSM900 中经常使用的是 7/8″ 的馈线，其在 1 000 MHz 的情况下，每 100 m 的损耗是 4.3 dB；在 2 000 MHz 的情况下，每 100 m 的损耗则为 6.46 dB，多了 2.16 dB。

8.4 移动信道电波传播模型

8.4.1 移动信道电波传播模型的意义

由于移动环境的复杂性和多变性，信号在传输过程中存在着各种衰落和损耗，要对接收信号中值进行准确计算是相当困难的，成体系的理论计算公式是没有的。实践证明，任何试图使用一个或几个理论公式计算所得的结果，都将引入较大误差，甚至与实测结果相距甚远。在实际的工程中，对移动环境中电波传播特性的研究是采用理论分析和实测分析相结合的方法。

在移动网络的实际建设中，具体做法是：首先用射线表示电磁波束的传播，在确定收发天线的架设高度、位置和周围环境的具体特征后，根据直射、折射、反射、散射、透射等传播路径，用电磁波理论计算电波传播路径损耗及有关信道参数，初步选择合适的理论电磁波传播模型。然后根据各个地区不同的地理环境，通过实地架设发射机进行连续测试，获得准确的无线电信号的路径损耗值，运用分析和计算手段再与仿真模拟的结果进行反复比较，对选择的理论传播模型参数进行修正，最终得到符合当地传播环境的所用频段的最为实际、可靠的传播模型。

8.4.2 移动信道电波传播模型种类

移动通信中常用的几种电波传播模型有：Okumura 模型（包括 Okumura-Hata 模型）、Walfish-Ikegami 模型、COST231-Hata 模型和 COST231-WIM 模型等。

扫码学习
Okumura-Hata 模型简介

奥村（Okumura）模型简称 OM 模型。Okumura 模型是由国际无线电咨询委员会（CCIR）推荐、由日本科学家奥村提出的，是目前应用较为广泛的模型。它是由奥村等人在日本东京使用不同的频率、不同的天线架设高度，选择不同的距离进行一系列测试，最后绘成经验曲线而构成的模型。我国有关部门在移动通信工程设计中也建议采用 Okumura 模型进行场强预测。

扫码学习
COST231-Hata 模型简介

8.4.3 Okumura 模型具体内容

Okumura 模型以准平坦地形城市市区环境为基准，给出其场强中值；对于其他传播环境和地形条件等因素，分别以校正因子的形式在城市场强中值基础上进行修正。由于这种模型给出了较多类型的地形、地物的修正因子，因此可以在具体的地形、地物情况下，得到更加准确的预测结果。

扫码学习
COST231-Walfish-Ikegami 模型简介

Okumura 模型的具体算法如下。

1. 中等起伏地市区接收信号的功率中值 P_P 计算

$$P_\mathrm{P} = P_0 - A_\mathrm{m}(f,d) + H_\mathrm{b}(h_\mathrm{b},d) + H_\mathrm{m}(h_\mathrm{m},f) \tag{8.10}$$

式中，P_0 为自由空间传播条件下接收信号的功率；$A_\mathrm{m}(f,d)$ 为中等起伏地市区的基本损耗中值，即假定自由空间损耗为 0 dB，基站天线架设高度为 200 m，移动台天线高度为 3 m 的情况下得到的损耗中值，具体数值可由图 8.12 求出；$H_\mathrm{b}(h_\mathrm{b},d)$ 为基站天线高度增益因子，它是以基站天线架设高度 200 m 为基准得到的相对增益，具体数值可由图 8.13（a）求出；$H_\mathrm{m}(h_\mathrm{m},f)$ 为移动台天线高度增益因子，它是以移动台天线高度 3 m 为基准得到的相对增益，具体数值可由图 8.13（b）求出。

式（8.10）中 P_0 由下式确定：

$$P_0 = P_\mathrm{T}\left(\frac{\lambda}{4\pi d}\right)^2 G_\mathrm{b} G_\mathrm{m} \tag{8.11}$$

式中，P_T 为发射机送至天线的发射功率；λ 为工作波长；d 为收发天线间的距离；G_b 为基站天线增益；G_m 为移动台天线增益。

2. 任意地形地区接收信号的功率中值 P_PC

$$P_\mathrm{PC} = P_\mathrm{P} + K_\mathrm{T} \tag{8.12}$$

式中，P_P 为中等起伏地市区接收信号的功率中值；K_T 为地形地物修正因子，其计算方法稍后介绍。

3. 任意地形地区的传播损耗中值 L_A

$$L_\mathrm{A} = L_\mathrm{T} - K_\mathrm{T} \tag{8.13}$$

式中，L_T 为中等起伏地市区传播损耗中值，即

$$L_\mathrm{T} = L_\mathrm{fs} + A_\mathrm{m}(f,d) - H_\mathrm{b}(h_\mathrm{b},d) - H_\mathrm{m}(h_\mathrm{m},f) \tag{8.14}$$

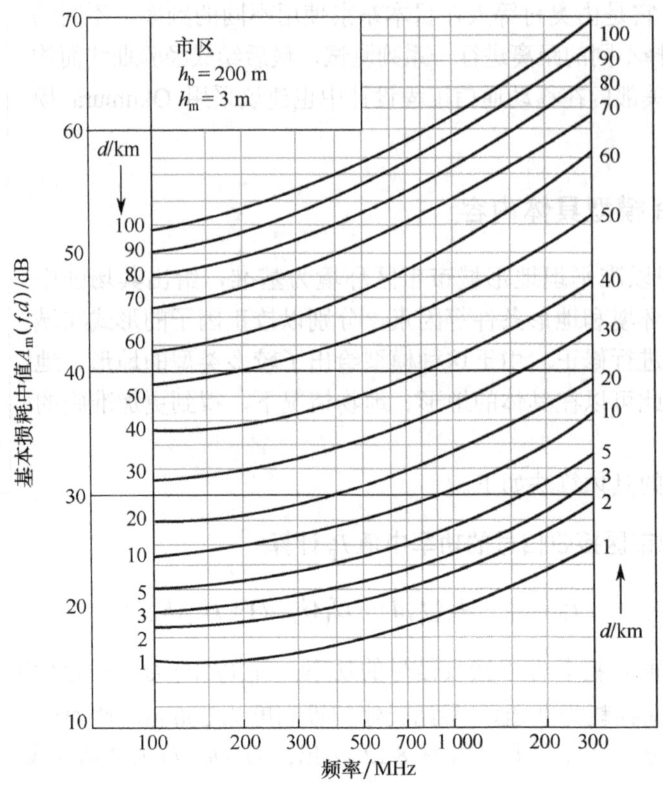

图 8.12　中等起伏地市区基本损耗中值

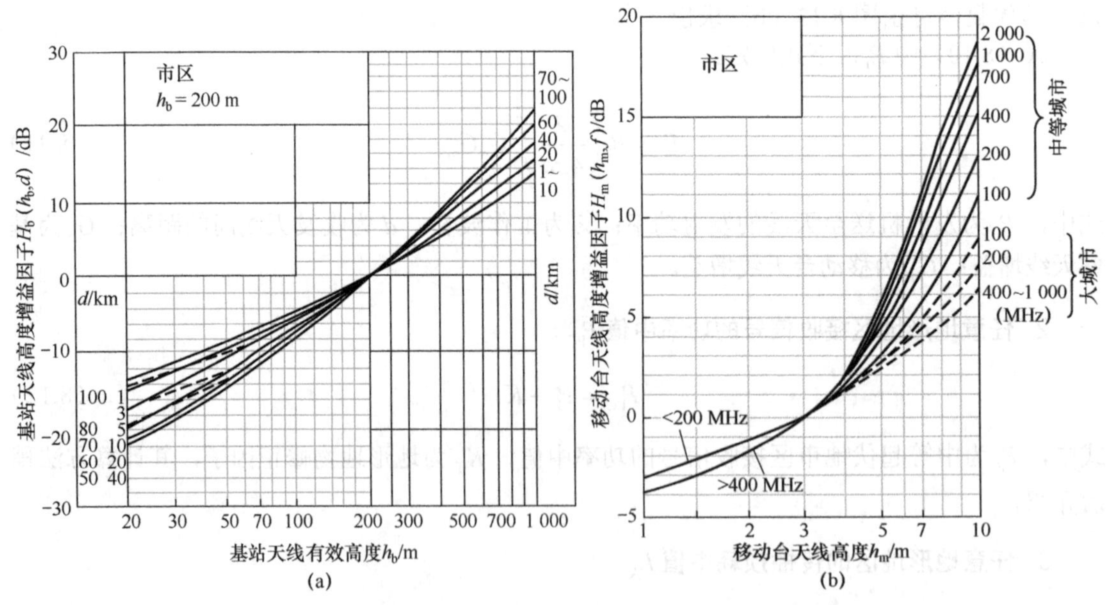

图 8.13　天线高度增益因子

4. 地形地物修正因子 K_T 的计算

地形地物修正因子 K_T 一般可写成

$$K_T = K_{mr} + Q_o + Q_r + K_h + K_{hf} + K_{js} + K_{sp} + K_S \quad (8.15)$$

式中，K_{mr}为郊区修正因子，具体数值可由图 8.14 求出；Q_o、Q_r分别为开阔地和准开阔地修正因子，具体数值可由图 8.15 求出；K_h、K_{hf}分别为丘陵地形的修正因子和微小修正值，具体数值可分别由图 8.16（a）和图 8.16（b）求出；K_{js}为孤立山岳修正因子，具体数值可由图 8.17 求出；K_{sp}为斜坡地形修正因子，具体数值可由图 8.18 求出；K_S为水陆混合路径修正因子，具体数值可由图 8.19 求出。

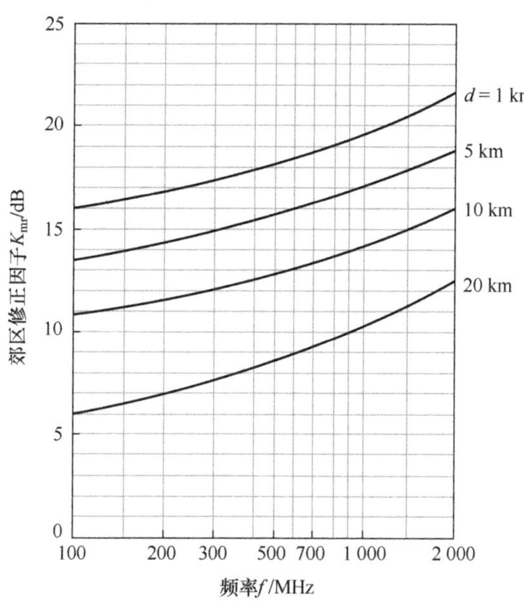

图 8.14　郊区修正因子 K_{mr}

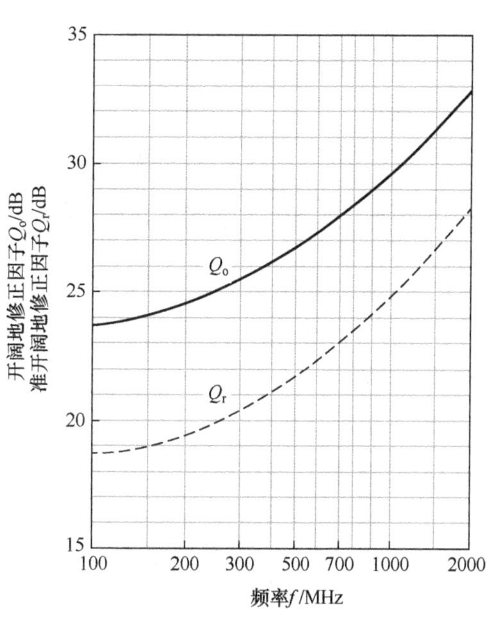

图 8.15　开阔地修正因子 Q_o 和准开阔地修正因子 Q_r

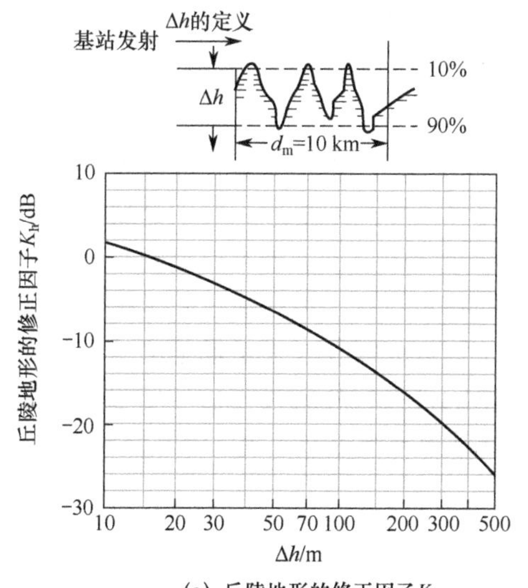

(a) 丘陵地形的修正因子K_h

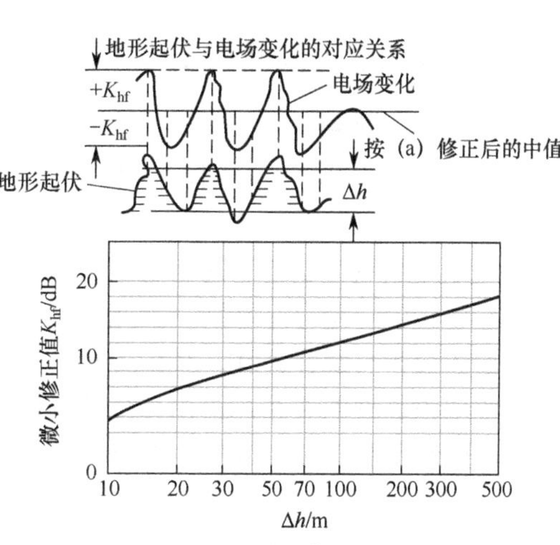

(b) 微小修正值K_{hf}

图 8.16　丘陵地形的修正因子和微小修正值

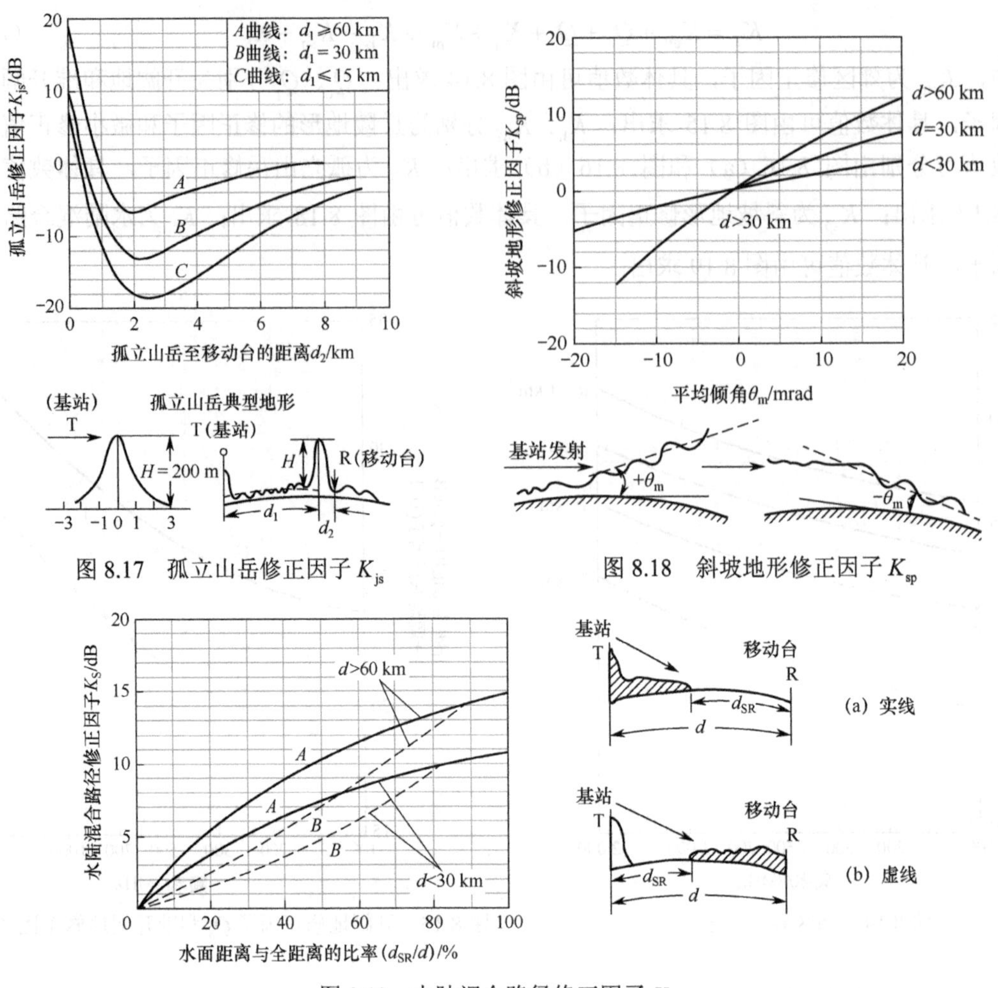

图 8.17　孤立山岳修正因子 K_{js}

图 8.18　斜坡地形修正因子 K_{sp}

图 8.19　水陆混合路径修正因子 K_S

8.4.4　传播模型在无线通信工程中的应用

不管是用哪一种模型来预测无线覆盖范围，都只是基于理论和测试结果统计的近似计算。由于实际地理环境千差万别，很难用一种数学模型来精确地描述。特别是城区街道中各种密集的建筑物对电波造成的反射、绕射及阻挡，给数学模型预测带来很大困难。因此，有一定精度的预测虽然可以指导网络基站选点及布点的初步设计，但是通过数学模型预测的值与实际信号场强值总是存在差别。因此，无线通信工程设计需要在大量场强测试的基础上，经过对数据的分析与统计处理，找出各种地形地物下的传播损耗或接收信号场强与距离、频率以及天线架设高度的关系，给出传播特性的各种图表和计算公式，建立传播预测模型，从而可较为准确地预测出接收信号的中值。

本章小结

当前蜂窝陆地移动通信主要使用的频段属于超短波和微波波段，电波传播主要是依靠视距传播方式来实现的。

蜂窝移动通信的电波，在传播过程中会遇到起伏的地形、高大的建筑物及树木、江河、湖泊等复杂的地形地貌，因而会产生直射波、折射波、反射波、散射波、绕射波以及它们的合成波等多种形式的波。

由于多样的地形地貌及移动台的移动位置、速度等具有的随机性，使电波传播过程中会产生阴影效应、远近效应、多径效应、多普勒效应、绕射损耗及衰落现象，它们在不同程度上影响着通信质量。

基于移动环境的复杂性和多变性，要对接收信号中值进行计算是没有成体系的理论计算公式的，要进行准确计算是相当困难的。在实际的工程中，对移动环境中电波传播特性的研究，可以采用理论分析和实测分析相结合的方法。

电波在自由空间的传播损耗的理论计算公式为 $L_{fs}=32.45\text{ dB}+20\lg(d/\text{km})+20\lg(f/\text{MHz})$，其中 L_{fs} 的单位为 dB，d 为传输距离，f 为电波频率。当电波穿透建筑物传播时，影响穿透损耗的要素有：建筑物结构（砖石、钢筋混凝土、土等）和建筑物厚度、电波频率、楼层高度、进入室内的深度等。

典型的电波传播模型有：Okumura-Hata 模型、Walfish-Ikegami 模型、COST231-Hata 模型和 COST231-WIM 模型等。奥村（Okumura）模型以准平坦地形城市市区环境为基准，给出其场强中值，而对其他传播环境和地形条件等因素分别以校正因子的形式在城市场强中值基础上进行修正。

习　题

8.1　蜂窝移动通信中电波传播方式是什么？简述其理由。

8.2　蜂窝移动通信中电波传播的可能路径有哪些？

8.3　什么是阴影效应？阴影效应对移动信号有什么影响？

8.4　什么是远近效应？如何克服远近效应的影响？

8.5　什么是多径效应？

8.6　多普勒效应对移动通信有什么影响？可通过什么方法进行改善？

8.7　已知移动台运动速度 $v=200\text{ km/h}$，工作频率为 900 MHz 及电波到达角 $\theta=60°$，试求多普勒频移 f_D 的大小。

8.8　什么是快衰落？快衰落的统计特性是什么？

8.9　电波在自由空间中传播为什么还会受到损耗？理论上如何计算损耗的大小？

8.10　什么是穿透传播？影响穿透损耗的要素有哪些？

8.11　在实际的工程中，对移动环境中电波传播特性的研究方法是什么？简述其理由。

8.12　移动通信中常用的电波传播模型有哪些？各有什么特点？

8.13　简要说明奥村（Okumura）模型的具体内容。

8.14　在图 8.8（a）所示的传播路径中，设菲涅耳余隙 $x=-82\text{ m}$，$d_1=5\text{ km}$，$d_2=10\text{ km}$，工作频率为 150 MHz。试求出电波传播损耗。

8.15　某一移动通信系统，基站天线架设高度为 100 m，天线增益 $G_D=6\text{ dB}$，移动台天线架设高度为 3 m，$G_m=0\text{ dB}$，市区为中等起伏地，通信距离为 10 km，工作频率为 150 MHz，试求：

（1）传播路径上的损耗中值；

（2）基站发射机送至天线的功率为 10 W 时移动台天线上的信号功率中值。

扫码学习
第 8 章习题答案

第9章 天线原理

9.1 概述

9.1.1 天线研究的主要内容

发射天线和接收天线在无线电通信系统中起着换能器的作用。发射天线能够将高频已调电流能量转换为电磁波的能量，并向预定的方向辐射出去；接收天线的工作过程正好是发射天线的逆过程，它能够将来自一定方向的无线电波的能量还原为高频电流，并通过馈线送入接收机的输入回路。

为了使天线能量的转换达到最佳效果，我们必须研究天线的两个主要问题：天线的方向性及阻抗特性。

当进行点对点通信时，我们要求天线将辐射到空间去的能量集中于一个比较狭窄的区域之内，且在这个区域以外，辐射能量的分布必须低于一定限度；但我们在进行广播通信时，则希望能量辐射到四面八方。因此，我们必须研究天线所辐射的能量在空间的分布情况。天线能量的空间分布称为天线的方向性。我们不仅要了解天线的方向性和有关参数，而且要研究如何改变天线的方向性，使它满足电性能指标的要求。

天线研究的另一个重要问题是它的阻抗特性。对于发射设备来说，天线可以看作它的一个负载。为了让天线能够有效地从发射设备取得能量，必须首先知道天线的输入阻抗，然后才能考虑天线与发射设备的匹配问题。由于实际天线往往不只应用于一个频率，因此必须了解在整个工作频带范围内天线输入阻抗的变化。

接收天线与发射天线的作用是一个可逆过程，因此，同一天线用于发射和用于接收时的性能参数是相同的。

9.1.2 天线的分类

天线的分类方法很多。按其用途，可分为通信天线、广播天线、雷达天线等；按使用波段，可分为长波天线、中波天线、短波天线、超短波天线和微波天线等；按天线的主要结构形式，又可分为线天线和面天线；从方向性角度可分为强方向性天线和弱方向性天线；从工作频带角度可分为宽频带天线和窄频带天线；从极化方式可分为线极化天线、圆极化天线及椭圆极化天线等；按馈电方式可分为对称天线和不对称天线；按工作原理可分为驻波天线、行波天线及行驻波天线；等等。

9.1.3 对通信天线的基本要求

（1）一定的方向性。

（2）较高的效率。

（3）一定的极化方式。

（4）一定的工作频带宽度。

（5）其他要求。例如，要求承受一定的功率，以及体积小、重量轻、造价低、架设方便、结构可靠等。

9.2 天线辐射电磁波的原理

9.2.1 天线辐射电磁波的过程

在有电流流动的导体周围存在着磁场；磁场相对于导体运动，在导体中就会产生电动势（电场），这就是电磁感应原理。电磁感应原理说明了电与磁是不可分割地紧密联系在一起的，同时说明电场与磁场是可以互相转化的。天线把高频电信号转变成电磁波，正是这一原理的实际应用。

图 9.1（a）所示是一个闭合的LC振荡电路，只要给它不断补充能量，就会产生连续振荡。这种闭合振荡电路，电场能主要集中在电容器的两个极板之间，磁场能主要集中在电感线圈周围；振荡过程中电场能和磁场能主要在闭合回路内互相转换，向周围空间辐射的能量很少。如果我们把电容器极板间的距离拉开，如图 9.1（b）所示，就会有较多的电场能通过周围空间传播出去。假如再把两块极板位置变成图 9.1（c）所示的那样，辐射能量的能力就会更强，这样的振荡电路称为开放回路。这种开放回路电场能就可以充分地向周围空间传播。

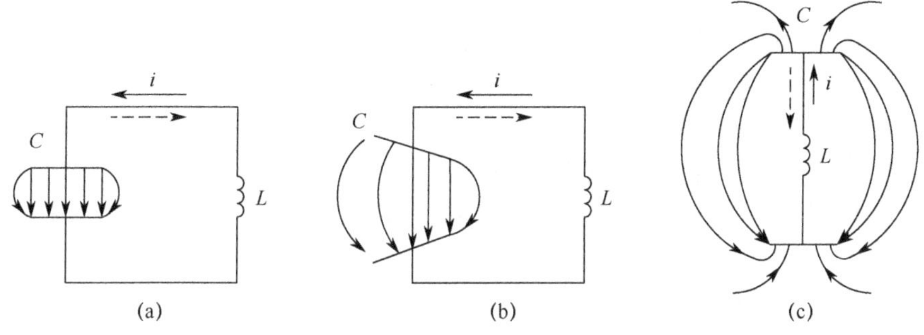

图 9.1 由闭合回路到开放回路

实际的开放回路，常把线圈的一端接地，相当于把电容器的一个极板用地来代替，那么另一个极板可以用架设在空中的导线来代替，这根导线称为天线。天线与地之间就形成了一个敞开的电容器，如图 9.2 所示。

当给实际的开放回路馈以振荡能量形成高频振荡时，由于电子在天线导体中不停地往返运动，使天线导体周围产生了变化的电场和磁场，如图 9.3 所示。根据麦克斯韦电磁场理论可知，在任何空间，只要有变化的电场，便将产生变化的磁场；同时，只要有变化的磁场，也将产生变化的电场。因此，天线周围产生的变化的电场和磁场，由于能量的扩散作用，会离开天线传播到较远的空间。这种电场能和磁场能由天线向外扩展的过程，就是天线辐射电磁波的过程。

开放回路的振荡能量一般是通过感应耦合方法获得的。发射机功率放大输出级通过线圈耦合，把放大后的已调信号馈送到开放回路，由天线转化成电磁波辐射出去。

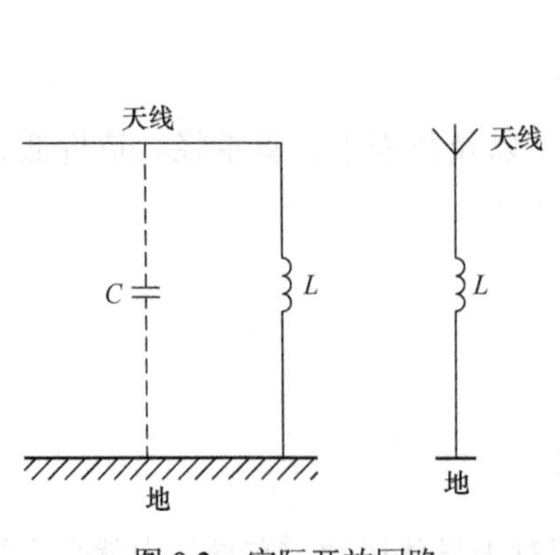

图 9.2 实际开放回路

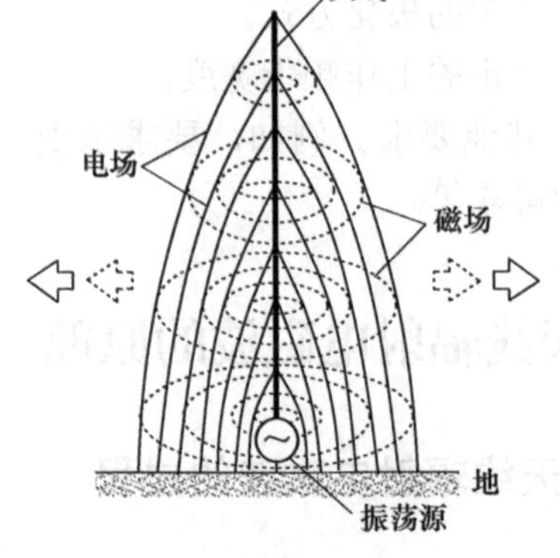

图 9.3 天线周围产生的向外辐射的电场和磁场

9.2.2 天线有效辐射电磁波的条件

1. 工作频率要高

既然电磁波的辐射依靠变化的电场与变化的磁场间的相互转化，因此变化的快慢决定着所产生场的强弱。我们知道：变化快而强的电场则产生变化快而强的交变磁场；同样，变化快而强的磁场则产生变化快而强的交变电场。因此在无线电通信中，为了有效地把电磁波辐射出去，其工作频率通常要在 10 kHz 以上。

2. 开放的结构

因为任意高频电路，只要不被完全屏蔽起来，都可以向周围空间或多或少地辐射电磁波。图 9.4 所示为满足下列条件的平行双线传输线：① $\lambda \gg d$（d 为两导线间的距离）；②两导线始终保持平行等距；③两导线长度相等；④相对应位置导线上电流大小相等，相位相反。即使这样的传输线也是有一定的辐射的。在图 9.4 中，两导线之间的场是同相而加强的，两导线外侧场的方向是相反的，但并不能完全抵消，因而有微弱的辐射，我们称这

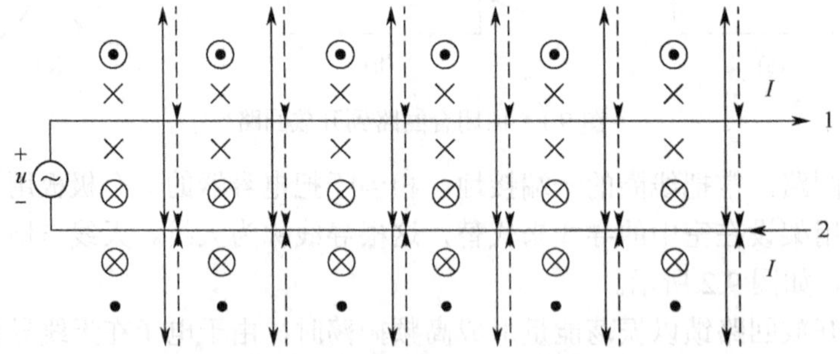

(a)

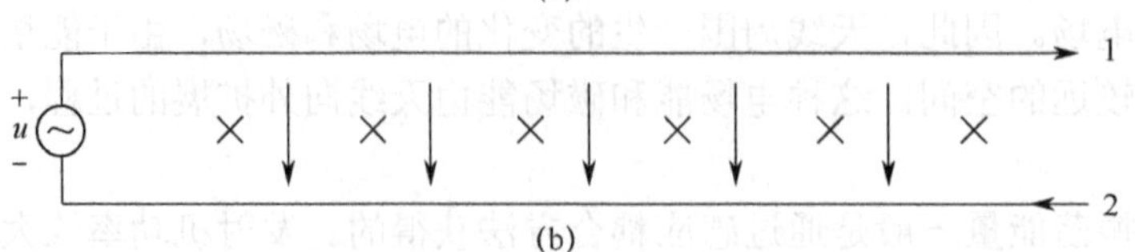

(b)

图 9.4 平行双线传输线周围电磁场分布

种结构为封闭结构。如图 9.5 所示，若将双线传输线的两臂张开，这时张开的两臂中相应位置的电流方向相同，这种结构则能产生较强的辐射，通常称这种结构为开放结构。

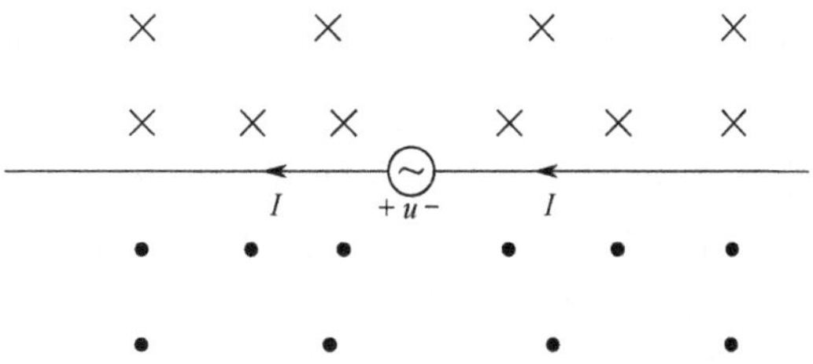

图 9.5　张开导线的磁场分布

9.3　电基本振子的辐射场

9.3.1　电基本振子辐射场表达式

电基本振子是一段载有高频电流的细导线，其长度 L 远小于工作波长 λ，即 $L \ll \lambda$，沿振子各点的振幅和相位均相同（等幅同相分布）。任意线天线均可看成是由无数个电基本振子组成的。

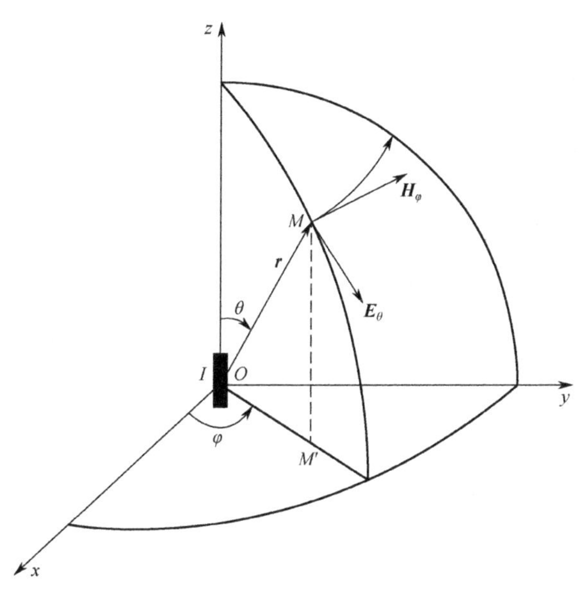

图 9.6　电基本振子及球坐标系

将电基本振子放置在图 9.6 所示的球坐标系中，振子的中点与坐标原点重合，电流为 $I\mathrm{e}^{\mathrm{j}\omega t}$，并设其位于理想均匀的无限大自由空间中。

电基本振子远区辐射场表达式为

$$\begin{cases} E_\theta = \mathrm{j}\dfrac{60\pi IL}{\lambda r}\sin\theta \mathrm{e}^{-\mathrm{j}kr} \\ H_\varphi = \mathrm{j}\dfrac{IL}{2\lambda r}\sin\theta \mathrm{e}^{-\mathrm{j}kr} \\ H_r = H_\theta = E_r = E_\varphi = 0 \end{cases} \tag{9.1}$$

式中，I 为电基本振子电流，单位为 A（安培）；L 为电基本振子长度，单位为 m；λ 为工作波长，单位为 m；r 为从天线中心到观察点的距离，单位为 m；θ 为天线轴与观察点向径之间的夹角；k 为电磁波在自由空间中传播的相移常数。

9.3.2　电基本振子辐射场的特点

分析式（9.1）可见，电基本振子的远区辐射场具有如下特点：

（1）它只有 E_θ 和 H_φ 两个分量，且两者在时间上同相，空间上互相垂直。由此可得出它的功率密度 $\boldsymbol{S} = \dfrac{1}{2}\mathrm{Re}[\boldsymbol{E} \times \boldsymbol{H}^*]$ 的大小为纯实数，且其方向为 $\boldsymbol{r}$ 方向。这表明，电基本振子的远区场是一个沿半径方向向外传播的横电磁波，向空间辐射后不再返回。

（2）E_θ 和 H_φ 均与 $1/r$ 成正比。当距离增加时，场强减小得比较缓慢，因而有可能传播到离开发射天线很远的地方。

（3）E_θ 和 H_φ 的比值为

$$\frac{E_\theta}{H_\varphi} = \sqrt{\frac{\mu}{\varepsilon}} = \eta \tag{9.2}$$

式中，η 称为媒质的波阻抗，在均匀介质中为常数，例如在自由空间中其值为 $120\pi\,\Omega$。式（9.2）表明，辐射场的电场强度与磁场强度之比为一具有阻抗量纲的常数。因此，在研究电基本振子的辐射场时，只要研究其中一个量即可，通常研究的是电场强度。这个结论也适合于由电基本振子组成的对称振子或其他复杂天线。

（4）远区场在空间中辐射的分布具有方向性，即场强与 $\sin\theta$ 成正比。所以，辐射场在相同距离但不同方向的各点是不等的。

（5）在远区距离天线相等的地方，场强相位相同，故电基本振子辐射场的等相位面是球面。

9.3.3 电基本振子的辐射电阻

既然辐射出去的能量不再返回波源，为方便起见，将天线辐射的功率看成被一个等效电阻所吸收的功率，这个等效电阻就称为辐射电阻 R_Σ。类似于普通电路，辐射电阻 R_Σ 可定义为

$$P_\Sigma = \frac{1}{2} I^2 R_\Sigma \tag{9.3}$$

式中，I 是电流的振幅，R_Σ 称为该天线归算于电流 I 的辐射电阻。

自由空间电基本振子的总辐射功率可通过下式得到：

$$P_\Sigma = \oiint_S \frac{1}{2}\mathrm{Re}[\boldsymbol{E}\times\boldsymbol{H}^*]\cdot \mathrm{d}\boldsymbol{S} = 40\pi^2 I^2 \left(\frac{L}{\lambda}\right)^2 \ (\mathrm{W}) \tag{9.4}$$

根据辐射电阻 R_Σ 的定义，可得电基本振子的辐射电阻为

$$R_\Sigma = 80\pi^2\left(\frac{L}{\lambda}\right)^2 \ (\Omega) \tag{9.5}$$

9.4 发射天线的特性参数

在设计或选用一副天线时，必须应用若干个特性参数来评价它的电性能。天线具有多方面的特性参数，分别表征它们的方向性、阻抗特性及极化特性等。

9.4.1 方向函数与方向图

1．方向函数

由电基本振子分析可知，天线辐射出去的电磁波虽然是一个球面波，但不是均匀球面波。因此，任何一副天线的辐射场都具有方向性。

所谓方向性，就是在相同距离的条件下天线辐射场的相对值与空间方向 (θ,φ) 的关系。

方向函数是描述天线的辐射场在空间的相对分布情况的数学表示式。方向函数可定义为

$$f(\theta,\varphi) = \frac{|\boldsymbol{E}(r,\theta,\varphi)|}{60I/r} \tag{9.6}$$

式中，I 为归算电流。对于驻波天线，归算电流通常取波腹电流 I_m。

场强振幅的归一化方向函数定义为

$$F(\theta,\varphi)=\frac{|\boldsymbol{E}(\theta,\varphi)|}{|\boldsymbol{E}_{\max}|} \tag{9.7}$$

式中，$\boldsymbol{E}(\theta,\varphi)$ 为天线在任意方向 (θ,φ) 上的辐射场强；$\boldsymbol{E}_{\max}$ 为与 $\boldsymbol{E}(\theta,\varphi)$ 同一距离处最大辐射方向上的辐射场强。

归一化的目的是使 $F(\theta,\varphi)$ 在最大辐射方向上得到 1 的数值，因而在其他方向上将具有小于 1 的数值，从而容易看出在任何方向上的场强与最大辐射方向场强之间的百分比。

根据定义，可得电基本振子的归一化方向函数为

$$F(\theta,\varphi)=F(\theta)=|\sin\theta| \tag{9.8}$$

2．方向图

如果把天线在相同距离、不同方向所辐射的场强强度用从原点出发的矢量长短来表示，则连接全部矢量端点所形成的包面，就是天线的方向图。它显示天线在相等距离下，不同方向辐射场强的相对大小。这种方向图是一个三维的立体图形。图 9.7（a）所示为电基本振子的三维方向图。

对于线天线来说，天线的方向图通常用包含天线导线轴的平面及垂直于天线导线轴的平面，即所谓主平面上的图形来表示。描述主平面的方式通常有以下三种：

（1）E 面和 H 面。E 面是通过天线最大辐射方向并平行于电场矢量的平面，H 面是通过天线最大辐射方向并垂直于 E 面的平面，图 9.7（b）和 9.7（c）所示分别是电基本振子 E 面和 H 面的极坐标方向图，包括振子轴的平面为 xOy 及 yOz 平面；图 9.7（d）所示是电基本振子 E 面直角坐标方向图。

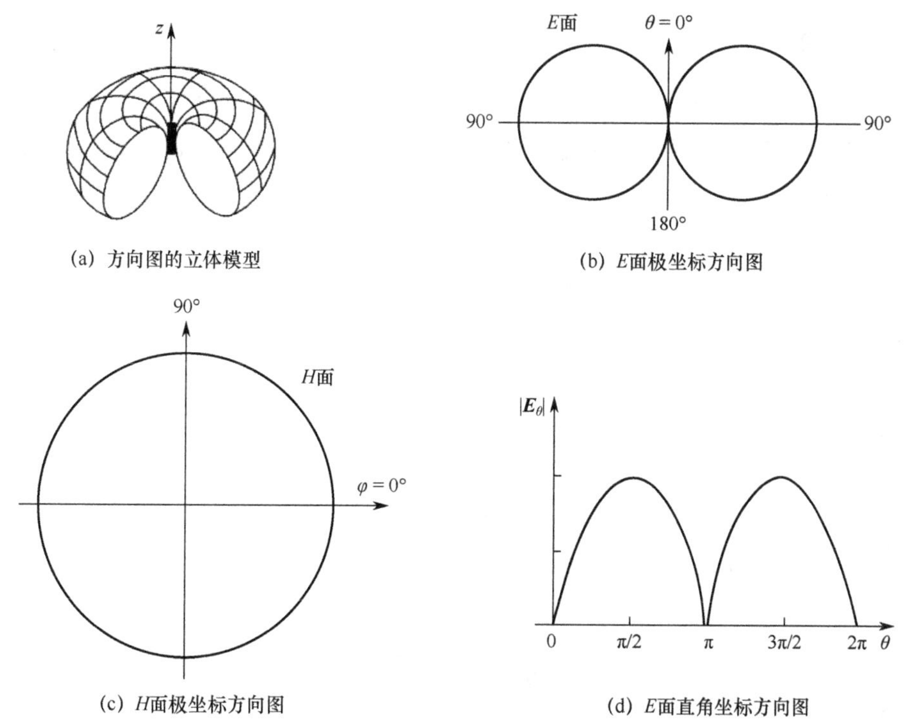

图 9.7　电基本振子的方向图

（2）子午面和赤道面。与地球相比拟，E 面同时包含有子午线，就称之为子午面；而 H

面称之为赤道面。

（3）水平面和垂直面。水平面是指仰角（射线与地面的夹角）为某一常数时，场强随水平方位角变化的图形；垂直面是指方位角为常数时，场强随仰角变化的图形。

这三种描述方式是为了方便于不同的应用场合，事实上有时它们是一回事。自由空间的典型天线，可以用子午面和赤道面来描述，也可以用 E 面和 H 面来描述；而架于地面的天线则可以用水平面和垂直面来描述，也可以用 E 面和 H 面来描述。到底用哪种方法描述，要视具体场合而定。

在图 9.8 所示的方向图中，包含最大辐射方向的辐射波瓣称为天线的主瓣，又叫天线波束。主瓣以外的波瓣称副瓣、旁瓣或边瓣，与主瓣相反方向上的副瓣叫后瓣。在工程设计中，通常要用到方向图的下列参数：

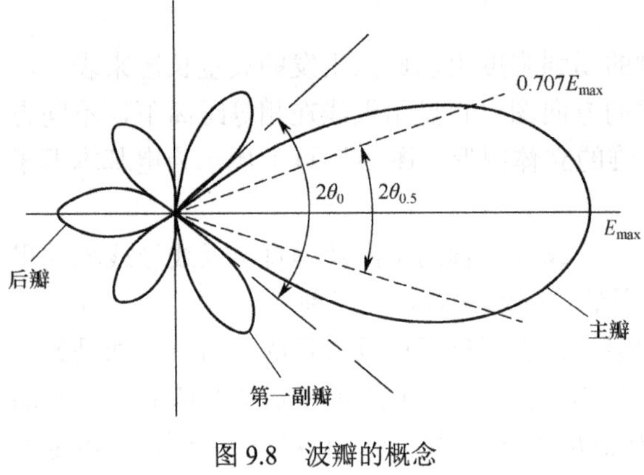

图 9.8　波瓣的概念

（1）零功率波瓣宽度 $2\theta_0$：指主瓣最大值两边两个零辐射方向之间的夹角。

（2）半功率波瓣宽度 $2\theta_{0.5}$：指主瓣最大值两边场强等于最大场强的 0.707 倍（即功率等于最大功率的一半）的两个方向间的夹角，又称 3 dB 波瓣宽度。

（3）副瓣电平：指副瓣最大值与主瓣最大值之比，通常用 dB 表示，并省去负号。

（4）前后比：指后瓣最大值与主瓣最大值之比，通常用 dB 表示，并省去负号。

9.4.2　方向系数

方向系数的定义是：在同一距离及相同辐射功率的条件下，某有方向性天线在最大辐射方向上辐射的功率密度 S_{max} 和无方向性天线（点源）的辐射功率密度 S_0 之比，称为此天线的方向系数 D。

$$D=\left.\frac{S_{max}}{S_0}\right|_{P_\Sigma=P_{\Sigma0}}=\left.\frac{|E_{max}|^2}{|E_0|^2}\right|_{P_\Sigma=P_{\Sigma0}} \tag{9.9}$$

式中，$P_{\Sigma0}$ 为无方向性天线辐射功率；P_Σ 为有方向性天线辐射功率；E_{max} 为有方向性天线辐射场强的最大值；E_0 为无方向性天线任意方向辐射的场强值。

因为无方向性天线在 r 处产生的辐射功率密度为

$$S_0=\frac{P_{\Sigma0}}{4\pi r^2}=\frac{|E_0|^2}{240\pi} \tag{9.10}$$

得 $|E_0|^2=\dfrac{60P_{\Sigma0}}{r^2}$，根据方向系数定义得

$$D=\frac{r^2|E_{max}|^2}{60P_{\Sigma0}}=\frac{r^2|E_{max}|^2}{60P_\Sigma} \tag{9.11}$$

因此在最大辐射方向上有

$$E_{max}=\frac{\sqrt{60P_\Sigma D}}{r} \tag{9.12}$$

式（9.12）表明，天线的辐射场与 $P_\Sigma D$ 的平方根成正比，所以对于不同的天线，若它们的辐射功率相等，则在同是最大辐射方向且同一 r 处的观察点，辐射场之比为

$$\frac{E_{\max 1}}{E_{\max 2}}=\frac{\sqrt{D_1}}{\sqrt{D_2}} \tag{9.13}$$

若要求它们在同一 r 处观察点的辐射场相等，则要求

$$\frac{P_{\Sigma 1}}{P_{\Sigma 2}}=\frac{D_1}{D_2} \tag{9.14}$$

即所要求的辐射功率与方向系数成反比。

可以推导出方向系数与方向函数之间的关系式为

$$D=\frac{4\pi}{\int_0^{2\pi}\int_0^{\pi}F^2(\theta,\varphi)\sin\theta\mathrm{d}\theta\mathrm{d}\varphi} \tag{9.15}$$

式中，$F(\theta,\varphi)$ 是天线的归一化方向函数。

方向系数的计算方法通常有如下三种：

（1）公式法。当天线的空间立体方向图是轴对称时，$f(\theta,\varphi)$ 与 φ 无关，则式（9.15）可简化为

$$D=\frac{2}{\int_0^{\pi}F^2(\theta)\sin\theta\mathrm{d}\theta} \tag{9.16}$$

（2）图解积分法。当 $F(\theta)$ 不能用解析式表示或者虽然能用解析式表示但积分很困难时采用此法。具体步骤：如图 9.9 所示，先在 $\theta=0\sim\pi$ 范围内用直角坐标画出 $F^2(\theta)\sin\theta$ 的曲线，把此曲线等分成 N 个间隔（$\Delta\theta_i$），在每个间隔 $\Delta\theta_i$ 中取函数 $F^2(\theta)\sin\theta$ 的一个值 $F^2(\theta_i)\sin\theta_i$ 乘以 $\Delta\theta_i$，然后把总和（即被积函数曲线所围面积）$\sum\limits_{i=1}^{N}F^2(\theta_i)\sin\theta_i\Delta\theta_i$ 代入式（9.16），即可求得 D 的近似值：

$$D=\frac{2}{\sum\limits_{i=1}^{N}F^2(\theta_i)\sin\theta_i\Delta\theta_i} \tag{9.17}$$

$\Delta\theta_i$ 取得越小，即 N 越大，所得 D 值越精确。

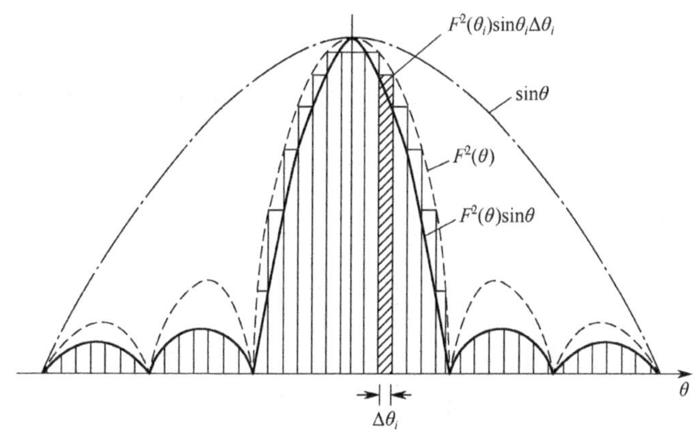

图 9.9　用图解积分法计算方向系数

（3）采用经验公式的方法。将 E 平面和 H 平面方向图的半功率波瓣宽度 $2\theta_{0.5E}$ 和 $2\theta_{0.5H}$ 代入下式计算：

$$D=\frac{33\,000}{(2\theta_{0.5E})(2\theta_{0.5H})} \tag{9.18}$$

式中，$2\theta_{0.5E}$ 和 $2\theta_{0.5H}$ 均以度（°）为单位。

式（9.18）中的分子与副瓣电平有关：当副瓣电平较高（10 dB 以上）时，可取 15 000～20 000；当副瓣电平较低（20 dB 以下）时，取 35 000～40 000。

在计算对数周期偶极子天线的方向系数时常用下式：

$$D=\frac{41\,253}{(2\theta_{0.5E})(2\theta_{0.5H})} \tag{9.19}$$

电基本振子的方向系数为 $D=1.5$。

9.4.3 效率

一般来说，载有高频电流的天线导体及其绝缘介质都会产生损耗，因此输入天线的实际功率并不能全部转换为电磁波能量，有部分能量被转换成其他形式的能量被损耗掉了。效率表示天线有效转换能量的程度，是天线的重要指标之一。发射天线的效率由下式定义：

$$\eta_{\mathrm{A}}=\frac{P_{\Sigma}}{P_{\mathrm{in}}} \tag{9.20}$$

式中，P_{in}、P_{Σ} 分别为天线的输入功率和辐射功率，这里的功率都为有功功率。

辐射功率 P_{Σ} 与辐射电阻 R_{Σ} 之间的关系式为 $P_{\Sigma}=\frac{1}{2}I^2R_{\Sigma}$，依据电场强度与方向函数的关系式（9.6），辐射电阻的一般表达式为

$$R_{\Sigma}=\frac{30}{\pi}\int_0^{2\pi}\int_0^{\pi}f^2(\theta,\varphi)\sin\theta\mathrm{d}\theta\mathrm{d}\varphi \tag{9.21}$$

与式（9.15）进行对比，可得方向系数与辐射电阻之间的关系为

$$D=\frac{120f_{\max}^2}{R_{\Sigma}} \tag{9.22}$$

天线系统中的损耗有：热损耗、介质损耗、感应损耗（悬挂天线设备及大地的损耗）等。按辐射功率和辐射电阻之间的关系，可将损耗功率和损耗电阻用下式表示：

$$P_{\mathrm{L}}=\frac{1}{2}I^2R_{\mathrm{L}} \tag{9.23}$$

式中，P_{L} 是损耗功率；R_{L} 是归算于电流 I 的损耗电阻。天线的输入功率可由下式计算：

$$P_{\mathrm{in}}=\frac{1}{2}I^2(R_{\Sigma}+R_{\mathrm{L}})=\frac{1}{2}I^2R_{\mathrm{in}} \tag{9.24}$$

式中，R_{Σ} 和 R_{L} 分别是归算于同一电流 I 的辐射电阻和损耗电阻。因此

$$\eta_{\mathrm{A}}=\frac{P_{\Sigma}}{P_{\mathrm{in}}}=\frac{R_{\Sigma}}{R_{\Sigma}+R_{\mathrm{L}}} \tag{9.25}$$

从式（9.25）可以看出，要提高天线效率，应尽可能减小损耗电阻和提高辐射电阻。对于长波、中波天线，由于波长较长，而天线的长度不可能取得很长，因此 l/λ 较小，它的辐射能力自然很低；而超短波和微波天线的效率都很高，接近于 1。

9.4.4 增益

被研究天线的输入功率 P_{in} 与理想点源（无方向性且效率为 100%）的输入功率 P_{in0} 相同的条件下，被研究天线在最大辐射方向上的功率密度 $S_{\max}$ 与理想点源（效率 100%）在同一点产生的功率密度 S_0 的比值，称为此天线在该方向的增益 G，用公式表示如下：

$$G = \left.\frac{S_{\max}}{S_0}\right|_{P_{\text{in}}=P_{\text{in0}}} = \left.\frac{\left|E_{\max}\right|^2}{\left|E_0\right|^2}\right|_{P_{\text{in}}=P_{\text{in0}}} \tag{9.26}$$

式中，$E_{\max}$ 为被研究天线在最大辐射方向上的场强；E_0 为理想点源在任意方向辐射的场强。

考虑到效率的定义，在有耗情况下的功率密度为无耗时功率密度的 η_{A} 倍，式（9.26）可改写为

$$G = \left.\frac{S_{\max}}{S_0}\right|_{P_{\text{in}}=P_{\text{in0}}} = \left.\frac{\eta_{\text{A}} S_{\max}}{S_0}\right|_{P_{\Sigma}=P_{\Sigma 0}} \tag{9.27}$$

即

$$G = D \cdot \eta_{\text{A}} \tag{9.28}$$

方向系数用来衡量天线定向辐射能力，效率表示天线在能量上的转换效能，因而从式（9.28）可看出，增益表示天线定向“收益”的程度。

通常所指的增益均是以理想点源作为基准的，但有些地方也采用以自由空间的无耗的半波对称振子作为基准。半波对称振子的最大辐射方向的方向系数等于 1.64，因此以它作为基准时得出的增益 G' 和以理想点源作为基准所得出的增益 G 之间的关系为

$$G' = \frac{G}{1.64} \tag{9.29}$$

9.4.5 天线的输入阻抗

天线的输入阻抗是天线的一个重要指标，因为它直接影响天线馈入能量（对接收机而言为输送给接收机）的效率。天线的输入阻抗定义为天线馈电点的高频电压 U_0 和该点的电流 I_0 之比，即

$$Z_{\text{in}} = \frac{U_0}{I_0} = R_{\text{in}} + \text{j}X_{\text{in}} \tag{9.30}$$

式中，R_{in}、X_{in} 分别为输入电阻和输入电抗。

输入电阻 R_{in} 和输入电抗 X_{in} 分别对应有功功率和无功功率。无功功率是储存在天线近区中与天线交换的那部分功率。有功功率是辐射功率加上天线中的热损耗、绝缘损耗和介质损耗以及地电流和天线周围物体的损耗等实功率；如果将此功率认为被一电阻所吸收，并且通过这个电阻的电流是馈电点的电流，则这个电阻就是输入电阻，因此有

$$R_{\text{in}} = R_{\Sigma} + R_{\text{L}} \tag{9.31}$$

式中，R_{Σ} 为天线辐射电阻；R_{L} 为天线损耗电阻。

天线的输入阻抗大小取决于天线的结构、工作频率以及周围环境的影响。要严格地从理论上计算一副天线的输入阻抗是比较困难的，因为这需要准确地知道天线上激励电流的分布。除了少数天线外，大多数天线的输入阻抗在工程中采用近似计算得到或通过实验测定。

9.4.6 有效长度

电基本振子的电流分布是均匀的，它在自由空间辐射场强的振幅为

$$|E_\theta| = \frac{60\pi IL}{\lambda r}\sin\theta \tag{9.32}$$

式中，I 为电基本振子上分布电流大小；L 为电基本振子长度；λ 为电波波长；r 为电波辐射距离；θ 为电波射线与振子轴之间的夹角。

可见，辐射场强与振子长度 L 成正比（应保持 $L \ll \lambda$ 条件）。但是，一般的线天线，沿线电流的振幅分布不均匀，使线上各基本单元的辐射作用也不均匀。比如，对称振子电流的振幅分布近似为正弦形，它的辐射能力并不按比例随着天线长度而变化。为了直接用长度衡量天线的辐射能力，引入“有效长度”的概念，这是一个等效的直线长度。

发射天线有效长度的定义是：一副电流分布不均匀的天线，可以用一个沿线电流分布均匀、幅度等于它输入点的电流 I_{in} 或波腹电流 I_m 的基本振子来等效，如果两者在各自的最大辐射方向上的辐射场强相同，则此等效电基本振子的长度就是该天线的有效长度。

如图 9.10 所示，若以天线输入点电流 I_{in} 为归算电流，对于全长为 L 、电流 $I(z)$ 分布不均匀的实际天线，其在最大辐射方向上的场强为

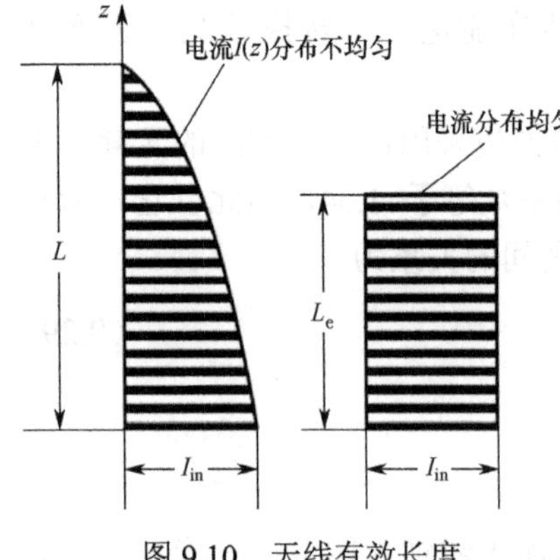

图 9.10 天线有效长度

$$E_{max} = \int_0^L dE = \frac{60\pi}{\lambda r}\int_0^L I(z)dz \tag{9.33}$$

等效的电基本振子最大辐射方向上的场强为

$$E_{max} = \frac{60\pi I_{in} L_e}{\lambda r} \tag{9.34}$$

式（9.33）和式（9.34）的值相等，可得电流分布不均匀天线的有效长度 L_e 为

$$L_e = \frac{1}{I_{in}}\int_{-L/2}^{L/2} I(z)dz \tag{9.35}$$

9.4.7 天线的极化

天线极化的定义为：天线在最大辐射方向上辐射或接收电场矢量的取向。天线辐射的电波极化可分为线极化、圆极化和椭圆极化。线极化方向有时以地面为参考，将电场矢量方向与地面平行的波叫水平极化波，与地面垂直的波叫垂直极化波。圆极化波可由两个正交且具有 90° 相位差的线极化产生；根据矢量端点旋转方向的不同，圆极化可以是右旋的，也可以是左旋的。判断左旋和右旋圆极化的方法是：将大拇指指向传播方向，四指从相位超前的分量转向相位滞后的分量，符合右手螺旋关系的为右旋圆极化，符合左手螺旋关系的为左旋圆极化。椭圆极化是电场矢量旋转一周时，它的端点在垂直于传播方向的平面内描绘的轨迹成一个椭圆；同样，根据矢量端点旋转方向的不同，椭圆极化可以是右旋的，也可以是左旋的。接收天线的极化要与来波的极化匹配，否则会造成接收功率的损失。

应当指出，电波经过反射后，有时会发生极化的改变。

天线不能接收与其正交的极化分量。例如，线极化天线不能接收来波中与其极化方向垂直的线极化波；圆极化天线不能接收来波中与其旋向相反的圆极化分量；对于椭圆极化来波，其

中与接收天线的极化旋向相反的椭圆极化分量不能被接收。极化失配意味着功率损失。

9.4.8　工作频带宽度

一般天线都是在一定频率范围内工作的，天线的主要电指标，如增益、主瓣宽度、副瓣电平、输入阻抗、极化特性等，都和频率有关。当工作频率偏离设计频率（一般取中心工作频率为设计频率）时，往往引起各种电参数的变化，如波瓣宽度增大，副瓣电平增高，方向系数下降，极化特性变化以及失配，等等。通常根据使用天线的系统要求，规定天线电参数容许的变化范围。当工作频率变化时，天线电参数不超过容许值的频率范围，称为天线的工作频带宽度。一般来说，若同时对几项电指标都有具体要求，则带宽应由其中最严格的要求确定。

对带宽的具体规定视系统的技术要求而定，没有统一的规定。在要求不太严格的情况下，大致可以提出如下要求：方向图主方向场强值下降到中心频率时的 0.707 倍时的带宽（也称为 3 dB 带宽），或者输入电压驻波比降到 2.0 以下时的带宽等。

天线带宽的表示方法通常有两种，一种称“相对带宽”，一种是“倍频带宽”。

相对带宽的定义是：天线的绝对带宽 $2\Delta f$ 与工作频带内的中心频率 f_0 之比，即

$$\frac{2\Delta f}{f_0}=\frac{f_{\max}-f_{\min}}{f_0} \tag{9.36}$$

式中，$f_{\max}$ 和 $f_{\min}$ 分别是工作频带的上限频率和下限频率。

倍频带宽的定义是：工作频带的上限频率与下限频率之比，即

$$B=\frac{f_{\max}}{f_{\min}} \tag{9.37}$$

扫码学习
天线带宽受限的因素

扫码学习
展宽天线带宽的主要方法

一般窄频带天线多使用相对带宽来表示，而宽频带天线通常采用倍频带宽来表示。“窄”与“宽”都是相对的，没有严格的定义。习惯上，$f_{\max}/f_{\min}\geqslant 2$ 的天线就认为是宽带天线了。

9.4.9　功率容量

输入到天线上的功率不可能无限制地增大，其主要限制在于天线表面的电场和介质材料的性质，即由天线周围的空气及天线绝缘子的介电强度决定。

如果场强超过允许值，则空气开始电离，结果可能发生空气被击穿的现象。一般来说，沿天线的场强是不均匀的，这是由于驻波的存在和天线结构的局部不均匀而引起的。电离一般从天线上某点开始，局部地引起气温上升，电离形成的火苗沿空气运动方向或沿线向上运动；当落到低场强区域时，火苗熄灭。这种现象增大了损耗，造成天线输入阻抗的急剧变化，严重时会引起天线因过热而烧毁。

9.5　接收天线

发射天线和接收天线具有互易性，即同一副天线在用作发射天线和接收天线时，具有相同的特性参数。然而，针对接收系统的特点，对接收天线还有一些特殊要求。

9.5.1 天线接收无线电波的物理过程

天线在用于接收时的物理过程，与它在用于发射时相反，此时是把空间电磁波的能量转化为导电物体中的高频电流能量。当一副天线匹配于外来电磁波的场时，天线上就感应出电流，并在其输出端产生一个感应电动势，该电动势在接收机回路中产生电流。所以，接收天线可以看成接收机的电源，而接收机则是接收天线的负载。和其他电源一样，接收天线也具有它的内阻抗。接收天线输送到接收机电流的大小，与接收天线的感应电动势及阻抗有关。

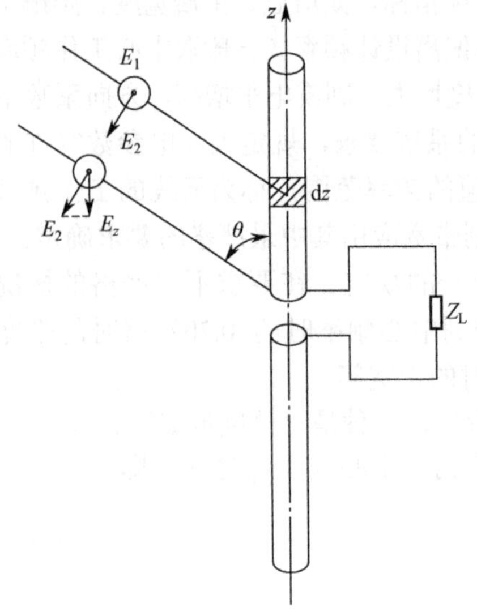

如图 9.11 所示，设一接收天线处于外来无线电波的场中。电波的电场可分为两个分量：一个是垂直于射线与天线轴所构成平面的分量 E_1，另一个是位于该平面内的分量 E_2。只有沿天线导体表面的电场切向分量 $E_z = E_2\sin\theta$ 才能在天线上激起电流；其余的电场分量均与天线导体的表面相垂直，不能在天线表面激起电流。在这个切向分量的作用下，天线上将产生感应电动势。

接收天线上感应电动势的大小可通过互易原理计算：

$$e_r = EL_eF(\theta,\varphi) \tag{9.38}$$

式中，E 是作用于接收天线的电场强度；L_e 为接收天线的有效长度；$F(\theta,\varphi)$ 为接收天线的归一化方向函数。

9.5.2 接收天线的等效电路

图 9.12 所示为接收天线的等效电路图。接收天线起电压源的作用，接收电动势为 e_r；源的内阻抗为 $Z_A = R_A + jX_A$，它与天线在用于发射时的输入阻抗相等；$Z_L = R_L + jX_L$ 是接收天线的负载阻抗，即从天线端口 ab 看进去的接收机输入阻抗。

负载（接收机）要获得最大功率的条件是

$$\begin{cases} R_A = R_L \\ X_A = -X_L \end{cases} \tag{9.39}$$

当上述条件满足时，我们称接收天线与负载处于匹配状态。

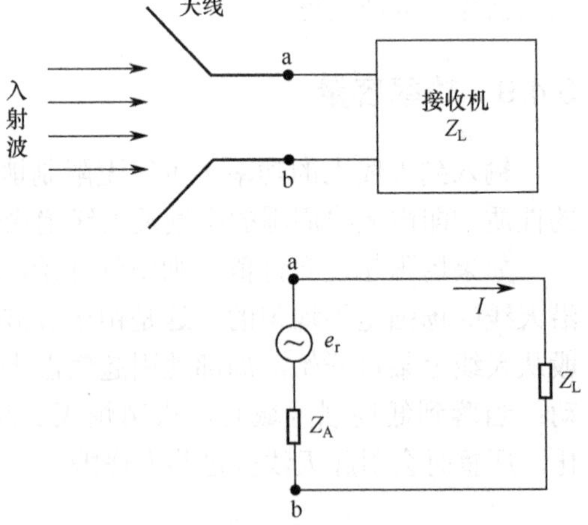

图 9.12 接收天线的等效电路图

在匹配条件下接收机所获得的最大功率为

$$P_{max} = \frac{e_r^2}{4R_L} = \frac{E^2L_e^2F^2(\theta,\varphi)}{4R_A} \tag{9.40}$$

若接收天线接收信号的方向是其最大接收方向，即 $F(\theta,\varphi)=1$，则接收机所获得的最大功率为

$$P_{\max}=\frac{E^2L_e^2}{4R_A} \tag{9.41}$$

若忽略天线上的损耗，则接收机所获得的最大功率为

$$P_{\max}\approx\frac{E^2L_e^2}{4R_\Sigma} \tag{9.42}$$

式中，R_Σ 为天线的辐射电阻。

9.5.3　接收天线的噪声温度

接收天线除了有与发射天线相同的特性参数外，还有其他的特殊参数，如噪声温度。

在接收系统中最重要的指标之一是接收机的灵敏度，它决定于信噪比。而噪声包括内部噪声和外部干扰。内部噪声来源于各种电路、电子管和半导体器件以及天线本身的热噪声，外部干扰有宇宙噪声、大气噪声以及电气运行产生的噪声等。

1. 天线热噪声电压的均方值

天线热噪声电压的均方值可用下式表示：

$$\overline{U_{N0}^2}=4kT_0BR_L \tag{9.43}$$

式中，$k=1.38\times10^{-23}$ J/K 为玻尔兹曼常量；T_0 为以热力学温度表示的环境温度，单位为 K；B 为带宽，单位为 Hz；R_L 为天线的损耗电阻，单位为 Ω。

考虑来自外界空间的干扰噪声，天线实际接收到的噪声可用等效噪声温度 T_A 来表示，则天线热噪声电压的均方值为

$$\overline{U_{NA}^2}=4kT_ABR_{in} \tag{9.44}$$

式中，R_{in} 为天线的输入电阻。

若馈线的效率为 η_A，则到达接收机的噪声功率为

$$kT_AB\eta_A \tag{9.45}$$

2. 馈线损耗的等效噪声温度 T_F

当馈线处在环境温度为 T_0 的恒温下时，它的热噪声功率为

$$kT_0B \tag{9.46}$$

这部分噪声功率在通过馈线到达接收机时变为

$$kT_0B\eta_A \tag{9.47}$$

那么，馈线上损耗的功率为

$$kT_0B(1-\eta_A) \tag{9.48}$$

这部分损耗的功率将以噪声形式再辐射。因此，由于馈线损耗，在接收机输入端产生的噪声温度为

$$kT_FB=kT_0B(1-\eta_A) \tag{9.49}$$

由此得馈线损耗的等效噪声温度为

$$T_F=(1-\eta_A)T_0 \tag{9.50}$$

3. 接收系统的总噪声温度

对于整个接收系统来说，除了考虑上述因素，还应考虑接收机本身的噪声温度 T_r 的影响。

因此，接收机输入端的接收系统总噪声温度 T_N 应为

$$T_N = T_{\mathrm{A}} \cdot \eta_{\mathrm{A}} + (1-\eta_{\mathrm{A}})T_0 + T_{\mathrm{r}} \tag{9.51}$$

9.5.4 对接收系统的特殊要求

实际接收天线处于有很多不同来源的无线电波的空间之中。由于接收到的信号场强一般都比较弱，所以接收天线不但要能良好地接收需要的来波，同时必须能很好地抑制所有其他不需要的来波。这是因为，除了需要的来波是信号之外，其他所有的来波都将形成干扰。接收的质量不取决于信号场强的绝对值，而取决于信号场强与干扰电平的比值，即信噪比。因此，接收系统必须具备抑制噪声的能力。

为了抑制外部干扰，在无线电技术中有两种不同的方法：

（1）频率选择性方法：依靠接收机内的选频电路分辨和选择出一定频带内的信号；

（2）方向选择性方法：依靠接收天线的方向性来分辨和选择出一定方向的来波。

9.5.5 接收天线的分集接收技术

分集接收就是将相关性较小（即不同时发生质量恶化）的两路以上的接收机输出信号进行选择或合成，以减轻由于衰落所造成的影响；可以分为空间分集、频率分集、极化分集、角度分集等不同的方式。目前，使用较多的分集接收方式的类型有空间分集、混合分集（空间分集加频率分集）。

空间分集就是在空间中不同的垂直高度上安装几副天线，接收同一副发射天线发射的信号，然后进行合成或选择其中一个较强信号作为接收端的使用信号。有几副接收天线就称为几重分集。频率分集就是采用两个或两个以上具有一定间隔的频率同时发送和接收同一信号，然后进行合成和选择，实际上就是利用电磁波不同频率、不同行程的信号来减轻衰落对信号的影响。混合分集就是发送端用两个频率发送同一信号，接收端用垂直分隔的两副天线各自接收发送端送过来的信号，再进行合成或选择。

9.6 自由空间对称振子

对称振子是应用非常广泛的一种天线，它在通信、雷达等无线电设备中既可作为单元天线使用，也可用来组成复杂的天线阵列，以适应对不同电特性的要求。

9.6.1 对称振子上电流分布

图 9.13 所示是对称振子的结构。它是由两段同样粗细且等长度的直导线构成的，在中间的两个端点对称馈电。振子每臂的长度为 l，振子导线的半径用 r 表示。

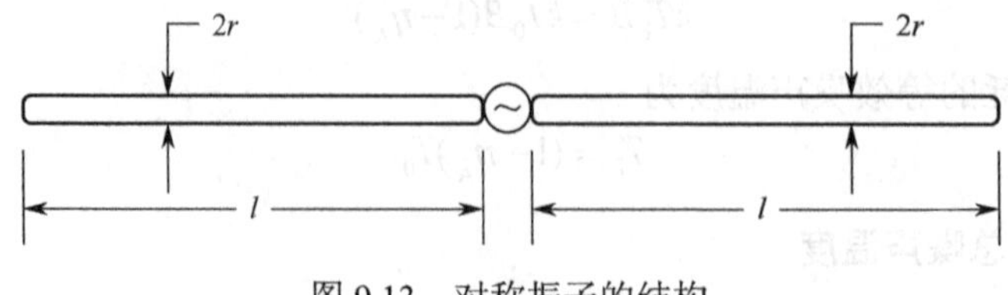

图 9.13 对称振子的结构

天线上电流分布的确定，严格的方法是通过边值问题求解积分方程而得出；但事实上，即使是对称振子这样结构非常简单的天线，通过这种方法也很难得出它的严格解。目前广泛应用的是称为矩量法的数值计算方法。所谓矩量法，就是先将微分方程或积分方程化为线性代数方程组，然后通过矩阵求逆的方法得出未知函数的数值解。对于细对称振子，在工程上常用近似方法，即假设细对称振子两臂的电流分布和开路平行双导线上的电流相似，非常接近于正弦驻波分布，如图 9.14（a）（b）所示。若取图中所示的坐标，并忽略振子损耗，则其电流表达式为

$$I_z=\begin{cases} I_{\mathrm{m}}\sin[k(l-z)], & z\geqslant 0 \\ I_{\mathrm{m}}\sin[k(l+z)], & z<0 \end{cases} \tag{9.52}$$

式中，I_{m} 为波腹电流；$k=2\pi/\lambda$ 是细对称振子上电流传输的相移常数。

根据正弦分布的特点，对称振子的末端为电流的波节点，电流分布关于振子的中心点对称，超过半波长就会出现反相电流，如图 9.14（b）所示。

实际上，当振子的导线直径 $2r$ 远小于所使用的工作波长 λ，即 $2r/\lambda\ll 1$ 时，近似方法的结果在工程上是足够精确的。

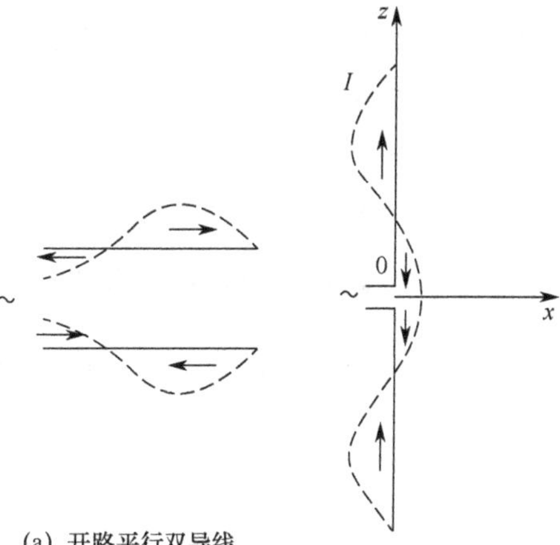

图 9.14 开路平行双导线和细对称振子的电流分布

9.6.2 对称振子的远区辐射场

如图 9.15 所示，对于细的对称振子（即满足 $2r/\lambda\ll 1$），确定了电流为正弦分布后，就可以计算它的辐射场了。我们将对称振子分成无数个小段，每一小段上的电流在某一瞬间可以认为是均匀分布的，也就是把每一小段当作一个电基本振子。于是，空间任一点的场强就是由许多电基本振子所产生的场强的叠加。

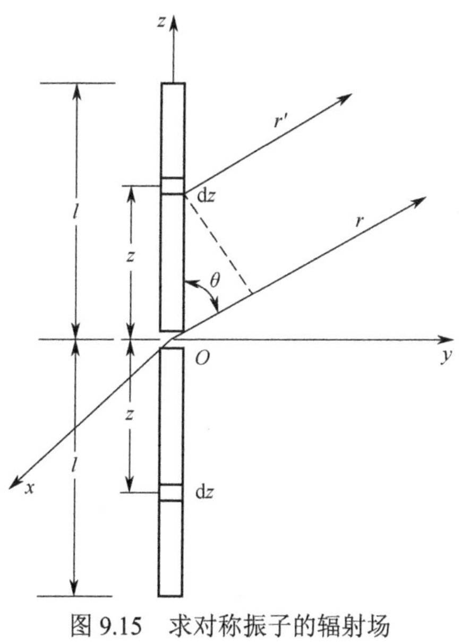

图 9.15 求对称振子的辐射场

在对称振子上距中心 z 处取电流元段 $\mathrm{d}z$，它对远区场的贡献为

$$\mathrm{d}E_\theta=\mathrm{j}\frac{60\pi I_{\mathrm{m}}\sin[k(l-|z|)]\mathrm{d}z}{r'\lambda}\sin\theta\mathrm{e}^{-\mathrm{j}kr'} \tag{9.53}$$

式中，r' 是电流元段 $\mathrm{d}z$ 的辐射距离。

由于远区与天线之间的距离一般都远远大于天线尺寸，所以式（9.53）中的 r 与 r' 可以看成是互相平行的。因此，以从坐标原点到观察点的路径 r 作为参考时，r 与 r' 的关系为

$$r'\approx r-z\cos\theta \tag{9.54}$$

由于 $r-r'\approx z\cos\theta\ll r$，因此在式（9.53）中可以忽略 r 与 r' 的差异对辐射场大小带来的影响，可以令 $1/r'\approx 1/r$；但是这种差异对辐射场相位带来的影响却不能忽略不计。实际上，正是路径差不同而引起的相位差 $k(r-r')=2\pi(r-r')/\lambda$ 是形成天线方向性的重要因素之一。

将式（9.53）沿振子全长进行积分：

$$E_\theta(\theta)=\mathrm{j}\frac{60\pi I_\mathrm{m}}{\lambda}\frac{\mathrm{e}^{-\mathrm{j}kr}}{r}\sin\theta\int_{-l}^{l}\sin[k(l-|z|)]\mathrm{e}^{\mathrm{j}kz\cos\theta}\mathrm{d}z \tag{9.55}$$

得对称振子的辐射场为

$$E_\theta(\theta)=\mathrm{j}\frac{60I_\mathrm{m}}{r}\frac{\cos(kl\cos\theta)-\cos(kl)}{\sin\theta}\mathrm{e}^{-\mathrm{j}kr} \tag{9.56}$$

式中，r 为振子中点到观察点的距离；I_m 为振子上的波腹电流；l 为振子单臂长度；θ 为振子轴与 r 的夹角。

式（9.56）说明：对称振子的辐射场仍为球面波；其极化方式仍为线极化；辐射场的方向性不仅与 θ 有关，也和振子的电长度（l/λ）有关。

9.6.3 对称振子的方向特性

根据方向函数的定义，对称振子的方向函数为

$$f(\theta,\varphi)=\frac{|E_\theta|}{60I_\mathrm{m}/r}=\left|\frac{\cos(kl\cos\theta)-\cos(kl)}{\sin\theta}\right| \tag{9.57}$$

式中，归算电流为波腹电流 I_m。

归一化方向函数为

$$F(\theta,\varphi)=\frac{|E(\theta,\varphi)|}{|E_{\max}|}=\left|\frac{\cos(kl\cos\theta)-\cos(kl)}{f_\mathrm{m}\sin\theta}\right| \tag{9.58}$$

式中，f_m 为 $f(\theta,\varphi)$ 的最大值。

这样，由式（9.58）绘出的方向图为归一化方向图，其最大值为 1。

对称振子子午面归一化方向函数为

$$F(\theta,\varphi=90^\circ)=\frac{|E(\theta,\varphi)|}{|E_{\max}|}=\left|\frac{\cos(kl\cos\theta)-\cos(kl)}{f_\mathrm{m}\sin\theta}\right| \tag{9.59}$$

图 9.16 所示为不同电尺寸（l/λ）的对称振子子午面归一化方向图。

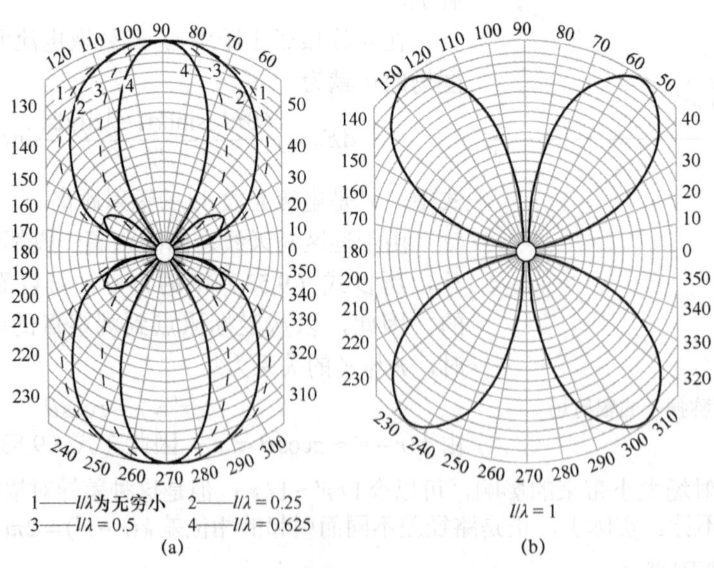

图 9.16　不同电尺寸的对称振子子午面归一化方向图

对称振子赤道面归一化方向函数为

$$F(\theta=90^\circ,\varphi)=\frac{1-\cos(kl)}{f_m} \tag{9.60}$$

其赤道面归一化方向图的形状是圆或点。

9.6.4　对称振子的辐射功率与辐射电阻

1. 对称振子的辐射功率

按定义，对称振子的辐射功率由下式计算：

$$P_\Sigma=\oiint_S \frac{1}{2}\mathrm{Re}[\boldsymbol{E}\times\boldsymbol{H}^*]\cdot \mathrm{d}\boldsymbol{S}=\oiint_S \frac{|E_\theta|^2}{240\pi}\cdot \mathrm{d}S \tag{9.61}$$

式中，S 为包围天线的闭合球面；$\mathrm{d}S$ 为面元面积。

将对称振子辐射场表达式（9.56）代入式（9.61），得对称振子的辐射功率为

$$P_\Sigma=30I_m^2\int_0^\pi \frac{[\cos(kl\cos\theta)-\cos(kl)]^2}{\sin\theta}\mathrm{d}\theta \tag{9.62}$$

式中，I_m 为波腹电流。

2. 对称振子的辐射电阻

根据对称振子辐射功率 P_Σ 计算公式（9.62）和辐射电阻定义，可得

$$R_\Sigma=\frac{2P_\Sigma}{I_m^2}=60\int_0^\pi \frac{[\cos(kl\cos\theta)-\cos(kl)]^2}{\sin\theta}\mathrm{d}\theta \tag{9.63}$$

图 9.17 所示为式（9.63）的曲线图。由图 9.17 可看出：

（1）半波振子（$l/\lambda=1/4$）辐射电阻为 73.1 Ω，全波振子（$l/\lambda=1/2$）辐射电阻为 199 Ω。

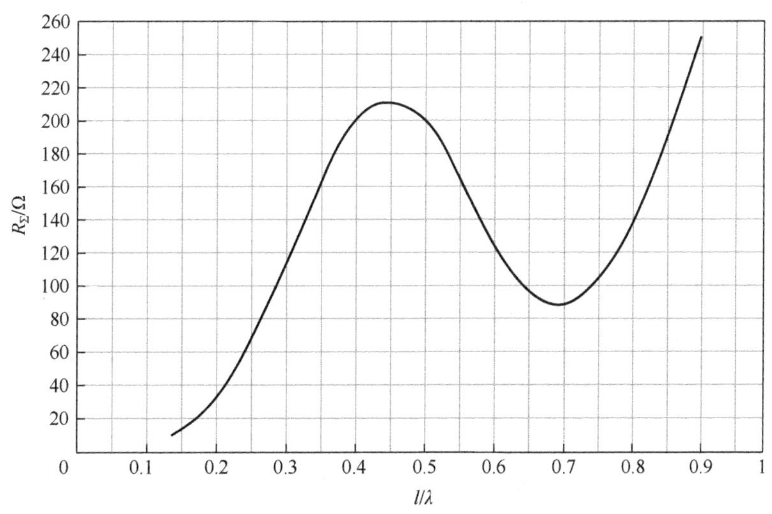

图 9.17　对称振子的辐射电阻曲线图

（2）当振子天线的电尺寸很小，即 l/λ 很小时，其辐射电阻很小。也就是说，电小天线的绝对辐射能力很低，伴随而来的缺点是容抗大，调谐困难；损耗电阻所占比例增大，效率

低；Q 值高，频带窄。这些缺点限制了电尺寸小的天线的应用。

（3）由于天线上电流分布周期性地变化，使得辐射电阻曲线具有波浪式上升的性质。

9.6.5 对称振子的输入阻抗

发射天线是馈线的终端负载，发射天线的输入阻抗实际上是馈线的负载阻抗。发射天线输入阻抗与馈线的匹配程度直接关系到天线从馈线上得到能量的多少，因而必须知道对称振子输入阻抗的变化规律。在工程上采用等效传输线法来计算对称振子的输入阻抗。也就是说，考虑到对称振子与传输线的区别，可将对称振子经过修正而等效成传输线后，再借助传输线的阻抗公式来计算对称振子的输入阻抗。

平行均匀双导线传输线是用来传送能量的，它是非辐射系统，几乎没有辐射；而对称振子是一种辐射器，它相当于有损耗的传输线。根据传输线理论可知，臂长为 l 的对称振子等效成长度为 l 的有损耗传输线后的输入阻抗为

$$Z_{\text{in}} = Z_{\text{CA}} \frac{\operatorname{sh}(2\alpha l) - \dfrac{\alpha}{\beta}\sin(2\beta l)}{\operatorname{ch}(2\alpha l) - \cos(2\beta l)} - \text{j}Z_{\text{CA}} \frac{\dfrac{\alpha}{\beta}\operatorname{sh}(2\alpha l) + \sin(2\beta l)}{\operatorname{ch}(2\alpha l) - \cos(2\beta l)} \tag{9.64}$$

式中，Z_{CA} 为对称振子的平均特性阻抗；α、β 分别为对称振子上的等效衰减常数和相移常数。

1．对称振子的平均特性阻抗

由传输线理论知，平行均匀双导线传输线的特性阻抗沿线是不变化的，如图 9.18（a）所示，它的值为

$$Z_0 = 120\ln\frac{D}{r} \ (\Omega) \tag{9.65}$$

式中，D 为两导线间距，r 为导线半径。

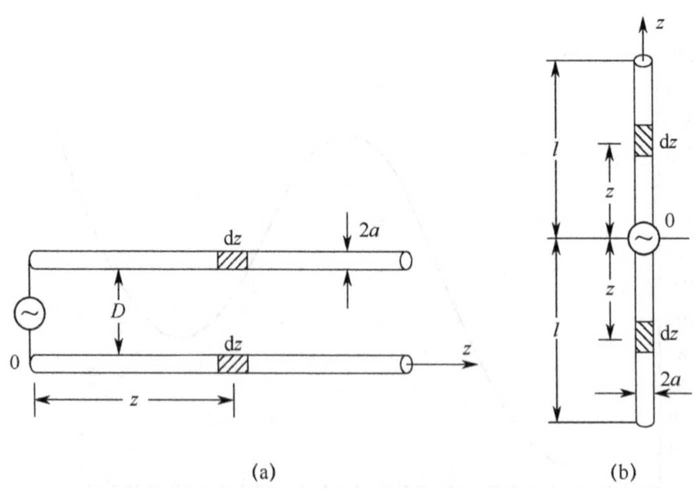

图 9.18 对称振子平均特性阻抗的计算

而对称振子两臂上对应线段之间的距离是变化的，如图 9.18（b）所示，因而其特性阻抗也是沿线变化的。设对称振子两臂上对应线段之间的距离为 $2z$，则对称振子在 z 处的特性阻抗为

$$Z_0(z)=120\ln\frac{2z}{r} \tag{9.66}$$

将 $Z_0(z)$ 沿 z 轴取平均值即得对称振子的平均特性阻抗为

$$Z_{CA}=\frac{1}{l}\int_0^l Z_0(z)\mathrm{d}z=120\left[\ln\frac{2l}{r}-1\right]\ (\Omega) \tag{9.67}$$

2．对称振子的等效衰减常数 α

由传输线的理论可知，有损耗传输线的衰减常数 α 为

$$\alpha=\frac{R_1}{2Z_{CA}} \tag{9.68}$$

式中，R_1 为传输线的单位长度电阻。

对于对称振子而言，损耗是由辐射造成的，所以对称振子的单位长度电阻就是其单位长度的辐射电阻，记为 $R_{\Sigma 1}$。根据沿线的电流分布 $I(z)$，可求出整个对称振子的等效损耗功率为

$$P_l=\int_0^l\frac{1}{2}|I(z)|^2R_{\Sigma 1}\mathrm{d}z \tag{9.69}$$

对称振子的辐射功率为

$$P_\Sigma=\frac{1}{2}I_m^2R_\Sigma \tag{9.70}$$

因为 P_l 就是 P_Σ，令 $R_{\Sigma 1}=R_1$，$P_l=P_\Sigma$，则有

$$R_1=\frac{\frac{1}{2}I_m^2R_\Sigma}{\int_0^l\frac{1}{2}|I(z)|^2\mathrm{d}z}=\frac{\frac{1}{2}I_m^2R_\Sigma}{\int_0^l\frac{1}{2}I_m^2\sin^2[\beta(l-z)]\mathrm{d}z}=\frac{2R_\Sigma}{l\left[1-\frac{\sin(2\beta l)}{2\beta l}\right]} \tag{9.71}$$

等效衰减常数 α 可写成

$$\alpha=\frac{R_1}{2Z_{CA}}=\frac{R_\Sigma}{Z_{CA}l\left[1-\frac{\sin(2\beta l)}{2\beta l}\right]} \tag{9.72}$$

3．等效传输线的相移常数 β

根据有耗传输线理论，等效传输线的相移常数为

$$\beta=k\sqrt{\frac{1}{2}\left[1+\sqrt{1+\left(\frac{R_1}{kZ_{CA}}\right)^2}\right]} \tag{9.73}$$

式中，$k=2\pi/\lambda$。

分别将 Z_{CA}、α 及 β 的值代入式（9.64)，即可得到对称振子的等效输入阻抗计算公式。

图 9.19（a）和（b）分别是细对称振子（$r/l \ll 1$）输入阻抗的实部和虚部变化曲线。由图 9.19 可看出：

（1）对称振子的输入阻抗 Z_{in} 是 l/λ 的函数。

（2）对称振子的谐振长度总是略小于 $\lambda/4$ 的整数倍。造成这一现象的原因之一是天线的末端效应。无限细天线末端的电流为零，但实际天线在接近末端时，电容加大，因而使末端电流不为零，使得振子的等效长度增加，相当于波长缩短。这种现象称为末端效应。天线愈

粗，末端效应愈大。等效长度的增加，使得谐振点在略短于$\lambda/4$整数倍处。实际工程中，考虑末端效应所产生的影响，可使实际天线长度比理论计算长度缩短5%左右。

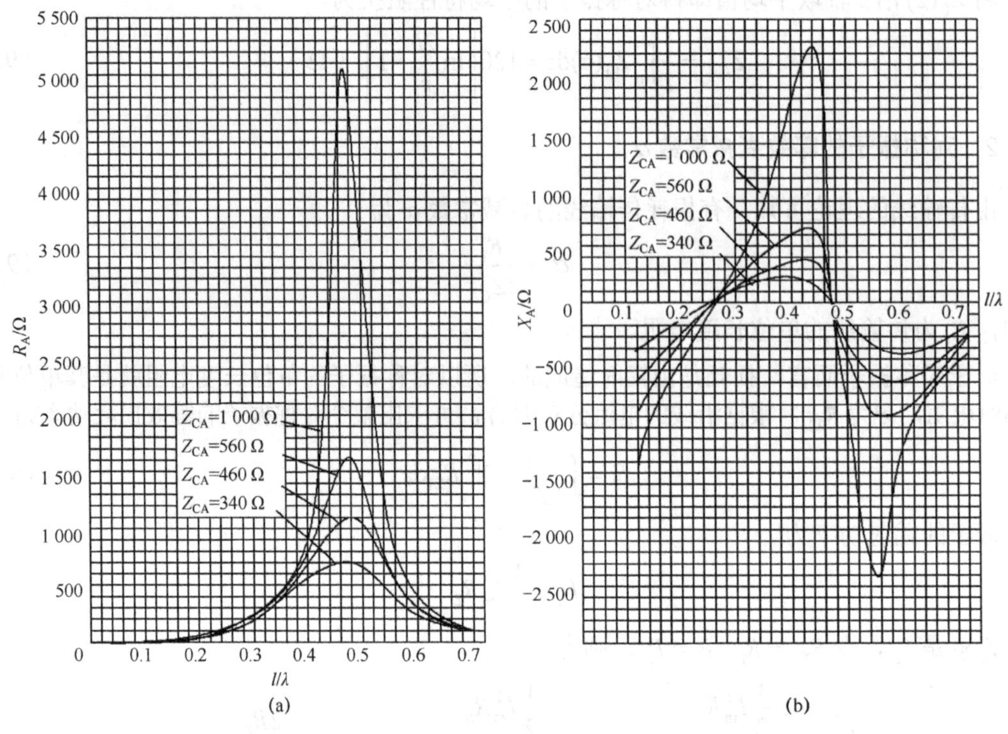

图 9.19　对称振子输入阻抗的变化曲线

（3）当l/λ略小于 0.25 时，输入电抗呈容性；当l/λ再增大至略小于 0.5 时，输入电抗呈感性。当l/λ继续增大时，曲线重复变化。

（4）在l/λ略小于 0.25 处，输入阻抗的电抗分量为零，为串联谐振点。在此附近，输入电阻随频率的变化平缓，具有较好的频率特性，利于馈电线的宽带匹配，这是广泛采用半波振子的一个重要原因。但其电阻较低，馈电效率较低。

（5）l/λ略小于 0.5 的某一值是对称振子的并联谐振点。$R_{in} \approx Z_{in}^2/R_{\Sigma}$，这是一个高电阻，馈电效率较高；但其附近输入阻抗随频率变化剧烈，频率特性不好。

（6）由式（9.67）可知，若振子长度不变，振子愈粗，其平均特性阻抗愈低；反之，振子愈细，其平均特性阻抗愈高。由图 9.19 又可知，对称振子的平均特性阻抗愈低，输入阻抗Z_{in}随l/λ的变化愈小，曲线愈平缓，其频率特性愈好。因此，实际应用时常用加大振子直径的办法来降低特性阻抗，以展宽工作频带。短波波段使用的笼形对称振子就是基于这一原理的。

扫码学习
潜艇通信与庞大的山谷天线

9.7　天线阵

9.7.1　天线阵基本理论

在天线的应用过程中，许多场合需要方向图较尖锐和增益较高的天线，如点对点通信、雷达等。解决的方法是使用某些方向图较尖锐的天线，如抛物面天线，或者用某种弱方向性的天线按一定的方式排列起来组成天线阵。

所谓天线阵，就是将若干个独立的天线按一定规律排列起来而组成的天线阵列系统。组成天线阵的独立单元称为天线单元或阵元。通过控制天线阵各单元的间距、激励幅度和相位，可以得到满足不同需要的方向性，如形成所需的方向图、实现扫描或其他的特殊性能，因此天线阵得到了广泛的应用。例如，在电视广播系统中常见的多层蝙蝠翼发射天线，就属于天线阵系统。

天线阵的阵元可以是任何类型的天线，如对称振子、缝隙天线、环天线或其他形式的天线。若同一天线阵的阵元类型相同，且在空间摆放的方向也相同，则这种天线阵称为相似阵。因阵元在空间的排列方式不同，天线阵可组成直线阵列、平面阵列、空间阵列（立体阵列）等多种不同的形式。

天线阵的主要参数有四个：阵元数、阵元的空间分布、各阵元的激励幅度和激励相位。由这四个参数确定天线阵的辐射特性（方向图、方向系数、增益和阻抗），属于天线阵的分析问题；而由天线阵的辐射特性确定这四个参数，使之尽可能地满足要求，则属于天线阵的综合问题。

二元阵是最基本的天线阵，它是分析其他天线阵的基础。因此，下面通过对二元阵分析，说明通过控制阵列天线的取向、阵元之间的相对位置、阵元上分布电流的大小和相位等参数，可得到工程中需要的方向图形。

9.7.2 二元阵

从原则上讲，组成天线阵的阵元形式可以是各不相同的，阵元之间的相互位置、电流关系可以是任意的。但分析这样没有一定规律的天线阵是相当繁杂的，也不实用。下面我们只研究馈电电流的幅度与相位按一定规律变化的二元相似阵。

1. 二元相似阵

设天线阵是由间距为 d 并沿 y 轴排列的两个相同的天线单元组成的，且天线单元为对称振子，如图 9.20 所示。由于辐射场距离一般都远远大于天线阵的物理尺寸，因此在工程上可近似认为，天线 1 和天线 2 的远区辐射场极化方向相同。假设以天线 1 为参考天线，我们来计算该二元相似阵的远区辐射场强。

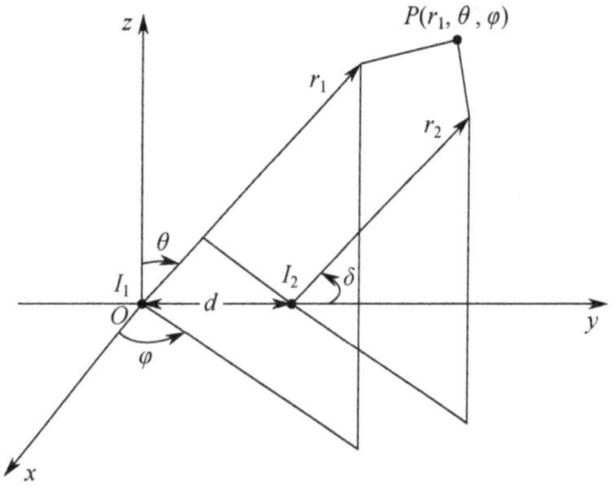

图 9.20 相似二元阵结构

假设天线 2 与天线 1 的电流关系为

$$I_2 = mI_1 e^{j\xi} \tag{9.74}$$

式中，m 表示天线 2 上的电流振幅相对于天线 1 的倍数；ξ 表示天线 2 上的电流超前于天线 1 的相位。那么，天线 1 的远区辐射场强为

$$E_1(\theta,\varphi) = j\frac{60I_{m1}}{r_1} f_1(\theta,\varphi) e^{-jkr_1} \tag{9.75}$$

式中，I_{m1} 为天线 1 的波腹电流；r_1 为天线 1 的辐射距离；k 为相移常数。

同理，可得天线 2 的远区辐射场强为

$$E_2(\theta,\varphi)=\mathrm{j}\frac{60I_{\mathrm{m2}}}{r_2}f_2(\theta,\varphi)\mathrm{e}^{-\mathrm{j}kr_2} \tag{9.76}$$

若忽略传播路径不同对振幅的影响，则

$$\frac{1}{r_1}\approx\frac{1}{r_2} \tag{9.77}$$

由于$r_1\gg d$，且$r_2\gg d$，可认为天线 2 的方向函数等于天线 1 的方向函数。而天线 2 相位表达式中的 r_2（通信距离）必须用准确数据表示，这是因为对于无线通信来说，即使一个很小的路程差，往往会引起一个很大的相位差。因此，令该通信距离为

$$r_2=r_1-d\cos\delta \tag{9.78}$$

式中，δ 为电波射线与天线阵轴线之间的夹角。

由此得天线 2 的场强为

$$\begin{aligned}E_2(\theta,\varphi)&=\mathrm{j}\frac{60I_{\mathrm{m1}}}{r_1}f_1(\theta,\varphi)\mathrm{e}^{-\mathrm{j}kr_1}\cdot m\cdot\mathrm{e}^{\mathrm{j}\xi}\cdot\mathrm{e}^{\mathrm{j}kd\cos\delta}\\&=E_1(\theta,\varphi)\cdot m\mathrm{e}^{\mathrm{j}(\xi+kd\cos\delta)}\end{aligned} \tag{9.79}$$

我们可以得到二元相似阵的合成场强为

$$E(\theta,\varphi)=E_1(\theta,\varphi)+E_2(\theta,\varphi) \tag{9.80}$$

即

$$\begin{aligned}E(\theta,\varphi)&=E_1(\theta,\varphi)\cdot[1+m\mathrm{e}^{\mathrm{j}(\xi+kd\cos\delta)}]\\&=\mathrm{j}\frac{60I_{\mathrm{m1}}}{r_1}f_1(\theta,\varphi)\cdot[1+m\mathrm{e}^{\mathrm{j}(\xi+kd\cos\delta)}]\mathrm{e}^{-\mathrm{j}kr_1}\end{aligned} \tag{9.81}$$

2. 方向图乘积定理

由式（9.81）和方向函数的定义，我们可求出二元相似阵的方向函数为

$$f(\theta,\varphi)=\frac{|E(\theta,\varphi)|}{60I_{\mathrm{m1}}/r_1}=f_1(\theta,\varphi)\cdot\left|1+m\mathrm{e}^{\mathrm{j}(\xi+kd\cos\delta)}\right|=f_1(\theta,\varphi)\cdot f_{\mathrm{a}}(\theta,\varphi) \tag{9.82}$$

式中，$f_1(\theta,\varphi)$ 为天线阵阵元的方向函数，它与阵元的结构及架设方位有关。

在式（9.82）中，$f_{\mathrm{a}}(\theta,\varphi)$ 满足

$$f_{\mathrm{a}}(\theta,\varphi)=\left|1+m\mathrm{e}^{\mathrm{j}(\xi+\beta d\cos\delta)}\right|=\left|1+m\mathrm{e}^{\mathrm{j}\psi}\right| \tag{9.83}$$

扫码学习

方向图乘积定理的应用

式中，$\psi=\xi+\beta d\cos\delta$。我们看到，$f_{\mathrm{a}}(\theta,\varphi)$ 取决于两天线（阵元）的电流比以及阵元之间的相对位置，与阵元无关，因此它又称为阵因子；阵元的方向函数 $f_1(\theta,\varphi)$ 取决于阵元结构及架设方位，与天线阵结构及馈电方式无关，因此它又称为元因子。

综上所述，由相似元组成的二元阵，其方向函数（或方向图）等于阵元方向函数（元因子）与阵因子的乘积，这个特性称为方向图乘积定理。

3. 二元阵的阻抗

当两个以上的天线排阵时，某一单元天线除受本身电流产生的电磁场作用外，还要受到阵中其他天线上的电流产生的电磁场作用。有别于单个天线被置于自由空间的情况，这种电

磁耦合的结果将会导致每个单元天线的电流和阻抗都要发生变化。此时，可以认为单元天线的阻抗由两部分组成：一部分是不考虑相互耦合影响时单元天线本身的阻抗，称为自阻抗；另一部分是由相互感应作用而产生的阻抗，称为互阻抗。对称振子的互阻抗可以利用感应电动势法比较精确地求出。

设空间中有两个耦合振子排列，如图 9.21 所示，两振子上的电流分布分别为 $I_1(z_1)$ 和 $I_2(z_2)$。以振子 1 为例，由于振子 2 上的电流 $I_2(z_2)$ 会在振子 1 上 z_1 处线元 dz_1 表面上产生切向电场分量 E_{12}，并在 dz_1 上产生感应电动势 $E_{12}dz_1$。根据理想导体的切向电场应为零的边界条件，振子 1 上电流 $I_1(z_1)$ 必须在线元 dz_1 处产生 $-E_{12}$，以满足总的切向电场为零。也就是说，振子 1 上电流 $I_1(z_1)$ 也必须在 dz_1 上产生一个反向电动势 $-E_{12}dz_1$。

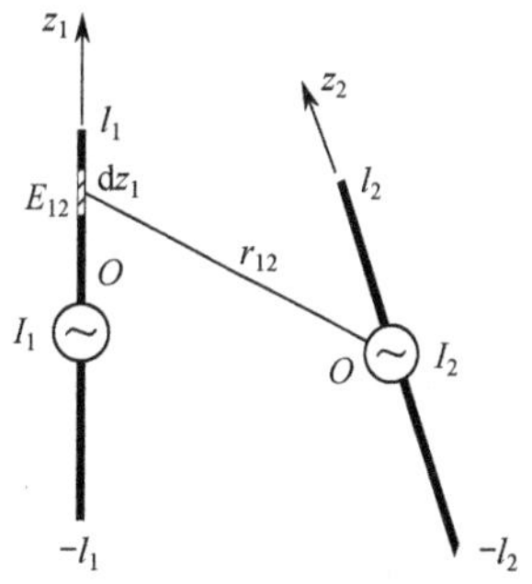

图 9.21 二元阵电磁耦合

为了维持这个反向电动势，振子 1 的电源必须额外提供的功率为

$$dP_{12} = -\frac{1}{2}I_1^*(z_1)E_{12}dz_1 \tag{9.84}$$

因为理想导体既不消耗功率，也不能储存功率，因此 dP_{12} 被线元 dz_1 辐射到空中，它实际上就是感应辐射功率。由此，振子 1 在振子 2 的耦合下产生的总感应辐射功率为

$$P_{12} = \int_{-l_1}^{l_1} dP_{12} = -\frac{1}{2}\int_{-l_1}^{l_1} I_1^*(z_1)E_{12}dz_1 \tag{9.85}$$

同理，振子 2 在振子 1 的耦合下产生的总感应辐射功率为

$$P_{21} = \int_{-l_2}^{l_2} dP_{21} = -\frac{1}{2}\int_{-l_2}^{l_2} I_2^*(z_2)E_{21}dz_2 \tag{9.86}$$

在互耦振子阵中，振子 1 和振子 2 的总辐射功率应分别写为

$$\begin{cases} P_{\Sigma 1} = P_{11} + P_{12} \\ P_{\Sigma 2} = P_{21} + P_{22} \end{cases} \tag{9.87}$$

式中，P_{11} 和 P_{22} 分别为振子单独存在时归算于 I_{m1} 和 I_{m2} 的自辐射功率。可以将式（9.85）推广而直接写出 P_{11} 和 P_{22} 的表达式：

$$\begin{cases} P_{11} = \int_{-l_1}^{l_1} dP_{11} = -\frac{1}{2}\int_{-l_1}^{l_1} I_1^*(z_1)E_{11}dz_1 \\ P_{22} = \int_{-l_2}^{l_2} dP_{22} = -\frac{1}{2}\int_{-l_2}^{l_2} I_2^*(z_2)E_{22}dz_2 \end{cases} \tag{9.88}$$

如果仿照网络电路方程，引入分别归算于 I_{m1} 和 I_{m2} 的等效电压 U_1 和 U_2，则振子 1 和振子 2 的总辐射功率可表示为

$$\begin{cases} P_{\Sigma 1} = \frac{1}{2}U_1 I_{m1}^* \\ P_{\Sigma 2} = \frac{1}{2}U_2 I_{m2}^* \end{cases} \tag{9.89}$$

回路方程可写为

$$\begin{cases} U_1 = I_{m1}Z_{11} + I_{m2}Z_{12} \\ U_2 = I_{m1}Z_{21} + I_{m2}Z_{22} \end{cases} \tag{9.90}$$

式中，Z_{11}、Z_{22} 分别为归算于波腹电流 I_{m1}、I_{m2} 的自阻抗；Z_{12} 为归算于 I_{m1}、I_{m2} 的振子 2

对振子 1 的互阻抗；Z_{21} 为归算于 I_{m2}、I_{m1} 的振子 1 对振子 2 的互阻抗。

自阻抗和互阻抗的计算公式如下：

$$\begin{cases} Z_{11} = -\dfrac{1}{\left|I_{m1}\right|^2}\displaystyle\int_{-l_1}^{l_1} I_1^*(z_1)E_{11}\mathrm{d}z_1 \\ Z_{22} = -\dfrac{1}{\left|I_{m2}\right|^2}\displaystyle\int_{-l_2}^{l_2} I_2^*(z_2)E_{22}\mathrm{d}z_2 \\ Z_{12} = -\dfrac{1}{I_{m1}^* I_{m2}}\displaystyle\int_{-l_1}^{l_1} I_1^*(z_1)E_{12}\mathrm{d}z_1 \\ Z_{21} = -\dfrac{1}{I_{m1} I_{m2}^*}\displaystyle\int_{-l_2}^{l_2} I_2^*(z_2)E_{21}\mathrm{d}z_2 \end{cases} \tag{9.91}$$

可以由电磁场的基本原理证明互易性：$Z_{12} = Z_{21}$。

将式（9.90）的第一式两边同除以 I_{m1}，第二式两边同除以 I_{m2}，则可得出振子 1 和振子 2 的辐射阻抗分别为

$$\begin{cases} Z_{\Sigma 1} = \dfrac{U_1}{I_{m1}} = Z_{11} + \dfrac{I_{m2}}{I_{m1}} Z_{12} \\ Z_{\Sigma 2} = \dfrac{U_2}{I_{m2}} = Z_{22} + \dfrac{I_{m1}}{I_{m2}} Z_{21} \end{cases} \tag{9.92}$$

依据二元阵总辐射功率等于两振子辐射功率之和来计算二元振子阵的总辐射阻抗，即

$$P_\Sigma = P_{\Sigma 1} + P_{\Sigma 2} = \frac{1}{2}\left|I_{m1}\right|^2 Z_{\Sigma 1} + \frac{1}{2}\left|I_{m2}\right|^2 Z_{\Sigma 2} \tag{9.93}$$

选定振子 1 的波腹电流为归算电流，则

$$P_\Sigma = \frac{1}{2}\left|I_{m1}\right|^2 Z_{\Sigma(1)} \tag{9.94}$$

于是，以振子 1 的波腹电流为归算电流的二元阵的总辐射阻抗可表示为

$$Z_{\Sigma(1)} = Z_{\Sigma 1} + \left|\frac{I_{m2}}{I_{m1}}\right|^2 Z_{\Sigma 2} \tag{9.95}$$

9.7.3 均匀直线阵

1. 均匀直线阵的方向函数

为了更进一步加强阵列天线的方向性，需要增加阵元数目，最简单的多元阵就是均匀直线阵。所谓均匀直线阵，就是所有单元天线（阵元）结构相同，而且等间距、等幅激励而相位沿阵轴线呈依次等量递增或递减的直线阵。如图 9.22 所示，N 个阵元沿 y 轴排列成一行，且相邻阵元之间的距离相等均为 d，电流激励为 $I_n = I_{n-1}\mathrm{e}^{\mathrm{j}\xi}\ (n = 2,3,\cdots,N)$，根据方向图乘积定理，均匀直线阵的方向函数等于阵元的方向函数与直线阵阵因子的乘积。

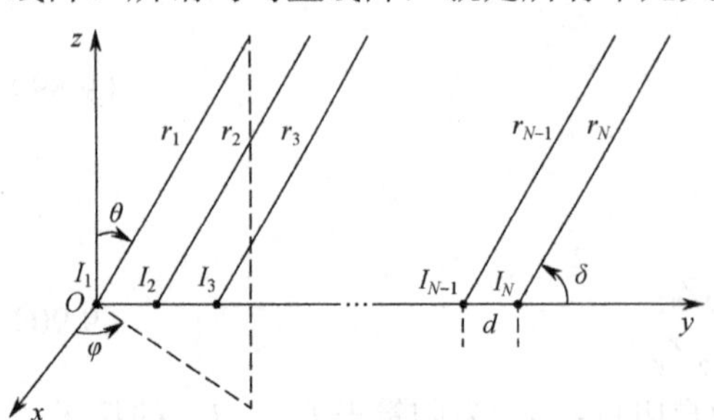

图 9.22 均匀直线阵

在实际应用中，不仅要让阵元的最大辐射方向尽量与阵因子一致，而且阵元多采用弱方向性天

线，所以均匀直线阵的方向性调控主要通过调控阵因子来实现。因此，下面的讨论主要针对阵因子，至于均匀直线天线阵的总方向图，只要将阵因子乘以阵元的方向函数就可以得到了。

设坐标原点（阵元 1）为相位参考点，当电波射线与阵轴线成 δ 角度时，相邻阵元在此方向上的相位差为

$$\psi(\delta)=\xi+\beta d\cos\delta \tag{9.96}$$

与二元阵的讨论相似，N 元均匀直线阵的阵因子为

$$f_{\mathrm{a}}(\delta)=\left|1+\mathrm{e}^{\mathrm{j}\psi(\delta)}+\mathrm{e}^{\mathrm{j}2\psi(\delta)}+\mathrm{e}^{\mathrm{j}3\psi(\delta)}+\cdots+\mathrm{e}^{\mathrm{j}(N-1)\psi(\delta)}\right|=\left|\sum_{n=1}^{N}\mathrm{e}^{\mathrm{j}(n-1)\psi(\delta)}\right| \tag{9.97}$$

此式是一等比数列求和，其值为

$$f_{\mathrm{a}}(\psi)=\left|\frac{\sin\dfrac{N\psi}{2}}{\sin\dfrac{\psi}{2}}\right| \tag{9.98}$$

当 $\psi=2m\pi\ (m=0,\pm1,\pm2,\cdots)$ 时，阵因子取最大值 N；当 $\psi=\dfrac{2m\pi}{N}\ (m=0,\pm1,\pm2,\cdots)$ 时，阵因子取零值。对式（9.98）归一化后，得到

$$F_{\mathrm{a}}(\psi)=\frac{1}{N}\left|\frac{\sin\dfrac{N\psi}{2}}{\sin\dfrac{\psi}{2}}\right| \tag{9.99}$$

2. 几种特殊的均匀直线阵

均匀直线阵在实际应用中有如下两种情况：

（1）边射阵。从式（9.96）和式（9.99）可以看出，当 $\xi=0$，$\psi=0$ 时，$\beta d\cos\delta=0$，阵因子的最大辐射方向发生在 $\delta_{\max}=\dfrac{\pi}{2}$ 处，即阵因子的最大辐射方向在垂直于阵轴线方向上，因而这种同相均匀直线阵称为边射（或侧射）直线阵。

（2）端射阵。所谓端射阵，即天线阵的最大辐射方向为天线阵的阵轴线方向。从式（9.96）和式（9.99）可以看出，当 $\xi=\pm kd$，$\psi=0$ 时，$\delta_{\max}=0$ 或 π，也就是说阵因子的最大辐射方向为天线阵的阵轴线方向（即 $\delta_{\max}=0$ 或 π）。

3. 均匀直线阵的阻抗

N 元直线阵的阻抗可以由二元阵的结果推广而得到。各振子的等效电压对应的阻抗方程为

$$\begin{cases}U_1=I_{\mathrm{m}1}Z_{11}+I_{\mathrm{m}2}Z_{12}+\ldots+I_{\mathrm{m}N}Z_{1N}\\U_2=I_{\mathrm{m}1}Z_{21}+I_{\mathrm{m}2}Z_{22}+\ldots+I_{\mathrm{m}N}Z_{2N}\\\qquad\vdots\\U_i=I_{\mathrm{m}1}Z_{i1}+I_{\mathrm{m}2}Z_{i2}+\ldots+I_{\mathrm{m}N}Z_{iN}\\\qquad\vdots\\U_N=I_{\mathrm{m}1}Z_{N1}+I_{\mathrm{m}2}Z_{N2}+\ldots+I_{\mathrm{m}N}Z_{NN}\end{cases} \tag{9.100}$$

式中，下标“i”表示振子的编号；$U_i\,(i=1,\cdots,N)$ 为归于波腹电流的等效电压；$I_{\mathrm{m}i}\,(i=1,\cdots,N)$ 为振子的波腹电流；$Z_{ij}\,(i=1,\cdots,N;j=1,\cdots,N)$ 为任意二振子间的互阻抗（或振子的自阻抗）。

仿照二元阵，将式（9.100）中第 i 个方程两边同除以 $I_{mi}(i=1,\cdots,N)$，可解得各振子的辐射阻抗为

$$\begin{cases} Z_{\Sigma 1}=Z_{11}+\dfrac{I_{m2}}{I_{m1}}Z_{12}+\cdots+\dfrac{I_{mN}}{I_{m1}}Z_{1N} \\ Z_{\Sigma 2}=\dfrac{I_{m1}}{I_{m2}}Z_{21}+Z_{22}+\cdots+\dfrac{I_{mN}}{I_{m2}}Z_{2N} \\ \vdots \\ Z_{\Sigma N}=\dfrac{I_{m1}}{I_{mN}}Z_{N1}+\dfrac{I_{m2}}{I_{mN}}Z_{N2}+\cdots+Z_{NN} \end{cases} \tag{9.101}$$

如果以第 $i\,(i=1,\cdots,N)$ 个振子的波腹电流 I_{mi} 为归算电流，则天线阵的总辐射阻抗同样可以仿照二元阵总辐射阻抗计算公式写出：

$$Z_{\Sigma(i)}=\left|\frac{I_{m1}}{I_{mi}}\right|^2 Z_{\Sigma 1}+\left|\frac{I_{m2}}{I_{mi}}\right|^2 Z_{\Sigma 2}+\cdots+Z_{\Sigma i}+\cdots+\left|\frac{I_{mN}}{I_{mi}}\right|^2 Z_{\Sigma N} \tag{9.102}$$

9.8 无限大理想导电反射面对天线电性能的影响

上面我们讨论了天线在自由空间的辐射情况，而大多数情况下，天线是架设在实际地面之上的，那么地面对天线性能的影响是必须考虑的。地面的影响也不完全是有害的，在不少场合下还可利用地面的影响来形成所需的方向图。

由于地面的存在，天线在空间辐射的电磁场分布发生了变化，这是因为地面受到电磁场的作用，地表面便产生感应电流，这个电流一般包括传导电流和位移电流。感应电流的分布不仅与天线振子的长度、离地的高度以及与地面所成的角度有关，还与波长和土壤的电参数有关。地表面的这些电流将成为新的波源，向周围空间辐射电磁波，使空间各处的电场分布发生了变化，此时空间某点的场强应为原电场和地面电流产生的场强的矢量叠加。

详细计算地面对天线辐射的影响是一个非常复杂的问题，通常我们假定地面为理想导体，再利用镜像法来考虑地面对天线辐射的影响。镜像法就是用另外一副天线，即所谓镜像天线，来代替地面对空间场的作用。

9.8.1 镜像天线等效无限大理想导电反射面

根据镜像原理，讨论一个电流元在无限大理想导电平面上的辐射场时，应满足在该理想导电平面上的切向电场处处为零的边界条件。为此，可在导电平面的另一侧设置一镜像电流元，该镜像电流元的作用就是代替导电平面上的感应电流，使得真实电流元和镜像电流元的合成场在理想导电平面上的切向值处处为零。

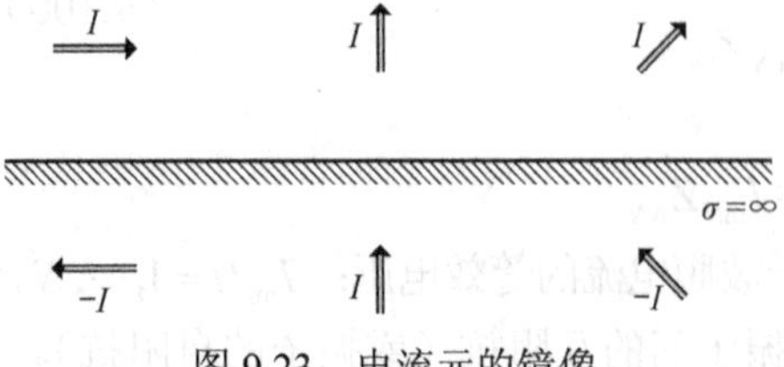

图 9.23　电流元的镜像

在真实电流元所处的上半空间，一个电流元在无限大理想导电平面上的辐射场就可以由真实电流元与镜像电流元的合成场而得到。由理想导体边界条件可求出图 9.23 所示的电流元镜像，水平电流元的镜像为理想导电平面另一侧对称位置处的等幅反向电流元，称为负镜像；而垂直电流元的镜像为理想导电平

面另一侧对称位置处的等幅同相电流元，称为正镜像；倾斜电流元的镜像与水平电流元的镜像相同，也是对称位置处的负镜像。值得强调的是，由于镜像电流元不位于求解空间内，镜像法求得的解只在真实电流元所处的半空间内有效。

对于电流分布不均匀的实际天线，可以把它分解成许多电流元，所有电流元的镜像集合起来即为整副天线的镜像。如图 9.24 所示，水平线天线的镜像一定为负镜像；垂直对称线天线的镜像为正镜像。至于垂直架设的驻波单导线，其镜像的正负视单导线的长度 l 而定。例如，对于 $l=\lambda/2$ 的驻波单导线，其镜像为正；而对于 $l=\lambda$ 的驻波单导线，其镜像为负。

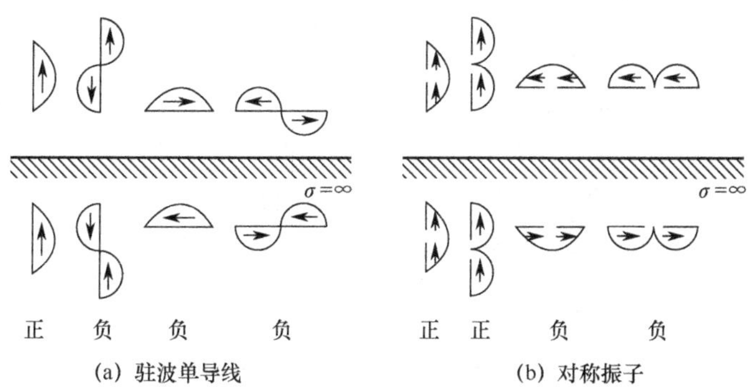

图 9.24 镜像天线电流分布

9.8.2 无限大理想导电反射面对天线电性能的影响

分析无限大理想导电反射面对天线电性能的影响主要有两个方面：一是对方向性的影响，二是对阻抗特性的影响。这些都可以用等幅同相或等幅反向二元阵来处理。

1. 对方向性的影响

如图 9.25 所示的坐标系统，以实际天线的电流 I 为参考电流，当天线的架高为 H 时，镜像天线相对于实际天线之间的波程差为 $-2kH\sin\Delta$，于是由实际天线与镜像天线构成的二元阵的阵因子为

$$F_{\mathrm{a}}(\Delta)=\begin{cases}|\cos(kH\sin\Delta)| & \text{（正镜像时）}\\ |\sin(kH\sin\Delta)| & \text{（负镜像时）}\end{cases} \tag{9.103}$$

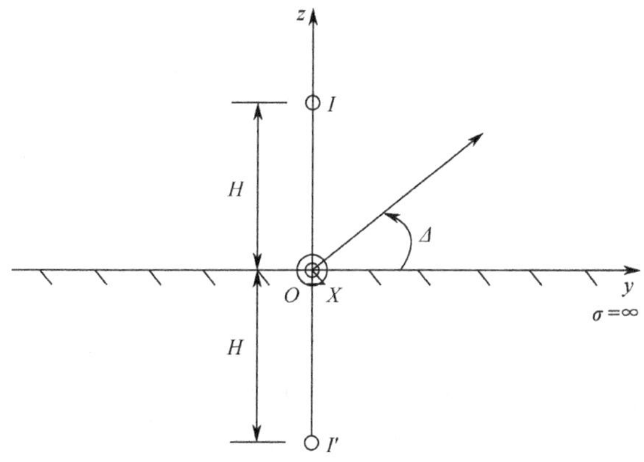

图 9.25 理想导电平面上二元阵阵因子的计算

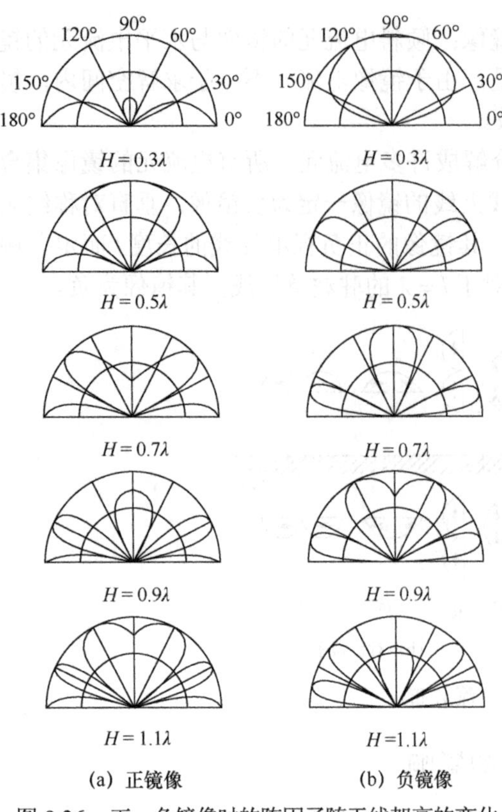

图 9.26 正、负镜像时的阵因子随天线架高的变化

正、负镜像时的阵因子随天线架高的变化如图 9.26 所示。天线架得越高，阵因子的波瓣个数越多。沿导电平面方向，正镜像始终是最大辐射，负镜像始终是零辐射。负镜像阵因子的零辐射方向和正镜像阵因子的最大辐射方向互换位置，反之亦然。

负镜像情况下，最靠近导电平面的第一最大辐射方向对应的波束仰角 $\varDelta_{m1}$ 所满足的条件为

$$\varDelta_{m1} = \arcsin\left(\frac{\lambda}{4H}\right) \tag{9.104}$$

因此，天线的架高 H 越大，第一个靠近导电平面的最大辐射方向所对应的波束仰角 $\varDelta$ 越小。理想导电平面上的天线方向图的变化规律对实际天线的架设起着指导作用。

2. 对天线辐射阻抗的影响

理想导电地面对天线辐射阻抗 Z_Σ 的影响类似于一般二元阵，可以直接写为

$$Z_\Sigma = \begin{cases} Z_{11} + Z_{11'} & （正镜像）\\ Z_{11} - Z_{11'} & （负镜像）\end{cases} \tag{9.105}$$

式中，Z_{11} 是实际天线的自阻抗；$Z_{11'}$ 是实际天线与镜像天线之间的距离所对应的互阻抗。

本 章 小 结

天线是任何无线通信系统不可或缺的组件，在系统中起着换能器的作用。发射天线将高频已调电流能量转换为电磁波的能量，并向预定的方向辐射出去；接收天线将空中无线电波能量转换为高频电流，并通过馈线送入接收机的输入回路。

为了使天线能量的转换达到最佳效果，我们必须研究天线的两个主要问题：天线的方向性和阻抗特性。

电基本振子是一段载有高频电流的细导线，任意线天线均可看成是由无数个电基本振子组成的。因此，研究电基本振子特性具有十分重要的意义。

通过研究电基本振子的辐射场，我们了解到常用的表征发射天线方向性、阻抗特性及极化特性的参数有：方向函数与方向图、效率、输入阻抗与辐射阻抗、方向系数与增益、天线的极化、工作频带宽度及功率容量等。

由于接收天线与发射天线的作用是一个可逆过程，根据互易定理，同一副天线用于发射和用于接收时的性能参数是相同的，但接收天线还有它的特殊参数，如噪声温度等。除此之外，对接收天线还有些特殊的要求，如要具有强的抗干扰能力。

对称振子天线在通信、雷达等无线电设备中既可作为单元天线使用，也可用来组成复杂的天线阵列，因此得到了非常广泛的应用。

在天线的应用过程中，单副天线的增益是非常有限的，很多场合需要方向图较尖锐和增益较高的天线；将多副天线按一定的方式排列起来组成天线阵，是得到高增益辐射性能的一种行之有效的方法。若同一天线阵的阵元类型是相同的，且在空间摆放的方向也相同，这种天线阵称为相似阵。相似阵的方向性由方向图乘积定理确定。天线组阵后不仅方向性会发生变化，阻抗特性也会发生改变。

分析电基本振子和对称振子都是在自由空间条件下进行的，但实际天线往往是架设在地面上的，地面的影响是不可忽略的。通常，我们假定地面为理想导体，再利用镜像法来考虑地面对天线辐射性能的影响。

习 题

9.1 天线在无线通信系统中的作用是什么？

9.2 天线有效辐射电磁波的主要条件是什么？

9.3 电基本振子的远区辐射场有哪些分量？它们与电波传播方向之间遵从什么关系？

9.4 描述天线方向性参数主要有哪些？它们分别是如何定义的？

9.5 如题图 9.1 所示，有一载有时谐电流的电基本振子沿 z 轴放置，中点与坐标轴原点重合，试根据其归一化方向函数，画出其 E 面和 H 面的方向图。

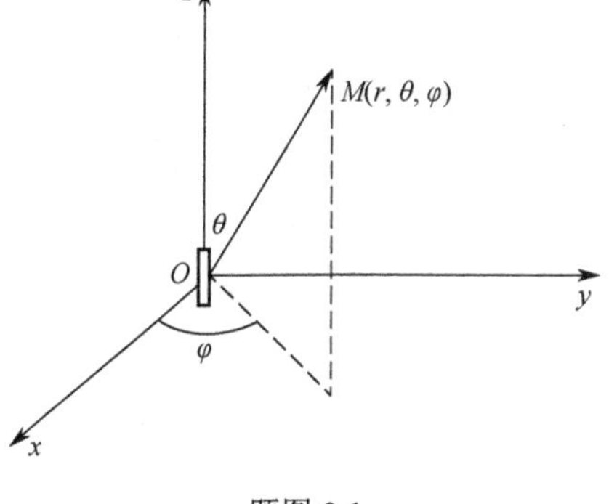

题图 9.1

9.6 设细对称振子臂长 l 分别为 $\lambda/4$ 、$\lambda/2$ 、0.625λ 及 λ，若电流为正弦分布，试绘出对称振子上电流分布的示意图。

9.7 研究天线的输入阻抗有什么意义？

9.8 已知对称振子臂长为 $l=35\ \text{cm}$ ，振子臂导线半径为 $r=8.625\ \text{mm}$ ，若工作波长为 $\lambda=1.5\ \text{m}$ ，试计算该对称振子的输入阻抗的近似值。

9.9 描述天线辐射阻抗与辐射电阻概念的区别。

9.10 求半波振子（$l/\lambda=1/4$）和全波振子（$l/\lambda=1/2$）的辐射电阻。

9.11 简述天线方向系数和增益的定义。它们之间有没有联系？

9.12 试利用公式

$$D=\frac{4\pi}{\int_0^{2\pi}\int_0^{\pi}F^2(\theta,\varphi)\sin\theta\mathrm{d}\theta\mathrm{d}\varphi}$$

计算电基本振子的方向系数。

9.13 求半波对称振子（$l/\lambda=1/4$）的方向系数。

9.14 已知某天线的归一化方向函数为

$$F(\theta)=\begin{cases}\cos^2\theta, & |\theta|\leqslant\dfrac{\pi}{2}\\ 0, & |\theta|>\dfrac{\pi}{2}\end{cases}$$

试求其方向系数 D。

9.15 一天线的方向系数为 $D_1=10\ \text{dB}$ ，天线效率为 $\eta_{\text{A1}}=0.5$；另一天线的方向系数为 $D_2=10\ \text{dB}$ ，天线效率为 $\eta_{\text{A2}}=0.8$ 。若将两副天线先后置于同一位置且主瓣最大方向指向同一点 M。

（1）若二者的辐射功率相等，求它们在 M 点产生的辐射场强之比。

（2）若二者的输入功率相等，求它们在 M 处产生的辐射场强之比。

（3）若二者在 M 点产生的辐射场相等，求所需的辐射功率比及输入功率比。

9.16 什么是天线的极化？按极化方式划分，天线有哪几种？

9.17 接收天线有哪些特殊参数？

9.18 对接收天线有什么特殊要求？

9.19 什么是分集接收技术？分集接收的目的是什么？

9.20 对称振子的设计尺寸为什么常常在 $\lambda/4$ 或 $\lambda/2$ 附近？

9.21 分别描述对称振子的设计尺寸在 $\lambda/4$ 或 $\lambda/2$ 附近各自的优缺点。

9.22 天线组阵的目的和意义是什么？

9.23 解释相似阵的概念。

9.24 天线阵的主要参数有哪些？

9.25 简述方向图乘积定理的定义及意义。

9.26 如何才能得到边射天线阵及端射天线阵？

9.27 均匀直线阵对阵元之间的馈电电流有什么要求？

9.28 用天线镜像法求解空间场强的理论依据是什么？

9.29 如何处理无限大理想导电反射面对天线电性能的影响？

9.30 一半波振子水平架设在地面上空，距地面高度为 $h=\lambda/4$，设地面为理想导体，试画出该振子的镜像天线，并求 E 面、H 面的方向函数。

扫码学习

第 9 章习题答案

第10章 常用天线

天线在其发展早期，主要用于中波、短波和超短波波段；这些波段的天线一般均为线天线，有代表性的是偶极子天线、T 形天线、菱形天线、顶负载天线和八木天线等。而在微波波段，为了获得高增益，都采用面天线，如喇叭天线和抛物面天线、透镜天线等。

10.1 直立天线

10.1.1 直立天线及其特性

直立天线是指垂直于地面架设的天线。直立天线又称单极子天线，其结构及等效图如图 10.1 所示。假设地面可视作理想导体，则地面影响可用天线的镜像来替代。图 10.1（a）中架设于理想导电地面的直立天线，可等效为图 10.1（b）所示的直立对称振子。根据镜像法原理，上述等效只是在地面上半空间成立。

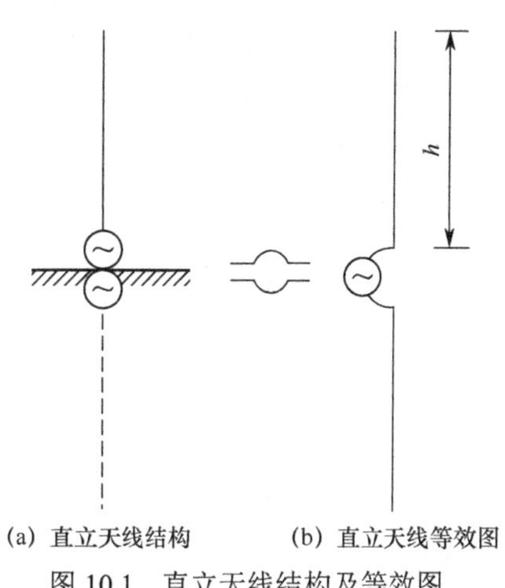

图 10.1 直立天线结构及等效图

10.1.2 直立天线的主要特性参数

1. 方向性

架设于理想导电地面的直立天线的方向函数，与等效对称振子在自由空间的方向函数完全相同。其归一化方向函数为

$$F(\varDelta)=\frac{\cos(kh\sin\varDelta)-\cos(kh)}{[1-\cos(kh)]\cdot\cos\varDelta} \tag{10.1}$$

式中，$\varDelta$ 为仰角（射线与地面的夹角）；h 为直立天线高度；k 是相移常数。

图 10.2（a）所示为自由空间直立对称振子的方向图，其中 l 为振子的单臂长；图 10.2（b）所示为架设于理想导电地面的直立天线的垂直方向图。二者的水平方向图均为圆形。

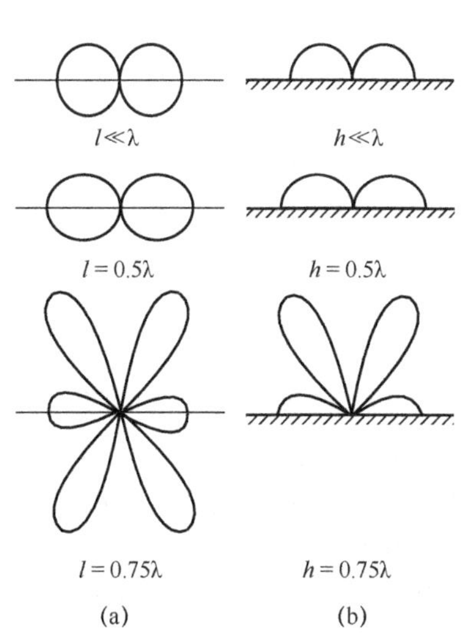

图 10.2 直立天线垂直方向图

2. 阻抗特性

（1）辐射电阻：直立天线的镜像部分并不辐射功率，故其辐射电阻为同样臂长的自由空间对称振子（$l=h$）辐射电阻的一半。

（2）输入阻抗：直立天线的输入阻抗应为自由空间对称振子（$l=h$）输入阻抗的一半。

10.1.3 直立天线的应用

直立天线被广泛应用于长波、中波波段。这些波段波长较长，天线的尺寸大，若采用水平悬挂的天线，很难将天线的架设电高度做大，且受地面的负镜像的作用，天线的辐射能力很弱。另外，长波、中波主要采用地波传播方式，当电波沿地表面传播时，水平极化波的衰减很大，因此要求天线辐射垂直极化波。鉴于以上因素，在长波、中波波段使用垂直架设于地面的辐射垂直极化波的直立天线是最合适的。为解决这些波段直立天线的几何尺寸较大的问题，常常采用高塔（木杆或金属）作为支架将天线吊起来，也可直接用铁塔作为辐射体，此时直立天线又称为桅杆天线或铁塔天线。

此外，直立天线还广泛应用于短波和超短波波段的移动通信电台中。天线一般用一节或数节金属棒或金属管构成，节间可以用螺接、卡接或拉伸等方法连接。短波、超短波波长较短，天线的长度并不长，因其外形像鞭子，故又称为鞭状天线。

10.1.4 加载直立天线

由于直立天线的电尺寸 h/λ 一般较小，天线的辐射效率低，因此对于直立天线来说，急需解决的问题是如何提高天线的辐射效率。

理论上可以通过增加天线的高度来增强辐射，但是通过增大天线尺寸来增强辐射是非常有限的。首先，增大天线电尺寸，辐射的总功率固然有所增加，但方向图会产生裂瓣，造成功率的分散；其次，在波长长的波段（如波长为 2 000 m 的长波），天线的实际物理尺寸做到约 $\lambda/4$ 的长度（对于波长为 2 000 m 的波来说为 250 m）是相当困难的。所以，对于直立天线，一个突出的问题是如何在不增加物理尺寸的条件下增大辐射效率。

要提高直立天线的辐射效率，通常采用的方法是在天线中部或底部加感性负载和在天线顶端加容性负载。

按传输线理论，由于直立天线电尺寸较小，因此天线上任一点处所呈现的阻抗为容性；若在直立天线上某点处串接一电感（如图 10.3 所示），就可抵消该点以上线段在这一点所呈现的容抗的一部分，从而增大加感点以下的天线电流。因此，加接电感线圈可使天线上电流分布变得较为均匀，从而达到提高天线有效高度和辐射电阻的效果。图 10.3 中的虚线是未加电感线圈时天线上的电流分布，实线是加电感线圈后天线上的电流分布。可以看到，天线在加感点以下的实际电流幅度提高了。

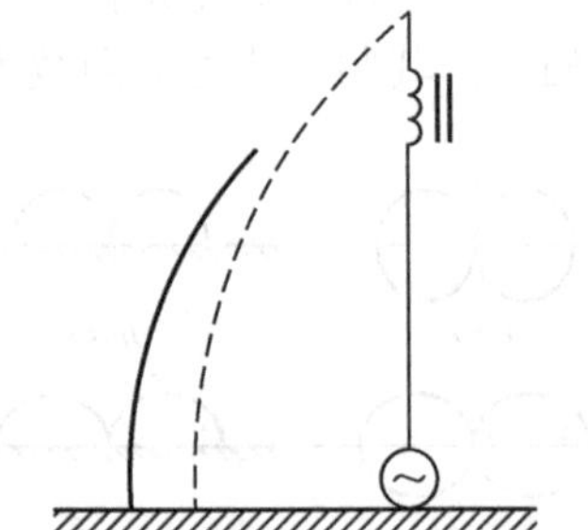

图 10.3 加顶负载后天线的电流分布

在直立天线顶端加一根或多根水平导线或从顶端向四周引出几根倾斜导线，就构成了 T 形、L 形和伞形天线，分别如图 10.4（a）、（b）、（c）所示；也可在直立天线顶端加一水平金属板、球或星状辐射叶片，如图 10.4（d）所示。这些顶端添加的线、板等统称为天线顶负载，其作用是增大顶端对地的分布电容，使天线顶端的电流不再为零。

天线顶端加电容的本质是提高天线上电流波腹点的位置，使沿线电流分布变得均匀且整体上得到增大，从而提高天线辐射效率。图 10.5（a）所示是加顶负载（电容）后天线上的实际的电流分布，图 10.5（b）所示是加顶负载后天线的虚高。

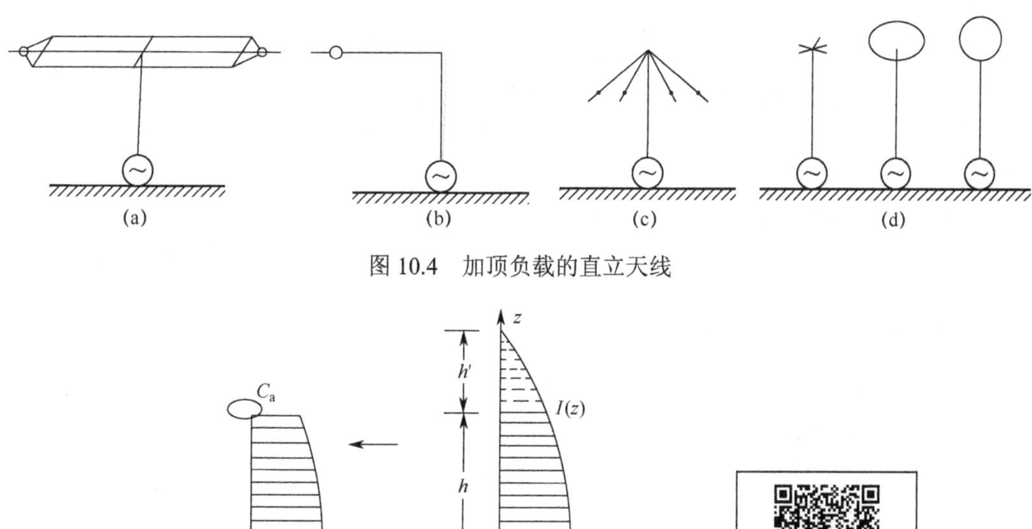

图 10.4　加顶负载的直立天线

图 10.5　加电容后天线的电流分布

10.2　双极天线

10.2.1　双极天线的结构及应用

双极天线是由对称振子水平架设于地面而构成的，如图 10.6 所示。其振子臂可用单根硬铜线、铜包钢线或多股软铜线做成，导线直径 $2r$ 由机械强度和功率容量的要求决定，一般为 3～6 mm。为降低天线感应场在附近物体中引起的损耗，宜选用高频瓷绝缘子将振子臂和支架等隔开，并注意天线与周围物体应保持适当的距离。中小型半固定短波电台中使用的双极天线，其一臂的长度 l 一般为 10～20 m，其特性阻抗为 1 000 Ω 左右；馈线多使用特性阻抗为 600 Ω 的平行双导线。

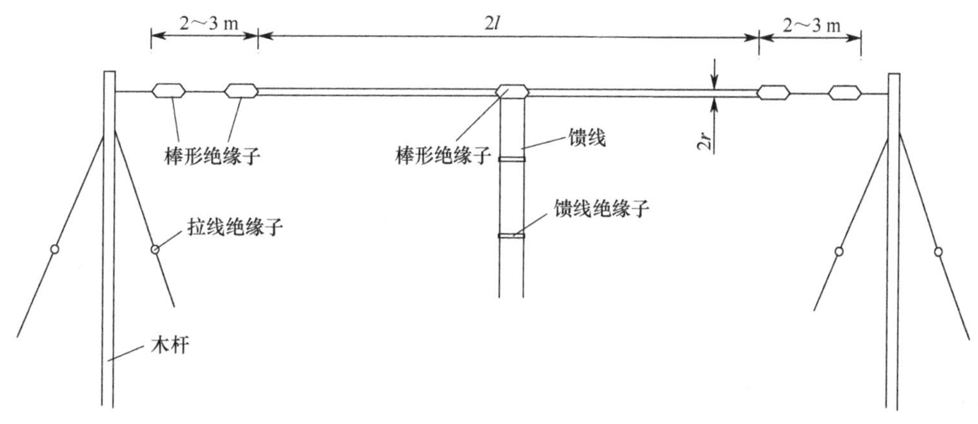

图 10.6　双极天线结构

对称振子水平放置的理由是：

（1）架设和馈电方便。

（2）地面电导率的变化对水平天线方向性的影响比垂直天线小。

（3）可减小干扰对接收信号的影响，因为工业干扰大多为垂直极化波。这对短波通信是有实际意义的。

双极天线结构简单，有一定的方向性和增益，特别适用于 500 km 以内的短距离定点通信和一定范围内的移动目标的通信，或用于多方向的定点通信。它是一种应用十分广泛的天线。

10.2.2 双极天线的辐射场

通过铺设地网和适当选择天线架设场地，使双极天线的架设地面接近于无限大理想导电地面。这样，地面的影响可用地面下的镜像天线来代替。所以，地面以上空间的辐射场，实际上是等幅、反向二元阵在空间的辐射场。在图 10.7 所示的坐标系统中，双极天线地面以上空间辐射场强表达式为

$$E(\Delta,\varphi)=\mathrm{j}\frac{60I_{\mathrm{m}}}{r}\cdot\frac{\cos(kl\cos\Delta\sin\varphi)-\cos(kl)}{\sqrt{1-\cos^2\Delta\sin^2\varphi}}\times 2\sin(kh\sin\Delta)\mathrm{e}^{-\mathrm{j}kr} \tag{10.2}$$

式中，Δ 为辐射仰角，是电波射线与地面的夹角。

由式（10.2）可看出，不论 h/λ 为何值，沿地面方向（即 $\Delta=0°$ 方向）都没有辐射。这是由于天线与其镜像在该方向的射线路程差为零，且电流反相，因而辐射场相互抵消。所以，双极天线不能用作地波通信。

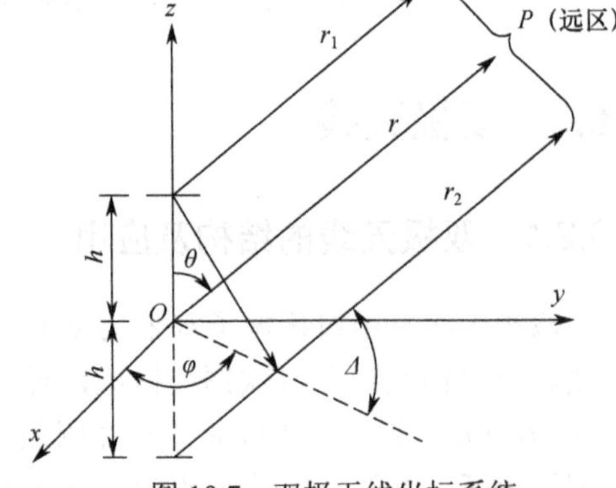

图 10.7　双极天线坐标系统

10.2.3 双极天线的方向性

1．垂直平面方向性（$\varphi=0°$ 面）

在图 10.7 中，$\varphi=0°$ 的 xOz 面即为双极天线的垂直平面。

将 $\varphi=0°$ 代入式（10.2）得垂直平面辐射场为

$$E(\Delta,\varphi=0°)=\mathrm{j}\frac{60I_{\mathrm{m}}}{r}\cdot[(1-\cos(kl)]\times 2\sin(kh\sin\Delta)\mathrm{e}^{-\mathrm{j}kr} \tag{10.3}$$

根据方向函数的定义，有

$$f(\Delta,\varphi=0°)=\frac{|E|}{60I_{\mathrm{m}}/r}=\left|(1-\cos(kl)\right|\cdot\left|2\sin(kh\sin\Delta)\right|=f_1(\Delta)\cdot f_2(\Delta) \tag{10.4}$$

式中，$f_1(\Delta)$ 为自因子方向函数，即自由空间对称振子的方向函数，它的方向图为圆形；$f_2(\Delta)$ 为地的阵因子方向函数。

图 10.8 是振子为半波对称振子、地面为理想导电地面情况下的不同架设高度的双极天线在 $\varphi=0°$ 垂直平面上的方向图。

由于半波对称振子的自因子方向图是一个圆，因此 $\varphi=0°$ 垂直平面的归一化方向图仅与天线架高 h 有关，而与振子长度 l 无关。

（1）当 $h/\lambda\leqslant 0.25$ 时，在 $\Delta=60°\sim 90°$ 范围内场强变化不大，其最大值出现在 $\Delta=90°$ 方

向上。换句话说，天线具有高仰角辐射特性，具有这种性能的天线通常称为高射天线。因此，架设不高的双极天线被广泛使用在300 km距离以内的天波通信中。

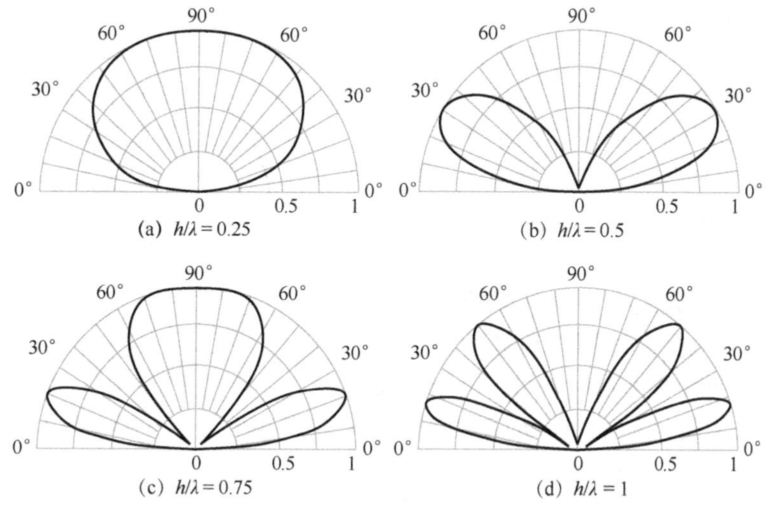

图 10.8 不同架设高度的双极天线的 $\varphi = 0°$ 垂直平面方向图

（2）当 $h/\lambda > 0.3$ 时，最强辐射方向不止一个；h/λ 愈大，波瓣愈多，第一波瓣（指最靠近地面的波瓣）最大辐射方向的仰角愈小。

第一波瓣最大辐射方向的仰角 $\varDelta_{\mathrm{m1}}$，可根据式（10.4）求出。令

$$\sin(kh\sin\varDelta_{\mathrm{m1}}) = 1 \tag{10.5}$$

则

$$\varDelta_{\mathrm{m1}} = \arcsin\frac{\lambda}{4h} \tag{10.6}$$

在架设天线时，应使得最大辐射仰角 $\varDelta_{\mathrm{m1}}$ 等于通信仰角 $\varDelta_0$（通信仰角 $\varDelta_0$ 是根据通信距离和电离层高度来确定的）。根据通信仰角 $\varDelta_0$ 可求出天线的架设高度 h，即

$$h = \frac{\lambda}{4\sin\varDelta_0} \tag{10.7}$$

因而，当利用天波通信时，通信距离愈远和通信仰角 $\varDelta_0$ 愈小，就要求天线架设高度 h 或 h/λ 愈大。

（3）实际地面与理想导电地面相比，合成场强最大值变小，最小值不为零；最大辐射方向稍有偏移，但不明显。实际上，不同地质对双极天线的方向性没有太大影响。

2. 水平平面方向性

水平平面就是辐射仰角 $\varDelta$ 一定的平面。根据方向函数的定义，水平平面方向函数为

$$f(\varDelta,\varphi) = \frac{|E|}{60I_{\mathrm{m}}/r} = f_1(\varDelta,\varphi)\cdot f_2(\varDelta,\varphi) \tag{10.8}$$

式中，

$$f_1(\varDelta,\varphi) = \left|\frac{\cos(kl\cos\varDelta\sin\varphi) - \cos(kl)}{\sqrt{1-\cos^2\varDelta\sin^2\varphi}}\right| \tag{10.9}$$

$$f_2(\varDelta)=2\left|\sin(kh\sin\varDelta)\right| \tag{10.10}$$

（1）双极天线在水平平面内的归一化方向图与架设高度无关。当天线架设高度一定时，对于一定的仰角，$f_2(\varDelta)$ 为一常数，此时双极天线水平平面归一化方向图与自由空间对称振子相同。

（2）水平平面方向图的形状取决于 l/λ，方向图的变化规律与自由空间对称振子相同；l/λ 愈小，方向性愈不明显。为使天线在 $\varphi=0^\circ$ 方向（即垂直于振子轴方向）辐射最强，在工作波段内，应使 $l/\lambda\leqslant 0.625$。

（3）仰角愈大，天线在水平平面的方向性愈不明显。因此，当双极天线用于高仰角辐射时，在短波 300 km 内近距离通信时，可作为全向天线使用。图 10.9 所示是 l/λ=0.25、h/λ=0.25 的双极天线不同仰角的水平平面方向图。

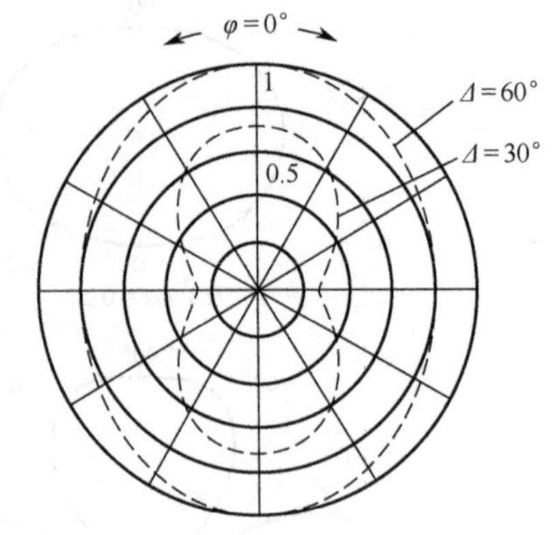

图 10.9　l/λ=0.25、h/λ=0.25 的双极天线不同仰角的水平平面方向图

10.2.4　双极天线的方向系数和增益

1．方向系数

双极天线的方向系数 D 可由下式求得：

$$D=\frac{120f_{\mathrm{m}}^2(\varDelta,\varphi)}{R_\Sigma} \tag{10.11}$$

式中，$f_{\mathrm{m}}(\varDelta,\varphi)$ 和 R_Σ 分别是考虑地面影响后，用同一电流归算时的方向函数最大值和辐射电阻。

当地面为理想导电地面时，双极天线在最大辐射方向上的方向系数 D 为自由空间时的 4 倍。在实际地面的情况下，$f_{\mathrm{m}}(\varDelta,\varphi)$ 是自由空间的 1.7～1.9 倍，则 D 可达自由空间的 2.9～3.6 倍。

2．增益

双极天线的增益为

$$G=D\cdot\eta_{\mathrm{A}} \tag{10.12}$$

式中，η_{A} 为天线效率。通常，当 h/λ>0.25 时，由地面引起的损耗很小，这时可取 η_{A}=1。

10.2.5　双极天线的阻抗特性

假设地面近似为理想导电地面，则地面对振子阻抗的影响可用振子的镜像天线来代替。架设于无限大的理想导电地面上的双极天线，其辐射阻抗 Z_Σ 的表达式为

$$Z_\Sigma=Z_{11}-Z_{12} \tag{10.13}$$

式中，Z_{11} 为双极天线的自阻抗；Z_{12} 为双极天线与其镜像之间的互阻抗，其前面用负号是由于镜像天线电流与振子电流反相。

图 10.10 所示为架设于理想导电地面上的半波对称振子的辐射阻抗曲线。从图 10.10 可看出：

（1）当天线尺寸（l,h）一定时，输入阻抗随 l/λ 的变化规律与自由空间对称振子的相似，具有谐振式特点。

（2）阻抗的带宽特性不好，特别是当振子的长度与线径比 $[l/(2r)]$ 较大时，即天线的平均特性阻抗 Z_{CA} 值较大时，输入阻抗随频率变化显著。天线的平均特性阻抗 Z_{CA} 愈大，馈线上行波系数 k 愈小，特别是当 $l/\lambda<0.2$ 时，$k<0.1$。

（3）输入阻抗随 h/λ 变化具有波动性，h/λ 愈大，对输入阻抗影响愈小。

（4）为展宽天线的阻抗带宽，宜采用特性阻抗低的振子，即选用粗振子天线。

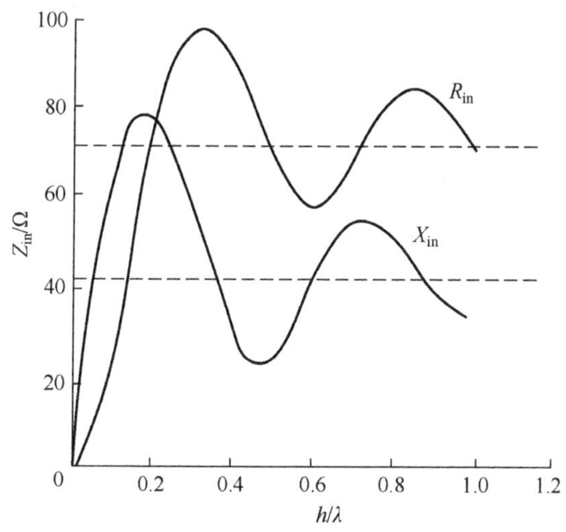

图 10.10　架设于理想导电地面上的半波对称振子的辐射阻抗曲线

10.2.6　双极天线的尺寸选择

1．振子臂长 l 的选择

从水平平面方向性考虑，为保证在垂直于振子轴的平面（$\varphi=0^\circ$ 平面）内有最强的辐射，必须使 $l\leqslant 0.625\lambda_{min}$，其中 λ_{min} 为波段中的最短波长。从天线及馈电的效率考虑，为保证馈线上的行波系数不低于 0.1，l 不宜太短，一般应使 $l\geqslant 0.2\lambda_{max}$，其中 λ_{max} 为波段中的最长波长。因此，天线臂长 l 应满足

$$0.2\lambda_{max}\leqslant l\leqslant 0.625\lambda_{min} \tag{10.14}$$

2．架设高度 h 的选择

天线架设高度（架高）h 应按照如下原则来选择：在工作波段内保证在通信仰角 Δ_0 方向上有较强的辐射。若通信距离在 300 km 以内，可选择 $h/\lambda=0.1\sim0.3$；但架高不宜太低，否则地波辐射能量增大，天波辐射能量减小，天线效率降低，通常架高不应低于 7～8 m。若通信距离较远，必须使第一波瓣的最大辐射方向 Δ_{m1} 与通信所要求的射线仰角 Δ_0 一致，则

$$h=\frac{\lambda_{av}}{4\sin\Delta_0} \tag{10.15}$$

式中，$\lambda_{av}=\sqrt{\lambda_{max}\cdot\lambda_{min}}$ 为波长的几何平均值。

10.3 自由空间的笼形和分支笼形天线

10.3.1 自由空间的笼形天线

1. 笼形天线结构

自由空间笼形天线可等效为加粗了两臂的自由空间对称振子。

通过对自由空间对称振子的分析可知：天线平均特性阻抗愈高，其输入阻抗随电长度l/λ的变化愈大，就愈不容易与馈线实现宽带匹配。为了降低天线特性阻抗，展宽工作频带，必须增加振子半径。通常采用笼形振子作为天线振子，既能增加天线的有效半径，又能使天线较轻便，其结构如图 10.11 所示。

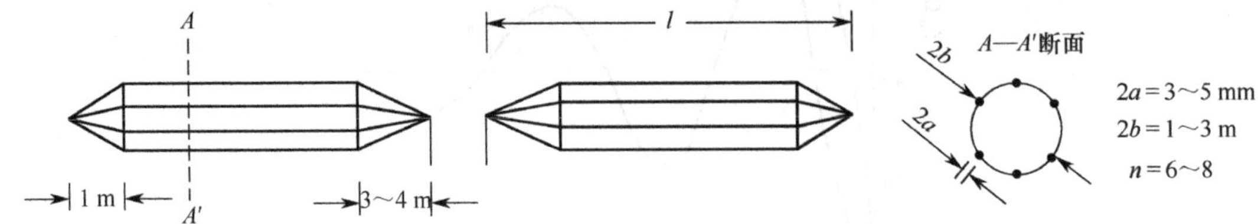

图 10.11 自由空间笼形天线的结构

由于笼形振子的两臂在输入端有很大的端电容，这将使馈线与天线的匹配变坏。为了尽量减小振子与馈线之间的分布电容，振子的半径应从距离馈电点 3～4 m 处开始逐渐减小，形成圆锥形。为了减小天线的末端效应，并便于架设，振子的两端也应做成锥形。

2. 输入阻抗

笼形天线的平均特性阻抗应按下式计算：

$$Z_{\mathrm{CA}}=120\left[\ln\frac{2l}{r_{\mathrm{e}}}-1\right]\quad(\Omega)\tag{10.16}$$

式中，l为笼形天线单臂长度；r_{e}为笼形天线的等效半径。

笼形天线的有效半径可由下式计算：

$$r_{\mathrm{e}}=b\cdot\sqrt[n]{na/b}\tag{10.17}$$

式中，n为构成笼形的导线数目；a为单根导线半径；b为笼形几何半径。

由于笼形天线振子上的相移常数β'与自由空间的相移常数β相差较大，所以笼形天线的输入阻抗应按下式计算：

$$Z_{\mathrm{in}}=Z_{\mathrm{CA}}\frac{\mathrm{sh}(2\alpha l)-\dfrac{\alpha}{\beta}\sin(2m\beta l)}{\mathrm{ch}(2\alpha l)-\cos(2m\beta l)}-\mathrm{j}Z_{\mathrm{CA}}\frac{\dfrac{\alpha}{\beta}\mathrm{sh}(2\alpha l)+\sin(2m\beta l)}{\mathrm{ch}(2\alpha l)-\cos(2m\beta l)}\tag{10.18}$$

式中，$m=\beta'/\beta$为波长缩短系数，其值可由图 10.12 查得；α为等效衰减常数。其中α由下式计算：

$$\alpha = \frac{R_{\Sigma}}{Z_{CA} l \left[1 - \frac{\sin(2m\beta l)}{2m\beta l}\right]} \tag{10.19}$$

式中，R_{Σ} 为辐射电阻，其计算方法与自由空间对称振子的相同；Z_{CA} 可由式（10.16）求得。

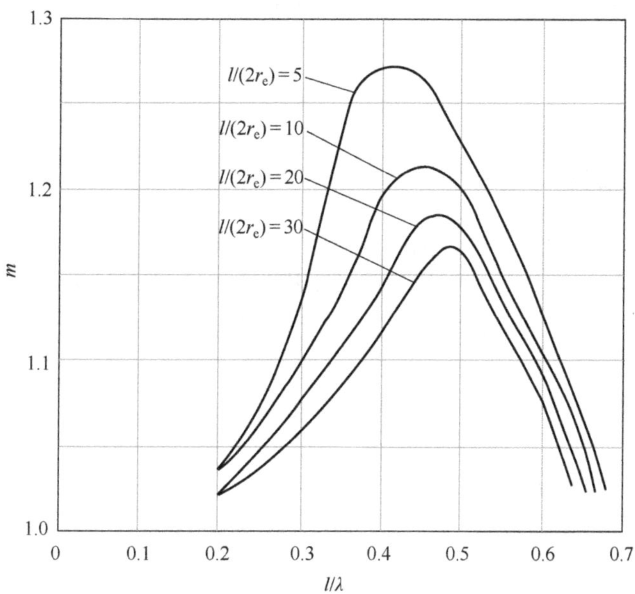

图 10.12 波长缩短系数 m 与振子尺寸 $l/(2r_e)$ 和 l/λ 的关系曲线

3. 工作波段和其他特性参数

笼形天线工作波段比自由空间对称振子的宽。

笼形天线其他特性参数与自由空间对称振子相同。

10.3.2 分支笼形天线

1. 天线结构

分支笼形天线的结构如图 10.13 所示，它是由六根导线构成的“笼”，其中的四根导线像普通笼形天线那样并联收缩后与馈线连接，两臂上另外两根相对应的导线则直接短接。

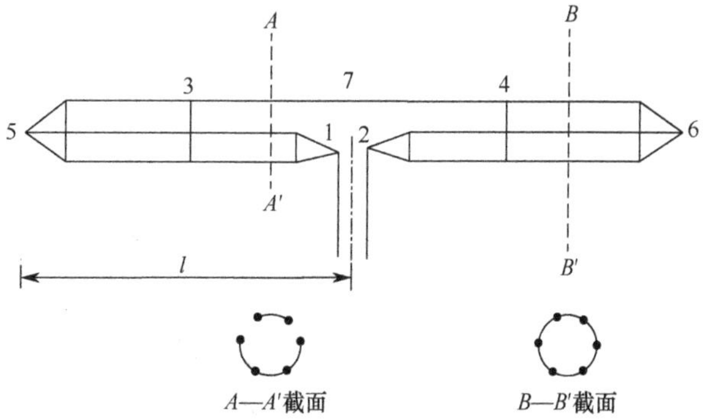

图 10.13 分支笼形天线的结构

2. 工作原理

笼形天线虽然由于其特性阻抗较低而能在较宽的波段内工作，但当电长度较小，即在 $l/\lambda=0.2$ 附近时，其输入电阻很小而输入电抗很大，天线与馈线的匹配并不好，馈线上的行波系数很低。为了进一步扩展笼形天线的工作频带，将笼形天线改为分支笼形天线。分支笼形天线可改善与馈线匹配状况，其原理是当振子电尺寸在 $l/\lambda=0.2$ 附近时，天线输入端呈现并联谐振，提高了天线输入电阻。

3. 工作波段和其他特性参数

由于分支笼形天线改善了低频端的阻抗特性，提高了馈线上的行波系数，因此它的工作波段比同电尺寸的笼形天线宽。

除了阻抗特性，分支笼形天线的其他参数与笼形天线相同。

10.4 角形天线

10.4.1 角形天线结构

角形天线是由架设于理想导电地面的角形振子构成的。角形天线实际上也是对称振子，只不过它的两臂并不排列在一条直线上，而是成 90° 角，如图 10.14 所示，其中 L 为角形天线一臂的长度。

为了展宽波段，也可以用角笼形天线和角分支角笼形天线。

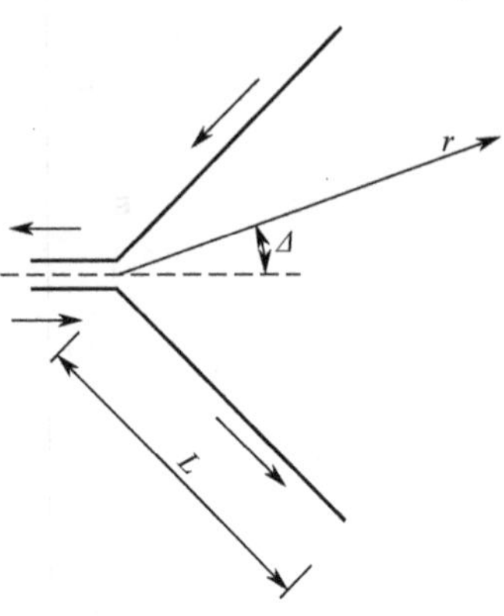

图 10.14 水平角形天线

10.4.2 角形天线方向性

1. 水平方向性

图 10.15 所示为 $\Delta=0°$ 时不同 L 值的角形天线水平平面方向图。当 $L/\lambda=0.5$ 时，角形天线在水平平面内方向性很弱，其方向图接近于圆形（特别是高仰角时更是如此）。但当角形天线的臂长为几个波长时，其水平方向图将具有很强的方向性，显然对需要水平平面为弱方向性的场合来说，这是不符合要求的。同时，考虑到臂长 L 又不能太短，以免使低频端馈线上的行波系数太低。所以，通常取角形天线的臂长 $L/\lambda_0\approx0.25\sim0.5$，其中 λ_0 为设计波长，一般取波长的几何平均值。

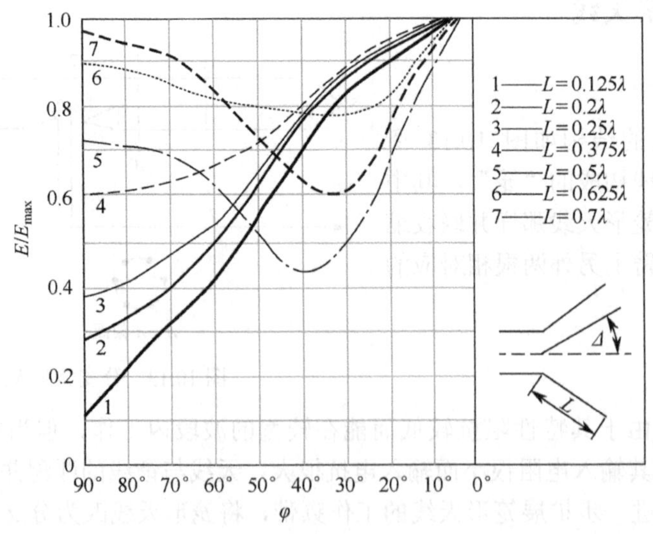

图 10.15 $\Delta=0°$ 时不同 L 值的角形天线水平平面方向图

2. 垂直方向性

角形天线的垂直平面归一化方向图与双极天线相同。

10.4.3 角形天线架设高度的设计

角形天线的架设高度随通信距离的不同而不同。一般，近距离时取架设高度 $h=0.25\lambda_{av}$（称高射天线）；远距离时同双极天线，按下式计算：

$$h=\frac{\lambda_{av}}{4\sin\Delta_0} \tag{10.20}$$

式中，$\lambda_{av}=\sqrt{\lambda_{max}\cdot\lambda_{min}}$ 为波长的几何平均值；Δ_0 为通信仰角。

角形天线的其他性能指标与双极天线差别不大。

10.5 引向天线

引向天线是被广泛应用的一种结构简单而增益又高的超短波天线。

10.5.1 引向天线的结构

阵列天线可以增加天线的方向性增益。如果阵列天线中的每一个单元都能与发射机或接收机直接相连，那么天线阵就需要一个复杂的馈电系统。若使天线阵中少数单元直接与发射机或接收机相连，而其他单元不与发射机或接收机相连，这样就可以简化阵列天线的馈电系统。引向天线就是解决这一设想的阵列天线，它是由日本神户大学八木和宇田发明的，所以引向天线又称八木天线。

引向天线的结构如图 10.16 所示，它由一个有源振子（通常是半波振子）、一个无源反射器（通常稍长于半波振子的无源振子）和若干个无源引向器组成。所有振子都在一个平面内，轴互相平行，中点在一条连线上固定于金属杆。

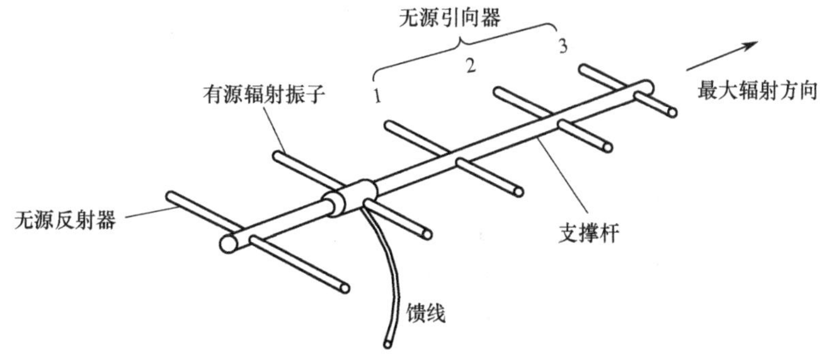

图 10.16 引向天线的结构

振子所在的平面是天线发射的电场极化平面，所以称为 E 面；通过连接振子中心的支撑杆且与振子所在平面相垂直的平面是 H 面。这种结构的天线本质上是一种天线阵，从天线阵的分类来说，它属于端射阵。

10.5.2 引向天线的性能

有源振子经过馈线与发射机或接收机相连接，因此其上的电流在发射系统中是靠发射机来激励的，在接收系统中是由传来的电磁场感应而产生的。无源振子并不与发射机或接收机相连，其上的电流是靠有源振子的近区场与它们耦合而激励出来的。

当引向天线用作发射无线时，其有源振子被馈电后向空间辐射电磁波。同时，无源振子产生感应电流，也产生辐射。

当无源振子与有源振子之间的距离小于$\lambda/4$，且无源振子比有源振子短时，整个电磁波的能量将在无源振子方向上增强，顾名思义，该无源振子被称为引向器；当无源振子比有源振子长时，整个电磁波的能量将在无源振子方向上减弱，该无源振子被称为反射器。只要适当调整振子的长度和它们之间的距离，就可使引向天线获得较尖锐的单向辐射特性。

图 10.17 所示为六元引向天线的结构以及E面方向图。

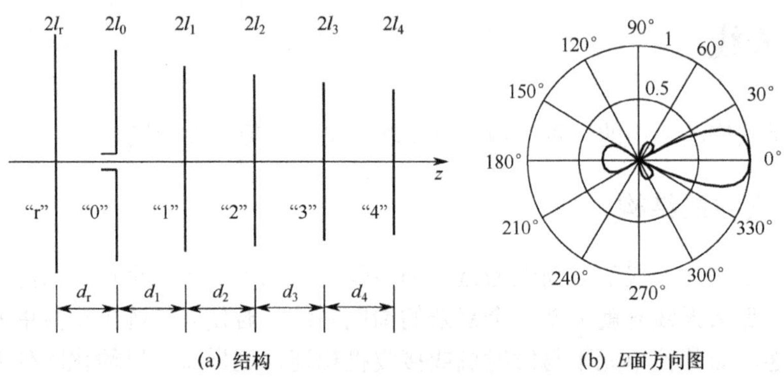

(a) 结构　　(b) E面方向图

图 10.17　六元引向天线的结构以及E面方向图

引向天线的反射器振子通常只用一个，因为实践表明，在有源振子后面多加几个反射器对提高天线增益收效甚微，而在有源振子前方多加几个引向器后天线增益能获得显著的改善。

为了进一步加大方向系数，可以同时使用一个反射器和若干个引向器。当引向器数目加多时，反射器的作用变弱，因此天线的方向性基本上决定于引向器。但引向器的数目也有一个限度，过多对提高方向系数的作用将不显著，而结构上却变得复杂而笨重，所以引向器很少有十几个或几十个单元的。

由于天线的性能与构成天线各单元的数目、长度及各单元间的距离有着密切关系，所以其结构尺寸各不相同。表 10.1 给出了不同阵元数引向天线的增益。

表 10.1　不同阵元数引向天线的增益

阵元数N	反射器数	引向器数	可达增益/dB
2	1	1	3～4.5
3	1	1	6～8
4	1	2	7～9
5	1	3	8～10
6	1	4	9～11
7	1	5	9.5～11.5
5	1	6	10～12
9	1	7	10.5～12.5
10	1	8	11～13

10.5.3 引向天线的优缺点

引向天线的优点是结构简单，架设方便且牢固，用它组成天线阵可获得较高的增益。因此，它广泛应用于米波、分米波波段的通信，以及雷达、电视等其他无线电设备中。引向天线的不足之处，是调试复杂且频带较窄。

10.6　对数周期天线

由于对称振子的电尺寸l/λ通常都设计在谐振点上，从这一观点出发，就可以考虑制成一种特殊的天线结构，使它的不同物理尺寸部分对应不同的频率谐振，而这种不同的部分只是尺寸不同但形状相同。如果能够做到这一点，则此天线有可能对不同的频率有相同的方向性和阻抗特性。由此，研发了超宽频带的天线，其中最广泛应用的是对数周期天线。

对数周期天线结构简单、造价低廉、重量轻，是非常通用的宽频带天线，因而广泛应用于短波和超短波通信，也用作抛物面天线的馈源。

对数周期天线的形式很多，目前广泛应用的短波对数偶极子阵（简称 LPD 天线）是最简单的一种。本节的研究对象就是 LPD 天线。

10.6.1　对数周期天线的结构

对数周期天线是由馈电点向外长度逐渐增加的平行半波对称振子串接馈电而构成的天线阵，相邻振子之间交叉馈电。对称振子阵末端包络形成一内角为2α的楔形，相邻振子到楔顶距离之比为一常数，称为比例因子τ。图 10.18 所示为 LPD 天线的结构示意图，它的结构参数有：

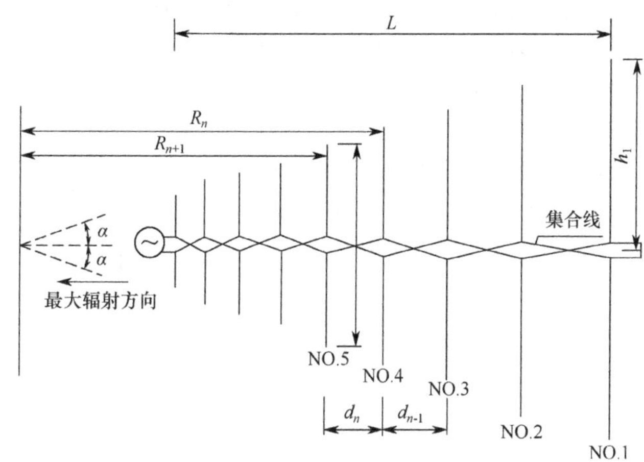

图 10.18　对数周期偶极子天线

（1）比例因子τ。

$$\tau=\frac{a_{n+1}}{a_n}=\frac{R_{n+1}}{R_n}=\frac{l_{n+1}}{l_n}=\frac{d_{n+1}}{d_n}<1 \tag{10.21}$$

式中，a_n为第n个振子半径；R_n为第n个振子到楔顶的距离；l_n为第n个振子全长；d_n为第n个振子与第$n+1$个振子之间的间距。

（2）对称振子阵末端包络形成的内角2α。

（3）间隔因子σ。

$$\sigma=\frac{d_n}{2l_n}=\frac{1}{4}(1-\tau)\cot\alpha \tag{10.22}$$

（4）振子间距d_n。

$$d_n = R_n - R_{n+1} = R_n(1-\tau) = 2\sigma l_n \tag{10.23}$$

（5）振子臂长 h_n。

$$h_n = l_n / 2 \tag{10.24}$$

（6）天线轴向长度 L。

（7）偶极子数 N。

LPD 天线的馈电方式有明线馈电和同轴电缆馈电两种。向振子馈电的双线称为集合线，以区别于天线的主馈线。

10.6.2 对数周期天线实现宽频带的原理

对数周期天线结构的电尺寸满足式（10.21），是按一特定比例因子 τ 变化的。

当整副天线工作在某一频率 f_n 时，振子阵中必有几个物理尺寸是接近 $\lambda_n/4$ 的，即它们都是近半波振子。这几个振子的输入阻抗几乎是纯电阻，沿振子臂有较大的电流，形成有效区，产生强辐射，能量在这一区域有很大衰减。在有效区靠短振子端，振子的长度是远小于半波振子的，输入端呈现很大的容抗，振子臂上电流很小，辐射很微弱，集合线上的能量在这一区域衰减很小；而在有效区靠长振子端，由于集合线上的电流已经过有效区，能量所剩无几，振子几乎处于未激励状态，恰好满足截断特性。

因此，对数周期天线电性能取决于有效区。当通信频率变化时，如频率由高及低，谐振振子的物理尺寸是由小到大变化的，那么，有效辐射区的物理位置就会由短振子端向长振子端移动。我们看到，虽然频率在变化，但有效区物理位置也在变化，而有效辐射区的电尺寸（振子长度、半径、间距及距顶点的距离等参数与波长之比）不随频率变化，从而实现了对数周期天线的宽频带特性。

下面我们从理论上来分析对数周期天线实现宽频带的原理。

假设频率为 f（波长为 λ）时，第一个振子为半波振子（即 $l_1/\lambda=1/4$），那么当频率为 τf（波长为 λ/τ）时，第二个振子即为半波振子（$l_2/\lambda=1/4$）。以此类推，当频率为 $\tau^n f$（波长为 λ/τ^n）时，第 n 个振子为半波振子（$l_n/\lambda=1/4$）。因此，频率从 f 变到 τf、$\tau^2 f$、$\tau^3 f$ 等时，天线的电结构完全相同，只是谐振振子向外推了 1 个振子、2 个振子、3 个振子等而已。

因此在 f、τf、$\tau^2 f$ 等频率点上，由于电尺寸完全相同，天线的电性能也完全相同；但是，在 $f \sim \tau f$、$\tau f \sim \tau^2 f$ 和 $\tau^2 f \sim \tau^3 f$ 等频率区间内，频率的变化使结构的电尺寸并不相同，天线的电特性自然会变化，即在这些频率区间内天线的电性能不完全相同。

综上所述，对数周期天线在 f_n，$f_{n-1}=\tau f_n$，$f_{n-2}=\tau^2 f_n$，…，$f_2=\tau f_1, f_1$ 各频率点上天线的方向图、阻抗和极化特性等电性能完全相同。对这些频率取对数，得

$$\begin{cases} \ln f_n - \ln f_{n-1} = \ln\dfrac{1}{\tau} \\ \ln f_n - \ln f_{n-2} = 2\ln\dfrac{1}{\tau} \\ \ln f_n - \ln f_{n-3} = 3\ln\dfrac{1}{\tau} \\ \quad\vdots \\ \ln f_n - \ln f_1 = (n-1)\ln\dfrac{1}{\tau} \end{cases} \tag{10.25}$$

显然，频率的对数周期是相同的（均为 $\ln\frac{1}{\tau}$）。这就是说，当频率连续变化时，天线的电特性随频率的对数做周期性变化，这也是对数周期天线名称的由来。

因此，对数周期天线的宽频带特性是用增大天线的结构尺寸来换取的，或者说是用牺牲天线增益来得到的。

10.6.3 对数周期天线的性能

1. 方向性

在有效区靠短振子一侧所有的振子尺寸均依次小于有效区振子尺寸，相当于引向天线的引向器；而在有效区靠长振子一侧所有的振子尺寸均依次大于有效区振子尺寸，相当于引向天线的反射器。因此，对数周期天线的振子阵是端射阵，其最大辐射方向是由连接振子中心的轴线指向短振子方向。

2. 输入阻抗

对数周期天线的输入阻抗是指它在馈电点（集合线始端）所呈现的阻抗。当高频能量从天线馈电点输入后，电磁能将沿集合线向前传输，传输区的振子电长度很小，输入端呈现较大的容抗，它们的影响相当于在集合线的对应点并联上一个个附加电容，从而改变了集合线的分布参数。

考虑传输区的短偶极子的电容负载 ΔC 后，集合线的特性阻抗变为

$$R_0=\sqrt{\frac{L_0}{C_0+\Delta C}}=\frac{Z_0}{\sqrt{1+\frac{Z_0\sqrt{\tau}}{4\sigma Z_a}}} \tag{10.26}$$

式中，Z_0 是不计 ΔC 影响时集合线的特性阻抗，其值由计算传输线特性阻抗的公式计算；Z_a 是偶极子的特性阻抗。

偶极子的特性阻抗由下式计算：

$$Z_a=120\left[\ln\left(\frac{h}{r}\right)-2.25\right](\Omega) \tag{10.27}$$

式中，r 是偶极子的半径；h 为偶极子的臂长。

由于对数周期天线集合线上传输的电流近似为行波，因此输入阻抗近似等于集合线的特性阻抗。

当实际天线不满足 $r_n=r_1\tau^{n-1}$ 条件时，应取 R_0 的平均值作为天线的输入阻抗，即

$$R_{0\text{av}}=\sqrt{R_{0\max}\times R_{0\min}} \tag{10.28}$$

式中，$R_{0\max}$ 和 $R_{0\min}$ 分别是将式（10.27）算得的 Z_a 最大值和最小值代入式（10.26）求得的 R_0 的最大值和最小值。

3. 极化

对数周期天线是线极化天线。当它的振子面水平架设时，辐射或接收的是水平极化波；当它的振子面垂直架设时，辐射或接收的是垂直极化波。

4. 频带宽度

理论上，对数周期天线的输入阻抗和方向图与频率无关，因而这种天线可以做到任意的带宽。但是，实际上对数周期天线的频带宽度取决于最长振子与最短振子的长度之比，这一比值为对数周期天线的结构带宽。由对数周期天线工作原理可以估计出对数周期天线的带宽。例如，把每一对振子视为半波振子，于是最短的工作波长为最短振子臂长的 4 倍，最长的工作波长为最长振子臂长的 4 倍。实验证明，如果最长振子的一个臂长超过了最短工作波长的两倍以上，则天线的方向性将要变坏。所以，对数周期天线频带宽度一般可做到 10：1～20：1。

10.7 菱形天线

10.7.1 菱形天线结构

菱形天线是一种短波天波天线，工作于行波状态，当选择菱形边长$l \gg \lambda$时，天线的方向性与工作波长的关系不大，所以它是一种宽波段天线。

短波菱形天线经常使用在固定的台站中，作为远距离通信的发射或接收天线。菱形天线有多种不同的形式，最常用的是水平菱形天线。如图 10.19 所示，水平菱形天线是由四根金属线构成一个菱形，水平悬挂在四根支柱上而构成的，天线平面与地面平行；天线的馈线由菱形的一个锐角处接入，菱形的另一个锐角则接入一个与菱形天线特性阻抗相等的终端负载，使线上传输行波。

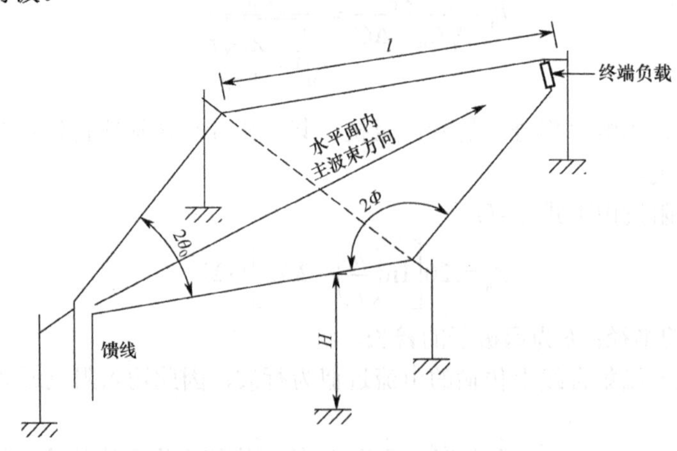

图 10.19 水平架设于地面的菱形天线结构

由图 10.19 可知，短波菱形天线的结构参数有：天线架设高度H，菱形的钝角2Φ，菱形的锐角$2\theta_0$，菱形的边长l。

10.7.2 菱形天线载行波原理

传输线理论研究表明，如果传输线上载行波，则它的输入阻抗将不随频率而变，并始终等于传输线的特性阻抗；如果用载行波的导线构成天线，那么这种天线的阻抗频带一定很宽。菱形天线也可以看成是由两根平行的传输线从中间拉开成菱形而构成的。

平行传输线的特性阻抗由下式计算：

$$Z_c \approx 120 \ln\left(\frac{D}{r}\right) \tag{10.29}$$

式中，r 是导线半径；D 是两线间的间距。

对于传输线来说，导线半径 r 是常数，两线间的距离 D 也处处相等，所以线上各点的 Z_c 均相等；然而菱形天线对应线段间的距离是变化的，在菱形的钝角处 D 最大，故菱形线上各点的特性阻抗不等，从锐角处的 600～700 Ω 变化到钝角处的 1 000 Ω。由于特性阻抗沿线是变化的，会引起天线上电流的局部反射，从而破坏行波状态。要保持特性阻抗是一个常数，从式（10.29）可看出，导线半径 r 必须做相应的变化。一个实用的方法是将菱形各边用两根（或三根）导线构成，它们在钝角处散开而在锐角处仍接在一起，如图 10.20 所示。这种结构可使天线导线的等效半径沿每边逐渐增大或变小，以减小天线各对应线段的特性阻抗的变化。

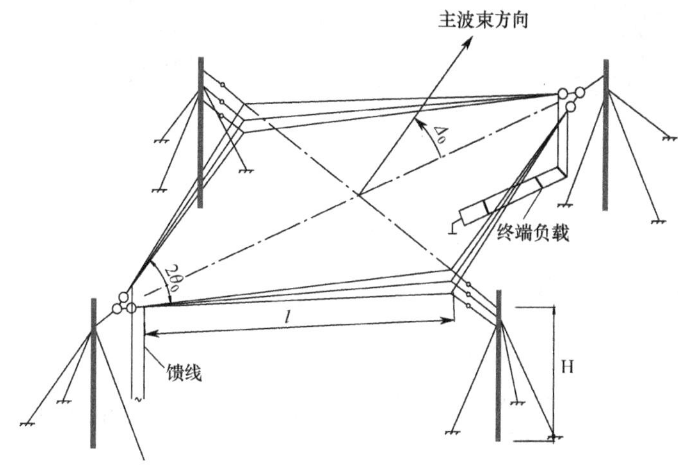

图 10.20　短波多线式菱形天线结构

通常，改进后的菱形天线特性阻抗为 600～800 Ω。这种结构可使菱形天线有较好的行波电流，输入阻抗具有较宽的频带特性，最高频率与最低频率之比（f_{max}/f_{min}）可达到 5∶1 左右。

对于接收天线，由于对增益要求不太高，因此大多数采用单线式天线。

菱形天线的终端必须接一匹配负载，使得到达终端的多余能量被负载吸收，从而保证天线上的电流为行波。

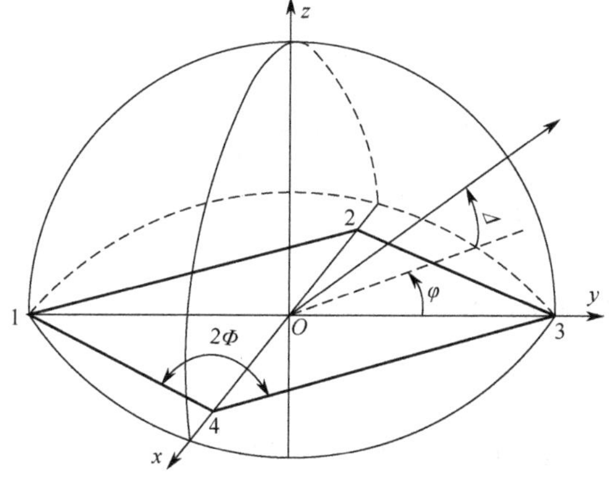

图 10.21　计算菱形天线方向图的坐标系

10.7.3　菱形天线的方向性

为计算简单起见，假设菱形天线架设在理想导电地面上。

菱形天线的方向性与天线架设高度有关，因为它相对于地面来说是水平放置的电流导线，存在负像。由于地面的影响，菱形天线的主向不在长轴方向，而是有一定仰角。

图 10.21 所示为计算菱形天线方向图的坐标系。

1．水平面方向函数（$\Delta=\Delta_0$）

仰角为通信仰角（即$\Delta=\Delta_0$）时的水平面方向函数由下式计算：

$$f(\varphi)=\left|\left[\frac{\cos(\Phi+\varphi)}{1-\sin(\Phi+\varphi)\cos\Delta_0}+\frac{\cos(\Phi-\varphi)}{1-\sin(\Phi-\varphi)\cos\Delta_0}\right]\times\sin\left\{\frac{\beta l}{2}[1-\sin(\Phi+\varphi)\cos\Delta_0]\right\}\times\sin\left\{\frac{\beta l}{2}[1-\sin(\Phi-\varphi)\cos\Delta_0]\right\}\right| \tag{10.30}$$

式中，β为相移常数。

图 10.22 所示为两种不同尺寸的水平方向图。

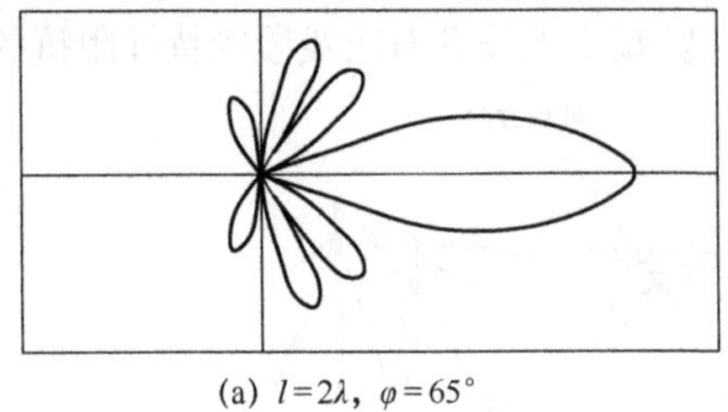

(a) $l=2\lambda$，$\varphi=65°$

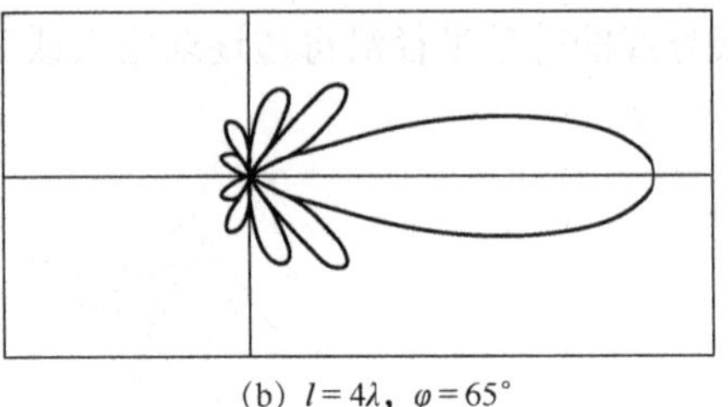

(b) $l=4\lambda$，$\varphi=65°$

图 10.22　菱形天线水平方向图

2．过长轴垂直面方向函数（$\varphi=0°$）

菱形天线过长轴垂直面方向函数的计算公式如下：

$$f(\Delta)=\left|\frac{8\cos\Phi}{1-\sin\Phi\cos\Delta}\sin^2\left[\frac{\beta l}{2}(1-\sin\Phi\cos\Delta)\right]\sin(\beta H\sin\Delta)\right| \tag{10.31}$$

在实际地面上时菱形天线过长轴垂直面方向函数的计算公式为

$$f(\Delta)=\left|\frac{4\cos\Phi}{1-\sin\Phi\cos\Delta}\sin^2\left[\frac{\beta l}{2}(1-\sin\Phi\cos\Delta)\right]\times\sqrt{1+|R_V|^2+2|R_V|\cos(\varphi_V-2\beta H\sin\Delta)}\right| \tag{10.32}$$

式中，R_V为垂直极化波的反射系数；φ_V为垂直极化波反射系数的相位。

图 10.23 所示为两种不同尺寸的垂直方向图。由图可见，菱形天线每边的电长度变长时，波瓣会变窄，同时仰角变小，副瓣增多。

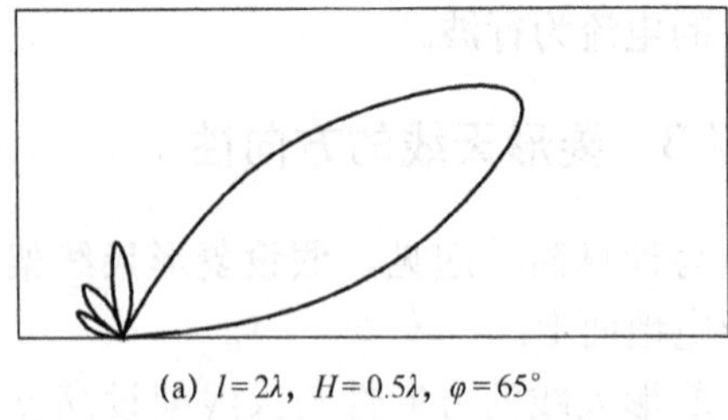

(a) $l=2\lambda$，$H=0.5\lambda$，$\varphi=65°$

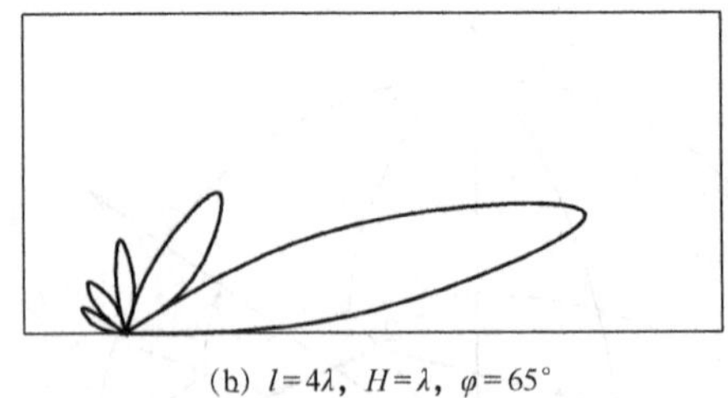

(b) $l=4\lambda$，$H=\lambda$，$\varphi=65°$

图 10.23　菱形天线垂直方向图

10.7.4　菱形天线的辐射电阻

在工程计算中，可以认为菱形天线的辐射电阻$R_{\Sigma A}$等于各边自辐射电阻之和，这样计算的结果比用严格公式计算约增大 7.5%。设$R_{\Sigma 11}$为菱形一边的自辐射电阻，则

$$R_{\Sigma A} \approx 4R_{\Sigma 11} \tag{10.33}$$

式中，

$$R_{\Sigma 11} = 60\left[\ln(2\beta l) - C_i(2\beta l) + \frac{\sin(2\beta l)}{2\beta l} - 0.423\right](\Omega) \tag{10.34}$$

其中 C_i 为余弦积分函数。

当 $l/\lambda > 6$，钝角 2Φ 也较大时，应考虑菱形各边的耦合效应，这时 $R_{\Sigma A}$ 由下式计算：

$$R_{\Sigma A} = 240[\ln(2\beta l\cos^2\Phi) + 0.5772] \quad (\Omega) \tag{10.35}$$

10.7.5　菱形天线的方向系数

菱形天线在 $\varphi = 0°$ 垂直面内的理想导电地面上的方向系数由下式计算：

$$D = \frac{7\,680}{R_{\Sigma A}} \times \frac{\cos^2\Phi}{(1-\sin\Phi\cos\Delta)^2} \times \sin^4\left[\frac{\beta l}{2}(1-\sin\Phi\cos\Delta)\right]\sin^2(\beta H\sin\Delta) \tag{10.36}$$

式中，$R_{\Sigma A}$ 为菱形天线的总辐射电阻。

表 10.2 所示为几种菱形天线的参数。

表 10.2　几种菱形天线的参数

天 线 尺 寸	通信距离/km	方向系数 D（相对于半波振子）	增益 G
$\Phi = 70°, l = 6\lambda,\ H = 1.2\lambda$	>2000~3000	143	64
$\Phi = 65°, l = 4\lambda,\ H = \lambda$	>1500	108	45
$\Phi = 65°, l = 2.8\lambda,\ H = 0.6\lambda$	1000~1500	63	25
$\Phi = 57°, l = 1.7\lambda,\ H = 0.5\lambda$	500~1000	47	17
$\Phi = 45°, l = \lambda,\ H = 0.5\lambda$	400~600	33	11

10.7.6　短波菱形天线的设计方法

1. 结构参数设计

1）最大输出法

当主瓣仰角 Δ 等于通信仰角 Δ_0 时，天线可获得最大的增益（G）或在 Δ_0 方向上有最大辐射场。以此为依据，根据通信要求的工作频率及通信仰角 Δ_0 来选择菱形天线的最佳架设高度（H）、边长（l）和钝角（2Φ），这个方法称为最大输出法。此方法适合于发射菱形天线的设计。

由菱形天线垂直面方向函数可知，为使 $f(\Delta_0)$ 最大，可分别确定式（10.31）各个因子为最大。要使其中第三个因子最大，应有 $\sin(kH\sin\Delta_0) = 1$，即选择天线架设高度为

$$H = \frac{\lambda_0}{4\sin\Delta_0} \tag{10.37}$$

式中，λ_0 为设计波长，通常取波长的几何平均值，即

$$\lambda_0 = \sqrt{\lambda_{max}\lambda_{min}} \tag{10.38}$$

使第二个因子为最大的条件是 $\sin\left[\frac{\beta l}{2}(1-\sin\Phi\cos\Delta)\right] = 1$，即天线每边长度为

$$l = \frac{0.5\lambda_0}{1 - \sin\Phi\cos\Delta_0} \tag{10.39}$$

使第一个因子为最大的条件是

$$\frac{\mathrm{d}}{\mathrm{d}\Phi}\left(\frac{8\cos\Phi}{1 - \sin\Phi\cos\Delta}\right) = 0$$

由此得到天线半钝角 Φ 和仰角 Δ_0 应满足如下关系：

$$\Phi = 90^\circ - \Delta_0 \tag{10.40}$$

2）调整法

用这个方法可以使天线的垂直方向图主瓣的最大值方向与给定的通信仰角 Δ_0 一致，从而可以减小来自其他方向的干扰场强。调整法一般用于接收天线的设计。

采用调整法设计时，式（10.37）及式（10.40）仍用于决定 H 及 Φ 值，但 l 值由下式计算：

$$l = \frac{0.371\lambda_0}{1 - \sin\Phi\cos\Delta_0} \tag{10.41}$$

此时天线的增益比用最大输出法设计时下降 1.5 dB。

3）折中法

当通信距离较远而 Δ_0 较小时，用最大输出法或调整法计算出的 l/λ 大于 6，在短波范围内这个尺寸的天线是难以架设的。理论分析表明，若把天线的边长缩短到原来的 2/3～1/2，增益并没有下降很多。因此，往往采取限制 l，再由 l 和 Δ_0 来确定 Φ 值，这种方法称为折中法。

2. 匹配设计

设计要求是在菱形天线主馈线上的行波系数 k 满足 $k \geqslant 0.65$。

发射端菱形天线一般都采用 600 Ω 二线式馈线直接连接；而接收端用四线交叉式 208 Ω 馈线连接，天馈线之间要插入一段变阻线。图 10.24 所示为接收端菱形天线的匹配线路。

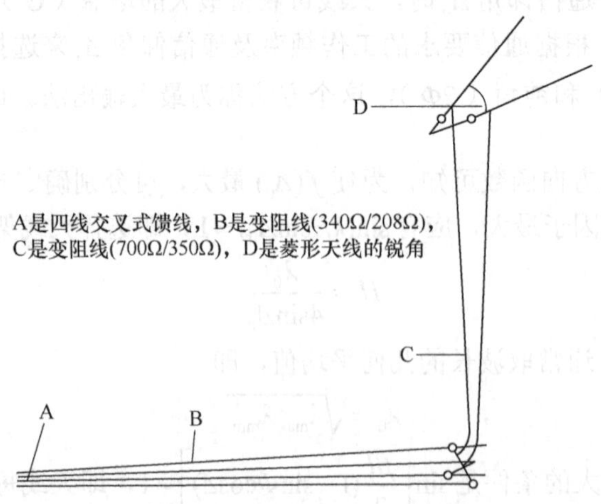

图 10.24 单菱形天线与四线交叉式馈线的匹配图

3. 吸收电阻设计

对于发射端菱形天线，一般有 30%～40%的功率消耗在终端电阻中，特别是用作大功率电台的发射天线时，其终端电阻必须能承受足够大的功率，通常用几百米长的二线式铁线来代替。将铁线的特性阻抗设计为天线的特性阻抗，并将它沿着菱形天线长对角线的方向平行架设在天线下面。铁线的长度取决于线上电流的衰减情况，例如取 300～500 m 长，可以使铁线末端电流衰减到始端电流的 20%～30%，这时菱形天线上反射波成分已相当微弱了。铁线的末端可以接炭质电阻或短路后接地，这样也起到避雷的作用。

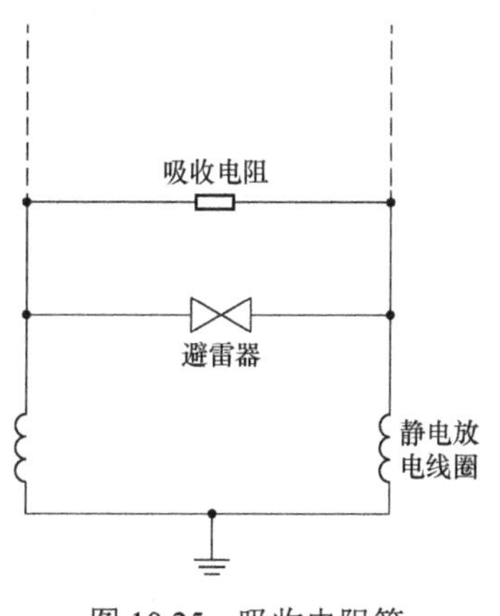

图 10.25　吸收电阻箱

图 10.25 所示的吸收电阻箱就是为了安装吸收电阻、避雷器和静电放电线圈而设计的。

当菱形天线用作接收天线时，终端一般接 600～700 Ω 的金属膜电阻。

10.7.7　菱形天线的优缺点

菱形天线的优点是：

（1）由于菱形天线的行波特性，其输入阻抗基本上不随频率变化，方向图随频率的变化也很小，具有良好的宽频带特性，可在 3∶1 的频率范围内使用；

（2）结构简单，维护方便；

（3）方向图主瓣比较窄，具有良好的单向辐射特性；

（4）方向图主瓣最大方向的仰角会随频率升高而自动降低，适合短波电离层通信的要求；

（5）增益大；

（6）天线上没有驻波，因此不会发生过电压或过电流的问题。

菱形天线的缺点是：

（1）由于菱形每边长为几个波长，所以占地面积大；

（2）副瓣多而大（有时可达主瓣的 1/3）；

（3）终端电阻吸收一部分功率，因此天线的效率不高，一般为 50%～80%。

10.8　螺旋天线

10.8.1　螺旋天线结构

螺旋天线的结构如图 10.26 所示。将金属导线或金属带绕制成一定尺寸的圆柱或圆锥螺旋线，一端用同轴线内导体馈电，另一端处于自由状态或与同轴线外导体连接。为了消除同轴线外皮上的电流，并使螺旋线的电流构成回路，一般在其末端接一直径为$(0.8\sim1.5)\lambda$的金属圆盘。在图 10.26 中，A表示天线长度；D表示螺旋一圈的直径；s是螺距；C是圆周长，即$C=\pi D$；L表示螺旋一圈的长度；R为金属圆盘半径。

由图 10.26 中的几何关系可知：

$$L = \sqrt{\pi^2 D^2 + s^2} \tag{10.42}$$

螺旋的螺距角 α 则为

$$\tan\alpha = s / C \tag{10.43}$$

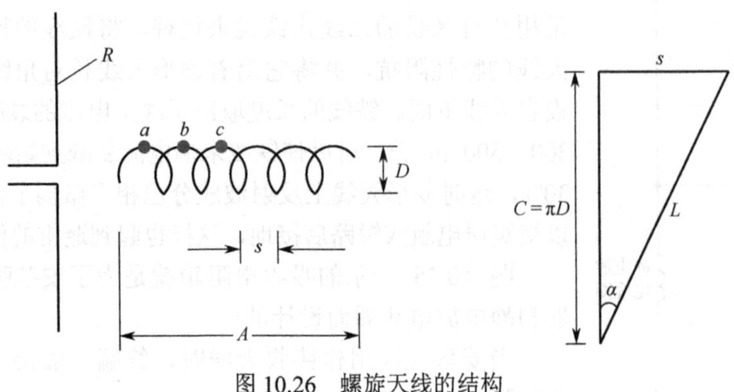

图 10.26　螺旋天线的结构

10.8.2　螺旋天线的特性

1．法向模螺旋天线

当 $D/\lambda \leqslant 0.18$，即螺旋直径很小时，最大辐射方向在垂直于螺旋天线轴的平面内，且在该平面内的方向图是一个圆，在含轴平面内的方向图呈 8 字形，如图 10.27（a）所示，这与载电流小环的方向性类似。这种螺旋天线称为法向模螺旋天线。

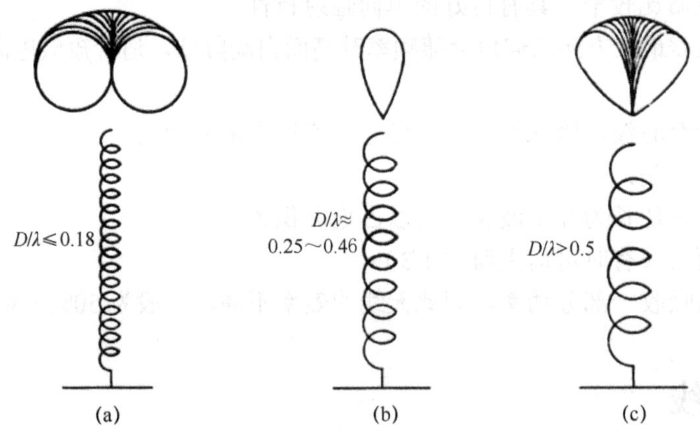

图 10.27　螺旋天线方向性

当螺距角 $\alpha = 0^\circ$ 时，螺旋天线的一圈变成了环形天线，辐射场是水平极化波；当螺距角 $\alpha = 90^\circ$ 时，螺旋天线变成了垂直天线，辐射场是垂直极化波。一般情况下螺距角范围为 $0^\circ < \alpha < 90^\circ$，辐射场既有水平极化波分量又有垂直极化波分量，合成波是椭圆极化波。这里的极化方向参照的是螺旋天线的轴向与地面垂直的情况。

2．轴向模螺旋天线

当 $D/\lambda = 0.25 \sim 0.46$ 时，螺旋的圈长为一个波长左右，最大辐射方向在轴线方向，如图 10.27（b）所示。这种螺旋天线称为轴向模螺旋天线。

如果螺旋天线共有n圈，每圈的长度等于一个波长，天线导线的总长度就有n个波长。由于电流沿线不断辐射，到达终端时入射功率已经消耗得差不多了，终端引起的反射必然不大，同时，反射的电流沿线也是不断辐射的，到达输入端的反射功率几乎为零。所以，螺旋天线的输入阻抗近似等于特性阻抗，在宽范围内随着频率的变化而几乎不变，天线的输入阻抗呈现宽频带特性。

由于轴向模螺旋天线的周长约为一个波长，因而每圈相对两边的电流相位相反；而线圈本身对于相对点的电流又起空间倒向作用，因而使每圈相对点上电流实质上同相，导致沿螺旋轴向远场加强。

又由于轴向模螺旋天线所载的几乎是纯行波，电流沿螺旋线不断旋转，因而电场矢量也不断旋转，结果沿轴向辐射场近似为圆极化波。极化方向与螺旋的绕向是一致的，例如右旋绕向的螺旋产生右旋圆极化波。螺旋天线发射的是圆极化波，接收的也是圆极化波，但须注意极化的旋转方向。例如，右旋绕向的螺旋只能接收右旋圆极化波。

3. 圆锥模螺旋天线

当D/λ进一步增大时，最大辐射方向偏离轴线方向，分裂成两个方向，方向图呈圆锥形状，如图 10.27（c）所示。这种螺旋天线称为圆锥模螺旋天线。

10.8.3 螺旋天线的应用

螺旋天线中应用最多的是轴向模螺旋天线。通常所说的螺旋天线，就是指轴向模螺旋天线，它在方向性、阻抗特性及极化特性方面都是宽带的，可以达到(1.7～2.0)∶1。同时，它产生的是圆极化波。由于辐射左旋（或右旋）圆极化的天线只能接收左旋（或右旋）圆极化波，因此利用不同旋向的螺旋天线还可实现不同通信设备的“隔离”。

螺旋天线被广泛应用于人造卫星、宇宙飞船和弹道导弹上，既可作为独立天线（或构成螺旋天线阵）使用，又可作为面天线的初级馈源。当圆极化波入射至对称目标上时，反射波的旋向是相反的，可减小由反射引起重影的影响，所以螺旋天线也被应用于雷达、测量等技术中。

10.9 鱼骨形天线

10.9.1 鱼骨形天线的结构

鱼骨形天线是短波波段的专用接收天线，其原理结构如图 10.28 所示。它是由多个对称振子构成的天线阵，各对称振子的间距相等，每个振子臂都通过耦合阻抗Z接到两根集合线上。在集合线的一端接一个与集合线特性阻抗相等的电阻R_L，集合线的另一端则接到接收机上。其最大接收方向是由终端电阻指向接收机的方向。

鱼骨形天线通常水平架设在地面一定的高度上，它的电参数有：对称振子的数目N，对称振子一臂的长度l，两相邻对称振子的间距 d，天线架设高度 H，以及耦合电阻R_c、耦合电容C_c或耦合电感L_c。

鱼骨形天线由于有很强的方向性和较低的副瓣电平，因此作为接收天线时具有特别优良的抗干扰特性，尤其是与菱形天线相比，它的抗干扰性要强得多。但由于其终端负载和耦合阻抗的影响，此天线效率很低，因此不宜用作发射天线。

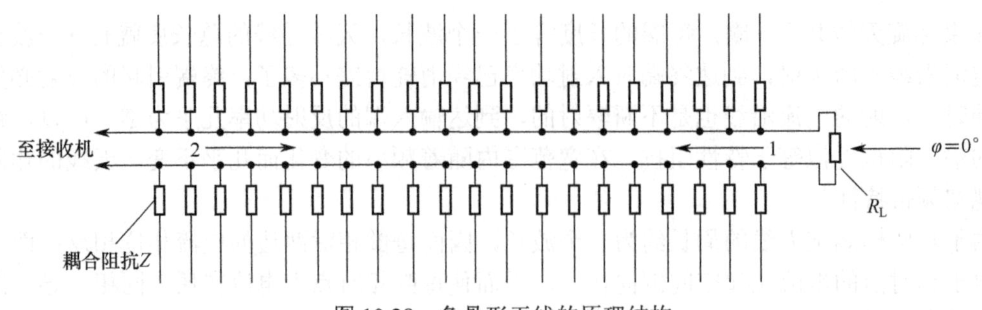

图 10.28 鱼骨形天线的原理结构

10.9.2 鱼骨形天线的工作原理

1. 鱼骨形天线是宽波段的行波天线

鱼骨形天线是一种宽波段的行波天线，它的方向性比菱形天线改善很多。菱形天线的最大缺点是副瓣多而大，占地面积大而方向系数不高。产生这一缺点的根本原因之一是：菱形天线各边（即载行波的单导线）可以看成是由载行波电流的各个基本振子排列而成的。由于沿线电流相位连续滞后，因此行波单导线方向图可以看成一端射阵的阵因子方向图和基本振子方向图的乘积；但基本振子的最大辐射方向和端射阵的轴向是互相垂直的，即端射阵轴线的方向恰好是基本振子的零辐射方向，因此基本振子的方向图与端射阵阵因子相乘的结果使最大辐射方向偏离了轴向，并产生了很多大的副瓣。鱼骨形天线把辐射的基本单元改为最大辐射方向与端射阵轴线一致的对称振子，就可以克服这一缺点，从而抑制了天线的副瓣，提高了天线的方向性。

必须指出，在集合线直接并入许多对称振子后，既改变了集合线的分布参数，也使集合线的均匀性遭到破坏，因而不能保证线上载行波。为了减小对集合线的影响，应设法使每个对称振子呈现很大的阻抗。要做到这一点有两个办法：一是把振子的长度缩短，它就呈现一个很大的容抗，但是这样就要降低单个振子的有效长度，也就降低了整副天线的接收能力；二是在振子与集合线之间串接一个较大的耦合阻抗，这就可以减小振子对集合线的影响。实践证明，第二种方法的效果较好，所以现在都采用串接耦合阻抗的方法。耦合阻抗可以是电阻、电容或电感。

集合线串接了耦合阻抗，同时终端端接匹配电阻 R_L，这样使得集合线上传输的是行波。因此，鱼骨形天线具有宽波段的特性。

2. 鱼骨形天线等效电路

鱼骨形天线通过集合线两侧的对称振子来接收电磁波。各振子上所感应的电动势在集合线上分别产生一个电压，并分别在接收机输入端产生电流。鱼骨形天线的等效电路如图 10.29 所示。在等效电路中，每个振子用它的感应电动势 e 和输入阻抗 Z_{in} 来代替，$2Z$ 则是串在振子与集合线之间的两个耦合阻抗。

振子与耦合元件的总阻抗（$Z_{in}+2Z$）总是远大于集合线的特性阻抗 Z_c 的，而振子之间的距离又比波长小得多，因此仍可以把集合线看成是均匀的。振子的影响只是改变了集合线的分布参数，也就是可以把振子和耦合元件的输入导纳 $Y_0=\dfrac{1}{Z_{in}+2Z}$ 看成均匀地分布在两相邻振子间的线段（长为 d）上。所以，振子和耦合元件给集合线附加的分布导纳为

$$Y_1' = \frac{Y_0}{d} = \frac{1}{(Z_{\text{in}} + 2Z)d} \tag{10.44}$$

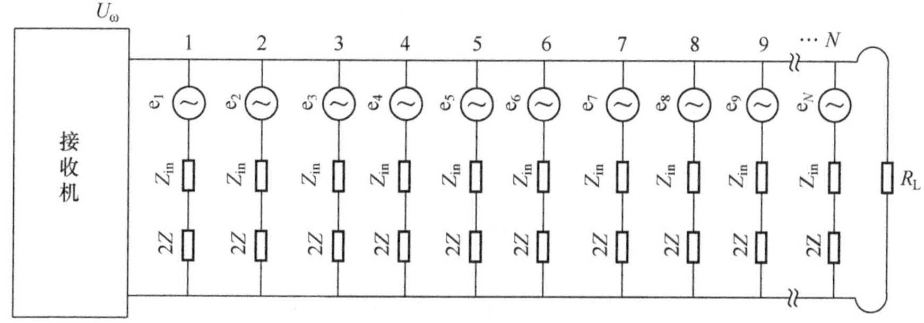

图 10.29 鱼骨形天线的等效电路

3. 集合线上电波传播的相速度与方向性的关系

由于集合线的分布参数发生变化，因此线上波的传播常数也发生变化，也就是说线上波的传播速度（即相速度，简称相连）$v_p \neq c$（c 为光速），如果令 $c/v_p = K$，则集合线上的相移常数 β_p 与自由空间相移常数 β 的关系为 $\beta_p = K\beta$。引入一参量 A_1，令

$$A_1 = \beta L(K-1) \tag{10.45}$$

式中，$L=(N-1)d$ 为鱼骨形天线第一个振子到第 N 个振子的总长度。

A_1 表示电波自方向 $\varphi = 0^\circ$（由终端电阻指向接收机的方向）传来时从接收机端数起第一个振子与第 N 个振子上感应电动势在接收机输入端产生的电流的相位差。

那么，A_1 与方向系数之间的关系可用下式表示：

$$D = \frac{\beta L \left(\dfrac{\sin \dfrac{A_1}{2}}{\dfrac{A_1}{2}} \right)^2}{\dfrac{1-\cos A_1}{A_1} - \dfrac{1-\cos B_1}{B_1} + \text{Si}(B_1) - \text{Si}(A_1)} \tag{10.46}$$

式中，$\text{Si}(\cdot)$ 为正弦积分函数；B_1 为

$$B_1 = \beta L(K+1) \tag{10.47}$$

当 $A_1 = 0$，$v_p = c$，$K=1$ 时，天线的方向系数 D_0 由下式计算：

$$D_0 = \frac{\beta L}{\text{Si}(2\beta L) - \dfrac{1-\cos(2\beta L)}{2\beta L}} \tag{10.48}$$

为了直观起见，将式（10.46）绘制成图 10.30。

从图 10.30 中我们可看到：

A_1 取正值时，相速小于光速，此时随着 A_1 增大，方向系数增大；但当 $A_1 \approx 180^\circ$ 时，D 达到最大，这时第一个振子与最末一个振子上感应的电动势在接收机输入端产生的电流恰好反相。这种情况对应于强方向性端射阵，这时天线方向图的主瓣窄，副瓣电平比 $K=1$ 时略高。如相速进一步减小，即 A_1 继续增大，则主瓣变得更窄，但副瓣电平增大，结果使方向系数下降。

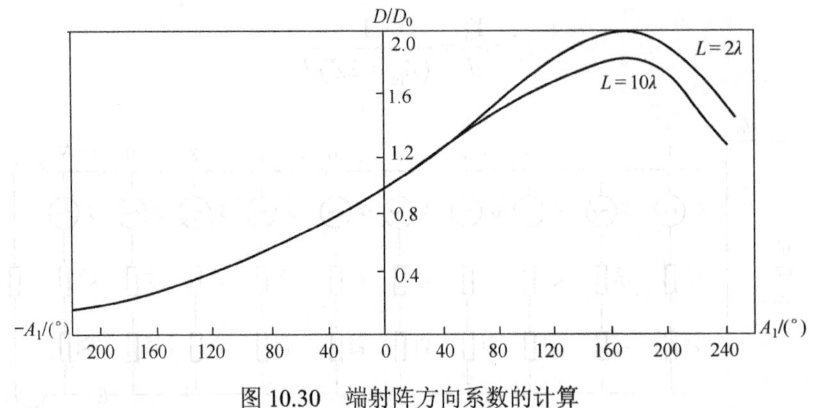

图 10.30　端射阵方向系数的计算

A_1 取负值时，相速大于光速，此时随着 A_1 增大，天线方向图的主瓣分裂为二，最大辐射方向偏离轴线，所以方向系数下降。

由上面分析可知，集合线上电波传播的相速对天线的方向性有很大的影响。当鱼骨形天线的总长度 L 一定时，线上有一最佳相速 v_{opt}：

$$v_{opt}=1+\frac{\lambda}{2L} \tag{10.49}$$

同样，对于一定的相速，天线有一最佳总长度 L_{opt}：

$$L_{opt}=\frac{\lambda}{2(K-1)} \tag{10.50}$$

4．耦合元件的确定

根据传输线理论，如果忽略损耗，则高频传输线上波的传播速度为

$$v_p=\frac{1}{\sqrt{L_1C_1}}\approx c \tag{10.51}$$

式中，c 为光速；L_1、C_1 分别为线上每单位长度的分布电容和分布电感。

显然，若改变线上的 L_1 或 C_1，则线上的传播速度（相速）就要发生变化。如果耦合阻抗采用电感，则相当于在集合线上并接一电感，它将使集合线的分布电容减小，因而线上的相速大于光速。这对天线的方向性不利，故一般不采用。

另外，电阻耦合及电容耦合都能使相速小于光速，但比较起来电阻耦合更能得到良好的宽波段特性。因为天线的方向系数将随波长的增大而降低，所以对一个宽波段天线来说，应主要着眼于提高波段内低频端的方向系数。如果采用电阻耦合，则耦合阻抗不随频率而变。在低频端（λ_{max} 端）对称振子呈现容抗，有可能使集合线上得到最佳相速，此时天线可以获得最大的方向系数。而在波段的高频端（λ_{min} 端），一方面由于单振子的容抗减小而使天线不再工作在最佳状态，从而使方向系数下降；但是另一方面，天线的方向系数将因工作波长变短而提高，结果使鱼骨形天线的方向系数在整个波段内趋于平稳。如果采用电容耦合，则不仅使对称振子本身的容抗随频率而变，而且耦合阻抗也将随频率的变化而变化，使得天线的工作状态在波段内变化较大。

所以从宽波段性能来看，最好采用电阻耦合。但采用电阻耦合，电阻上必将消耗一部分功率，故影响天线的效率。至于采用复阻抗的耦合（既有电阻又有电抗），虽有可能使天线的性能有所改善，但其改善是有限的，还不足以弥补造成天线复杂化的代价。还需要说明，

电感耦合虽然不利于使天线得到最强的方向性，但天线的效率较高，因此现在仍有应用。

选定了耦合阻抗后，就可以计算集合线上的传播常数。

集合线上相移常数 β_p 与自由空间相移常数 β 之比为

$$K=\frac{\beta_p}{\beta}=1-\frac{Z_c(X_{in}+2X)}{2\beta d[(R_{in}+2R)^2+(X_{in}+2X)^2]} \tag{10.52}$$

式中，Z_c 为集合线特性阻抗；X_{in} 为振子输入阻抗虚部；X 为耦合阻抗虚部；R_{in} 为振子输入阻抗实部；R 为耦合阻抗实部。

衰减常数 α_p 用下式计算：

$$\alpha_p=\frac{Z_c(R_{in}+2R)}{2d[(R_{in}+2R)^2+(X_{in}+2X)^2]} \tag{10.53}$$

10.9.3 鱼骨形天线的方向性

鱼骨形天线是一个由许多对称振子组成的多元天线阵，在计算它的方向函数时，一般可以假设集合线上的衰减常数 $\alpha_p=0$，相移常数 $\beta_p=K\beta$（β 为自由空间相移常数），此时振子阵相当于一个等幅阵。

水平方向函数（$\varDelta=0^\circ$ 平面）：

$$f(\varphi)=\frac{\cos(\beta l\sin\varphi)-\cos(\beta l)}{\cos\varphi}\cdot\frac{\sin\left[\frac{N\beta d}{2}(\cos\varphi-K)\right]}{\sin\left[\frac{\beta d}{2}(\cos\varphi-K)\right]} \tag{10.54}$$

式中，φ 是由集合线的轴线量起的水平方位角。

垂直方向函数（$\varphi=0^\circ$ 平面）：

在理想导电地面上，

$$f(\varDelta)=(1-\cos\beta l)\cdot\frac{\sin\left[\frac{N\beta d}{2}(\cos\varDelta-K)\right]}{\sin\left[\frac{\beta d}{2}(\cos\varDelta-K)\right]}\cdot\sin(\beta H\sin\varDelta) \tag{10.55}$$

在实际地面上，

$$f(\varDelta)=[1-\cos(\beta l)]\cdot\frac{\sin\left[\frac{N\beta d}{2}(\cos\varDelta-K)\right]}{\sin\left[\frac{\beta d}{2}(\cos\varDelta-K)\right]}\cdot\sqrt{1+|R_V|^2+2|R_V|\cos(\varphi_V-2\beta H\sin\varDelta)} \tag{10.56}$$

式中，$|R_V|$ 为垂直极化反射系数的模；φ_V 为垂直极化相角。

10.9.4 鱼骨形天线的参数选择

1. 选择天线结构参数

（1）天线阵长 L。天线阵长 L 有一最佳长度，即

$$L_{\text{opt}} = \frac{\lambda}{2(K-1)} \tag{10.57}$$

（2）振子臂长l。振子臂长l既要使低频端获得较大的增益（因此l尽可能取得长些），又要保证在高频端对称振子的方向图主瓣不致分裂，因此l不能大于最短波长的 0.7 倍。在短波波段，如果最短工作波长为 12～13 m，则取$l \approx 8$ m。

（3）选择振子数N。既要注意到N增大时，副瓣（特别是后瓣）减小，可以提高增益，又要注意到N增大会使天线阵太长。兼顾两方面要求，可取$N=21$～40。

（4）振子间距d。振子间距d由振子数N和天线阵长L决定。

（5）集合线特性阻抗和耦合电阻的选择。集合线的特性阻抗Z_c对线上传播常数的影响见式（10.52）及式（10.53）。Z_c增大时，线上的衰减增大；同时随着Z_c增大，K变大，线上的相速减小。为了保持合适的相速，就必须增大耦合电阻，而增大耦合电阻将使天线增益下降。由此可见，天线增益随集合线的特性阻抗Z_c的降低而增大，故Z_c要尽量选低些。例如，采用四线交叉式馈线作为集合线，Z_c=160 Ω，这时耦合阻抗Z选为 200 Ω 左右。

（6）天线的架设高度H。

$$H = \frac{\lambda}{4\sin\Delta_0} \tag{10.58}$$

式中，Δ_0是通信仰角。远距离通信一般选H=25～40 m，近距离通信一般选H=17 m。

2. 匹配设计

一般要求鱼骨形天线上的行波系数k满足$k \geqslant 0.65$。

单鱼骨形天线与 208 Ω 馈线连接时，需插入一段垂直指数变阻线$Z6\frac{168}{208}$ Ω（该型号变阻线输入电阻为 168 Ω，输出电阻为 208 Ω，由不同斜率的 6 段传输线构成）；在连接吸收电阻的一端则用特性阻抗为 170 Ω 的六线下引线与 170 Ω 的吸收电阻连接。双鱼骨形天线与 208 Ω 馈线连接时，需插入一段垂直指数变阻线$Z6\frac{168}{208}$ Ω 和一段水平指数变阻线$Z6\frac{168}{416}$ Ω；吸收电阻的连接与单鱼骨形天线的一样。

10.10 微带天线

10.10.1 微带天线结构

微带天线是在一片薄介质基片的一面贴上薄金属层作为接地板，而另一面用金属沉积法或粘贴金属箔片的方法得到所需形状的辐射器，如图 10.31 所示。贴片尺寸为L（长）×W（宽），介质基片厚度为h，介电常数为ε。介质基片的相对介电常数$\varepsilon_r \leqslant 10$，其厚度$h \ll \lambda$，一般在$(0.1$～$0.001)\lambda$的范围内。

辐射器的形状可以是矩形、圆形、三角形或其他的规则形状。采用不同形状辐射器的微带天线可以得到不同的特性。

微带天线的馈电方法，可以把它与馈线直接连接，也可以利用它们之间的电磁耦合。微带天线直接与馈线相连接，又可分为侧馈与底馈两种方式。

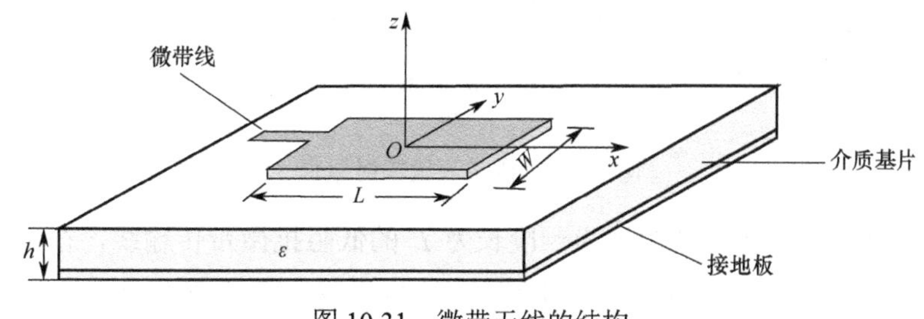

图 10.31　微带天线的结构

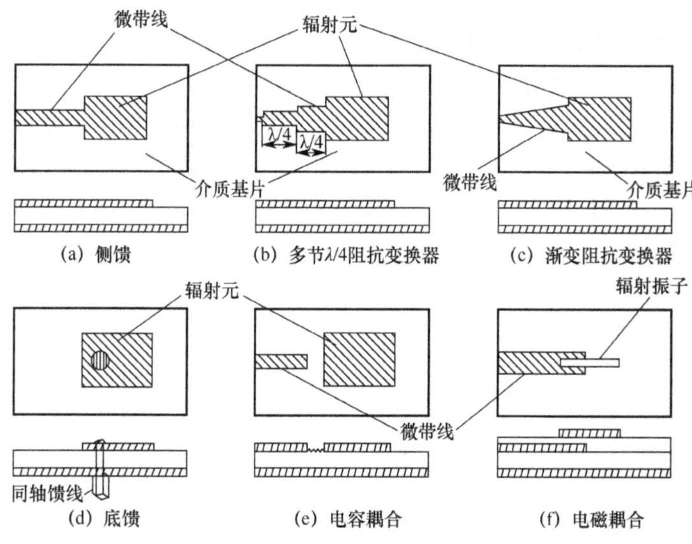

图 10.32　微带天线的馈电方法

侧馈是指馈线（如微带传输线，简称微带线）从辐射器的侧面接入，如图 10.32（a）所示，馈线是一段微带线，它和辐射元一起刻蚀在基板的同一面。微带线的特性阻抗取决于微带线的宽度，一般选取微带线的特性阻抗约为 50 Ω。因为辐射元的输入阻抗与微带线的特性阻抗不同，所以通常需用阻抗交换器进行匹配，可以采用图 10.32（b）所示的多节 $\lambda/4$ 阻抗变换器，也可采用图 10.32（c）所示的渐变传输线的方法来实现阻抗匹配。馈电点的位置可以在辐射元一边的中点处，也可以是在偏离中心的地方；馈电点的位置与激励的模式有关，并影响辐射元的辐射特性，适当选择馈电点的位置也可以使辐射元与馈线之间获得匹配。

底馈是指馈线从介质基片的底部穿入，再与辐射器相接。通常用同轴线进行底馈，将同轴线的内导体从金属接地板侧穿入，与金属辐射小片相连，而同轴线外导体与金属接地板相连，如图 10.32（d）所示。因为天线的输入阻抗是馈电点距辐射元中心距离的函数，所以总可找到一适当位置，此处的输入阻抗接近或等于同轴线的特性阻抗。这样，在该位置处作为馈电点，就可使辐射元与馈线得到较好的匹配，并省去了附加的匹配器。

图 10.32（e）和图 10.32（f）分别是电容耦合和电磁耦合馈电方式。

10.10.2　微带天线的方向性

分析微带天线的基本理论大致可分三类：传输线模型、空腔模型及积分方程法。为了简单起见，我们以矩形微带天线为例，用传输线模型分析法讨论它的辐射原理。

传输线模型是 1974 年由芒森（R. E. Munson）首先提出，而后由德纳瑞特（Derneryd）等人加以发展的，主要适用于矩形贴片。

微带天线的辐射机理是：在贴片与地板之间激励起高频电磁场，并通过贴片边沿与地板间的缝隙向空间辐射。辐射场是贴片边沿与地板间的边缘场产生的，如图 10.33（a）（b）所示。图 10.33（c）所示为场的大小和方向沿 L 的分布。

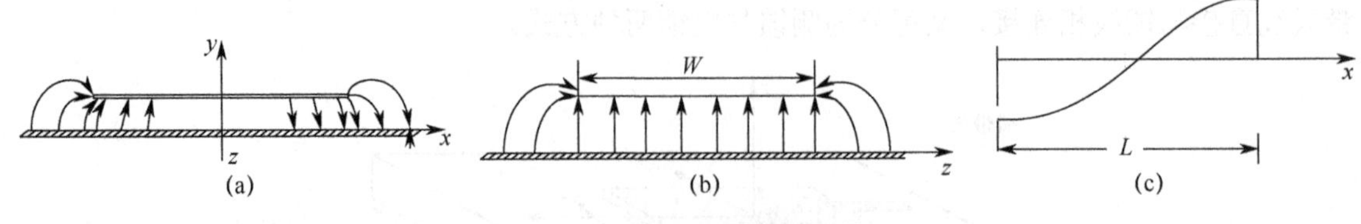

图 10.33 微带天线辐射原理

将辐射元、介质基片和接地板视为一段长为 L 的低阻抗微带传输线，在传输线的两端断开形成开路。根据微带传输线理论，由于基片厚度 $h \ll \lambda$，辐射场沿 h 无变化。在最简单的情况下，设辐射场沿宽度 W 也无变化。在激励主模条件下，长度满足 $L = \lambda_g / 2$（λ_g 为微带线的波导波长）的传输线场结构（边缘切向场）如图 10.34 所示。

显然，在两开路端的电场可以分解为相对于接地板的垂直分量和水平分量。由于 $L = \lambda_g / 2$，两垂直分量电场相反，水平分量电场方向相同。在垂直于接地板方向，两水平分量电场产生的远区场同相叠加，形成了最大辐射方向。因此，两开路端的水平分量电场可以等效为无限大平面上同相激励的两个缝隙，如图 10.35 所示。缝隙的宽度为 $\Delta l\ (\Delta l \approx h)$，长度为 W，两缝间距为 $L = \lambda_g / 2$。缝隙的切向电场沿 W 均匀分布，电场方向垂直于缝隙长度方向。

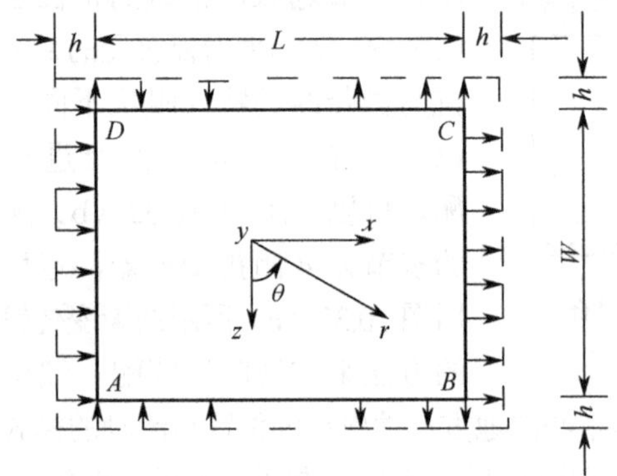

图 10.34 矩形辐射片的边缘切向场

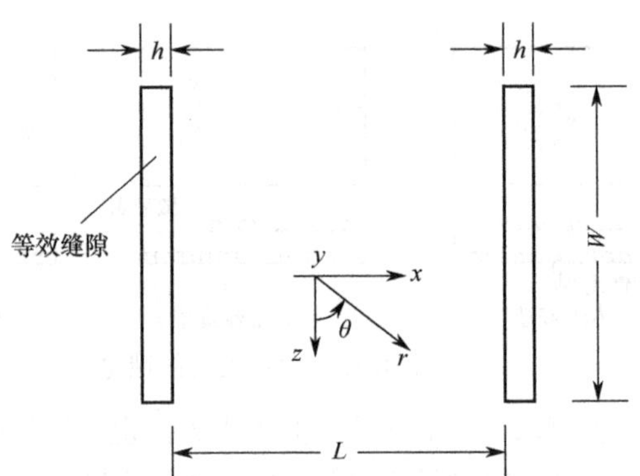

图 10.35 矩形微带天线的等效缝隙

矩形微带天线的方向图与两个长度及间距均为半波长的缝隙天线的方向图是相同的。它是基本缝隙（即磁基本振子）的方向图与缝隙的长度因子及由一对缝隙构成的二元阵的阵因子三者的乘积，其方向图如图 10.36 所示。

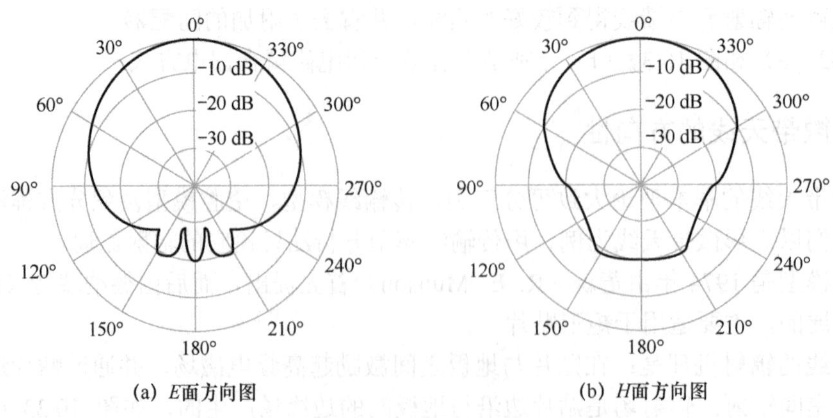

图 10.36 矩形微带天线的单元方向图

10.10.3　微带天线优缺点

微带天线的突出优点是：

（1）易于实现线极化和圆极化；

（2）容易实现双频段和双极化；

（3）尺寸小、重量轻、价格低，尤其是具有很小的剖面高度，易附着于任何金属物体表面；

（4）平面结构，可以和集成电路兼容等。

因此，微带天线得到了广泛的研究和进一步的发展，从而使它在 100 MHz～100 GHz 的极宽频率范围内获得了多领域的应用，如应用于卫星通信、雷达、无线电高度计、导弹的控制系统及遥测技术、导弹及炮弹上的引信、空间环境测试技术和遥感等。

然而，与常规的微波天线相比，微带天线还存在着一些缺点：

（1）工作频带很窄；

（2）基本辐射单元具有明显的谐振特性，当工作频率偏离谐振点后，其输入阻抗急剧增大，在馈电点产生强烈的反射，使天线不能正常工作；

（3）有较大的介质损耗及增益下降；

（4）功率容量小；

（5）由于馈线与辐射器间的隔离度较差，还会使辐射场出现交叉极化等。

10.11　面天线

在线天线理论中，我们知道：如果要获得高的天线增益，就要用多个振子排列组合，构成天线阵面，而且要保证规定的馈电相位；但是这种合成条件随着频率的升高，其结构变得非常复杂，要得到较高的增益也是困难的。例如，引向天线的引向器数量越多，会使增益高一些；但每个单元要获得 10 dB 增益是比较困难的，一般只有 7～8 dB。而对微波频段的面天线来讲，可以把开口径看成由无数个振子排列着而合成辐射。例如，频率为 4 GHz（波长为 7.5 cm）时，开口径为 3.3 m，天线增益达到 40 dB 并不困难；而要获得相同的增益，如用引向天线，几乎需要 20 组同相馈电单元组合。微波频段面天线的增益一般很容易达到 $G = 10\,000 \sim 1\,000\,000$。

10.11.1　抛物面天线

抛物面天线具有良好的辐射特性，在微波中继通信、卫星地面站和射电天文等方面得到了广泛的应用。

扫码学习
抛物面天线实物图

1．抛物面天线的结构

抛物面天线的几何结构如图 10.37 所示，它由照射器和抛物面反射器组成。照射器又称为初级馈源，被放置在抛物面的焦点 F 处。

抛物面的几何参数如下：

（1）抛物面口径——以抛物面的边缘为周界的平面，口径直径为 D；

（2）抛物面轴线——与口径平面垂直，并通过其中心的直线，即图 10.37 中的 z 轴；

（3）抛物面的焦距——由焦点 F 到顶点 O 的距离，即图 10.37 中的 f；

（4）抛物面口径张角——由焦点 F 对抛物面边缘相对两点所张的夹角，最大半张角为图 10.37 中的 φ_0。

2. 抛物面天线工作原理

图 10.38 所示的抛物面天线具有如下两个基本特性：

（1）由焦点 F 发出的电磁波，经抛物面反射后，其传播方向均与轴线平行；（2）由焦点发出的电磁波经抛物面反射后，到达抛物面口径的平面时，所有射线的行程相等。

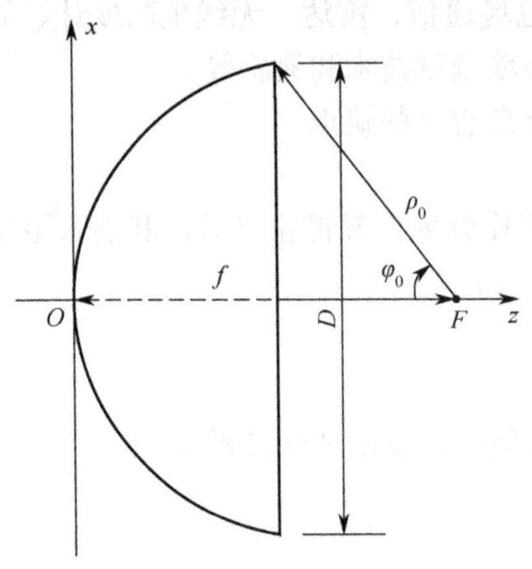

图 10.37 抛物面天线的几何结构

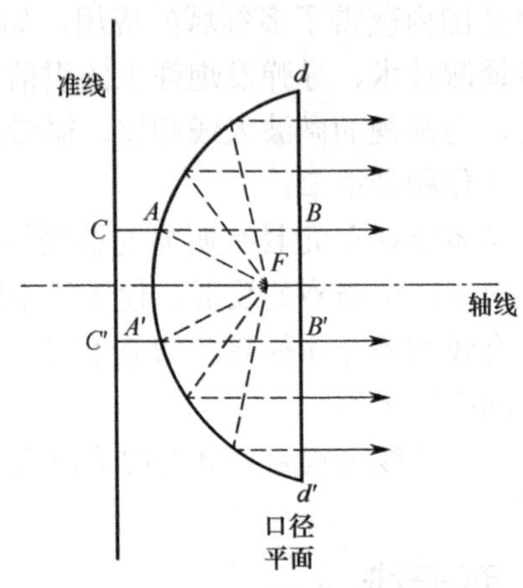

图 10.38 抛物面天线定向辐射

因此，抛物面天线由焦点处的源所发射的球面波，经过抛物面反射之后各个射线完全与轴线平行，且在抛物面口径的平面（简称口面）上形成各点大小相同、相位相等的平面波。相当于把发射能量聚集在轴线方向上传播。因此，抛物面天线实际就是波型转换器。

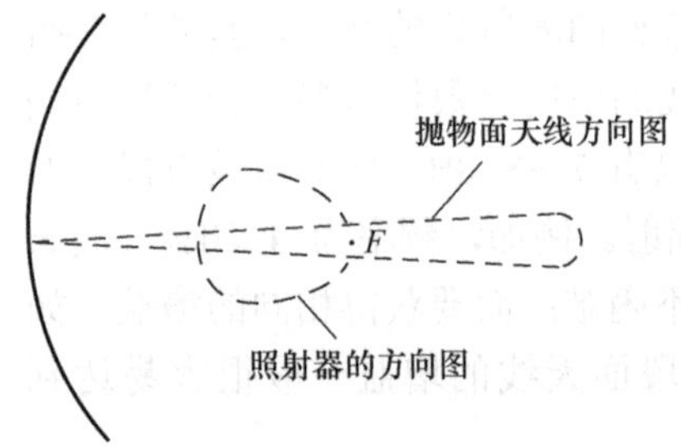

图 10.39 抛物面天线的方向性改善

抛物面天线就实质来讲，可以把它的辐射口面看成由许许多多连接的源天线或惠更斯源构成的天线阵。在这种情形下可以获得更尖锐的方向性。当然，实际的口面场并不完全等同于平面波，能量会更集中于窄的波束中发射。图 10.39 所示为抛物反射面改善方向性的示意图。

10.11.2 喇叭天线

波导中如有激励，在其终端开口就有电磁波辐射出去（如图 10.40 所示），此时它就是一种简单的天线。

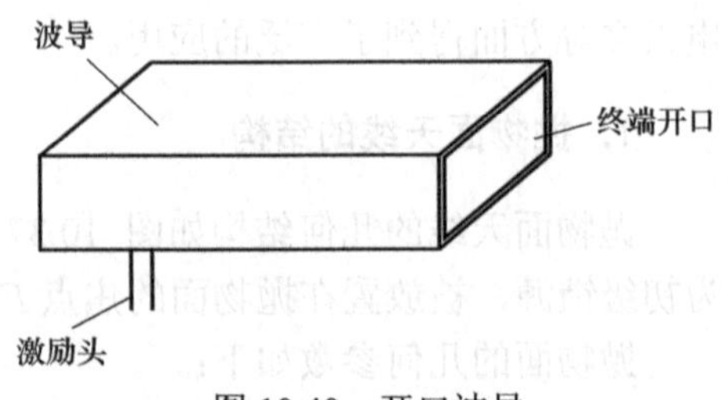

图 10.40 开口波导

终端开口波导截面电尺寸很小，不能得到大的增益；而且这种开口使传播条件突变，引起很强的反射，系统的辐射效率很低。因此，为了增强终端开口波导的辐射能力，可以把波导壁张大成一定角度，使其横截面逐渐变大，这样一来既扩大了开口的口面尺寸（增强辐射方向性），又使得沿线特性阻抗由原来在开口处突变而转化成缓变（减小开口处的反射）。波导壁以一定的角度张开即构成了喇叭天线（因其外形像喇叭而得名），它是一类最简单实用的面天线。

典型的喇叭天线如图 10.41 所示。保持矩形波导终端宽边尺寸不变而逐渐展开其窄边，就得到 E 面扇形喇叭天线，如图 10.41（a）所示。与此相反，保持矩形波导终端窄边尺寸不变而逐渐展开其宽边，就得到 H 面扇形喇叭天线，如图 10.41（b）所示。矩形波导四壁皆逐渐张开即构成角锥喇叭天线，如图 10.41（c）所示。圆波导开口终端渐变地张开，则称为圆锥喇叭天线，如图 10.41（d）所示。

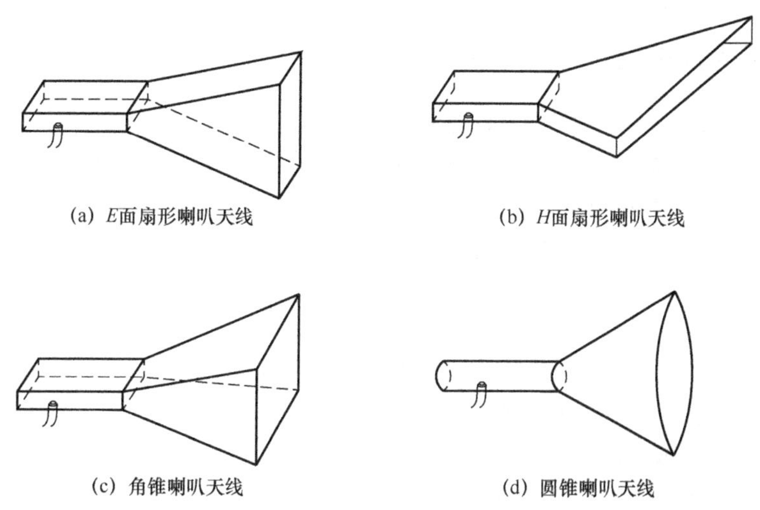

(a) E面扇形喇叭天线　　(b) H面扇形喇叭天线

(c) 角锥喇叭天线　　(d) 圆锥喇叭天线

图 10.41　典型喇叭天线

喇叭天线的特点：

（1）结构简单，加工方便。

（2）容易激励。与相应的馈电波导连接即可（由波导中的导行波激励）。

（3）应用广泛。可做独立天线，也可做反射面天线和透镜天线的馈源，还可作为其他高增益天线增益测量和比较的基准。

10.12　智能天线

天线技术是当前无线通信发展的瓶颈之一，是非常具有活力、富有挑战性的学术和技术领域。一方面，对天线的各种要求被不断提出，如小体积、宽频带、多频段、强方向性及低副瓣等要求；因此新的材料（如陶瓷介质材料、超导天线等）不断出现，新的天线形式（如金属介质多层结构、复合缝隙阵、各种阵列天线等）不断产生。另一方面，在目前电磁环境日益恶化的情况下，将空间和时间信号处理相结合，采用智能天线和软件无线电技术是解决需求和矛盾的根本出路。

智能天线又称自适应天线阵列、可变天线阵列、多天线。智能天线指的是带有可以判定信号的空间信息（如传播方向）和跟踪、定位信号源的智能算法，并且可以根据此信息进行空域滤波的天线阵列。

10.12.1 智能天线的主要功能

智能天线由天线阵、波束形成网络、波束形成算法三部分组成。智能天线利用数字信号处理技术，采用先进的波束转换技术（switched beam technology）和自适应空间数字处理技术（adaptive spatial digital processing technology），产生空间定向波束，动态改变覆盖区域形状，使天线主波束（主瓣）对准用户信号到达方向，副瓣（旁瓣）或零陷对准干扰信号到达方向，并且自动跟踪用户和应用环境的变化，从而有效抑制干扰，提高链路性能和系统性能。

10.12.2 智能天线关键技术

波束形成是智能天线的关键技术，是提高信噪比、增加系统容量的保证。波束形成的目的是对阵列天线的波束幅度、波束指向和波束零点位置进行控制，在期望方向上保证高增益波束指向，同时在干扰方向上形成波束零点，并通过调节各阵元的加权幅度和加权相位来改变方向图的形状。

图 10.42 所示为一种由多个天线单元组成的智能天线阵列。它由 N 个天线单元组成，每个天线单元都有对应的加权器；共有 M 组加权器，可以形成 M 个不同方向的波束，用户数 M 可以大于天线单元数 N。

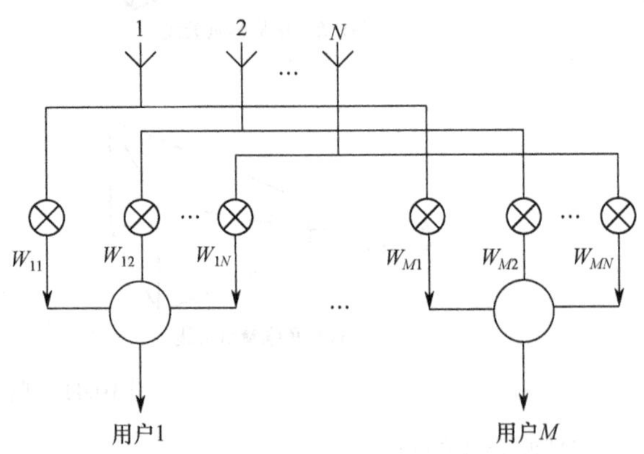

图 10.42 智能天线示例

根据采用的天线方向图形状，可以将智能天线分为两类：自适应智能天线和固定形状方向图智能天线。

1. 自适应智能天线

自适应智能天线采用自适应算法，其方向图没有固定的形状，随着信号及干扰而变化。它的优点是算法较为简单，可以得到最大的信噪比。但是它的动态响应速度相对较慢。

自适应智能天线在空间上选择有用信号，抑制干扰信号，有时它也称为空间滤波器。虽然这主要是靠天线的方向性来实现的，但它是从信噪比的处理增益来分析的，所带来的好处是避开了天线方向图分析与综合的数学困难，同时建立了信号环境与处理结果的直接联系。自适应天线阵的重要特征，是应用信号处理的理论和方法以及自动控制技术来解决天线权值优化问题。

2. 固定形状方向图智能天线

固定形状方向图智能天线在工作时，其方向图形状基本不变。它通过测向确定用户信号的波达方向（direction of arrival，DOA），然后根据信号的 DOA 选取合适的阵元加权，将方向图的主瓣指向用户方向，从而提高用户信号的信噪比。固定形状方向图智能天线对于处于非主瓣区域的干扰，是通过控制（降低）副瓣电平来确保抑制的。与自适应智能天线相比，固定形状方向图智能天线无须迭代，响应速度快，但它对天线单元与信道的要求较高。

10.12.3 智能天线的优缺点

1. 智能天线对系统性能的改善

（1）提高系统容量。智能天线采用的是一种空分多址（SDMA）技术，它可以有效地增加系统容量。

（2）增大覆盖范围。波束形成是多副天线场强的矢量叠加，等效为天线增益的增加，也就是提高了接收机的灵敏度和发射机的辐射功率。这意味着在同样的接收和发射条件下可以达到更远的通信距离，因此增大了覆盖范围。

（3）降低系统干扰。采用窄波束的主瓣接收和发射信号，采用副瓣和零点抑制干扰信号，可以降低系统干扰，提高阵列的输出信噪比，即提高系统的抗干扰能力。此外，它对多径干扰也有一定的削弱作用。

（4）降低系统成本。由于波束形成的增益可以减小对功放的要求，因此可降低成本，并提高可靠性。

（5）实现移动用户的无线定位。智能天线同其他技术配合，可以实现移动用户的无线定位，获得用户的方位信息。

2. 智能天线存在的问题

（1）增加了系统复杂度。智能天线需要高效的算法、高速的 DSP 器件，以满足实时性处理要求。智能天线的算法结构应该尽量兼容常规的处理结构，便于系统灵活配置，降低成本。

（2）增加了通道校正。如果要完成波束形成，则需要进行通道校正，从而提高了通道要求。

本章小结

天线按结构形式和工作原理可分为线天线和面天线等。

通常将截面半径远小于波长的金属导线构成的天线称为线天线，主要应用于长波、中波、短波和超短波波段。线天线的种类很多，本章主要介绍的线天线有：直立天线、双极天线、引向天线、对数周期天线、菱形天线、螺旋天线、鱼骨形天线、智能天线等。

直立天线主要应用于长波、中波、短波等波段，辐射的电波主要采用地波传播方式。由于此波段波长较长，要求天线尺寸较大；但受实际架设高度限制，直立天线的电尺寸一般较小，天线的辐射能力很弱。因此，一般采用加载方法提高直立天线辐射效率，通常采用的加载方法是在天线中部或底部加感性负载和在天线顶端加容性负载。

双极天线是由对称振子水平架设于地面而构成的。它特别适用于 500 km 以内的短距离定点通信和一定范围内的移动目标的通信，或用于多方向的定点通信。为了提高带宽，通常采用加粗天线振子半径的方法。

在定向通信中，往往需要高增益天线，引向天线就是一种结构简单而增益又高的超短波天线。为了加大方向系数同时简化天馈系统，引向天线由一个有源振子和若干个无源振子构成。无源振子中比有源振子稍长的是反射器，比有源振子稍短的是引向器。

上述天线基本上是窄带天线，要展宽天线的带宽，通常采用两类天线：一类是结构天线，如对数周期天线等；另一类是行波天线，如菱形天线、螺旋天线、鱼骨形天线等。

对数周期天线结构的电尺寸是按一特定的比例因子变化的。它的不同物理尺寸部分对应不同的谐振频率，从而达到宽频带性能。因此，对数周期天线的宽频带特性是用增大天线的结构尺寸来换取的。

菱形天线是一种短波天波天线。菱形天线通过菱形结构及终端接入匹配负载，使线上传输行波。由于菱形天线的行波特性，其输入阻抗基本上不随频率变化，方向图随频率的变化也很小，具有良好的宽频带特性，可在最高与最低频率之比为 3∶1 的频率范围内使用。

螺旋天线中应用最多的是轴向模螺旋天线，它产生的是圆极化波，其带宽可以达到 (1.7～2.0)∶1。

鱼骨形天线是短波波段的专用接收天线。它与菱形天线的方向性相比，抑制了方向图副瓣，同时增强了方向性。由于集合线串接了耦合阻抗，同时终端端接匹配电阻 R_L，使得集合线上传输的是行波，实现了鱼骨形天线宽波段的特性。

微带天线是在一片薄介质基片的一面贴上薄金属层作为接地板，而另一面用金属沉积法或粘贴金属箔片的方法得到所需形状的辐射器。微带天线由于尺寸小、重量轻、可和集成电路兼容等突出优点，得到了广泛的研究和进一步的发展。

面天线是指具有初级馈源并由反射面形成次级辐射场的天线，主要应用于微波和毫米波波段，如本章介绍的抛物面天线及喇叭天线。在微波波段，面天线的增益一般很容易达到 $G = 10\,000$～$1\,000\,000$。

智能天线也称自适应阵列天线，通过调节各阵元的加权幅度和加权相位来改变方向图形状，达到抑制干扰、提高接收灵敏度、实现空分多址等功能。根据所采用的天线方向图形状，智能天线可以分为两类：自适应智能天线和固定形状方向图智能天线。波束形成是智能天线的关键技术。

习　题

10.1　架设于理想导电地面的直立天线方向函数与自由空间对称振子方向函数有什么关系？为什么？

10.2　分别绘出 $h \ll \lambda$ 、$h = 0.5\lambda$ 及 $h = 0.75\lambda$ 的直立天线的垂直方向图。

10.3　高度为 h 的直立天线辐射电阻与自由空间对称振子（$l = h$）辐射电阻的关系是什么？简述理由。

10.4　高度为 h 的直立天线输入阻抗与自由空间对称振子（$l = h$）输入阻抗的关系是什么？简述理由。

10.5　直立天线辐射效率低的原因是什么？如何提高直立天线辐射效率？

10.6　简述加感性负载提高直立天线辐射效率的原理。

10.7　简述在天线顶端加容性负载提高直立天线辐射效率的原理。

10.8　如何处理地面对双极天线影响的问题？

10.9　双极天线是天波天线，为什么不能用于地波通信？

10.10　有一架设在地面上的水平振子天线，其平均工作波长为 $\lambda = 40$ m。若要在垂直于天线的平面内获得最大辐射仰角 $\Delta = 30°$，则该天线应架设多高？

10.11　假设在地面上有一个 $2l = 40$ m 的水平对称振子，求使水平平面内的方向图保持在与振子轴垂直的方向上有最大辐射和使馈线上的行波系数不低于 0.1 时，该天线可以工作的频率范围。

10.12　自由空间对称振子与自由空间笼形天线在性能上的主要区别是什么？

10.13 引向天线与阵列天线有什么区别？

10.14 简述引向天线提高增益的原理。

10.15 比较行波天线与驻波天线的优缺点。

10.16 为什么轴向模螺旋天线是圆极化天线？

10.17 简述轴向模螺旋天线载行波的原理。

10.18 简述菱形天线实现宽频带的原理。

10.19 为什么菱形天线辐射效率较低？

10.20 简述对数周期天线的结构。

10.21 简述对数周期天线实现宽频带的原理，并说明其名称的由来。

10.22 简述微带天线的结构。分析微带天线的基本方法是什么？

10.23 简述微带天线的馈电方法。

10.24 简述矩形微带天线辐射场可等效为无限大平面上同相激励的两个缝隙的原理。

10.25 与常规的微波天线相比，微带天线还存在着哪些缺点？

10.26 简述抛物面天线工作原理。

10.27 简述智能天线的主要结构及功能。

10.28 简述智能天线波束形成技术的原理。

10.29 简述自适应智能天线和固定形状方向图智能天线的优缺点。

扫码学习
第 10 章习题答案

第 11 章　线天线的馈电系统

11.1　馈线相关概念

在无线电通信设备中，需要利用长导线将高频电能从一端传输到另一端，这种用来传输电能的长导线叫作馈线，又称传输线，有时亦称长线。

11.1.1　分布参数的概念

在直流或低频电路中，认为电路的电感集中在线圈里，电容集中在电容器里，电阻集中在电阻器里；这是因为连接各元件组成电路的导线，其长度与工作波长相比很小，因此导线本身的参数与电路元件的参数相比可以忽略不计，即可认为对电路的工作没影响。如果工作频率很高或导线长至可以和工作波长相比时，导线本身的参数对电路的影响就不能再被忽略了，这时沿线电流振幅分布不再是处处相等了。图 11.1（a）中 AB 段电流振幅可以近似认为是相等的；而图 11.1（b）中 AB 段电流振幅大小是不等的，甚至方向也可能不同。

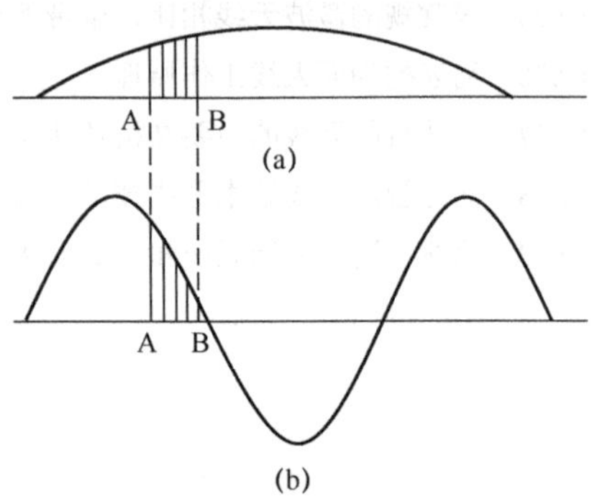

图 11.1　传输线上电流分布图

导线的基本参数概括起来有四个，即电阻 R、电感 L、电容 C 和电导 G（或叫漏导）。它们都是沿线分布的，所以又称为分布参数。这些参数的含义是不难理解的，任何导线（非超导体）的电阻率不可能等于零，所以任何一小段导线也都具有一定的电阻值，不过是比较小而已。同样，导线上通过交变电流时，在导线周围就产生交变磁场，这个磁场又会产生感应电流，以阻止原磁场的变化，所以每一段导线上都有一定的电感量。两导线间充满介质，这就构成了电容。绝缘介质的电阻实际上是不能为无穷大的，这就必然有漏电导。这些参数的大小，取决于导线的尺寸、材料、线间距离以及介质的特性。严格来说，工作频率对它们也有影响。

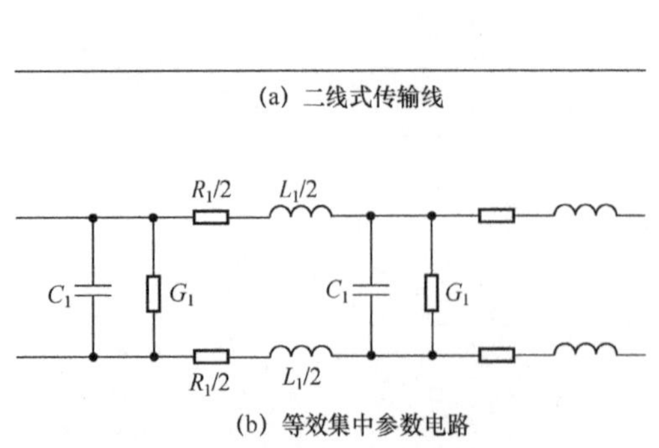

图 11.2　二线式传输线及其等效集中参数电路

如果导线的尺寸、材料、线间距离及介质特性在全线上都是一样的，这种线又称为均匀长线，其参数也是沿线均匀分布的。一般认为，馈线长度 l 大于 10 倍电波波长 λ 时为长线，否则为短线。长线为分布参数电路，短线为集中参数电路。

我们将单位长度传输线的分布参数表示为分布电阻 R_1、分布电感 L_1、分布电容 C_1 和分布电导 G_1。图 11.2 所示为二线式传输线及其等效集中参数电路。

11.1.2　电磁能在馈线上的传播

电磁能在馈线上的传播有行波、驻波和复合波三种状态。图 11.3 所示为波沿线传播不同状态时，电压振幅（实线）和电流振幅（虚线）沿线分布情况。

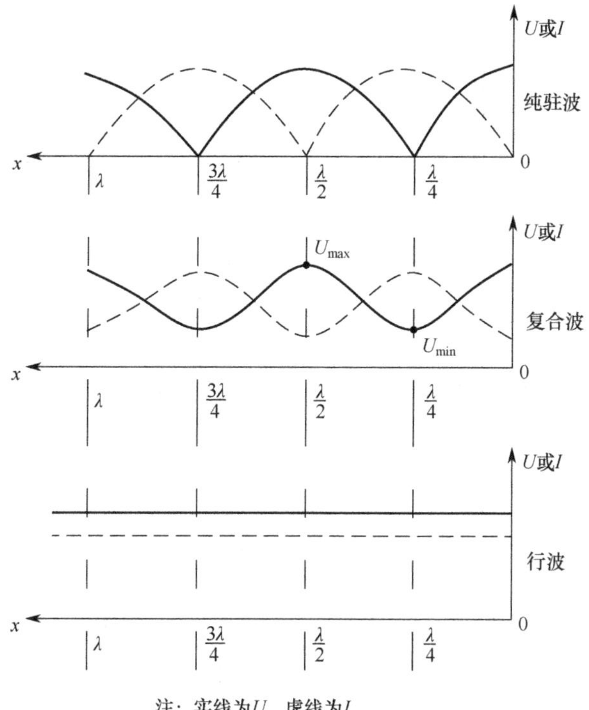

图 11.3　电压振幅和电流振幅沿线分布情况

1. 无耗线上的行波

电磁波在沿馈线传播过程中，如果所带能量全部被终端负载吸收而不产生反射，则这种单方向传播的电磁波称为行波。一般将由电源端向负载端传播的电磁波称为入射波，将由负载端向电源端传播的电磁波称为反射波。要使电磁波工作在行波状态，终端负载必须将电磁波所带的能量全部吸收，不产生反射。对于均匀无耗线，当终端负载为纯电阻且等于传输线的特性阻抗时，馈线工作在行波状态。当负载阻抗等于特性阻抗时，称传输线工作于匹配状态。所以传输线的行波工作状态也称匹配工作状态。

传输线工作于行波状态的特点：

（1）当电源为余弦交流电时，在每一瞬间行波电压、行波电流沿线按余弦规律分布。

（2）线上任一点电压或电流均随时间按余弦规律变化，且电流和电压同相位。

（3）线上任一点电压或电流振幅大小相等，线上各点电压和电流振幅比值不变，并等于传输线的特性阻抗。

（4）电磁波以速度 $v_p = 1/\sqrt{L_1C_1}$ 沿线向终端传播，传到终端的能量全部被负载吸收。传输线距电源端 l 处的电压（电流）在相位上比电源电压（电流）滞后 βl 弧度（β 为传输线上电磁波传输的相移常数）。

（5）行波能够最大限度地传输能量。

2. 无耗线上的驻波

当电磁波沿线传输到终端时，若终端负载不吸收能量，产生完全反射，则在线上既有电源向终端传输的入射波，又有终端向电源传输的反射波。对于无耗线，入射波和反射波沿线振幅相等、频率相同，仅仅是传播方向相反，二者在线上叠加的结果，便形成驻波。

在传输线上产生驻波工作状态的条件是终端负载开路、短路或负载为纯电抗元件（不吸收能量）。

传输线工作于驻波状态的特点：

（1）在无耗线上，驻波的振幅随着距离的增加而呈正弦（或余弦）曲线变化。每隔半个波长，波腹和波节交替出现一次；电压的波腹处是电流的波节处；电压的波节处是电流的波腹处。

（2）驻波在同一时间线上各点是同相的。驻波电压和电流之间在相位上相差 90°。

（3）驻波的输入阻抗是纯电抗性的，且其数值沿线是变化的。

（4）驻波不能传输能量，而是电场能量和磁场能量的交换。

3. 无耗线上的复合波

在实际应用中，终端负载一般为纯电阻，且终端负载电阻往往不等于传输线的特性阻抗，这样传输到终端的能量不能全部被吸收，而是部分被吸收，部分被反射。这样在传输线上同时存在行波和驻波，其合成波称为复合波。由于终端负载只吸收部分能量，有一部分能量被反射，所以反射波必小于入射波。叠加的结果，复合波在沿线上仍有最大值和最小值；最大值小于入射波的两倍，最小值大于零。

11.1.3 系统匹配的概念

一般来说，要实现系统的匹配包含两方面的内容：一是阻抗变换；二是平衡与非平衡转化。

1. 传输线与天线的阻抗匹配

1）阻抗匹配的概念

在发射系统中，传输线是连接发射机和天线的中间设备。当系统工作在行波状态时，称发射机和传输线工作在最佳状态。

传输线工作在复合波状态会带来不利的影响。高频能量在馈线的传输过程中要损耗掉一部分，使得真正到达天线的功率减小。这种损耗主要是热损耗、绝缘损耗和辐射损耗，其中主要是热损耗。馈线越长，导线越细，频率越高，则损耗越大。当传输线工作于复合波状态时，传输线上必然存在反射波，相当于能量传输的路程增大，因此会大大增加损耗。若反射波成分较大，则传输线上驻波比较大，传输线所要承受的功率容量也较大（特别是在波腹点处），使馈线容易产生电晕和击穿现象。

对于发射系统天线是传输线的负载，天线要求能够从传输线上获得最大的能量。传输线上驻波比愈大，表示天线从传输线上得到的能量愈小。如果传输线上驻波比较大，那么即使天线的性能再好，也很难保证通信的质量。

对于一个由信号源、传输线和负载所构成的传输系统，如图 11.4（a）所示，我们希望信号源输出最大功率，且被负载全部吸收。因此，要实现真正的阻抗匹配传输，必须同时实现两方面的匹配：一方面，馈线输入端的输入阻抗等于信号源内阻的共轭值，即传输线与电源端实现了匹配，信号源将最大功率源源不断地输进传输线，如图 11.4（b）所示；另一方面是使负载阻抗（即天线的输入阻抗）等于传输线特性阻抗，使传输线工作于行波状态，电磁能量不被反射。

2）传输线与收发信机的匹配

在发射系统中，严格地说，传输线与电源端匹配是指传输线起始端（图 11.4 中虚线位置）的输入阻抗等于信号源内阻的共轭值。但实际上，由于一般发射机输出级都是复合输出电路，耦合也可以改变，即使传输线的输入阻抗与发射机不匹配，只要输出回路调谐元件变化范围足够大，通过调谐也能使发射机输出级工作在最佳状态。因此，传输线与发射机的匹配在工程中通常是通过调谐输出回路来实现的。

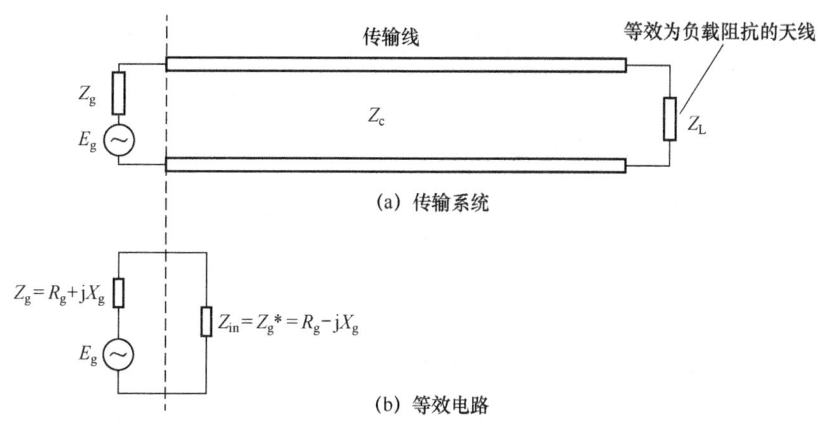

图 11.4　传输系统及其等效电路

在收信系统（即接收系统）中，由于收信天线上感应的信号很小，且对收信机来说效率不是主要考虑的问题，所以传输线与收信机的匹配往往可以不必考虑。

3）天线与传输线的匹配（通常指发射系统）

如果天线的输入阻抗等于传输线特性阻抗，天线就与传输线匹配了。天线在工作波段范围内能否与传输线匹配，是天线能否宽波段工作的一个重要环节。它们的矛盾之处在于，传输线的特性阻抗通常是一实数，而天线的输入阻抗往往随l/λ的不同而变化。

当天线为理想的行波天线（如菱形、鱼骨形天线）时，其输入阻抗为纯阻性，且等于天线的特性阻抗，此时传输线和天线的匹配就是使传输线的特性阻抗等于天线的特性阻抗。当天线是驻波天线（如双极天线、笼形天线等）时，其输入阻抗一般是复阻抗，而且复阻抗的值在波段内随l/λ的不同而变化，对于在此波段工作的发射机就难以实现匹配，除了谐振频率外，传输线上仍是复合波，且对于不同的l/λ值，行波系数大小也不一样。

因此，行波天线是阻抗宽带天线，而驻波天线是阻抗窄带天线。

2．平衡与非平衡变换

在天线的馈电系统中，为避免馈线的辐射或接收，经常采用同轴线（即同轴电缆）作为馈线。那么，对称的天线和不对称的电缆直接连接时，会出现什么问题呢？如图 11.5 所示，对称振子馈电端的电位分别是$U/2$和$-U/2$，振子的两臂对地是平衡的，两臂对应线段上的电流是等值同方向的。如果这一平衡系统与不平衡的同轴线直接连接，则振子馈电端上电位的绝对值不再相同。这是因为振子右臂与同轴线外导体外壁之间存在分布电容，从内导体流到振子右臂上的电流中有一部分电流（I_3）通过该分布电容到达同轴线外导体的外臂，再流回到外导体内壁，因此，右臂上所得电流I_2与左臂上电流I_1是不等的，即$I_1 \neq I_2$，造成了对称振子两臂电流的不平衡。它带来的的问题是：不仅改变了天线方向图的形状，也改变了天线的输入阻抗。此外，同轴线的外导体外壁的电流还产生不需要的附加辐射。因此，为保证对

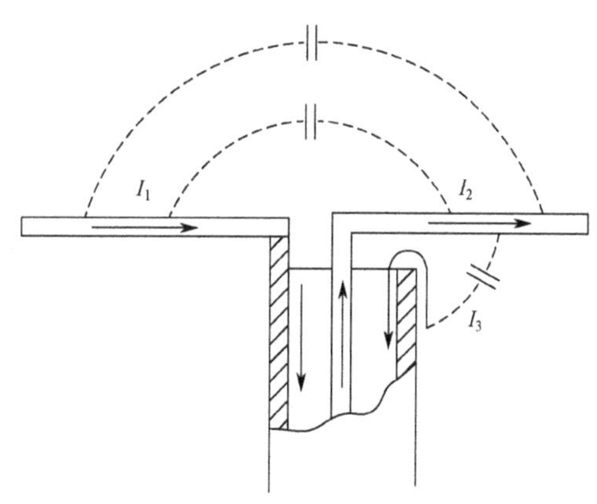

图 11.5　对称振子与同轴线连接示意图

对称天线的平衡馈电，在天线与馈线之间一定要连接一平衡与非平衡变换器。

某些类型的平衡与非平衡变换器可同时起到阻抗变换作用。

3. 天线、馈线与收、发信机的连接

在下述情况下，天线、馈线与收发信机的连接都需要加一匹配网络：

（1）收发信机为单端输出，而使用的天线为对称天线；

（2）收发信机为对称输出，而天线为非对称天线；

（3）需要电缆和明线的转换。

通过匹配网络完成阻抗匹配和平衡与非平衡变换作用，从而提高传输效率，改善通信效果。

按发射机的单端和双端输出，天线的对称和非对称，以及用不用电缆，有如下 8 种连接情况：（1）双–平衡馈电–对称；（2）双–平衡馈电–非对称；（3）双–电缆–对称；（4）双–电缆–非对称；（5）单–平衡馈电–对称；（6）单–平衡馈电–非对称；（7）单–电缆–对称；（8）单–电缆–非对称。其中，情况（1）、（8）仅需要阻抗匹配，而不需要平衡与非平衡变换；余下的情况不仅需要阻抗匹配，而且需要平衡与非平衡变换。

图 11.6 所示为情况（1），图 11.7 所示为情况（3），图 11.8 所示为情况（7）。

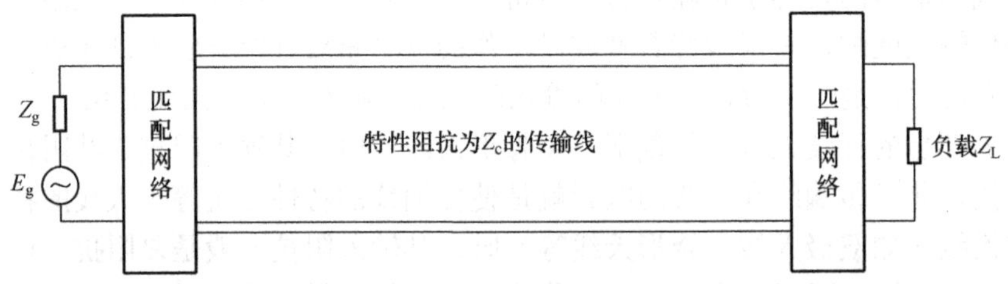

图 11.6　双–平衡馈线–对称

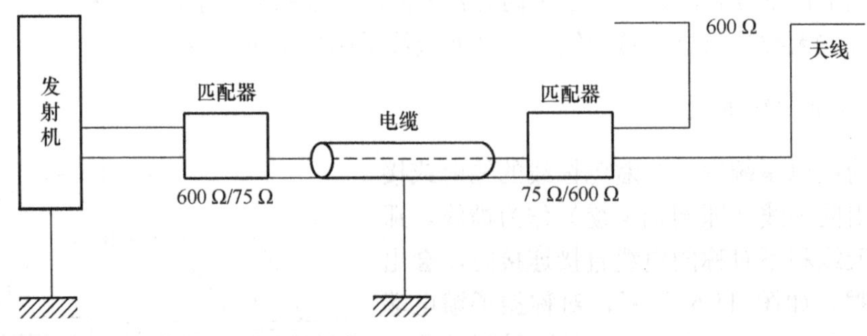

图 11.7　双–电缆–对称

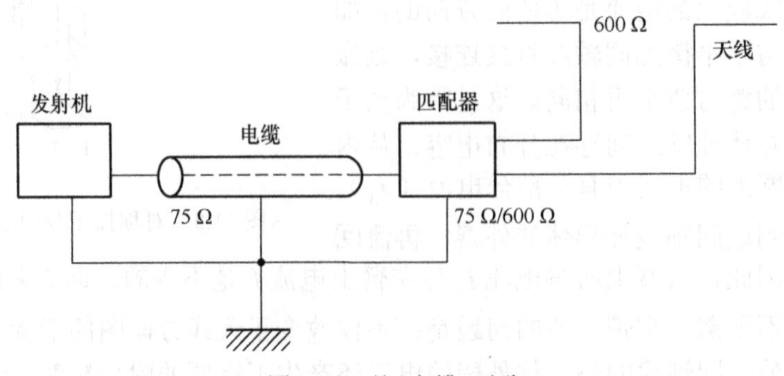

图 11.8　单–电缆–对称

11.2　传输线性能指标

信号在馈线里传输，除了受到损耗而降低传输效率外，还会在一定程度上发生畸变。衡量传输线传输性能的主要参数有特性阻抗、传输常数、反射系数及驻波比等。

1．特性阻抗

无限长传输线上各处的电压与电流的比值，定义为传输线的特性阻抗。在一般情况下，传输线的特性阻抗值由下式给出：

$$Z_c = \sqrt{\frac{R_1 + j\omega L_1}{G_1 + j\omega C_1}} \tag{11.1}$$

式中，R_1、L_1、G_1及C_1分别是传输线的分布电阻、分布电感、分布电导及分布电容，它们主要由传输线的几何结构和绝缘介质的特性决定，是传输线本身固有的参数。

从式（11.1）中我们看到，特性阻抗和传输的信号频率有关，这给传输线不失真地传送信号造成困难。因为在实际工作中，信号都占有相当宽的频带，为了保证正确地传输信号，就要求输入端的内阻抗和终端的负载阻抗都具有与特性阻抗相同的频率特性，这在实际中几乎不可能。为此，我们希望传输线的特性阻抗尽量为一纯电阻，与频率无关。

分析式（11.1），有两种情况下可认为特性阻抗为一纯电阻：

（1）当传输线为一理想的无损耗线，即$R_1 = 0$，$G_1 = 0$时，特性阻抗为一纯电阻，即

$$Z_c = \sqrt{L_1/C_1} = \rho \tag{11.2}$$

（2）如果信号频率很高，满足$\omega L_1 \gg R_1$和$\omega C_1 \gg G_1$的条件，则可粗略地认为特性阻抗为一纯电阻$\sqrt{L_1/C_1}$。

2．输入阻抗

输入阻抗Z_{in}定义为参考面上的总电压与总电流之比。在微波和无耗条件下得传输线输入阻抗的公式为

$$Z_{in} = Z_c \frac{Z_L + jZ_c \tan(\beta x)}{Z_c + jZ_L \tan(\beta x)} \tag{11.3}$$

式中，Z_c为传输线特性阻抗；Z_L为传输线负载阻抗；β为相移常数；x为传输线上任意一点与终端负载的距离。

3．传输常数

传输常数是反映电波在传输线上传输单位长度后幅度和相位变化的一个物理量。传输常数值由下式给出：

$$\gamma = \sqrt{(R_1 + j\omega L_1)(G_1 + j\omega C_1)} = \alpha + j\beta \tag{11.4}$$

式中，α 称为衰减常数，单位为 Np/m（奈培/米）；β 称为相移常数，单位为 rad/m。衰减常数 α 表征传输线上入射波和反射波沿线振幅衰减的快慢，相移常数β表征稳态正弦波在沿线单位长度内的相移。

信号在传输线里传输会受到导体的电阻性损耗及绝缘材料的介质损耗的影响。例如，低

耗电缆在 900 MHz 时衰减常数为α= 4.1 dB/（100 m），也可写成 α=3 dB/（73m）。也就是说，频率为 900 MHz 的信号，每经过 73 m 长的这种低耗电缆时，功率要减小一半。而普通的非低耗电缆，900 MHz 时衰减常数为α= 20.1 dB/（100 m），也可写成α=3 dB/（15 m）。也就是说，频率为 900 MHz 的信号，每经过 15 m 长的这种非低耗电缆时，功率就要减小一半。

从式（11.4）还可看出，传输常数是个复数，它不仅决定于线路的分布参数，而且也是信号频率的函数。

为了使传输线不失真地传送信号，频带内的各频率分量除要求终端阻抗匹配以消除反射外，还应当使传输线的衰减常数α与频率无关，且相移常数β与频率成正比，以获得各频率分量相同的相速度（因为相速度$v_{\mathrm{p}}=\dfrac{\omega}{\beta}$，只有$\beta$与频率成正比，各频率分量才能获得相同的相速度）。在这种情况下，信号的各频率分量在线路终端都有相同的衰减比例，并且同时到达，保证信号不失真。

以下三种情况可获得α与频率无关，且β与频率成正比。

（1）无畸变。无畸变条件下，可以证明，若传输线分布参数满足$\dfrac{R_1}{G_1}=\dfrac{L_1}{C_1}$的条件，则式（11.4）可写成

$$\gamma=\sqrt{(R_1+\mathrm{j}\omega L_1)(G_1+\mathrm{j}\omega C_1)}=\sqrt{R_1G_1}+\mathrm{j}\omega\sqrt{L_1C_1} \tag{11.5}$$

于是$\beta=\sqrt{R_1G_1}$与频率无关，$\alpha=\omega\sqrt{L_1C_1}$与频率成正比。在这种情况下，传输线能保证不失真地传输信号，所以$\dfrac{R_1}{G_1}=\dfrac{L_1}{C_1}$又称作无畸变条件。

（2）高频情况。在高频情况下，由于$\omega L_1\gg R_1$，$\omega C_1\gg G_1$，也能近似满足 α与频率无关，β与频率成正比的条件，因为将高频条件代入式（11.4）可得

$$\alpha=\frac{R_1}{2}\sqrt{\frac{C_1}{L_1}}+\frac{G_1}{2}\sqrt{\frac{L_1}{C_1}} \tag{11.6}$$

$$\beta=\omega\sqrt{L_1C_1} \tag{11.7}$$

（3）理想情况。在理想情况下，传输线无损耗，即$R_1=0$，$G_1=0$，由式（11.4）可得$\alpha=0$，$\beta=\omega\sqrt{L_1C_1}$，满足 α与频率无关，β与频率成正比的条件。

4．反射系数

在无耗传输线上，当传输线和天线匹配时，传输线上没有反射波，只有入射波，即传输线上传输的只是向天线方向行进的波。这时，传输线上沿线的电压幅度与电流幅度都不变，传输线上任意一点的阻抗都等于它的特性阻抗。而当天线和传输线不匹配，也就是天线输入阻抗不等于传输线特性阻抗时，负载就只能吸收传输线上传输的部分高频能量，未被吸收的那部分能量将反射回去形成反射波。所以，传输线上同时具有入射波和反射波是一般情况，而终端匹配时没有反射波是特殊情况。

传输线反射波电压和入射波电压幅度之比称为反射系数。传输线终端反射系数由下式给出：

$$\varGamma_0=\frac{Z_{\mathrm{L}}-Z_{\mathrm{c}}}{Z_{\mathrm{L}}+Z_{\mathrm{c}}} \tag{11.8}$$

式中，Z_{L}为传输线终端连接的负载阻抗；Z_{c}是传输线特性阻抗。

终端反射系数只与负载阻抗和传输线的特性阻抗有关。终端阻抗的类型不同，反射系数也不同。

（1）当 $Z_L = Z_c$（即负载匹配）时，终端反射系数 $\Gamma_0 = 0$。由反射系数定义知，反射波电压和反射波电流均为零，称为行波状态。

（2）当 $Z_L = 0$（即负载短路）时，终端反射系数 $\Gamma_0 = -1$；当 $Z_L = \infty$（即负载开路）时，终端反射系数 $\Gamma_0 = 1$。在这两种情况下，反射波与入射波幅度相同（负号表示反射波与入射波相位相反），称为全反射状态，线上传输驻波。

（3）当终端负载为纯电抗时，传输线也工作于全反射状态，线上传输驻波。

（4）在一般情况下，$0<\Gamma_0<1$，称为部分反射，线上传输复合波。

5. 电压驻波比

在传输线与终端负载不匹配的情况下，传输线上同时存在入射波和反射波。在入射波和反射波相位相同的地方，电压（或电流）振幅相加为最大振幅，形成波腹；而在入射波和反射波相位相反的地方，电压（或电流）振幅相减为最小振幅，形成波节。其他各点的振幅值则介于波腹与波节之间。

波腹电压（或电流）与波节电压（或电流）幅度之比称为驻波比，又称为驻波系数，记为 ρ。驻波比定义可写为

$$\rho = \frac{U_{\max}}{U_{\min}} = \frac{I_{\max}}{I_{\min}} \tag{11.9}$$

在实际测量中，可以分别测得入射波电压 $U_{入}$ 和反射波电压 $U_{反}$，那么驻波比公式可转换为

$$\rho = \frac{U_{入} + U_{反}}{U_{入} - U_{反}} \tag{11.10}$$

（1）当终端匹配时，无反射波，即 $U_{反} = 0$，则 $\rho = 1$，表明能量全部被天线吸收，这是最理想的情况。

（2）当终端开路、短路或为纯电抗时，$U_{入} = U_{反}$，则 $\rho = \infty$，表明天线吸收的能量为零，这是最不利的情况。

（3）一般情况下，驻波比是介于 1 与 ∞ 之间的一个数值。驻波比越大，表明传输线上反射波成分越大，传输线与天线越不匹配。

因此，通过驻波比我们可以判断传输线上能量传输情况，了解终端匹配程度。驻波比 ρ 越接近 1，匹配就越好。

6. 行波系数

波节电压（或电流）与波腹电压（或电流）幅度之比称为行波系数 k。

行波系数 k 与驻波比 ρ 之间是倒数关系，即

$$k = \frac{1}{\rho} \tag{11.11}$$

7. 传输效率

在有耗线中，向负载输出的功率与馈线输入功率之比称为馈线的效率，由下式计算：

$$\eta = \frac{1-\left|\Gamma_0\right|^2}{\mathrm{e}^{2\alpha l} - \left|\Gamma_0\right|^2 \mathrm{e}^{-2\alpha l}} \tag{11.12}$$

式中，α 为衰减常数；Γ_0 为传输线终端反射系数；l 为传输线长度。

实际上，在馈线上的损耗除了导线损耗外，还有绝缘损耗、辐射损耗及地面损耗。对于平衡馈线，当架设高度在 3.5 m 以上时，后两种损耗可以忽略不计。但绝缘损耗不能忽略，特别是在潮湿天气或当导线上结冰时，这种损耗更大。目前，在计算绝缘损耗方面还没有很好的方法，一般是根据实际测量所得的馈线损耗并扣除由计算所得的热损耗后，将余下的部分作为绝缘损耗及其他损耗。

扫码学习
馈线基本公式

11.3 常用馈线

天线馈线一般分为架空明线和高频电缆两类。明线的特点是损耗小、造价低，便于检查和维护；但不能随意拐弯、捆扎，占据空间大。因此，在室外或坑道外的馈线通常用架空明线。而高频电缆的相对损耗大（约为同长度架空明线的 10 倍）、造价高（特别是承受大功率的粗电缆），但它可以随意拐弯、捆扎、盘绕，占据空间小，既可以汇总捆扎在一起架空铺设，也可以通过地下地槽或管、孔铺设。因此，电缆特别适合在坑道内或室内使用。在馈线不太长时，也可用高频电缆直接接至机器。

收、发信系统对其馈线的要求略有不同。发信系统的馈线侧重于能否承受较大的功率，而收信系统的馈线是否有天线效应则显得更为重要。因为发信馈线的天线效应只是损耗一部分发信机的能量，而收信馈线的天线效应会使所接收的干扰和不需要的信号强度增加，从而降低高频信噪比。

扫码学习
同轴电缆

11.3.1 发信馈线

1. 发信系统对馈线的要求

发信馈线传送的是高电压、大电流信号，因而要求馈线的损耗小；绝缘子要有足够大的绝缘强度，以免被击穿或因过热而损坏。这就要求线上的行波系数要大，否则不但会增加损耗，而且会引起过大电压产生电晕或击穿等现象。此外，馈线还要有适当的机械强度并便于维修。

2. 发信馈线的种类和结构

1）二线式架空明线

其结构及特性阻抗的计算公式参见 11.3.3 节表 11.2。材料用铜包钢或硬铜线；导线的直径要根据特性阻抗和传输功率的大小而定，一般在 3～6 mm 之间。常用的二线式架空明线的特性阻抗为 600 Ω。

2）四线边连式馈线

其结构及特性阻抗的计算公式参见表 11.2。当发信机输出功率较大时，为了减小馈线中各导线中的电流，以免烧坏线路，最好用四线边连式馈线。

四线边连式馈线的线径多为 3～6 mm，导线间距为 25～40 cm。在大型发信台中，常采用 4 mm 硬铜线或铜包钢线。当 D_1=40 cm，D_2=25 cm 时，馈线的特性阻抗为 300 Ω；当

$D_1 = D_2$ =30 cm 时，馈线的特性阻抗为 320 Ω。

馈线的挂高和杆距等要求均与二线式架空明线相同。为了保持馈线的线距，每隔 4～5 m 就要在同电位两根导线间加一支撑绝缘子。当发射机功率很大时，也可采用六线或八线馈线方式。

3）大功率高频电缆

其结构及特性阻抗的计算公式参见表 11.2。发信机使用的电缆多为特性阻抗 50 Ω 或 75 Ω 的高频同轴电缆。

11.3.2　收信馈线

1．收信系统对馈线的要求

收信馈线传送的是小信号，对效率和绝缘的要求比发信馈线低，收信馈线不论明线还是电缆均可较细。

收信馈线应不能接收电波（即没有天线效应），否则将破坏天线的方向性，增加噪声电平。使用四线交叉式对称架空馈线或屏蔽的对称电缆、高频同轴电缆，都可以减小馈线的天线效应。二线式架空明线的天线效应最大，它一般不能做定向天线的馈线。四线交叉式对称架空馈线用于一般定向通信中。而在特强方向天线的特殊电路上的收信馈线，最好采用对称电缆或同轴电缆。

馈线的损耗应尽量小，但其要求没有发信馈线高。收信馈线也要有一定的机械强度且便于维修。

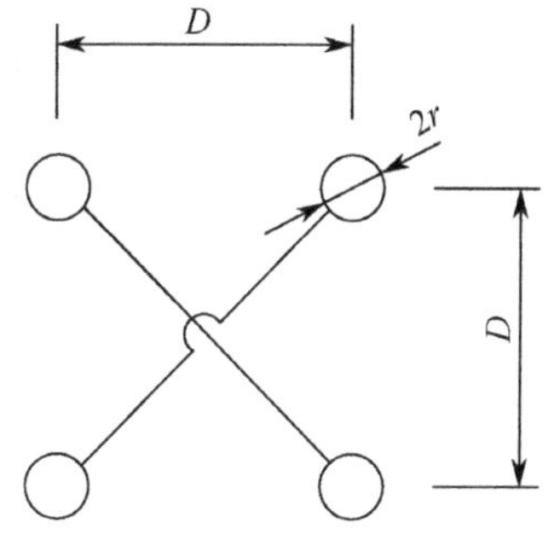

图 11.9　四线交叉式馈线的结构

2．收信馈线的种类

1）四线交叉式馈线（架空明线）

四线交叉式馈线的导线是由四根硬铜线或铜包钢线排列在边长为 35 mm 的正方形四角上组成的，如图 11.9 所示。在馈线的始端和终端，把对角的两根导线连在一起。当导线的直径为 1.5～1.6 mm 时，特性阻抗为 208 Ω；当导线的直径为 2 mm 时，特性阻抗为 193 Ω。

导线离地面高度一般为 2.5～4 m。它有一套特制的绝缘子，叫四线瓷分离板，可以保证导线在绝缘子上自由滑动。在馈线的每一跨距当中，都应加装 1～2 块四线瓷分离板，以保持线距。

四线交叉式馈线的特性阻抗计算公式参见表 11.2。

四线交叉式馈线之所以要交叉，是因为它能减小噪声，提高接收机的灵敏度。如图 11.10 所示，当电波从左方传来，在馈线的各导线上产生感应电流，这些感应电流都称之为噪声。导线 1 与 2、3 与 4 分别处在来波的不同等相位面上，因此 $I_1 = I_2$，$I_3 = I_4$；因为导线 3、4 比导线 1、2 距电波传来方向远，所以 I_3 和 I_4 小于 I_1 和 I_2，但 $I_1 + I_3 = I_2 + I_4$，且在天线输入

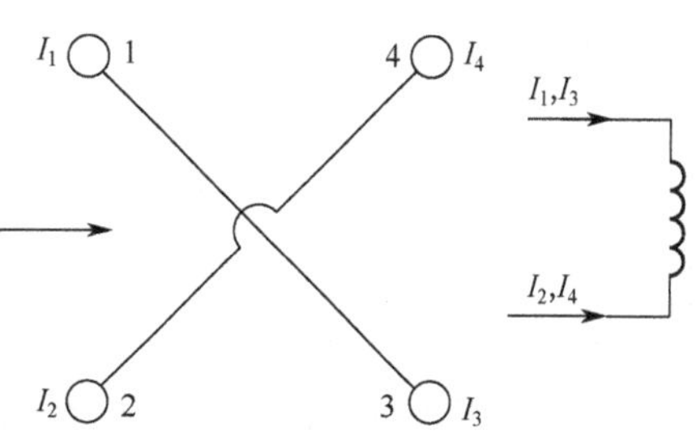

图 11.10　四线交叉式馈线减小噪声的原理

端 I_1+I_3 和 I_2+I_4 因方向相反而互相抵消，而可消除或减小噪声。

2）二线式架空明线

当天线离机房很近时，有时也采用二线式架空明线作为收信馈线，其结构尺寸的选择要根据所需的特性阻抗来确定，条件允许时尽量选择低特性阻抗，其他要求与用作发信馈线时相同。

3）同轴电缆

作为收信馈线的常用电缆主要有特性阻抗为 50 Ω 及 75 Ω 的同轴电缆、特性阻抗为 200 Ω 的平衡电缆。

11.3.3 常用收、发信馈线的电参数

1．常用馈线基本参数的计算公式

根据馈线的型式、材料等可以较方便地计算出馈线的分布电阻 R_1、分布电感 L_1、分布电容 C_1、分布电导 G_1、衰减常数 α 及相移常数 β。表 11.1 所示为常用馈线基本参数的计算公式。

表 11.1 常用馈线基本参数的计算公式

参数名称	不同馈线的计算公式		
	二线式架空明线（D, d）	同轴电缆（$d/2$, $D/2$）	四线式馈线（D, d）
R_1/(Ω/m)	$2\times\dfrac{1.48}{d\sqrt{\lambda}}$ （d的单位为mm，λ的单位为m）	$\dfrac{1.48}{d\sqrt{\lambda}}\left(\dfrac{1}{D}+\dfrac{1}{d}\right)$ （D、d的单位为mm，λ的单位为m）	$\dfrac{1.48}{d\sqrt{\lambda}}$ （d的单位为mm，λ的单位为m）
L_1/(H/m)	$4\times10^{-7}\ln\dfrac{2D-d}{d}$	$2\times10^{-7}\mu_r\ln\dfrac{b}{a}$	$2\times10^{-7}\ln\dfrac{2D-d}{\sqrt{2}d}$
C_1/(F/m)	$\dfrac{1}{3.6\times10^{10}\ln\dfrac{2D-d}{d}}$	$\dfrac{\varepsilon_r}{1.8\times10^{10}\ln\dfrac{b}{a}}$	$\dfrac{1}{1.8\times10^{10}\ln\dfrac{2D-d}{2\sqrt{2}d}}$
α/(Np/m)	$\dfrac{6.85\sqrt{f}}{d\ln\dfrac{2D-d}{d}}\times10^{-10}$	$\dfrac{3.5\sqrt{f}\left(\dfrac{1}{a}+\dfrac{1}{b}\right)}{\ln\dfrac{b}{a}}\times10^{-10}$	$\dfrac{7\sqrt{f}}{d\ln\dfrac{2D-d}{\sqrt{2}d}}\times10^{-10}$
β/(rad/m)	$\dfrac{10^{-8}}{3}\omega$	$\omega\sqrt{\varepsilon_r\mu_r}\times\dfrac{10^{-8}}{3}$	$\dfrac{10^{-8}}{3}\omega$

注：f 为电波频率，单位为 Hz；μ_r 为介质的相对磁导率，单位为 H/m；ε_r 为介质的相对介电常数，单位为 F/m；未注明的导线直径、距离的单位均为 m。

2．工程上常用馈线结构及特性阻抗计算公式

表 11.2 所示为工程上常用馈线结构及特性阻抗计算公式。

表 11.2　常用馈线结构及特性阻抗计算公式

馈线名称	馈线结构	特性阻抗 Z_c
二线式架空明线	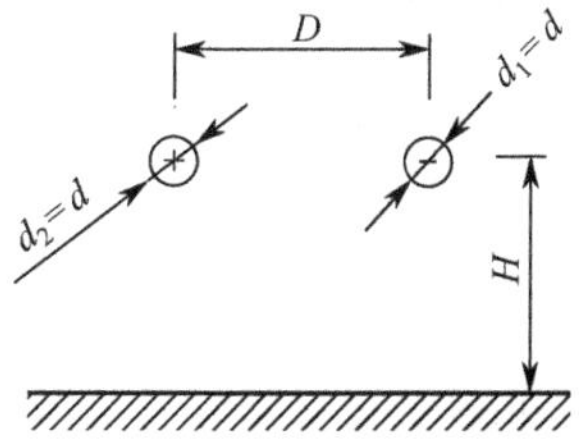 D, $d_1=d$, $d_2=d$, H	当 $H \geqslant 6D$ 时， $Z_c=276\lg\left[\frac{D}{d}+\sqrt{\left(\frac{D^2}{d}-1\right)}\right]$ 当 $D \geqslant d$ 时， $Z_c=276\lg\frac{2D}{d}$ 当 H 与 D 相差不多时， $Z_c=276\lg\frac{4DH}{d\sqrt{4H^2+D^2}}$ 当 $d_1 \neq d_2$ 时，可用 $\sqrt{d_1d_2}=d$ 代入
屏蔽双导线	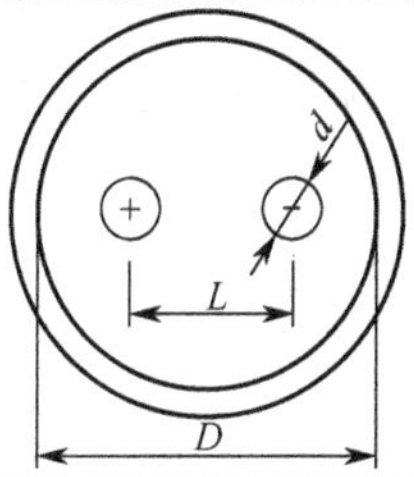 d, L, D	当 $D \gg d, L \gg d$ 时， $Z_c=69\lg\left\{\frac{\frac{L}{d}}{2\left(\frac{L}{D}\right)^2}\left[1-\left(\frac{L}{D}\right)^4\right]\right\}$
四线边连式馈线	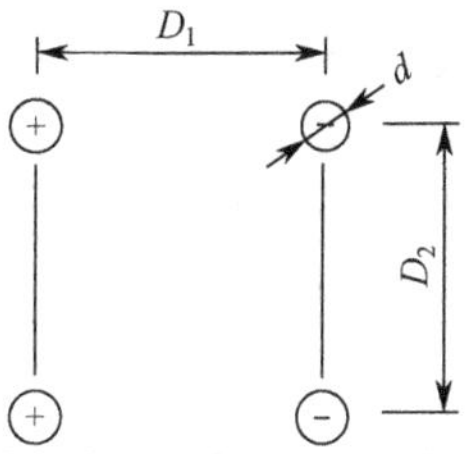 D_1, d, D_2	$Z_c=138\lg\frac{2D_1\sqrt{D_1^2+D_2^2}}{D_2d}$ 当 $D_1=D_2=D$ 时， $Z_c=138\lg\frac{2\sqrt{2}}{d}D$
四线交叉式馈线	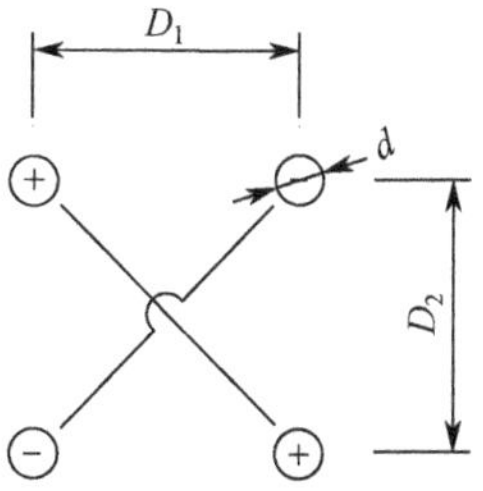 D_1, d, D_2	当 $d \ll D_1D_2$ 时： $Z_c=138\lg\frac{2D_1D_2}{d\sqrt{D_1^2+D_2^2}}$ 当 $\frac{D_2}{D_1} \gg 1$ 时， $Z_c=138\lg\frac{2D_1}{d}$ 当 $D_1=D_2=D$ 时， $Z_c=138\lg\frac{\sqrt{2}D}{d}$
同轴电缆	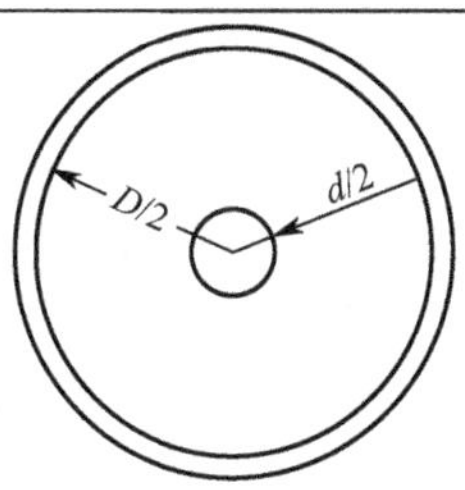 D/2, d/2	$Z_c=138\lg\frac{D}{d}$

11.4 天馈线的匹配装置

11.4.1 分布参数阻抗变换器

若传输线特性阻抗为 Z_c，负载阻抗为纯电阻 R_L，二者不等，为了获得阻抗匹配，则可在二者之间加入起阻抗变换作用的匹配器。下面介绍几种常见的阻抗匹配器。

1. 单节 $\lambda/4$ 线匹配器

如图 11.11 所示，在特性阻抗为 Z_{c1} 的传输线与输入阻抗为 R_L 的天线之间串接一 $\lambda/4$ 的传输线，该 $\lambda/4$ 的传输线称为单节 $\lambda/4$ 线匹配器。

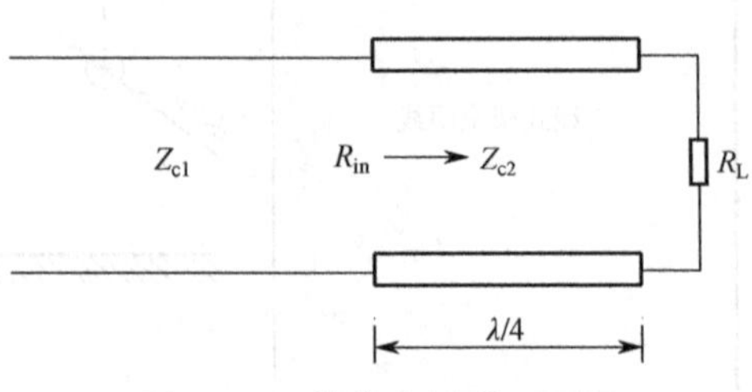

图 11.11　单节 $\lambda/4$ 线匹配器

将 $l=\lambda/4$、负载阻抗 $Z_L=R_L$ 代入传输线输入阻抗公式（11.3）中，得匹配器输入端电阻为

$$R_{in}=Z_{c2}^2/R_L \tag{11.13}$$

式中，Z_{c2} 为单节 $\lambda/4$ 线匹配器的特性阻抗。

可见 $\lambda/4$ 传输线具有阻抗变换作用。令 $R_{in}=Z_{c1}$，得

$$Z_{c2}=\sqrt{Z_{c1}R_L} \tag{11.14}$$

即在负载与传输线之间连接一特性阻抗为 Z_{c2}、长度为 $\lambda_0/4$（λ_0 为设计波长）的传输线，则可使主传输线上传输行波。$\lambda_0/4$ 线匹配器只能对一个谐振频率 f_0 做到理想匹配，而在整个波段并不能做到完全匹配。阻抗变换比 Z_{c1}/R_L 愈大，满足给定驻波比的频带宽度就愈小。

2. 短路线匹配器

1）单枝节匹配器

图 11.12 所示为单枝节匹配器原理图。其中，R_L 为负载电阻，即天线的输入电阻；y 为单枝节匹配器的长度；x 为单枝节匹配器接入点与负载之间的距离。

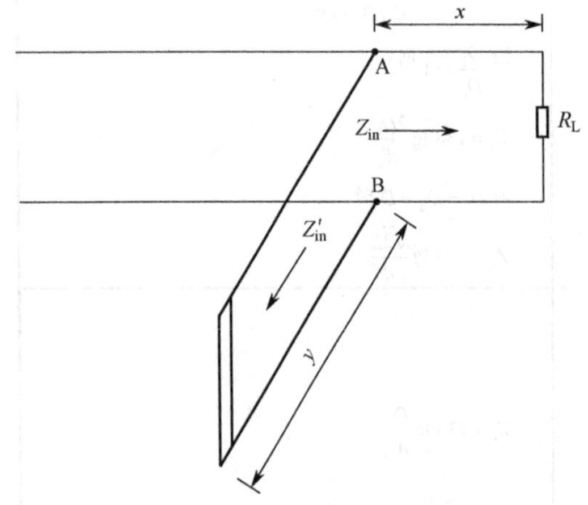

图 11.12　单枝节匹配器原理图

主传输线的负载是长度为 y 的短路线与负载阻抗为 R_L、长度为 x 的传输线的并联。长度为 y 的短路线输入阻抗为

$$Z'_{in}=jZ_c\tan(\beta y) \tag{11.15}$$

长度为 x、负载阻抗为 R_L 的传输线的输入阻抗为

$$Z_{in}=Z_c\frac{R_L+jZ_c\tan(\beta x)}{Z_c+jR_L\tan(\beta x)} \tag{11.16}$$

二者并联后的输入阻抗如下：

$$Z_{inAB}=\frac{Z'_{in}Z_{in}}{Z'_{in}+Z_{in}}=R_{AB}+jX_{AB} \tag{11.17}$$

令

$$\begin{cases} R_{AB} = \mathrm{Re}(Z_c) \\ X_{AB} = \mathrm{Im}(Z_c) \end{cases} \tag{11.18}$$

式中，$\mathrm{Re}(Z_c)$ 为 Z_c 的实部，$\mathrm{Im}(Z_c)$为Z_c的虚部。这样负载和主传输线就达到匹配目的了。

求解方程（11.18），算出未知数 x 和 y 如下：

$$x = \frac{1}{\beta}\arctan\sqrt{R_L / Z_c} \tag{11.19}$$

$$y = \frac{1}{\beta}\arctan\frac{\sqrt{R_L / Z_c}}{R_L / Z_c - 1} \tag{11.20}$$

2）双枝节匹配器

单枝节匹配器需要调整 x 和 y 的长度来达到匹配，故只适用于架空明线；对于同轴电缆，因不能到处开槽打洞，而必须事先选定枝节在主传输线上的位置，因而出现了双枝节匹配器，如图 11.13 所示。其中，图 11.13（a）为二线式传输线双枝节匹配器，图 11.13（b）为同轴线双枝节匹配器。

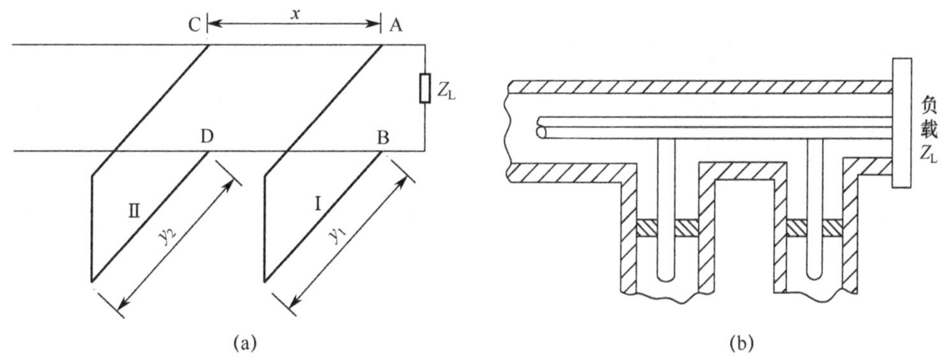

图 11.13 双枝节匹配器原理图

双枝节匹配器的结构是紧靠负载端 AB 处接入第一枝节，然后离第一枝节一定距离 x 的 CD 处（通常 x 取 $\lambda/8$ 或 $3\lambda/8$）接入第二枝节，通过调节这两个枝节的长度来实施匹配，而枝节间距离 x 不变。

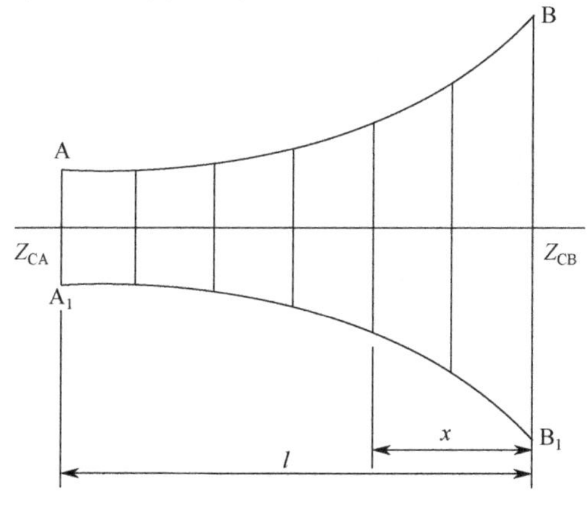

图 11.14 指数馈线变阻线的变化规律

3. 指数馈线变阻线

上面介绍的单节 $\lambda/4$ 线匹配器和短路线匹配器，都只能对单一频率有良好的匹配作用；而指数馈线变阻线能在较宽的波段内获得匹配，因而在天线的馈电设备中有着广泛的应用。

指数馈线变阻线是一种非均匀传输线，其特性阻抗 Z_c 随线长按指数规律变化。在结构上指数馈线间的距离或线的直径是沿线变化的，因而其分布参数也是沿线变化的，如图 11.14 所示。

设指数馈线 AA_1 端的特性阻抗、分布电感和

分布电容分别为 Z_{CA}、L_1、C_1，BB_1 端的特性阻抗、分布电感和分布电容分别为 Z_{CB}、L_2、C_2，则与 BB_1 端距离为 x 处的分布电感、分布电容和特性阻抗分别为

$$L_x = L_2 e^{-bx} \tag{11.21}$$

$$C_x = C_2 e^{bx} \tag{11.22}$$

$$Z_x = \sqrt{\frac{L_x}{C_x}} = \sqrt{\frac{L_2 e^{-bx}}{C_2 e^{bx}}} = \sqrt{\frac{L_2}{C_2}} e^{-bx} = Z_{CB} e^{-bx} \tag{11.23}$$

式中，b 是表征特性阻抗沿线变化快慢的系数。如果 $b>0$，则随着 x 的增大（从 BB_1 端向 AA_1 端计算），线间距离越来越小，分布电容越来越大，分布电感越来越小，因而特性阻抗越变越小；如果 $b<0$ 则相反，线间距离 AA_1 端大，BB_1 端小，特性阻抗也是 AA_1 端大，BB_1 端小。

设指数馈线变阻线全长为 l，则 AA_1 和 BB_1 端特性阻抗有下列关系：

$$Z_{CA} = \sqrt{\frac{L_1}{C_1}} = \sqrt{\frac{L_2 e^{-bl}}{C_2 e^{bl}}} = \sqrt{\frac{L_2}{C_2}} e^{-bl} = Z_{CB} e^{-bl} \tag{11.24}$$

扫码学习
指数馈线变阻线示例

根据式（11.24）的关系，我们可以应用指数馈线变阻线来转换传输线的特性阻抗。设传输线的特性阻抗为 Z_{CA}，负载阻抗为 Z_{CB}，则可将一段指数馈线变阻线的 AA_1 端接传输线，BB_1 端接负载，这样就能达到匹配的目的。

用指数馈线变阻线做匹配器，其匹配效果的好坏与 b 的大小有很大关系，要求 b 越小越好，也就是指数馈线变阻线的长度应尽量长，这样分布参数和特性阻抗的变化就慢，反射就小，匹配效果也就好。实际应用中，指数馈线变阻线的长度常取最长工作波长的一半，这样对其他较短的工作波长，匹配效果更好。所以，指数馈线变阻线是一种宽波段匹配器。

11.4.2 平衡与非平衡变换器

1. 杯形平衡器

杯形平衡器的结构如图 11.15 所示，其工作原理图如图 11.16 所示。

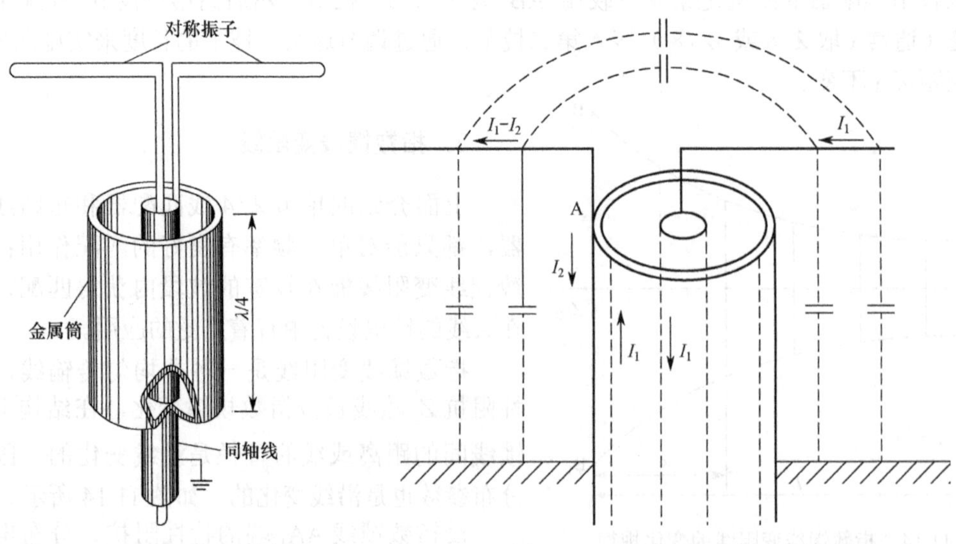

图 11.15　杯形平衡器的结构　　　图 11.16　杯形平衡器的工作原理图

对称振子若直接与馈线电缆（同轴线）连接，外导体内壁电流在开口 A 处将分成两路：一路电流（I_2）沿外导体外壁流向地面，另一路电流（I_1-I_2）流向振子的左臂，致使对称振子两臂上电流不相等。电流不对称是由I_2电流引起的，其值大小由 A 点对地的阻抗决定。可以想象，如设法加大此阻抗，就可使I_2减小。当阻抗增加到足够大时，可使I_2减至最小，以达到振子两臂上电流接近对称分布的要求。在电缆的终端加上一个$\lambda/4$长的金属杯形套筒，把它的下面与电缆外导体短路，这样一来，电流在到达 A 点时遇到一个$\lambda/4$短路线，输入阻抗在理论上为无穷大，致使电流$I_2=0$，两臂的电流可达到对称分布。

2. 开槽式平衡器

如图 11.17 所示，开槽式平衡器是在同轴线的外导体上对称地开了两条$\lambda/4$的纵槽，对称振子的一臂直接与开槽同轴线的半块外导体连接（图中 B 点），另一臂则与另半块外导体和同轴线的内导体同时连接（图中 A 点）。这样，对称振子的两臂与同轴线外导体完全对称，而这种对称性不随频率变化而改变。开有纵槽的一段同轴线可以看作$\lambda/4$短路线，其输入阻抗为无限大，因此同轴线外壳没有电流，保证了匹配性能良好的平衡馈电。这种变换器除了起平衡与非平衡变换作用外，还具有阻抗变换作用；要使同轴线与对称振子阻抗匹配，同轴线特性阻抗应等于对称振子输入阻抗的 1/4。

3. U 形管平衡器

U 形管平衡器结构如图 11.18 所示，它将单根电缆的内芯分成两路，使电波沿其中一路的行程与沿另一路的行程相差$\lambda/2$，致使振子两臂上的电流振幅相等而相位相差 180°，这就起到了平衡器的作用。

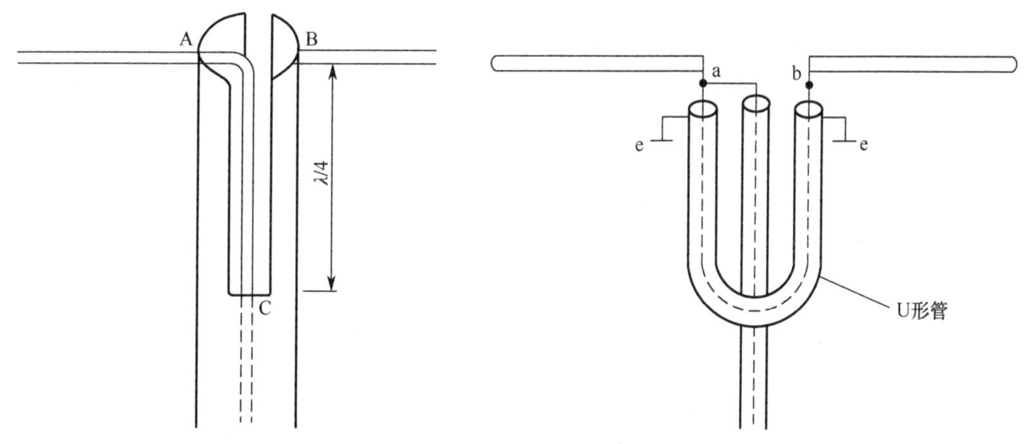

图 11.17　开槽式平衡器结构　　　　图 11.18　U 形管平衡器结构

U 形管除了起到平衡与非平衡馈电的作用外，还兼有阻抗变换的作用。设天线的输入阻抗（即 a、b 两点间的阻抗）为Z_{ab}，输入电压$U_{ab}=2U$，则天线输入端电流为$I=2U/Z_{ab}$；a 点（或 b 点）对地的阻抗为$Z_{ae}=Z_{be}=U/I=Z_{ab}/2$；$Z_{abe}$经过半波长的 U 形管变换到 a 点处的阻抗仍为$Z_{ab}/2$，并和$Z_{ae}$并联，共同构成同轴线的负载阻抗。也就是说，使用 U 形管平衡器馈电后，同轴线的负载阻抗应该是$Z_{ab}/4$。例如，特性阻抗为 75 Ω 的同轴线，通过 U 形管平衡器对特性阻抗为 300 Ω 的对称天线进行馈电，可获得较好的匹配效果。

11.5 宽带传输线阻抗变换器

宽带传输线阻抗变换器不仅有平衡与不平衡的变换作用，而且具有阻抗变换作用。其优点是功率比较大、体积小、外磁场小及不需要屏蔽。可作为平衡转换器、阻抗变换器以及功率合成器中的分配器等。

宽带传输线阻抗变换器的结构如图 11.19 所示，它是在高频磁环上绕一组或两组平行绕组，利用不同的连接方法来完成阻抗变换及平衡与非平衡转换作用的。它具有频带宽（波段覆盖范围可达 10∶1 或更大）、体积小、功率容量大的优点，已获得广泛应用。

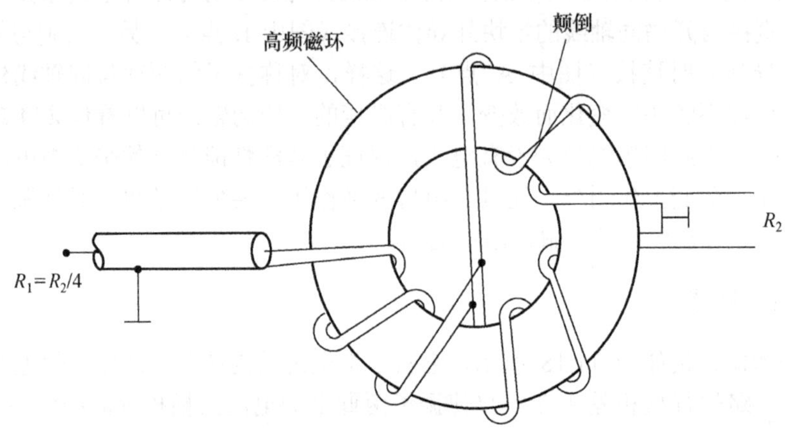

图 11.19 宽带传输线阻抗变换器的结构（阻抗变换比为 1∶4）

11.5.1 宽带传输线阻抗变换器的工作原理

宽带传输线阻抗变换器的基本工作原理可用图 11.20 来说明，图中左端是特性阻抗为 75 Ω 的同轴电缆，与两组端接匹配负载的平行传输线 AB、CD 并接，满足匹配条件，线上载行波，其电压极性和电流方向如图 11.20（a）所示。若把两个 150 Ω 负载电阻串接起来，并和 B、C 的终端相连（即 O 与 N 连线），如图 11.20（b）所示，由电路的对称性可知，O 点和 N 点电位相同，流经 ON 线段上的电流恒等于零，因此断开 ON 段并不会影响电路的工作状态。如图 11.20（c）所示，断开 ON 段后，终端负载为 300 Ω，即为输入端阻抗的四倍。若将上述两对平行传输线绕在高频磁环上，即为图 11.19 所示的实际结构图。这种宽带变换器是根据传输线传输能量的原理，将信号源加在传输线输入端的能量通过分布电感和

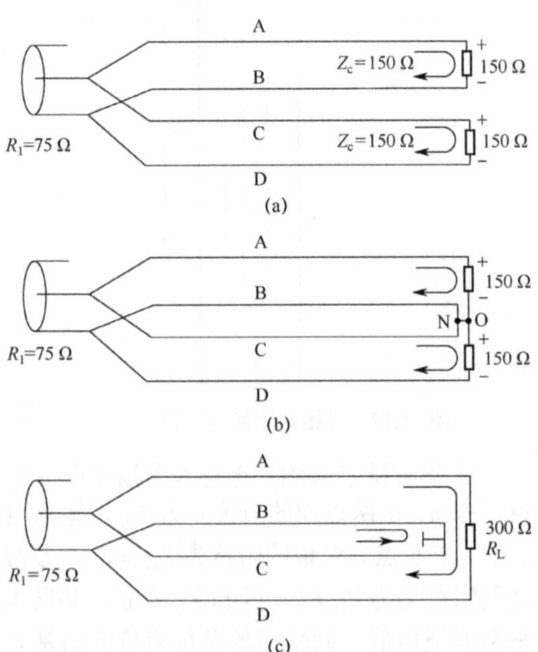

图 11.20 宽带传输线阻抗变换器的基本工作原理

分布电容，以电、磁能量交换的形式自始端传送到终端，最后为负载所吸收。它克服了普通变压器在高频时线圈匝间分布电容的不利影响，改善了高频特性。此外，由于流过传输线两导线的电流大小相等、方向相反，两电流在磁环中产生的磁通相互抵消，因而磁环损耗很小，故允许工作在较高的频率上。由于磁环损耗小，即使截面积很小的磁环也能承受较大的功率容量，因而传输线变换器具有体积小的优点。通常传输线的导线长度l以不超过上限工作频率的 1/8 波长为宜。l/λ 过大，则损耗增加；l/λ 过短，则低频特性变差。

这种宽带传输线阻抗变换器机动灵活，若把两对绕组输入端并联、输出端串联，就构成了 4∶1 的阻抗变换器，或反过来接就构成了 1∶4 的阻抗变换器。宽带传输线阻抗变换器的应用如图 11.21 所示，图 11.21（a）是变换电路图；图 11.21（b）是用于半波折合振子与同轴线之间的变换器，它除了用于 4∶1 阻抗变换外，还兼有平衡与非平衡的转换作用；图 11.21（c）是用于半波振子与扁馈线之间进行 1∶4 阻抗变换的传输线变换器。

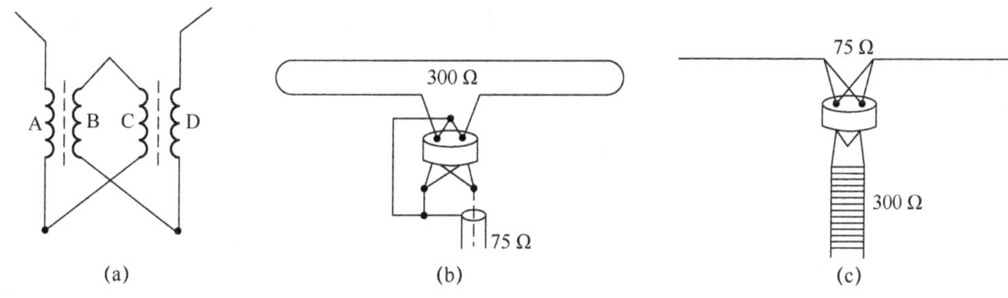

图 11.21　宽带传输线阻抗变换器的应用

若将两对绕组的输入端和输出端分别并联，则阻抗变换比为 1∶1，它可在半波振子与同轴线之间起到平衡与非平衡转换的作用，如图 11.22 所示。此外，还可使用一对绕组或三绕组做成 1∶n^2 或n^2∶1 的阻抗变换器，其中n为整数。

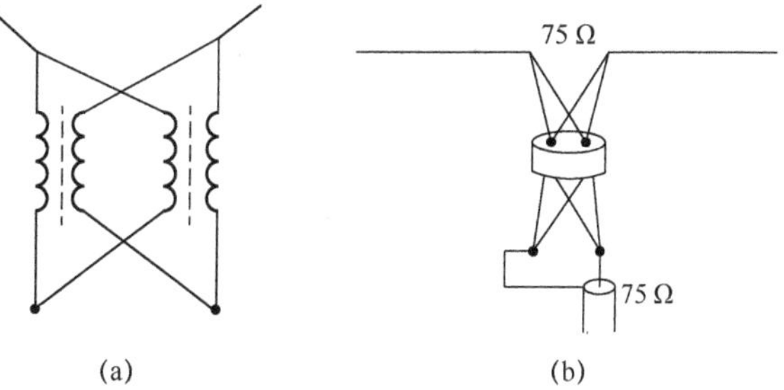

图 11.22　阻抗变换比为 1∶1 的平衡–非平衡转换

11.5.2　常用传输线阻抗变换器

常用传输线阻抗变换器类型如表 11.3 所示。

表 11.3　常用传输线阻抗变换器类型

变换名称	变换电路	传输线		磁芯数	$\frac{L_p}{L}$	备　注
		形　式	最佳特性阻抗			
1∶−1 倒相		一对传输线	$Z_0=\sqrt{R_g R_L}$	1	1	用于几百兆赫及以下
1∶1 不平衡–平衡		一对传输线	$Z_0=\sqrt{R_g R_L}$	1	2	用一对双线传输线加一个平衡绕组实现

（续表）

变换名称	变换电路	传输线		磁芯数	$\frac{L_p}{L}$	备注
		形式	最佳特性阻抗			
1∶1 不平衡–平衡	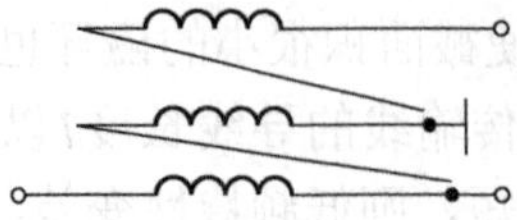	三线传输线	$Z_{0o}\approx\frac{\sqrt{R_gR_L}}{2}$	1	4	
1∶2.25 不平衡–不平衡	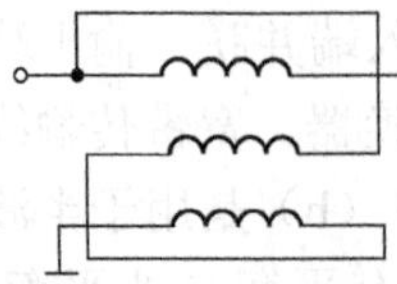	三线传输线	$Z_{0o}\approx\sqrt{R_gR_L}$	1	4	用于几百兆赫及以下
1∶4 不平衡–不平衡	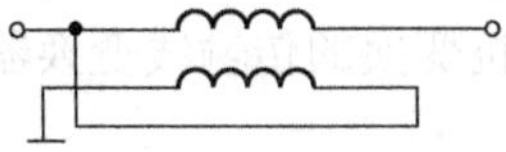	一对传输线	$Z_0=\sqrt{R_gR_L}$	1	1	传输线的最大长度约为自由空间波长的 1/8
1∶4 不平衡–平衡	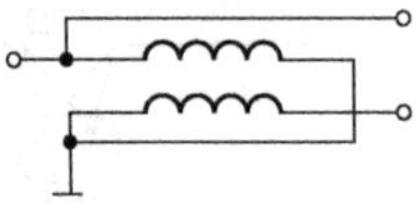	一对传输线	$Z_0=\sqrt{R_gR_L}$	1	1	传输线的最大长度约为自由空间波长的 1/8
1∶4 平衡–平衡	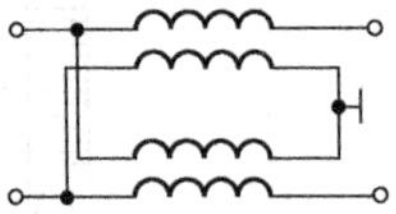	二对传输线	$Z_0=\sqrt{R_gR_L}$	2	2	
1∶4 不平衡–平衡	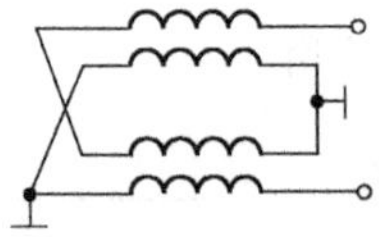	二对传输线	$Z_0=\sqrt{R_gR_L}$	2	1	或用双孔磁芯
1∶4 不平衡–不平衡	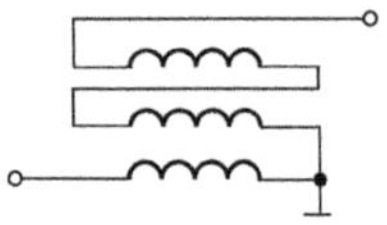	三线传输线	$Z_{0e}\approx\sqrt{R_gR_L}$	1	1	
1∶4 平衡–平衡	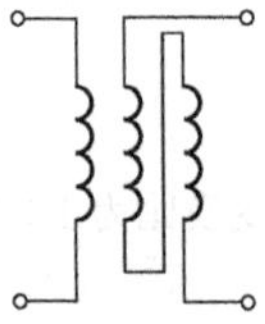	三线传输线	$Z_{0o}\approx\sqrt{R_gR_L}$	1	1	
1∶4 不平衡–平衡	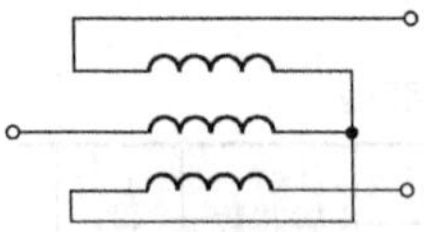	三线传输线	$Z_{0e}\approx\sqrt{R_gR_L}$	1		
1∶（–4） 不平衡–不平衡	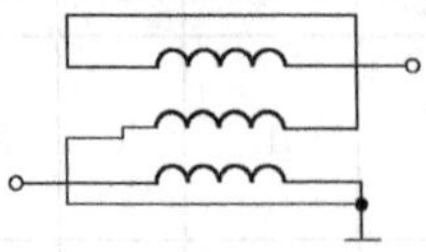	三线传输线	$Z_{0o}\approx\sqrt{R_gR_L}$	1	1	为 1∶–4 倒相变换
1∶9 不平衡–不平衡	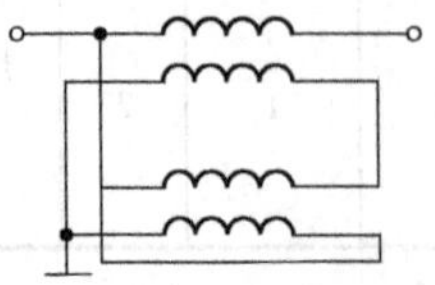	二对传输线	$Z_0=\sqrt{R_gR_L}$	2	$\frac{1}{5}$	

（续表）

变换名称	变换电路	传输线		磁芯数	$\frac{L_p}{L}$	备注
		形式	最佳特性阻抗			
1∶9 不平衡–不平衡		三线传输线	$Z_{0e}\approx\sqrt{R_g R_L}$	1	1	
1∶9 平衡–平衡		二对传输线	$Z_0=\sqrt{R_g R_L}$	1	1	
2.25∶1 不平衡–不平衡		三对传输线	$Z_0=\sqrt{R_g R_L}$	3	$\frac{3}{9}$	

注：Z_0 为最佳特性阻抗；Z_{0o} 为奇模特性阻抗；Z_{0e} 为偶模特性阻抗；R_g 为电源内阻；R_L 为负载电阻；L 为一个绕组的电感量；Lp 为负载开路时的初级电感，通常称为磁化电感。

本章小结

在无线电通信设备中，需要利用长导线将高频电能从一端传输到另一端，这种用来传输电能的长导线叫作馈线，又称传输线。

收、发信系统对其馈线的要求略有不同。发信系统的馈线侧重于能否承受较大的功率，而收信系统的馈线侧重于是否有天线效应。

天线、馈线与收发信机的连接按发射机的单端和双端输出，天线的对称和非对称，以及用不用电缆，可以有如下 8 种连接情况：（1）双–平衡馈电–对称；（2）双–平衡馈电–非对称；（3）双–电缆–对称；（4）双–电缆–非对称；（5）单–平衡馈电–对称；（6）单–平衡馈电–非对称；（7）单–电缆–对称；（8）单–电缆–非对称。

天线、馈线与收发信机之间能否直接连接取决于两个因素：（1）阻抗是否匹配；（2）天线上电流是否对称。

对于一个由信号源、传输线和负载所构成的传输系统，我们希望信号源输出最大功率，且被负载全部吸收。因此，要实现真正的匹配传输，必须在两方面都匹配：一方面是使负载阻抗等于传输线特性阻抗，这样传输线工作于行波状态，电磁能量不致被反射；另一方面，输入阻抗等于信号源内阻的共轭值，即传输线与电源端实现了匹配，信号源将最大功率源源不断输进传输线。

很多天线结构本身是对称的，如对称振子、菱形天线等。对称天线的电流是否平衡，与馈电结构密切相关。对称天线如果用双导线馈电，则电流是平衡的；但如果用同轴线馈电，由于有部分电流流到同轴线的外表面，就会出现电流不平衡的问题。电流的不平衡会影响天线的辐射特性，如方向图、阻抗和极化方式等。因此，需要采用平衡–不平衡转换器，使得电流的不平衡变为平衡。

综上所述，系统的匹配包含两方面的内容：一是阻抗变换；一是平衡与非平衡转化。

因此，传输线与天线一般并不是直接连接的，而通过匹配网络相连接。匹配网络视情况要完成阻抗的匹配或平衡与非平衡的转换作用。

衡量传输线传输性能的主要参数有特性阻抗、传输常数、反射系数及驻波比等。这些参数不仅能够表征信号在馈线里传输受到损耗和畸变的情况，还能够反映系统的匹配程度。

常用的阻抗匹配装置有单节 $\lambda/4$ 匹配器、短路线匹配器及指数馈线变阻线等。常用的平衡与非平衡变换器有杯形平衡器、开槽式平衡器及 U 形管平衡器等。宽带传输线阻抗变换器兼具阻抗变换作用以及平衡与非平衡的变换作用。

习　题

11.1　分布参数与集中参数有什么区别？

11.2　传输线的分布参数有哪些？它们的定义分别是什么？

11.3　电磁能在馈线上传播有哪几种状态？

11.4　均匀无耗传输线上传输行波的条件是什么？

11.5　均匀无耗传输线在什么情况下传输驻波？

11.6　分别画出均匀无耗传输线载行波、驻波及复合波的电压振幅和电流振幅沿线分布图。

11.7　系统的匹配包含哪两方面的内容？

11.8　传输线与电源端阻抗匹配的条件是什么？

11.9　天线与传输线之间阻抗匹配的条件是什么？

11.10　对称的天线和不对称的电缆直接连接会出现什么问题？

11.11　天线与馈线之间在什么情况下不需要连接平衡与非平衡变换器？

11.12　描述天线、馈线与收发信机可能的连接情况。

11.13　传输线特性阻抗由哪些参数决定?

11.14　为什么我们希望传输线的特性阻抗尽量为一纯电阻？

11.15　什么情况下传输线的特性阻抗为一纯电阻？

11.16　传输线输入阻抗与哪些参数有关？

11.17　传输线如何才能不失真地传输信号？

11.18　如何才能做到传输线的 α 与频率无关、β 与频率成正比呢？

11.19　传输线终端反射系数定义是什么？为什么说终端反射系数能反映终端匹配程度？

11.20　电压驻波比的定义是什么？为什么说电压驻波比能反映终端匹配程度？

11.21　发信系统对馈线有哪些要求？常用发信馈线有哪些种类？

11.22　收信系统对馈线有哪些要求？常用收信馈线有哪些种类？

11.23　为什么说四线交叉式馈线可以减小噪声？

11.24　描述单节 $\lambda/4$ 匹配器实现阻抗匹配的原理。

11.25　描述短路单枝节匹配器实现阻抗匹配的原理。

11.26　为什么说指数馈线变阻线是一种宽波段匹配器？

11.27　描述杯形平衡器工作原理。

11.28　开槽式平衡器的结构是什么？描述其工作原理。

11.29　U 形管平衡器有什么作用？

11.30　宽带传输线阻抗变换器有什么作用？

第 12 章　天线在蜂窝移动通信系统中的应用

12.1　移动通信系统中基站天线的发展

通过前面的学习我们知道，在无线通信系统中，天线是收发信机与外界传播介质之间的接口。同一副天线既可以发射又可以接收无线电波。发射时，天线把高频电流转换为电磁波；接收时，天线把电磁波转换为高频电流。天线性能的好坏直接关系到整个通信系统的质量。

基站天线作为实现移动通信网络覆盖的核心设备之一，是移动通信系统的重要组成部分，已经伴随移动通信产业的进步实现了快速的发展。

移动网络类型已经经历了从 1G～5G 的发展。

从 1G 到 4G，基站天线大部分为无源天线阵列。虽然不同的网络类型所使用的天线基本结构相差不大，但是不同的网络类型对基站天线的带宽、三阶互调等性能指标的要求是不同的。

5G 时代的移动网络必须适应容量需求的大幅增长。网络需要拥有满足语音等需求的低频覆盖层，满足视频等需求的中低频容量层，以及满足 5G 网络应用的热点容量层。为此，新频谱被不断引入，基站天线要求不仅具有多频段、多端口的能力，同时还需要集成更多阵列。因此，基站采用的是大规模多输入多输出（massive multiple-input multiple-output，大规模 MIMO）天线。大规模 MIMO 天线为收发通道与天线阵列集成为一体的有源天线，其天线单元的幅度和相位分配权值由数字基带部分完成。

总之，随着移动通信的不断发展，对基站天线的要求是：宽带化、高增益、准确覆盖、高辐射效率、小型化、隐蔽化等。正是越来越高的用户要求在不断促进着天线性能的提高。

12.2　基站天线工作原理

移动通信基站使用的天线一般是由线振子构成的天线阵列，构成阵列的天线能够提高天线增益。天线阵列可以为平面阵或圆形阵等形式。天线阵列外有的套有天线罩，有的不套天线罩。而天线罩有平板状或圆形等形状。一般基站常见的是板状天线，也有的使用圆形天线阵。不同需求对应的天线阵列结构不同，下面介绍的是典型结构的基站阵列天线。

12.2.1　采用多个半波振子排成一个垂直放置的直线阵

图 12.1（a）所示为单个半波振子及其垂直面的方向图，图 12.1（b）所示为两个半波振子轴向一致垂直排列阵列及其垂直面的方向图，图 12.1（c）所示为四个半波振子轴向一致垂直排列阵列及其垂直面的方向图。垂直面方向图是根据方向图乘积定理计算出的方向函数绘制的。我们看到，随着振子数的增加，它们的方向图半功率波瓣宽度依次越来越窄，表明

能量依次越来越集中到通信覆盖范围内，通信方向增益依次越来越高。通过计算得出，单个半波振子的增益为 $G = 2.15\ \text{dB}$，两个半波振子增益为 $G \approx 5.15\ \text{dB}$，四个半波振子增益为 $G \approx 8.15\ \text{dB}$，呈现出随着振子数的增加，增益越来越大的规律。

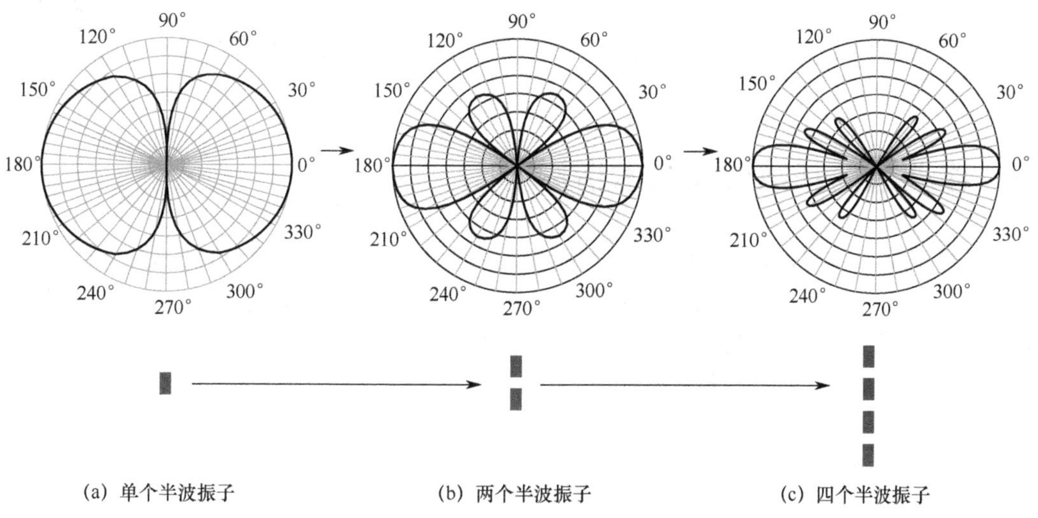

图 12.1　增加振子数可增大天线方向图增益

12.2.2　常规板状天线

常规板状天线是由四元半波振子阵列（直线阵）及在其一侧所加的一个反射板共同构成的。图 12.2（a）所示为常规板状天线垂直面的配置及方向图，图 12.2（b）所示为常规板状天线水平面的配置及方向图。基站天线结构中的反射板相当于引向天线结构中的反射器，对天线阵列的能量起着反射的作用，使能量更加集中于阵列的一侧。加了反射板后，阵列天线的方向性增强，增益得到了提高，其增益可达 14～17 dB。

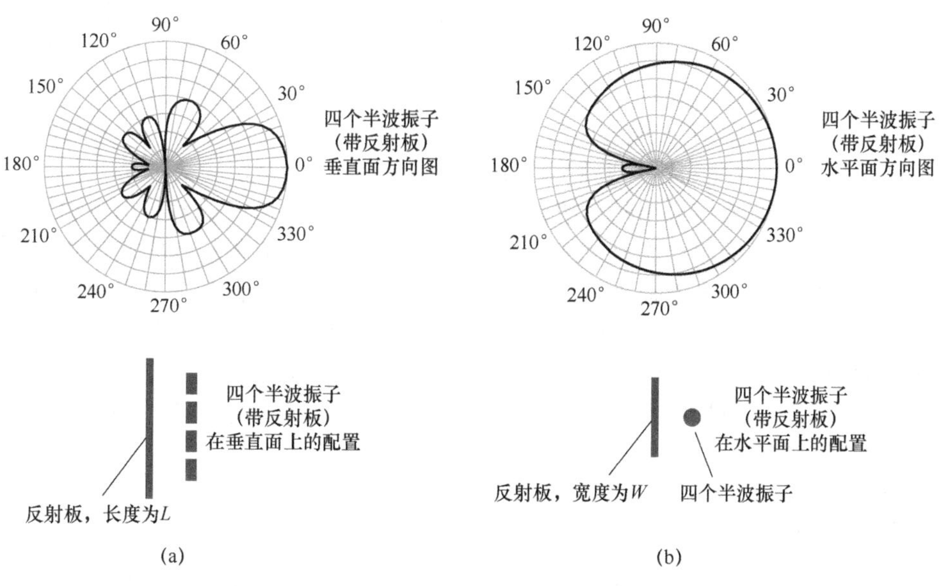

图 12.2　带反射板的板状天线结构及方向图

为提高板状天线的增益，还可以进一步将四元半波振子阵列改成八元半波振子阵列。一侧加有一个反射板的八元半波直线阵，称为加长型板状天线，其增益约为 16～19 dB。加长型板状天线的物理尺寸为常规板状天线的 2 倍，达 2.4 m 左右。

扫码学习
移动通信基站板状天线

阵列天线的馈电方式有串联和并联两种，所呈现的输入阻抗不同。印制电路多采用串联馈电方式。

12.3 移动通信基站天线技术指标

在选择基站天线时，需要考虑其电性能和机械性能。电性能主要包括：方向性、工作频段、增益、极化方式、波瓣宽度、预置倾角、下倾方式、下倾角调整范围、前后抑制比、副瓣抑制比、零点填充、回波损耗、功率容量、阻抗、三阶互调等。机械性能主要包括：尺寸、重量、天线输入接口、风载荷等。

12.3.1 天线方向性

基站所用的天线类型按辐射方向来分，主要有全向天线和定向天线。

全向天线在水平方向图上表现为 360° 均匀辐射，也就是平常所说的无方向性天线；其在垂直方向图上表现为有一定宽度的波束，一般情况下波瓣宽度越小，增益越大。全向天线在移动通信系统中一般应用于郊县大区制的站型，覆盖范围大。

定向天线在水平方向图上表现为一定角度范围的辐射，也就是平常所说的有方向性天线；其在垂直方向图上表现为有一定宽度的波束，同全向天线一样，波束宽度越小，增益越大。定向天线在移动通信系统中一般应用于城区小区制的站型，覆盖范围小，用户密度大，频率利用率高。

波束宽度是天线的重要指标之一，它包括水平半功率角与垂直半功率角，分别定义为在水平方向和垂直方向相对于最大辐射方向功率下降一半（3 dB）时的两点之间的波束宽度。常用的基站天线水平半功率角有 360°、210°、120°、90°、65°、60°、45°、33°等，垂直半功率角有 6.5°、13°、25°、78°等。

前后抑制比是指天线在主瓣方向与后瓣方向信号辐射强度之比。一般天线的前后比在 18～45 dB 之间。对于密集市区，要积极采用前后抑制比大的天线。

零点填充：当基站天线采用赋形波束设计时，为了使业务区内的辐射电平更均匀，在垂直面内主瓣与靠近地面的第一副瓣之间的零点需要填充，不能有明显的零深；否则，容易使近距离的覆盖出现盲区。高增益天线由于其垂直半功率角较窄，尤其需要采用零点填充技术来有效改善近处覆盖。通常，零深相对于主波束大于−26 dB，即表示天线有零点填充。

上副瓣抑制：对于小区制蜂窝系统，为了提高频率复用效率，减少对邻区的同频干扰，在基站天线波束赋形时应尽可能降低其副瓣的大小，使第一上副瓣电平小于−18 dB；但大区制基站天线无这一要求。

12.3.2 天线增益

工程上表示天线增益的单位通常有两个：dBi、dBd。dBi 定义为实际的方向性天线（包括全向天线）相对于各向同性天线能量集中的相对能力，其中“i”是英文“isotropic”（等方向性）的首字母。dBd 定义为实际的方向性天线（包括全向天线）相对于半波振子天线能量集中的相对能力，其中“d”是英文“dipole”（偶极子） 的首字母。两者之间的关系为 dBi = dBd + 2.15。

天线增益取决于振子的数量。振子越多，增益越高。基站全向天线的增益范围一般在 2～14 dBi 之间，规格有 2 dBi、9 dBi、11d Bi、12 dBi、14 dBi 等。而定向天线的增益范围一般在 3～22 dBi 之间，规格有 3 dBi、8.5 dBi、10dBi、13 dBi、15 dBi、15.5 dBi、17 dBi、18 dBi、21 dBi、22 dBi 等。

低增益天线通常与微基站、微蜂窝配合使用，可以较好地控制其覆盖范围和干扰。低增益天线主要用于室内覆盖及室外的补点（补盲），如大厦的背后、新的生活小区、新的专业市场等。这种天线尺寸较小，价格较便宜，便于安装，如在隧道口内侧可以采用八木天线等。

中等增益天线适合在城区使用。一方面，这种增益天线的体积和尺寸比较适合城区使用；另一方面，在较短的覆盖半径内由于垂直面波束宽度较大，使信号更加均匀。中等增益天线在相邻扇区方向比高增益天线覆盖的信号强度更加合理。在覆盖半径较大（如 1～1.5 km）时，可以采用 17～18 dBi 增益的定向天线；在郊区，当话务量较大、覆盖半径为 1.5～2 km 时，应采用 3 扇区 16～17 dBi 增益的定向天线。

在进行广覆盖时通常采用高增益天线。高增益天线通常用于高速公路、铁路、隧道和狭长地形的广覆盖。这种天线的波瓣宽度较窄，零点较深，因此当天线的挂高较高时要注意选用已采用零点填充或预置电下倾的天线来避免覆盖近端的零深效应。另外，这种天线由于振子数量较多，体积一般较大，安装时应注意可安装性。例如，有的隧道口可能不宜安装这种天线。一般来说，这种天线的成本也相对较高。

12.3.3　极化方式

在移动通信中电波的极化采用的是线极化。由于移动通信中电波射线有时离地较近，因此，通常以地面为参考，用水平极化波和垂直极化波来描述电波的极化方式。

移动通信电波频率位于超短波及微波波段，地面对电波有较大的衰减作用，但垂直极化波受到的衰减远小于水平极化波。因此，移动通信系统通常采用垂直极化天线。

对于接收系统，为便于采用极化分集技术，减小移动通信系统中多径衰落的影响，以提高基站接收信号的质量，基站一般采用双极化天线。所谓双极化天线，就是同时可收到水平和垂直极化波的天线。

垂直单极化天线与双极化天线的比较：（1）从发射的角度来看，由于垂直于地面的手机更容易与垂直极化信号匹配，因此垂直单极化天线比其他非垂直极化天线的覆盖效果要好一些，特别是在开阔的山区和平原农村更明显。实验证明，在开阔地区的山区或平原农村，这种天线的覆盖效果比双极化天线更好。但在市区，由于建筑物林立，建筑物内外的金属体很容易使极化发生旋转，因此市区单极化天线与双极化天线在覆盖能力上没有多大区别。（2）从接收的角度来看，由于单极化天线要用两根相互垂直极化的天线才能实现分集接收，而双极化天线只要一根就可以实现分集接收，因此单极化天线需要更多的安装空间，且以后的维护工作量要比双极化天线大。（3）从天线尺寸方面来说，由于双极化天线中不同极化方向的振子即使交叠在一起也可保证有足够的隔离度，因此双极化天线的尺寸不会比单极化天线更大。

12.3.4 下倾角的调整

天线的下倾角是指天线主瓣的最大辐射方向与水平面的夹角，即图 12.3 中的φ。它是无线通信系统用于将天线方向图的主瓣调节到低于水平面的参数。下倾角的调整常用于增强主服务区的信号电平，减小对其他小区的干扰。

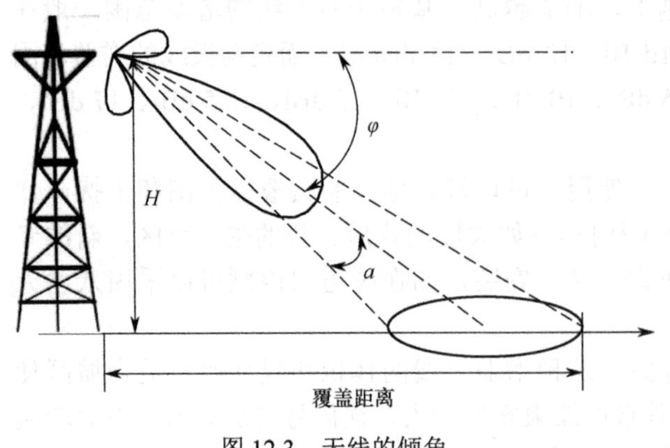

图 12.3 天线的倾角

移动通信中调整下倾角的方式有三种：机械下倾角、预置电下倾角以及电调下倾角。机械下倾角是指在移动通信系统中使用机械天线，当机械天线垂直于地面安装好以后，根据网络优化的需求，通过调整安装支架，改变天线物理位置，从而实现下倾角连续调节的调节方式。预置电下倾角是指在移动通信系统中使用预置天线，并通过天线赋形技术调整天线馈电网络，改变天线阵列中各振子的相位，从而在天线物理位置不变的前提下，实现某个电下倾角的调节。电调下倾角是指在移动通信系统中使用电调天线，通过连续调整天线馈电网络中的移相器，连续改变天线阵列中各振子的相位，从而在天线物理位置不变的前提下，实现天线电下倾角的连续调节。预置电下倾角与电调下倾角从效果上来看，二者区别在于前者实现的是非连续下倾角的调节，而后者可实现连续下倾角的调节。

机械天线在调整下倾角过程中，虽然天线主瓣方向的覆盖距离明显变化，但天线垂直分量和水平分量的幅值不变，所以天线方向图容易变形。实践证明，机械天线的最佳下倾角度为 1°～5°。当下倾角在 5°～10°之间变化时，机械天线方向图稍有变形但变化不大；当下倾角在 10°～15°之间变化时，机械天线方向图变化较大；当机械天线下倾 15°以上时，天线方向图形状改变很大，从没有下倾时的鸭梨形变为纺锤形，这时虽然主瓣方向覆盖距离明显缩短，但是整个天线方向图不是都在本基站扇区内，相邻基站扇区内也会收到该基站的信号，从而造成严重的系统内干扰。

另外，在日常维护中，如果要调整机械天线下倾角，需要将整个系统进行关机，不能在调整天线倾角的同时进行监测。在调整机械天线下倾角时，一般需要维护人员爬到天线安放处进行调整，比较麻烦。机械天线的下倾角是通过计算机模拟分析软件计算出的理论值，与实际环境中的最佳下倾角是有一定偏差的。

机械天线调整倾角的步进度数为 1°，三阶互调指标为−120 dB。

电下倾能使天线各方向的场强同时增大或减小，保证在改变倾角后天线方向图变化不大，使主瓣方向覆盖距离缩短，同时使整个方向图在服务小区扇区内减小覆盖面积而又不产生干扰。

实践证明，电调天线的下倾角在 1°～5°之间变化时，其天线方向图与机械天线大致相同；当下倾角在 5°～10°之间变化时，其天线方向图比机械天线稍有改善；当下倾角在 10°～15°之间变化时，其天线方向图与机械天线相比变化较大；当下倾 15°以上时，其天线方向图与机械天线有明显不同，这时天线方向图形状改变不大，主瓣方向覆盖距离明显缩短，整个天线方向图都在本基站扇区内。增加下倾角，可以使扇区覆盖面积缩小，但不产生干扰，这样的方向图是我们需要的。因此，采用电调天线能够降低呼损，减小干扰。

图 12.4 示出了电调天线原理。图 12.4（a）所示为天线各单元馈电电流为等幅同相时，天线无下倾；图 12.4（b）所示为天线各单元馈电电流为等幅且相位差按固定值连续滞后时，天线下倾，下倾角 φ 的大小与电流相位滞后值有关。

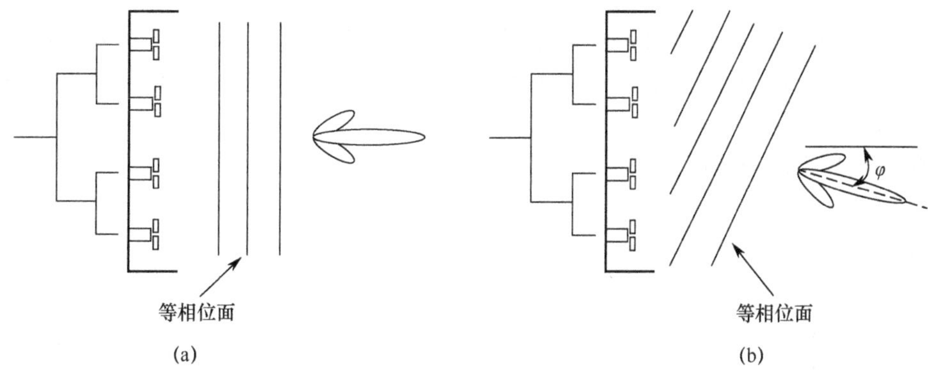

图 12.4　电调天线原理

另外，电调天线允许系统在不停机的情况下对垂直方向图下倾角进行调整，实时监测调整的效果；调整倾角的步进精度也较高（0.1°），因此可以对网络实现精细调整；电调天线的三阶互调指标为−150 dB，与机械天线相差 30 dB，有利于消除邻频干扰和杂散干扰。

12.3.5　基站天线电压驻波比

基站天线电压驻波比是衡量馈线与天线匹配程度的重要参数。电压驻波比越大，表示馈入天线能量的效率就越差。大的电压驻波比不仅会缩短通信距离，而且从天线反射回来的功率将回到发射机功放部分，容易烧坏功放，影响通信系统正常工作。

我国移动通信系统基站天线的技术要求：基站天线驻波比≤1.5。

12.3.6　端口隔离度

端口隔离度指的是两副或多副单极化天线或者一副双极化天线两个端口之间的不相关性，如图 12.5 所示。例如，水平极化的天线应只接收水平极化波，垂直极化天线应只接收垂直极化波，如果有其他极化波进入，就会产生极化所引起的噪声了。隔离度指标可以衡量同扇区天线分集接收的性能。

对于多端口天线（如双极化天线、双频段双极化天线），收发共用时端口之间的隔离度应大于 30 dB。

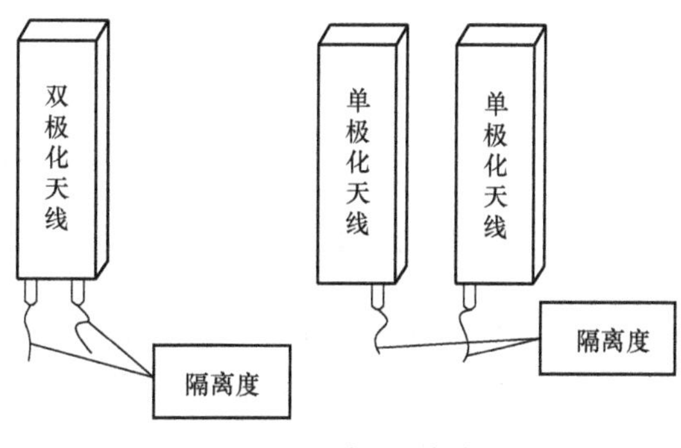

图 12.5　端口隔离度

12.3.7　功率容量

功率容量一般指平均功率容量。天线包括匹配、平衡、移相等其他耦合装置，其所承受的功率是有限的。考虑到基站天线的实际最大输入功率（单载波功率为 20 W），若天线的一个端口最多输入 6 个载波，则天线的输入功率为 120 W，此时天线的单端口功率容量应大于 200 W（环境温度为 65℃时）。

12.3.8 互调信号

互调信号是指非线性射频线路中两个或多个频率混合后所产生的噪声信号。互调信号一般是由有源元件（无线电设备、二极管）产生的。下面以具有两个载波信号产生互调来说明互调后产生的失真频率。

频率 A 及 B 上的载波产生如下互调信号：

1 阶：A、B；

2 阶：（A+B）、（A−B）；

3 阶：（2A±B）、（2B ±A）；

4 阶：（3A±B）、（3B ±A）、（2A±2B）；

5 阶：（4A±B）、（4B ±A）、（3A±2B）、（3B ±2A）。

无源元器件（如电缆、接头、天线、滤波器等）通常都呈线性特性，但是在大功率条件下都不同程度地存在一定的非线性，也会产生互调信号。这种非线性主要是由以下因素引起的：不同材料的金属的接触；相同材料的接触表面不光滑；连接处不紧密；存在磁性物质等。互调产物的存在会对通信系统产生干扰，特别是落在接收带内的互调产物，将对系统的接收性能产生严重影响。因此，在移动通信系统中对电缆、接头、天线等无源部件的互调特性都有严格的要求。

12.3.9 风载荷

基站天线通常安装在高楼及铁塔上，尤其在沿海地区，常年风速较大，要求天线在 36 m/s 风速时正常工作，在 55 m/s 风速时不被破坏。

天线本身通常能够承受强风，在风力较强的地区，天线通常由于铁塔、桅杆等的原因而遭到损坏。因此在这些地区，应选择表面积小的天线。

12.3.10 工作温度和湿度

基站天线应在环境温度−40～+65℃范围内和环境相对湿度 0～100%范围内正常工作。

12.3.11 雷电防护和三防能力

雷电防护：基站天线所有射频输入端口均要求直流直接接地。

基站天线必须具备三防能力，即防潮、防盐雾、防霉菌。对于基站全向天线，必须允许天线倒置安装，同时满足三防要求。

12.3.12 天线尺寸和重量

为了便于天线的储存、运输、安装和安全，在满足各项电气指标情况下，天线的外形尺寸应尽可能小，重量尽可能轻。

目前运营商对天线尺寸、重量、外观上的要求越来越高，因此在选择天线时，不但要关心其技术性能指标，还应关注这些非技术因素。一般市区基站天线应该选择重量轻、尺寸小、外形美观的天线，郊区、乡镇天线一般无此要求。

12.4　不同应用环境下基站天线的选型

在移动通信技术中，对新型基站天线提出的要求主要包括：（1）天线小型化、宽频带、高隔离度；（2）无线通信信道之间具有低相关性和抗多径干扰能力；（3）填补覆盖盲区；（4）要充分考虑目标网络的覆盖要求等。因此，对不同类型、不同用途的基站天线进行合理的选型，使其不仅能够满足通信需求，提高系统的性能，还可以节约成本，降低基站收发设备造价。根据网络的覆盖要求、话务量、干扰和网络服务质量等实际情况，可以把天线应用的环境分为 8 种类型：市区（高楼多，话务量大）；郊区（楼房较矮，开阔）；农村（话务量小）；公路（带状覆盖）；山区（或丘陵，用户稀疏）；近海（覆盖极远，用户少）；隧道；大楼室内。

12.4.1　市区基站天线选型

应用环境特点：基站分布较密，要求单基站覆盖范围小，尽量减少越区覆盖的现象，减少基站之间的干扰，提高频率复用率。

天线选型原则：

（1）极化方式选择。由于市区基站站址选择困难，天线安装空间受限，建议选用双极化天线。

（2）方向图的选择。在市区主要考虑提高频率复用率，因此一般选用定向天线。

（3）半功率波束宽度的选择。为了能更好地控制小区的覆盖范围来抑制干扰，市区天线水平半功率波束宽度选为 60°～65°。在天线增益及水平半功率角度选定后，垂直半功率角也就定了。

（4）天线增益的选择。由于市区基站一般不要求大范围的覆盖距离，因此建议选用中等增益的天线。同时天线的体积和重量可以变小，有利于安装和降低成本。建议视基站疏密程度及市区建筑物结构等情况选用 15～18 dBi 增益的天线；市区内用作补盲的微蜂窝天线，可选择更低的增益，如 10～12 dBi。

（5）预置下倾角及零点填充的选择。市区天线一般都要设置一定的下倾角，因此为增大以后的下倾角调整范围，可以选择具有固定电下倾角的天线（建议选 3°～6°）或电调天线。由于市区基站覆盖距离较小，零点填充特性可以不做要求。

（6）下倾方式选择。由于市区的天线倾角调整相对频繁，且有的天线需要设置较大的倾角，而机械下倾不利于干扰控制，所以在可能的情况下建议选用预置下倾天线，条件成熟时可以选择电调天线。

（7）下倾角调整范围选择。在市区出于干扰控制的目的，需要将天线的下倾角调得较大。一般来说，电调天线在下倾角的调整范围方面是不会有问题的；但是在选择机械下倾的天线时，建议选择下倾角调整范围更大的天线，最大下倾角要求不小于 14°。

（8）在城市内，为了提高频率复用率，减小越区干扰，有时需要设置很大的下倾角，而当下倾角的设置超过了垂直面半功率波束宽度的一半时，需要考虑上副瓣的影响。所以，建议在城区选择第一上副瓣抑制的赋形技术天线，但是这种天线通常无固定电下倾角。

12.4.2 农村基站天线选型

应用环境特点：基站分布稀疏，话务量较小，要求覆盖范围广。有的地方周围只有一个基站，覆盖成为最受关注的问题，这时应结合基站周围需覆盖的区域来考虑天线的选型。一般情况下，希望在需要覆盖的地方能通过天线选型来得到更好的覆盖。

天线选型原则：

（1）极化方式选择。从发射信号的角度，在较为空旷的地方采用垂直极化天线比采用其他极化天线效果更好；从接收的角度，在空旷的地方由于信号的反射较少，信号的极化方向改变不大，若采用双极化天线进行极化分集接收，其分集增益不如空间分集。所以，建议在农村选用垂直单极化天线。

（2）方向图选择。如果基站覆盖周围的区域没有明显的方向性，且话务量分布比较分散，此时建议采用全向天线覆盖；但全向天线由于增益小，覆盖距离不如定向天线远。如果对基站的覆盖距离有更远的需求，则需要用定向天线来实现；所选择的定向天线水平面半波束宽度一般情况下采用 90°、105°、120° 的。在某些基站周围需要覆盖的区域呈现很明显的形状，此时可选择与地形匹配的波束天线进行覆盖。

（3）天线增益的选择。天线增益可视覆盖要求进行选择，建议在农村地区选择较高增益的天线，如 16～18 dBi 的定向天线或 9～11 dBi 的全向天线。

（4）预置下倾角及零点填充的选择。由于预置下倾角会影响基站的覆盖能力，所以在农村这种以覆盖为主的地方，建议选用不带预置下倾角的天线。但天线挂高在 50 m 以上且近端有覆盖要求时，可以优先选用零点填充（大于 15%）的天线来避免塔下黑问题。

（5）下倾方式的选择。在农村地区对天线的下倾角调整范围及特性要求不高，因此不会频繁地调整天线的下倾角，建议选用价格较便宜的机械下倾天线。

在农村，如果确定是定向基站，那么推荐选择的天线是半功率波束宽度为 90°、105° 的中高增益的单极化空间分集天线，或者半功率波束宽度为 90°、机械下倾角且零点填充大于 15%的双极化天线。如果是全向基站，推荐选择的天线是零点填充的天线；若覆盖距离要求不是很远，可以采用电下倾（3° 或 5°）天线；当天线相对于主要覆盖区的挂高不大于 50 m 时，可以使用普通天线。另外，对于全向基站还可以考虑双发射天线配置，以减小塔体对覆盖的影响。

12.4.3 郊区基站天线选型

应用环境特点：郊区的应用环境介于市区环境与农村环境之间，有的地方可能更接近市区，基站数量不少，频率复用较为紧密，这时覆盖与干扰控制在天线选型时都要考虑；而有的地方可能更接近农村，覆盖成为重要因素。因此，在天线选型方面可以视实际情况参考市区及农村的天线选型原则，并根据需要的覆盖面积来估计大概需要的天线类型。

天线选型原则：

（1）根据情况选择水平面半功率波束宽度为 65° 的天线或选择半功率波束宽度为 90° 的天线。当周围的基站比较少时，应该优先采用水平面半功率波束宽度为 90° 的天线。若周围基站分布很密，则参考市区基站的天线选择原则；若周围基站较少，且将来扩容潜力不大，则可参考农村的天线选择原则。

（2）考虑到将来的平滑升级，所以一般不建议采用全向站型。

（3）是否采用预置下倾角，应根据具体情况来定。即使采用预置下倾角，一般也只选择下倾角比较小的天线。

12.4.4　公路覆盖基站天线选型

应用环境特点：该应用环境下话务量低，用户高速移动，此时重点解决的是覆盖问题。而公路覆盖与大中城市或平原农村的覆盖有着较大区别，一般来说它要实现的是带状覆盖。故公路的覆盖多采用双向小区；在穿过城镇、旅游点的地区也综合采用三向、全向小区。

不同的公路环境差别很大，一般来说有较为平直的公路，如高速公路、铁路、国道、省道等，推荐在公路旁建站，配以高增益定向天线实现覆盖；若有蜿蜒起伏的公路，如盘山公路、县级自建的山区公路等，则应考虑对公路附近的乡村进行覆盖，推荐选择高处建站；站型应灵活配置，可能会用到全向加定向等特殊站型。不同的路段环境差别也很大，如高速公路与铁路所经过的地形往往复杂多变，有平原、高山、树林、隧道等，还要穿过乡村和城镇，所以对其无线网络的规划及天线选型时一定要在充分勘查的基础上具体对待各段公路，进行灵活规划。

根据应用环境特点，天线的选型要结合站址和站型来确定。在初始规划时，应尽量选择覆盖距离远的高增益天线进行广覆盖，在覆盖不到的盲区路段可选用增益较低的天线进行补盲。

天线选型原则：

（1）方向图的选择。以覆盖铁路、公路沿线为目标的基站，可以采用窄波束高增益的定向天线。可根据布站点的道路局部地形起伏和拐弯等因素来灵活选择天线型式。如果覆盖目标为公路及周围零星分布的村庄，可以考虑采用全向天线或变形全向天线，如八字形或心形天线。纯公路覆盖时，根据公路方向选择合适站址，采用高增益（14 dBi）、方向图为“8”字形的天线，最好具有零点填充；对于高速公路一侧有小村镇但用户不多时，可以采用 210°～220° 变形全向天线。

（2）极化方式选择。一般公路周围是比较空旷的地理环境，所以建议在进行公路覆盖时选用垂直单极化天线。

（3）天线增益的选择。若非用于补盲，定向天线增益可选 17～22 dBi 的天线。全向天线的增益选择 11 dBi；若用来补盲，则可根据需要选择增益较低的天线。

（4）预置下倾角及零点填充的选择。由于预置下倾角会影响到基站的覆盖能力，所以在公路这种以覆盖为主的地方建议选用不带预置下倾角的天线。当覆盖距离为 50 m 以上且近端有覆盖要求时，可以优先选用零点填充（大于 15%）的天线来解决塔下黑问题。

（5）下倾方式的选择。公路覆盖对天线下倾角的调整范围及特性要求不高，一般不需要下倾。建议选用价格较便宜的机械下倾天线。

（6）前后辐射比。由于公路覆盖的大多数用户都是快速移动的，所以为保证切换的正常进行，定向天线的前后比不宜太高，否则可能会由于两定向小区交叠深度太小而导致切换不及时，造成掉话的情况。

12.4.5　山区覆盖基站天线选型

应用环境特点：在偏远的丘陵山区，山体阻挡严重，电波的传播衰落较大，覆盖难度大。 通常在基站很广的覆盖半径内分布零散用户，话务量较小。建议基站建在山顶上、山腰间、山脚下或山区里的合适位置，进行广覆盖。基站选址、天线选型需要区分不同的用户分布、地形特点来进行，以下这几种情况是比较常见的：盆地型山区建站、高山上建站、半山腰建站、普通山区建站等。

天线选型原则：

（1）方向图的选择。视基站的位置、站型及周边覆盖需求来决定方向图的选择，可以选择全向天线，也可以选择定向天线。对于建在山上的基站，若需要覆盖的地方位置相对较低，则应选择垂直半功率角较大的方向图，更好地满足垂直方向的覆盖要求。

（2）天线增益选择。视所需覆盖的区域的远近，选择中等增益天线。全向天线建议选择天线增益为 9～11 dBi，定向天线建议选择天线增益为 15～18 dBi。

（3）预置下倾角与零点填充选择。当在山上建站，而需要覆盖的地方在山下时，要选用具有零点填充或预置下倾角的天线。对于预置下倾角的大小，视基站与所需覆盖的地方的相对高度而定；若相对高度较大，就应选择预置下倾角较大的天线。

12.4.6 近海覆盖基站天线选型

应用环境特点：话务量较小，覆盖面广，无线传播环境好。研究表明，在海上的无线传播模型接近于自由空间传播模型。在对近海的海面进行覆盖时，覆盖距离将主要受三个方面的限制，即地球球面曲率、无线传播衰减、时间提前量（timing advance，TA）值。考虑到地球球面曲率的影响，对海面进行覆盖的基站天线一般架设得很高，通常超过 100 m。

扫码学习
时间提前量（TA）值

天线选型原则：

（1）方向图的选择。由于在近海覆盖中，面向海平面与背向海平面的应用环境完全不同，因此在进行近海覆盖时不选择全向天线，而是根据周边的覆盖需求选择定向天线。一般垂直半功率角可选得小一些。

（2）天线增益的选择。由于覆盖距离很大，在选择天线增益时一般选择高增益（16 dBi 以上）的天线。

（3）极化方式选择。由于近海覆盖区域地理环境比较空旷，所以建议在进行近海覆盖时选用垂直单极化天线。

（4）预置下倾角与零点填充的选择。在进行海面覆盖时，由于要考虑地球球面曲率的影响，一般天线架设得很高，在近端容易形成盲区，因此建议选择具有零点填充或预置下倾角的天线；考虑到覆盖距离很大，要优先选用具有零点填充的天线。

12.4.7 隧道覆盖基站天线选型

应用环境特点：一般来说，隧道外部的基站不能对隧道内进行良好的覆盖，必须针对具体的隧道规划站址来选择天线。隧道覆盖应用环境下话务量不大，也不会存在干扰控制的问题，主要是天线的选择及安装问题。对不同长度的隧道，基站及天线的选择有很大的差别，并且隧道内的天线安装、调整和维护十分困难，特别是铁路隧道在火车通过时剩余空间会很小，因此在隧道里面安装大天线是不可能的。

天线选型原则：

（1）方向图选择。隧道覆盖的方向性明显，所以一般选择窄波束的定向天线进行覆盖。

（2）极化方式选择。考虑到天线的安装及隧道内壁对信号的反射作用，建议选择双极化天线。

（3）天线增益选择。对于长度不超过 2 km 的公路隧道，可以选择低增益（10～12 dBi）的天线；对于更长一些的隧道，也可采用高增益（22 dBi）的窄波束天线进行覆盖，不过此时要充分考虑大天线的可安装性。

（4）天线尺寸大小的选择。天线尺寸的大小在隧道覆盖中很关键，因此要针对每个隧道设计专门的覆盖方案。为了充分考虑天线的可安装性，应尽量选用尺寸较小而便于安装的天线。除了采用常用的平板天线、八木天线进行隧道覆盖外，也可用分布式天线系统对隧道进行覆盖。由于在铁路隧道中安装天线分布式系统会受到很大的限制，因此可考虑采用泄漏电缆等其他方式进行隧道覆盖。

（5）前后辐射比。由于隧道覆盖的大多数用户都是快速移动的，所以为保证切换的正常进行，定向天线的前后比不宜太高，避免因两定向小区交叠深度太小而导致切换不及时造成掉话的情况。

12.4.8　室内覆盖基站天线选型

应用环境特点：现代建筑多以钢筋混凝土为骨架，再加上全封闭式的外装修，对无线电信号的屏蔽和衰减特别厉害，严重影响正常的通信。在一些高层建筑的低层，基站信号通常较弱，存在部分盲区；在建筑的高层，则信号杂乱，干扰严重，通话质量差。大多数的地下建筑（如地下停车场、地下商场）等场所，通常都是盲区。特别是在大中城市的中心区，基站密度都比较大，通常进入室内的信号比较杂乱、不稳定。手机在这种环境下使用，未通话时，小区重选频繁；通话过程中小区频繁切换，话音质量差，掉话现象严重。

为解决室内覆盖问题，通常要建设室内分布系统，将基站的信号通过有线方式直接引入到室内的每一个区域，再通过小型天线将基站信号发送出去，从而消除室内覆盖盲区，抑制干扰，为室内的移动通信用户提供稳定、可靠的信号。室内分布系统主要由三部分组成：信号源设备（微蜂窝、宏蜂窝基站或室内直放站）；室内布线及其相关设备（同轴电缆、光缆、泄漏电缆、电端机、光端机等）；干线放大器、功分器、耦合器、室内天线等设备。

天线选型原则：

根据分布式系统的设计，考察天线的可安装性来决定采用哪种类型的天线。室内分布式系统常用到的天线单元有：

（1）室内吸顶天线单元；

（2）室内壁挂天线单元；

（3）小茶杯状吸顶单元：超小尺寸，适用于小电梯内部、小包间内嵌入式吸顶小灯泡内部等多种安装受限的应用场合；

（4）板状天线单元：有不同的尺寸，可用于电梯行道、隧道、地铁、走廊等不同的应用场合。

这些天线的尺寸很小，便于安装与美观，增益一般很低。可依据覆盖要求选择全向或定向天线，推荐室内使用的全向天线为 2 dBi 垂直极化全向天线，定向天线为 7 dBi 垂直极化 90° 定向天线。

12.5 基站天馈系统

常见基站的天馈系统包含天线、馈线、避雷器、跳线和接地夹等。图 12.6 所示为基站天馈系统示意图。

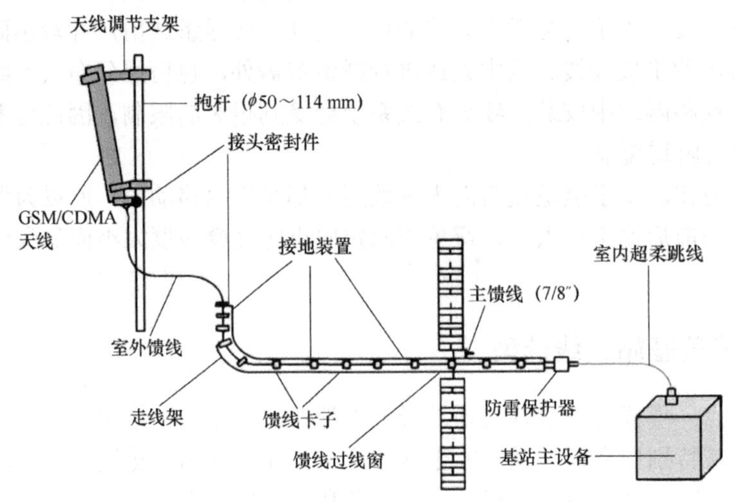

图 12.6 基站天馈系统示意图

基站天馈系统主要包括以下几部分：

（1）天线：用于接收或发送无线信号。常见的天线按极化方式划分为单极化天线、双极化天线，按方向性划分为定向天线和全向天线。

（2）天线调节支架：用于调整天线的下倾角度，范围为 0°～15°；

（3）室外跳线：用于天线与 7/8 " 主馈线（外金属屏蔽的直径为 7/8 英寸，1 英寸=2.54 cm）之间的连接。常用的跳线采用 1/2 " （外金属屏蔽的直径为 1/2 英寸）馈线，长度一般为 3 m。

（4）主馈线：目前用于移动基站的主馈线主要有 7/8 " 馈线、5/4 " 馈线、15/8 " 馈线。

（5）接头密封件：用于室外跳线两端接头（与天线和主馈线相接）的密封。常用的材料有绝缘防水胶带和 PVC 绝缘胶带。

（6）接地装置（7/8 " 馈线接地件）：主要是用来防雷和泄流，安装时与主馈线的外导体直接连接在一起。一般每根馈线装三套接地装置，分别安装在馈线的上、中、下部位，接地点方向必须顺着电流方向。

（7）7/8 " 馈线卡子：用于固定主馈线。在垂直方向，每间隔 1.5 m 安装一个，水平方向每隔 1 m 安装一个（在室内的主馈线部分，不需要安装卡子，一般用尼龙白扎带捆扎固定）。常用的 7/8 " 馈线卡子有双联和三联两种。7/8 " 双联卡子可固定两根馈线，三联卡子可固定三根馈线。

（8）走线架：用于布放主馈线、传输线、电源线和安装馈线卡子。

（9）馈线过窗器：主要用来穿过各类线缆，且可用来防止雨水、鸟类、鼠类及灰尘的进入。

（10）防雷保护器（避雷器）：主要用来防雷和泄流，安装在主馈线与室内超柔跳线之间，其接地线穿过过线窗引出室外，与塔体相连或直接接入地网。

（11）室内超柔跳线：用于主馈线（经避雷器）与基站主设备之间的连接，通常采用的是 1/2" 超柔跳线，长度一般为 2～3 m。

12.6　手机天线

在蜂窝移动通信系统中，随着新技术突飞猛进地发展，人们对通话质量的要求越来越高，对新功能的需求也越来越迫切。因此，手机系统也变得越来越复杂，由最初完成单一通话功能的手机发展到现在的智能手机。

12.6.1　手机天线设计的基本要求

现在的智能手机不仅要能覆盖蜂窝移动电话的 4G、5G 频段，并兼容 2G、3G 通信网络，而且要同时兼容多个制式。

智能手机除了用主通信芯片访问蜂窝移动电话运营商网络外，通常还具有 Wi-Fi 功能、蓝牙功能、GPS 功能、调频广播及近场通信（near field communication，NFC）功能等。不同功能所使用的频段不同，所以，智能手机天线除了必须覆盖蜂窝移动电话网之外，还必须覆盖更多的频段，以满足用户需求。

综上所述，为了使手机具有便捷、兼容、高速传输性能，对手机天线的设计除了满足多频段、小型化、超宽带、多无线电系统和多输入多输出系统并存等要求外，同时还必须考虑以下的电性能：

（1）输入端的匹配；

（2）增益和波束宽度；

（3）分集接收；

（4）手机辐射对人体的安全性。

12.6.2　典型手机天线

尺寸大小是手机天线设计的关键，而手机天线尺寸的大小与通信频率是息息相关的，一般大约为波长的 1/4。因此，通信频段越高，波长越短，天线也就越短。

随着蜂窝移动通信网由 1G、2G、3G、4G 到 5G 的演进，手机的通信频率逐渐在往高频段发展。而手机天线尺寸在变短的过程中，手机天线的型式也经历了外置天线、内置天线以及外置天线与内置天线共同工作的不同发展阶段。

1. 外置天线

外置天线的优点是频带范围宽，接收信号比较稳定，制造简单，费用相对低廉等。缺点是天线暴露于机体外易于损坏，天线靠近人体时导致性能变坏，不易加反射层和保护层等来减小天线对人体的辐射伤害，接收和发送必须使用不同的匹配电路等。

常用的外置天线有：单极子（monopole）天线、螺旋天线。

单极子天线结构简单、带宽宽、增益高，手机单极子天线如图 12.7 所示。

单极子天线由偶极子天线演变而来，其基本结构如图 12.8 所示。将偶极子天线的一个臂换成导电平面，便成为单极子天线，因此单极子天线可采用镜像法来分析其工作原理。

图 12.8 中长度为 h 的细金属杆，放置在无限大的地板上，无限大地板可由虚设的镜像单极子天线来代替。此时，单极子天线可等效为长度为 $2h$ 的对称振子。单极子天线上的电流、电荷与对称振子上半分支上的电流、电荷是相等的；但其对应的末端电压只是对称振子末端电压的 1/2；相应的输入阻抗也只是对称振子的 1/2。另外，其辐射功率和辐射阻抗也都只是对称振子的 1/2。

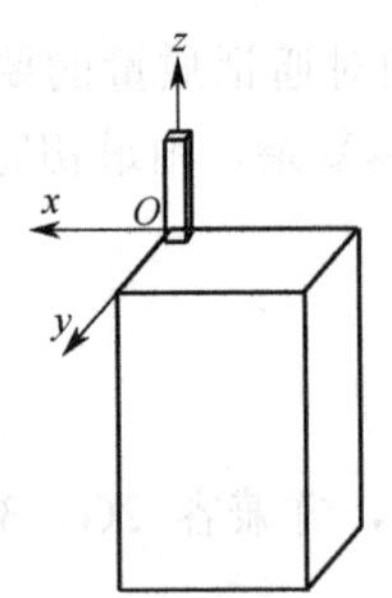

图 12.7　手机单极子天线

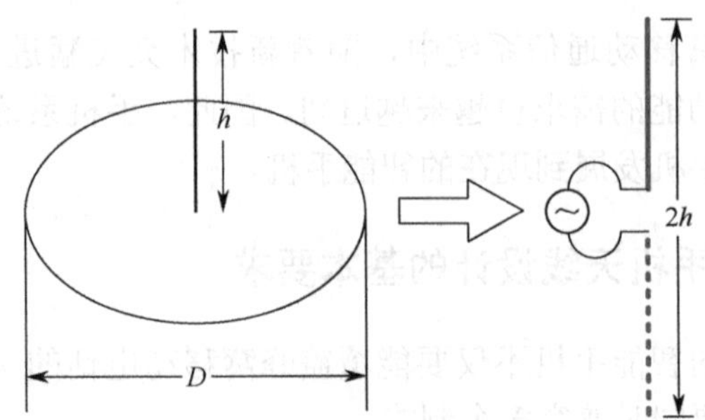

图 12.8　单极子天线基本结构

单极子天线的性能与辐射体的尺寸、介质基板材料和高度等有密切的关系，其主要特点可以概括为以下几点：

扫码学习
比吸收率

（1）单极子天线背面必须净空，不能有地，且单极子天线性能容易受金属元件的影响，周围 7 mm 内不应有较大的金属元件；

（2）由于单极子天线没有参考地，所以天线对人体的辐射比较大，一般将单极子天线放置在远离人体头部的手机底端，从而实现较小的比吸收率（specific absorption rate，SAR）值。

手机螺旋天线如图 12.9 所示，它是另一种结构形式的外置天线。这类天线带宽窄，天线的储能大，但辐射效率较低。

外置天线因其影响手机外形的美观、易受外力损坏且 SAR 值较高等不足，逐渐被内置天线所代替。

图 12.9　手机螺旋天线

2. 内置天线

内置天线的形式特别多，包括印制电路板（PCB）平面曲折线天线、缝隙天线、倒 F 型 （IFA）天线、平面倒 F 型（PIFA）天线、陶瓷天线、金属框天线等。但用得比较多的有 PCB 平面曲折线天线、PIFA 天线、金属框天线及正在发展的阵列天线。

1）PCB 平面曲折线天线

PCB 平面曲折线天线如图 12.10 所示，其中 L 为天线总长，e_1 为线间间隔，e_2 为水平方向线长。通过调整 L 、e_1、e_2、介质基板厚度等参数，不仅可以缩短天线的高度，同时还可以使其具有多频点的工作特性。为了获得更佳的电性能，PCB 平面曲折线天线还伴有渐变型等改进结构。这种天线因具

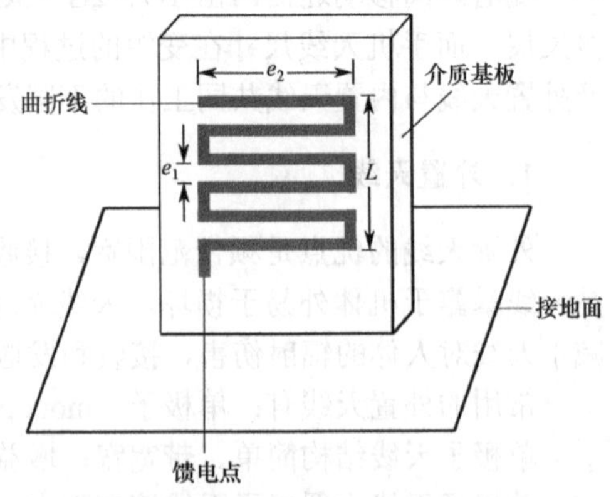

图 12.10　PCB 平面曲折线天线

有低剖面特性而可以替代普通的单极子天线置于手机中。

2）PIFA 天线

PIFA 天线是由单极子天线演变而来的，它结构紧凑，易于与印制电路集成，现已被广泛地用于手机、电脑等手持终端和车辆中。

图 12.11 示出了 PIFA 天线的演变过程。图 12.11（a）为在底部馈电的传统的单极子天线，其电流分布为正弦分布，在馈电点电流最大，顶端电流最小，这表明在该天线上移动可以找到输入阻抗为 50 Ω 的点。为减小天线的高度，天线演变为倒“L”天线，如图 12.11（b）所示。图 12.11（c）所示是在输入阻抗为 50 Ω 的点进行馈电，以实现馈线与天线的匹配。但倒“L”天线的辐射单元和接地片均为较细的导线，具有较大的分布电感和较小的分布电容，从而导致天线具有较大的 Q 值和较窄的带宽。为了克服此类问题，用具有一定宽度的金属贴片代替原来细导线，并采用短路接地的方式改变输入端口的阻抗值，实现更宽频带内的阻抗匹配，从而形成了具有图 12.11（d）所示基本结构的 PIFA 天线。

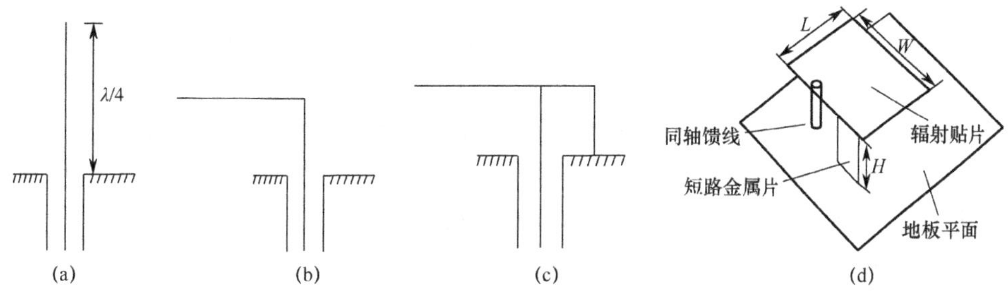

图 12.11　PIFA 天线的演变过程

PIFA 天线由辐射贴片、地板平面、短路金属片和同轴馈线四部分组成，其主要特点可以概括为以下几点：

（1）PIFA 天线的谐振频率主要由辐射（金属）贴片的长度和宽度决定，可通过下式计算谐振频率：

$$f_0 = \frac{c}{4(L+W)} \tag{12.1}$$

式中，c 为真空中的光速；L 和 W 分别为辐射贴片的长度和宽度。

（2）图 12.11（d）中 PIFA 天线的短路金属片高度 H 对天线的性能影响较大，主要影响的参数是天线的带宽。带宽会随着 H 的增加而增加，但当 H 小于 6.5 mm 时，天线带宽性能会急剧下降，这一特点不利于在朝超薄化方向发展的智能机中使用。

（3）由于 PIFA 天线背面有金属地，所以对人体的辐射较小；但 PIFA 天线性能与手机 PCB 尺寸有很大关系，且增益较低。

（4）利用表面开槽技术可以有效地改变天线表面的电流路径，实现 PIFA 天线的小型化和多频化。

综上所述，内置天线的优点如下：

（1）可以做得非常小，不易损坏。

（2）可以将其安放在手机中远离人脑的一面，而在靠近人脑的部分贴上反射层、保护层来减小天线对人体的辐射伤害。

（3）可以安装多个，很方便组阵，易于实现手机天线的智能化。

3. 金属边框天线

智能手机金属边框天线结构如图 12.12 所示。该天线的诞生实现了智能手机天线由完全内置到内外置天线协同工作的一大变革。相比于传统的智能手机天线，金属边框智能手机将金属边框设计成外置天线，与内置天线相互结合，有效地减小了天线尺寸和机身厚度。金属边框智能手机不仅结构稳定，且更加美观，成为手机行业发展的趋势。

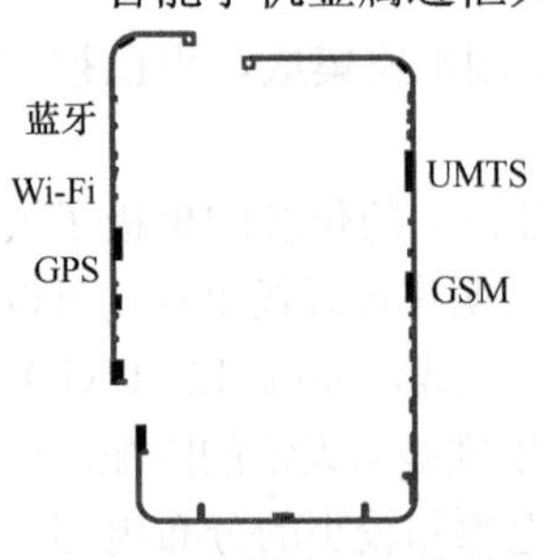

图 12.12 金属边框天线结构

但是，金属边框作为天线的一部分，会由于内置天线与金属边框之间产生强烈的耦合，导致内置天线的辐射性能和阻抗匹配受到严重影响。因此，又不断出现了很多改进型的金属边框天线。

4. MIMO 阵列天线

随着移动通信的快速、高效发展，提高传输速率和通信质量、解决频谱资源稀缺和多径衰落等问题的需求日益突出，这就要求天线系统具备多通道、频带宽、结构紧凑、易于集成的特点。

多输入多输出（MIMO）天线即在接收端和发射端使用多副天线收发信号，从而达到提高系统的信道容量及覆盖范围，改善通信质量的目的。多径效应会因其产生信道衰落现象，一直以来是通信中的一个不利因素；然而，MIMO 天线采用多天线技术，可以充分利用空间传播中的多径分量，在同一频带上使用多个子信道发射信号，使信道容量随天线数量的增加而线性增加；同时，可以采用空间分集技术降低接收信号的误码率，提高接收天线的增益。MIMO 天线技术是 4G 的核心技术，在 5G 中也是关键技术之一。

移动通信中，由于基站中预留空间较大，多天线系统可以较容易地实现，MIMO 技术在 3G、4G 基站天线中都得到了成熟的应用。

然而，随着智能手机超薄化、智能化的发展趋势，智能手机等移动终端中放置的元器件越来越多，留给天线的空间越来越小，且 5G 或 4G 网络需要同时兼容 2G、3G 及其他应用型网络，这就要求天线单元能够覆盖这些频段，从而大大增加了 MIMO 终端天线的设计难度。智能手机 MIMO 天线的设计主要有以下几方面的难题：如何在有限的空间内设计出小型化、宽频化的多天线系统，如何实现天线单元之间的高隔离度，以及如何实现内置天线与金属边框之间的低互耦性。

5G 低频频段和现在的 4G 频段差不多，所以天线长度的区别并不会太大。但是，要达到 5G 所要求的传输速率，5G 低频频段天线在带宽上相比于现有的 4G 天线需要大大地拓展。在 5G 高频频段，通信波长变成毫米级了（毫米波），虽然天线的尺寸可以缩减到几毫米，但这个波段的电磁波，频率高，在空气中传播衰减非常大。因此，需要提高天线的增益来弥补传播衰减所带来的损耗。故 5G 手机天线通过采用阵列天线来实现优良的 MIMO 通信效果。例如 4×4 MIMO 天线，即 4 根发射天线、4 根接收天线组成的阵列。

MIMO 天线系统性能的优劣，主要由天线单元的数量、天线的摆放方式、天线单元的间距及相互之间的耦合等因素决定。隔离度衡量 MIMO 天线性能的重要指标，而影响天线单元之间隔离度的因素主要有天线单元之间的距离、天线单元的极化方式、表面波及地板电流等。目前主要的去耦技术有：极化分集、电磁带隙结构、地板结构、中和线技术以及去耦网络等。

本章小结

在无线蜂窝移动通信系统中，天线是收发信机与外界传播介质之间的接口。天线性能的好坏直接关系到整个通信系统的质量。

蜂窝移动通信系统中的天线包括两部分：基站天线和手机天线。

随着移动通信的不断发展，对基站天线的要求是：宽带化、高增益、准确覆盖、高辐射效率、小型化、隐蔽化等。

基站所用天线类型按辐射方向来分，主要有全向天线和定向天线；按极化方式来分，主要有垂直极化天线和双极化天线。

为了增强主服务区信号的电平，减小对其他小区的干扰，常常需要调整天线的下倾角。调整下倾角通常有三种方法，即机械下倾角、预置电下倾角以及电调下倾角。

电压驻波比用来表示天线与馈线的匹配程度。驻波比越大，表示天线与馈线匹配程度越差。

隔离度指标可以衡量同扇区天线分集接收的性能。对于多端口天线，如双极化天线、双频段双极化天线，收发共用时端口之间的隔离度应大于 30 dB。

在选择基站天线时，除了要考虑上述性能指标外，还需要考虑的因素有：功率容量、互调信号、风载荷、工作温度和湿度、雷电防护、三防能力、天线尺寸和重量等。

基站的天馈系统是将基站天线与基站主设备连接起来的信号传输通道，一方面它将天线接收的信号传送给基站主设备，另一方面将基站主设备的发送信号输送给天线。天馈系统主要包含天线、馈线、避雷器、跳线和接地夹等。

基站天线的选型应根据网络的覆盖要求、话务量、干扰和网络服务质量等实际情况做出具体的选择。可以把天线应用的环境分为 8 种类型：市区、郊区、农村、公路、山区、近海、隧道、大楼室内。针对不同的环境类型，天线选型的原则不同。

手机天线是蜂窝移动通信系统客户端手机中的天线。随着人们对通话质量及新功能的要求越来越高，手机由最初完成单一通话功能的手机发展到现在的智能手机。对手机天线未来发展提出了多频段、小型化、超宽带、多无线电系统和多输入多输出系统并存的要求。

典型的手机天线有：外置天线、内置天线、金属边框天线和 MIMO 阵列天线。

习　　题

12.1　基站阵列天线能够获得高增益的原理是什么？

12.2　基站天线按辐射方向来分主要有哪几种类型？

12.3　什么是基站全向天线？

12.4　什么是基站定向天线？

12.5　按极化方式来分，基站天线主要有哪几种类型？

12.6　什么是基站垂直极化天线？什么是基站双极化天线？

12.7　基站垂直极化天线的应用场合是什么？

12.8　基站双极化天线应用场合是什么？

12.9 什么是天线的下倾角？为什么要调整基站天线的下倾角？

12.10 调整下倾角通常有哪些方法？

12.11 试述电调下倾角的工作原理。

12.12 基站天线输入端电压驻波比过大对通信性能有何影响？

12.13 什么是端口隔离度？

12.14 互调信号是如何产生的？对通信性能有何影响？

12.15 市区基站天线如何选择极化方式？

12.16 农村基站天线如何选择方向图？

12.17 郊区基站天线应用环境有何特点？

12.18 公路覆盖基站天线前后辐射比如何选择？

12.19 山区基站天线应用环境有何特点？对基站的选址有何建议？

12.20 近海覆盖基站天线方向图如何选择？

12.21 隧道覆盖基站天线尺寸如何选择？

12.22 移动通信是如何解决室内覆盖问题的？

12.23 简述基站天馈系统的主要构成。

12.24 智能手机天线需要覆盖哪些频段？

12.25 手机天线设计主要有哪些性能指标？

12.26 外置天线主要有哪些类型？

12.27 简述外置天线的优缺点。

12.28 内置天线主要有哪些类型？

12.29 简述内置天线的优点。

12.30 什么是金属边框天线？简述金属边框天线的优缺点。

12.31 解释 MIMO 天线的概念。

12.32 MIMO 天线系统性能的优劣主要是由哪些因素决定的？

12.33 对于 MIMO 天线系统，主要的去耦技术有哪些？

扫码学习

第 12 章习题答案

第 13 章　天线的仿真设计

13.1　天线仿真的意义

传统的天线设计方法是在理论的基础上依据经验进行设计，天线的安装也过多地依赖经验。采取这种设计与安装方式，天线技术指标可能难以满足要求；因此，必须利用实测的方法先获得天线实际工作的电磁特性，再不断修正天线安装位置以获得满意的性能，这是一种非常费时费力的过程。

通过电磁仿真软件对天线进行建模仿真，是保证天线达到要求的行之有效的方法，可以快速、准确地描述和解决工程问题。

电磁仿真软件是在数值分析技术基础上发展起来的。电磁场应用的关键问题是求解其空间的电磁场分布，实际上是由空间的电荷电流分布和特定的边界条件求解麦克斯韦方程组。但麦克斯韦方程组是一组较为复杂的微分方程，其求解过程非常复杂，特别在边界条件比较复杂的情况下，基本上不可能用解析的方法来得到解。因此，对于复杂的实际电磁场问题，只有通过数值方法来求其近似解。随着计算机运算速度的提高，这种近似求解的方法发展得越来越成熟了。常用的数值计算方法有矩量法、有限元法、时域有限差分法等。伴随着这些电磁计算方法，诞生了 FEKO、HFSS、CST 及 IE3D 等电磁仿真软件。

扫码学习

HFSS 电磁仿真软件介绍

FEKO 是一款用于 3D 结构电磁场分析的仿真工具。HFSS 是以有限元法为基础的电磁计算软件。CST 工作室套装是以有限积分技术（FIT）为基础的通用电磁仿真软件，于 1976 年至 1977 年间由 Weiland 教授首先提出，该数值方法提供了一种通用的空间离散化方案，可用于解决各种电磁场问题，从静态场计算到时域和频域都有应用。IE3D 是一个基于全波分析的矩量法电磁场仿真工具，可以解决多层介质环境下的三维金属结构的电流分布问题。

在天线工程设计中，借助软件的建模和仿真计算技术可以相对准确地对天线的设计效果和主要的技术指标进行预测，从而在天线加工之前验证天线设计方案的可行性，避免盲目地加工测试。同时，可以基于仿真计算对天线的设计方案进行进一步优化，提升天线设计的效率和效果。基于计算仿真技术，还可以使许多在实际工程中难以通过测量得到的天线特性（如天线结构表面的电流分布等）以更加直观的方式显示，从而更清晰地理解天线的工作机理。

电磁场仿真软件不仅可以代替试验来获得天线性能指标，节省大量的人力、物力和财力，而且可以大大缩短产品研发时间。因此，基于电磁计算的天线仿真技术已经成为目前天线工程设计的非常重要的一个步骤，在天线设计中得到了广泛的应用。

目前主要的电磁仿真软件，虽然其核心算法不同、界面不同，但基本的求解过程区别不大。因此，本章以 FEKO 软件为例介绍利用电磁仿真软件设计天线的基本步骤和方法。

13.2 FEKO电磁仿真软件

FEKO 是美国 ANSYS 公司推出的一款针对天线设计、天线布局与电磁兼容分析的专业电磁场分析软件。2014 年 FEKO 被 Altair 成功收购，称为 Altair HyperWorks 平台中的电磁解决方案。

FEKO 是德语 Feldberechnung bei Korpern mit beliebiger Oberflache（任意复杂电磁场计算）的缩写。

FEKO 提供了多种核心算法，如矩量法（MoM）、多层快速多极子算法（MLFMA）、物理光学法（PO）、一致性绕射理论（UTD）、有限元法（FEM）和分层格林函数，并提供了混合算法，以高效处理相关的各类不同的问题。

13.2.1 FEKO 主要特点

（1）全面的矩量法。FEKO 能够实现完备的矩量法运算，并第一次引入多层快速多极子算法，提高了求解效率。同时，FEKO 还考虑了集总参数、趋肤效应、损耗、生物体吸收的影响，能够处理金属、自由空间、均匀介质、非均匀介质、多层介质等多种不同介质的问题。

（2）优越的电大尺寸问题求解能力。FEKO 能够实现矩量法与高频近似算法的结合，因此在很大程度上提高了其求解问题的规模，尤其在开域的辐射、散射及电大尺寸等问题的求解上具有明显优势。

（3）较高的求解精度。FEKO 提供的矩量法的通解与近似解十分接近，且具备更好的收敛性；在计算辐射、散射等问题时，FEKO 不需要设置截断边界，而且计算结果不存在数值色散误差。

（4）混合算法极大地降低了计算量和存储量。FEKO 在求解电大尺寸问题时，可以采用矩量法与其他算法的混合算法，这样极大地降低了求解计算量，同时也减少了所需的存储空间，从而在保证求解精度的前提下提高了求解效率。

（5）友好的用户界面和完善的 CAD（计算机辅助设计）接口。FEKO 软件具备良好的 2D 和 3D 建模工具，支持函数建模功能，能够对天线进行参数化建模，便于天线优化设计。该软件提供了强大的网格剖分能力，它能够对网格进行局部细化，并按照任意指定路径加密网格，对网格模型进行编辑。它能够对普通的模型进行建模求解，当所建立的模型较为复杂时，FEKO 也支持多种高级 CAD 软件所创建的模型的导入，如 UG、AUTOCAD、STL、ANSYS 等。

（6）自适应的宽频带扫频技术。FEKO 能够实现采样频率间隔的自动调整，采用较少的采样点来分析系统的宽频带响应，极大地减少了计算量。

（7）多样的求解输出。FEKO 能够根据实际应用的需要，对不同的结果进行求解，如场强、辐射方向图、阻抗、驻波比、增益、天线极化的轴比、S 参数等，适合对各种天线进行测试和分析。

13.2.2 FEKO 主要应用领域

（1）天线设计。作为一款成熟的电磁场分析软件，FEKO 能够方便地求解各种类型的天线问题。对于线天线问题，FEKO 提供的线单元能够分析变径线天线、涂覆线天线、螺旋天线等；FEKO 提供的三角基函数能够分析天线阵列、喇叭天线、反射面天线等复杂天线；FEKO 提供的分层格林函数能够方便地分析微带天线。

（2）天线布局。FEKO 中的多层快速多极子算法以及混合算法都加强了其求解电大尺寸问题的能力。因此，在 FEKO 中能够将天线依附的载体以及天线周围环境的影响考虑进去，通过将天线与所依附的载体及周围环境统一建模计算，可以得到所关心的任意区域的电磁场分布情况以及所设计天线的不同参数。目标特性、雷达截面积（RCS）是各种军用目标分析的重要组成部分，FEKO 以其出色的电大尺寸问题求解能力而在该领域得到广泛应用。同时，FEKO 中还能够考虑涂覆材料的功能，在很大程度上可支持隐身特性的分析。

（3）平面电路与电磁兼容。FEKO 中采用的分层格林函数能够灵活地对模拟平面电路板结构进行分析，从而实现对微带电路的分析。同时，通过其快速算法和混合算法，FEKO 在分析电大尺寸电磁兼容（EMC）问题中，几乎能够解决所有电磁兼容问题。

13.3　利用 FEKO 对天线进行仿真设计

FEKO 界面主要有三个组成部分：CADFEKO、EDITFEKO 和 POSTFEKO。CADFEKO 用于建立几何模型和网格剖分。文件编辑器 EDITFEKO 用来设置求解参数，还可以用命令定义几何模型，形成一个以“.pre”为后缀的文件。前处理器/剖分器 POSTFEKO 用来处理以“. pre”为后缀的文件，并生成“*. fek”文件，即 FEKO 实际计算的代码；它还可以用来在求解前显示 FEKO 的几何模型、激励源、所定义的近场点分布情况以及求解后得到的场值和电流。

借助电磁仿真软件进行仿真计算，其流程如图 13.1 所示。

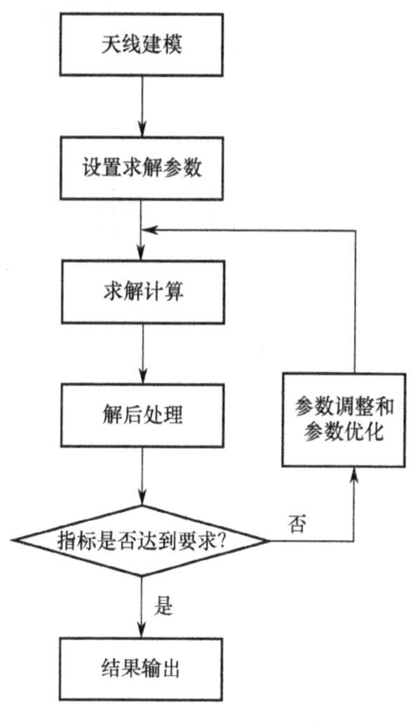

图 13.1　电磁仿真流程

1. 天线建模

天线建模的主要任务是将天线设计方案中的天线结构以虚拟的方式在计算机中进行模型的描述。天线建模首先需要明确天线由哪几部分构成，每一部分的几何结构和具体尺寸，以及材质、各部分的相对安装方式；然后借助软件提供的建模工具在计算机中建立一个虚拟的天线模型。虚拟的天线模型是不可能完全再现天线的实际结构的，它是对天线实际结构的一种近似；在天线的电特性可以得到正确模拟的前提下，这种近似处理工程上是可以接受的。例如，由铜或者其他良导体金属构成的薄片结构（如微带贴片等），通常由理想导体（且不考虑厚度）的面来构成。

天线的馈电系统往往决定了天线的驻波比特性，在天线设计中合理地选择馈电系统可以优化天线的辐射性能。在 FEKO 软件中，实际天线馈电系统往往用理想的端口来代替，对此不同的软件和算法有不同的处理方式。但是，在端口的设置中必须明确端口的类别、激励方式、计算的模式以及归算的特性阻抗、端口的积分路径。

几何模型只有被划分成一定标准的网格时才能对其进行数值求解。一般而言，网格划分越密，得到的结果就越精确，但耗时也越多。对于复杂的问题，网格的生成极为耗时，且容易出错。数值计算结果的精度及效率主要取决于网格的个数、形状及划分时所采用的算法。网格生成技术的关键指标是对几何外形的适应性以及生成网格的时间、费用。

FEKO 软件在几何建模完成后，会应用相关算法对几何模型进行网格剖分处理，并且以剖分以后的网格化模型代替原有的几何模型作为天线的结构。FEKO 需要明确设定网格的特性，如网格的棱边电长度、三角形网格的内角等。

2．设置求解参数

求解参数的设置需要依据天线仿真计算中需要得到的特性来具体进行。首先是频率的设定，包括中心频点、扫描的频带、频点的间隔、扫描的方式等；其次是计算精度的控制，包括收敛控制的要求、迭代的最小和最大步数；最后是其他的设置，包括是否使用并行、多线程、远程控制、虚拟内存等。

3．解后处理

FEKO 软件计算所得的结果是基于算法所获得的用基函数表示的电流分布，这些结果必须经过解后处理才能转换成设计人员所需的参数。解后处理的主要任务是依据想获取的天线特性得到软件提供的对应的参数。因此，解后处理的实质是依据计算软件或程序将所获得的电流分布推算出各项指标参数。

天线是馈电系统中的导行波和空间传播电磁波之间的转换器，因此天线的工程设计要考虑两个基本问题：天线与馈线的匹配；天线辐射电磁波的性能。

馈电系统的主要目标是将能量进行高效的传输并有效地输送给天线，因此仿真计算的目标参数往往是表征传输线自身特性和传输过程匹配特性的相关参数，如特性阻抗、驻波比、S 参数等。

表征电磁能量向外辐射和传播的性能的仿真参数，有增益、幅度及相位、方向图、副瓣电平、轴比等参数。

一副天线设计成功与否，主要取决于对两个基本问题所涉及的指标是否已经得到满足。

4．特性分析

解后处理给出的天线特性是 FEKO 软件给出的直接计算结果，通常与实际天线特性还有一定的距离，这时需要通过对已获得的天线特性进行分析，明确哪些技术指标已经达到要求，哪些技术性指标尚未达到要求，哪些几何结构参数和介质特性与天线特性具有对应关系，为进一步调整参数以改进设计奠定基础。

5．参数调整和参数优化

天线初步设计的结果往往不能满足要求，这就需要在天线模型上不断地调整天线的各种参数，并根据计算结果优化天线的具体参数，直到仿真计算的结果完全满足天线设计的要求为止。必要时，需要借助参数的扫描、敏感度分析、优化算法等手段来寻求最佳参数。因此，这是一个反复的过程。

6．结果输出

在通过仿真和调试得到合适的设计模型之后，需要借助软件的输出功能，将设计的模型以标准格式输出，并借助 CAD 等模型处理软件来转换成适合进行实际加工的图形格式。同时，天线的各种仿真计算特性（如输入阻抗、驻波比、*S* 参数、辐射方向图等）也要导出并存储，以备和加工测试结果比对。

13.4　FEKO 工程应用实例

13.4.1　自由空间半波对称振子

对称振子是一种结构简单、应用广泛的天线，它既可以作为独立天线使用，也可以作为复杂天线基本单元，如先进的智能天线、相控阵雷达等都常常用它作为基本单元。因此，本节以半波对称振子为例，利用 FEKO 软件对其三维和二维方向图进行仿真。

半波对称振子由两根直径和长度相等的直导线组成，每根直导线长度为四分之一工作波长，总长度为半个波长。天线的激励从中间馈入，等幅反向加在两根直导线相邻端点上，且两根直导线相邻端点的距离远小于工作波长，可以忽略不计。FEKO 要求剖分之后的线单元长度至少是线单元半径的 4 倍，因此对于实际的线天线仿真，当天线实际半径可以忽略不计时，采用 FEKO 的线模型处理此类问题可以极大地降低计算复杂度。本例的对称振子天线导线直径要求远小于工作波长，因此，可以采用 FEKO 的线模型定义端口的激励模式。

（1）启动“FEKO”，打开图 13.2 所示的 FEKO 主界面。

图 13.2　FEKO 主界面

（2）创建模型文件。单击 FEKO 主界面的“CADFEKO”按钮，打开图 13.3 所示的 CADFEKO 主界面（以下简称主页），选择“Creat a new model”来创建一个新的模型文件，并命名为“dipole_wireport.cfx”。

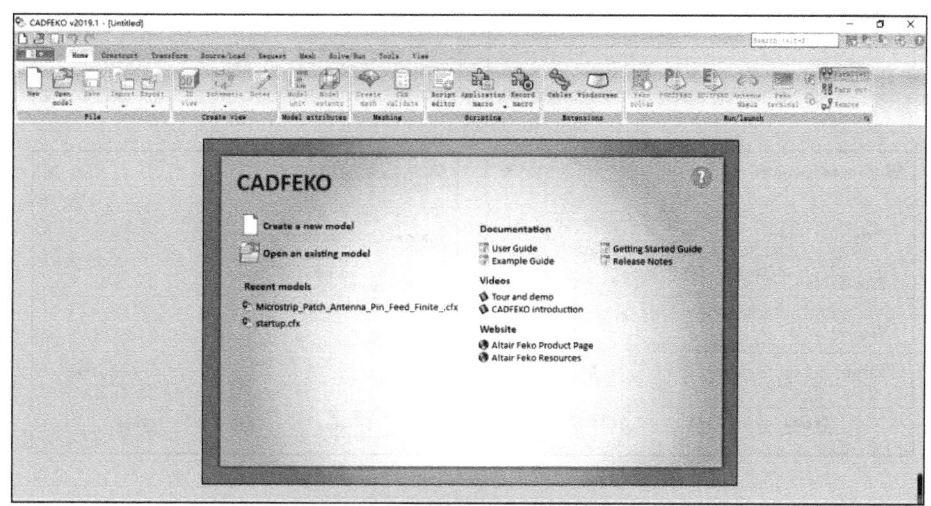

图 13.3　创建模型文件界面

（3）定义长度单位。选择主页上的“Home”选项卡，并单击“Model unit”按钮，如图 13.4（a）所示。在弹出的“Model unit”对话框中设定长度为默认单位“Metres（m）”，如图 13.4（b）所示。

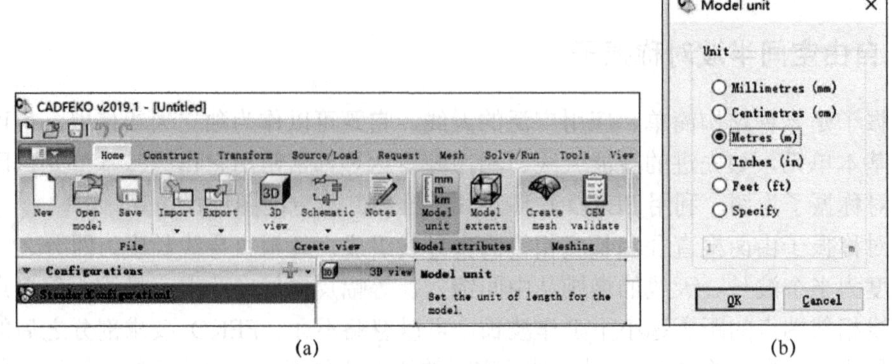

(a) (b)

图 13.4 定义长度单位

（4）定义变量。展开图 13.5（a）所示的 CADFEKO 左侧的树形浏览器中的“Variables”节点，添加新变量。打开“Creat variable”对话框，依次设置工作频率、工作波长及线网格剖长度。设置的变量名称及数值如下所示。

- 工作频率：freq=300e6，如图 13.5（b）所示。
- 工作波长：lam=c0/freq，如图 13.5（c）所示。
- 线网格剖长度：segl=lam/15，如图 13.5（d）所示。

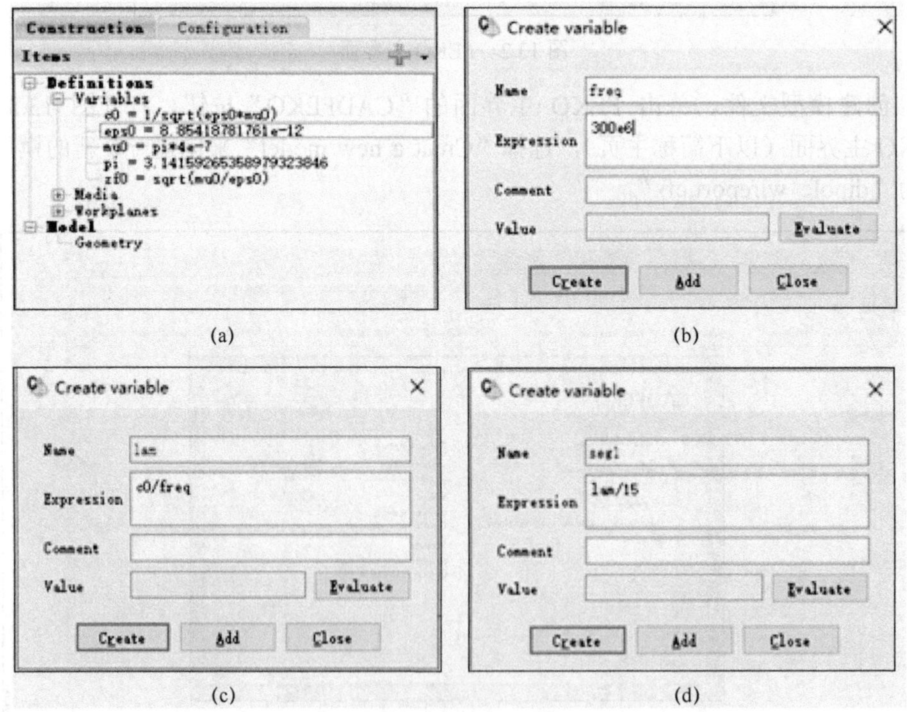

(a) (b)

(c) (d)

图 13.5 定义变量

添加变量后的结果如图 13.6 所示。

（5）建立模型。单击主页上“Construct”选项卡，再单击该选项卡中的“Line”按钮，如图 13.7 所示。在弹出的“Create line”对话框中选择“Geometry”选项卡，参数设置如下。

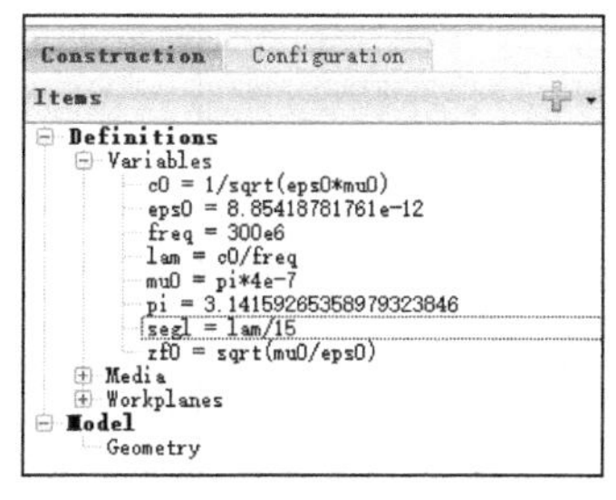

图 13.6　添加变量后的结果

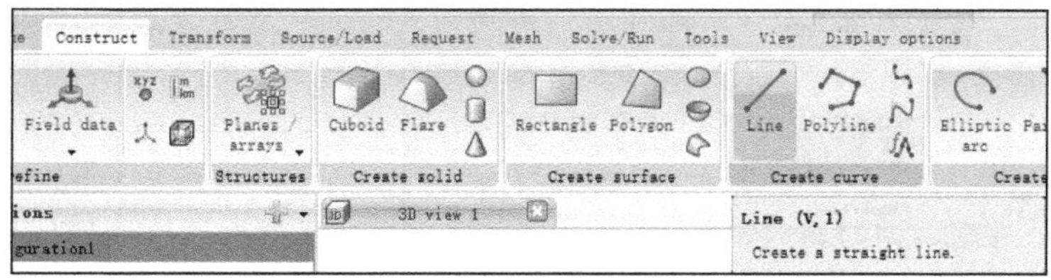

图 13.7　单击“Line”按钮

Start point：（U:0.0;V:0.0;N:-lam/4）

End point：（U: 0.0;V:0.0;N:lam/4）

Label: dipole

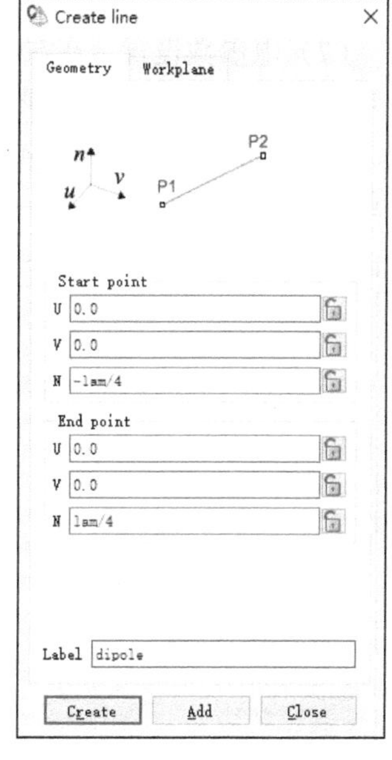

图 13.8　“Create line”对话框参数设置

设置界面如图 13.8 所示。

然后单击“Create”按钮，此时在左边的树形浏览器中展开“Model”下的“Geometry”节点，会有新建立的 dipole 模型。单击“view”→“Zoom to extents”，便可在 3D 视图中适中位置显示所建立的模型，如图 13.9 所示。

（6）创建端口。首先选择左边树形浏览器的“Model”→“Geometry”中创建的 dipole 模型，再在左下角的“Details”树形浏览器中展开“Wires”节点，选中“Wire1”并单击鼠标右键，选择“Create port”→“Wire port”选项（如图 13.10 所示），弹出图 13.11 所示的“Create wire port (geometry)”对话框。设置“Location on wire”为“Middle”，然后单击“Create”按钮。

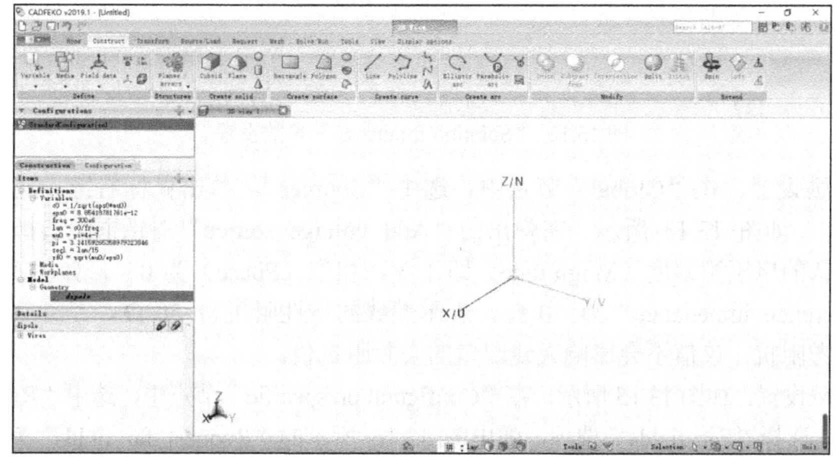

图 13.9　在 3D 视图中适中位置显示模型

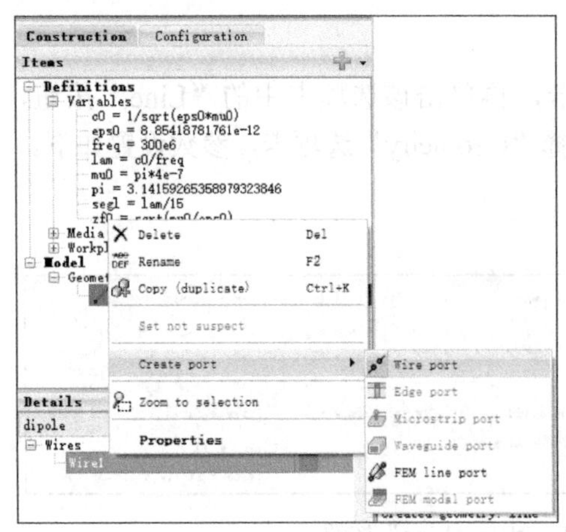

图 13.10　选择“Wire port”

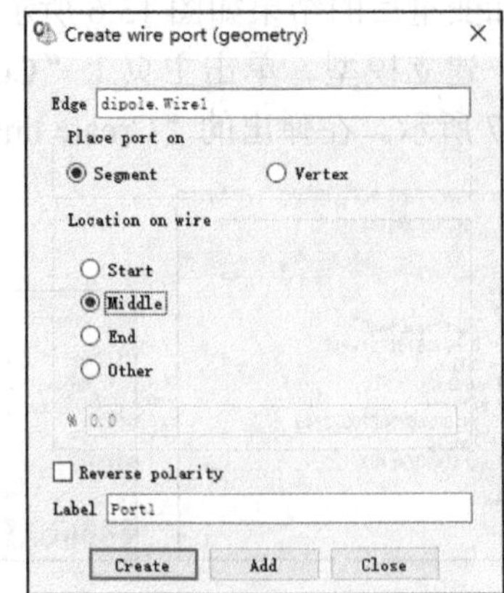

图 13.11　“Create wire port（geometry）”对话框参数设置

（7）电参数设置。在左侧的树形浏览器中，由“Construct”选项卡切换到“Configuration”选项卡，展开“Global”节点，双击“Frequency”，弹出“Solution frequency”对话框，如图 13.12 所示。单击“Single frequency”，在“Frequency(Hz)”中输入定义好的变量“freq”，并单击“OK”按钮。

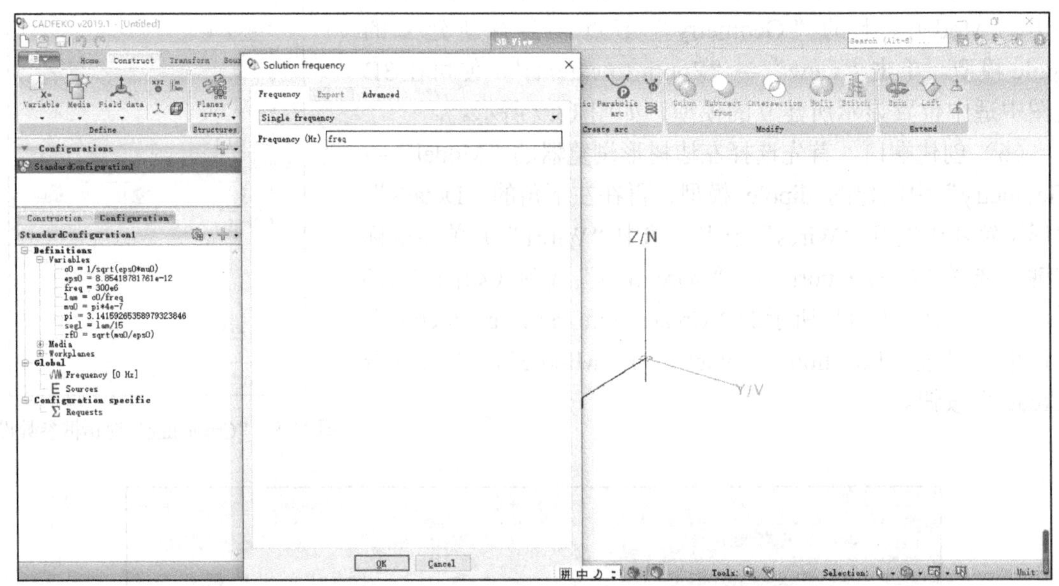

图 13.12　“Solution frequency”参数设置

（8）激励设置。在“Global”节点中，选中“Sources”，单击鼠标右键，选择“Voltage source”选项，如图 13.13 所示。在弹出的“Add voltage source”对话框中选择“Port1”选项，使用默认的电压源幅度（Magnitude）即 1 V，相位（Phase）为 0°，如图 13.14 所示。注意，“Reference impedance”为 50 Ω，表示馈线的特性阻抗为 50 Ω，是计算端口的反射系数时的参考阻抗，该值不会影响天线端口的实际阻抗值。

（9）求解设置。如图 13.15 所示，在“Configuration specific”节点中，选中“Requests”，单击鼠标右键，选择“Far fields”选项，弹出图 13.16 所示的“Request far fields”对话框。单击“3D pattern”按钮，修改“Increment”（增量）的 θ 为 2，ϕ 为 2，设置“Label”为“ff3D”。

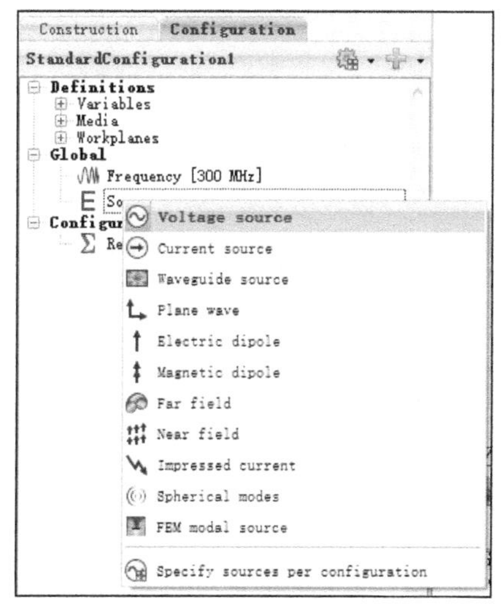

图 13.13　选择“Voltage source”选项

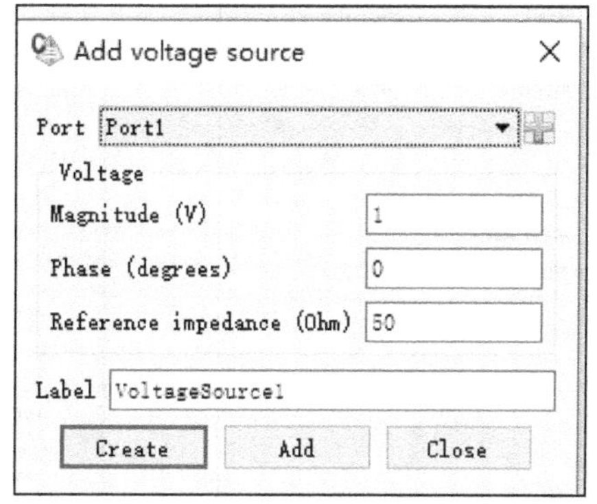

图 13.14　“Add voltage source”参数设置

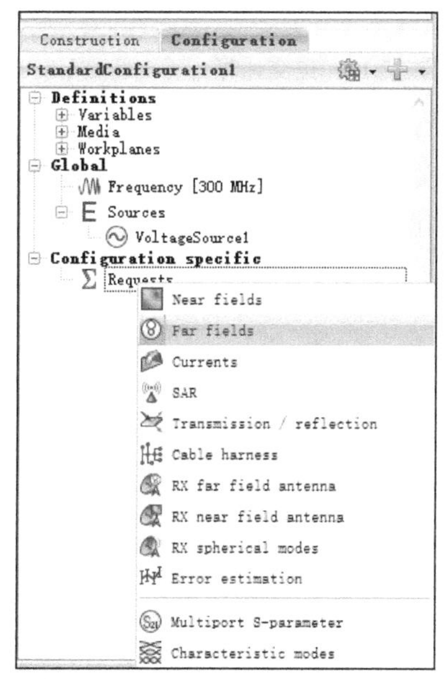

图 13.15　“Far fields”的选择

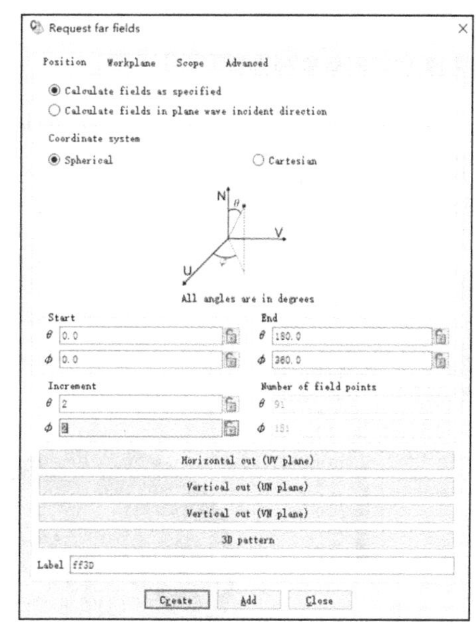

图 13.16　远区 3D 场的参数设置

单击“Add”按钮，添加 XOZ 方向图的求解。在弹出的“Request far fields”对话框中单击“Vertical cut (UN plane)”按钮，设置“Increment”的θ为 2，ϕ为 0，设置“Label”为“ffXOZ”。然后单击“Create”按钮。

同理，可设置 YOZ 方向图的求解。

（10）网格剖分。选择主页的“Mesh”选项卡，单击“Create mesh”按钮，弹出“Create mesh”对话框，如图 13.17 所示。设置“Mesh size”为“Fine”（也可选择“Custom”选项，设置线单元尺寸“Wire segment length”为“segl”）；设置“Wire segment radius”为“lam/100”。最后单击“Mesh”按钮生成网格。

（11）提交计算。计算方法采用默认的矩量法“MoM”。在“Solve/Run”选项卡中单击“Feko solver”按钮，提交计算，如图 13.18 所示。

（12）后处理结果显示。计算完成后，单击“Solve/Run”选项卡中的“POSTFEKO”按钮或按<Alt+3>快捷键，启动后处理模块 POSTFEKO。

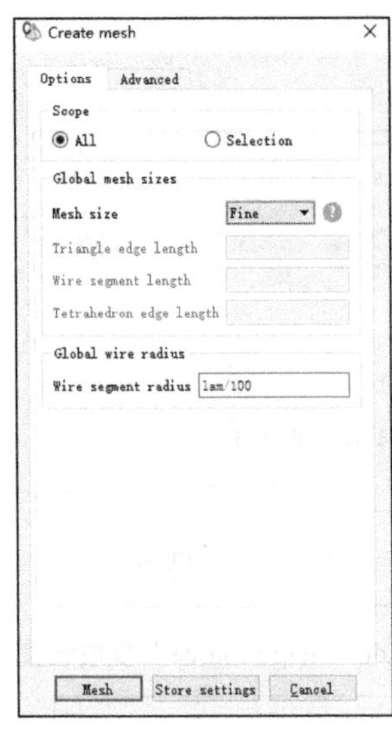

图 13.17　网格剖分设置

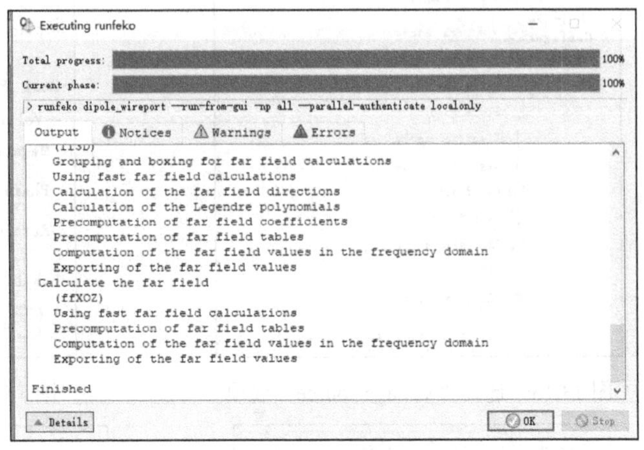

图 13.18　提交计算

在“Home”选项卡中，单击“Far field”→“ff3D”，在右侧的控制板中勾选“dB”复选框。切换到“Result”选项卡，单击“Grid”按钮关闭网格。这时，得到半波对称振子（半波偶极子）天线远区辐射场 3D（三维）方向图，如图 13.19 所示。

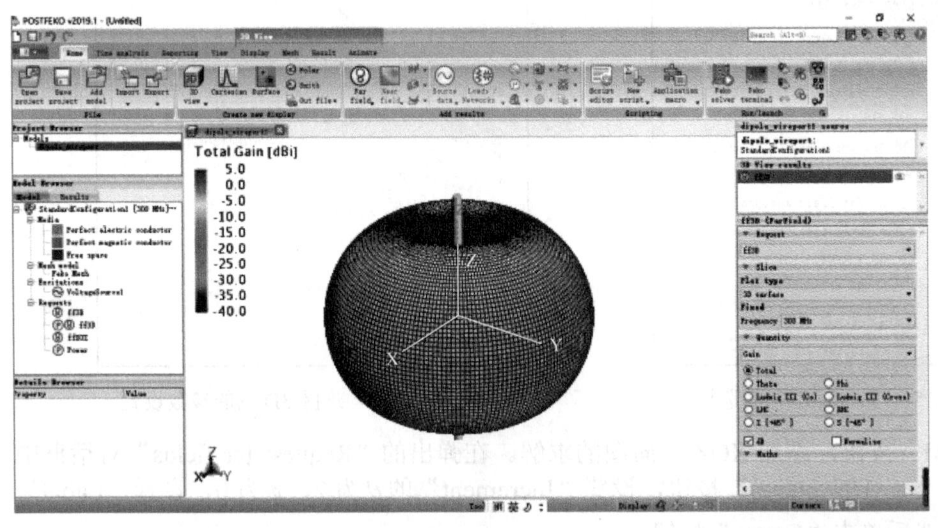

扫码学习
半波偶极子天线
远区辐射场彩图

图 13.19　半波偶极子天线远区辐射场 3D 方向图

切换到“Home”选项卡，单击“Polar”按钮，进入极坐标系“Polar graph1”，单击“Far field”→“ffXOZ”。在右侧控制面板的 Traces 区域，自动生成 ffXOZ。选中 ffXOZ，在控制面板中勾选“dB”复选框，会在极坐标系中直接显示 Phi=0° 极化平面（XOZ 面）的 2D（二维）方向图，如图 13.20 所示。

通过设置可调整 2D 方向图中的轴向标尺寸。将鼠标光标放置到 2D 方向图的轴向标 0 尺上，单击鼠标右键，选择“Axis settings”选项，如图 13.21 所示。在弹出的“Axis settings (Polar graph)”对话框中选择“Radial”选项卡，取消勾选“Automatically determine the grid ranges”复选框，设置“Minimum value”为-10，设置“Maximum value”为 4，如图 13.22 所示。调整后的 2D 方向图如图 13.23 所示。

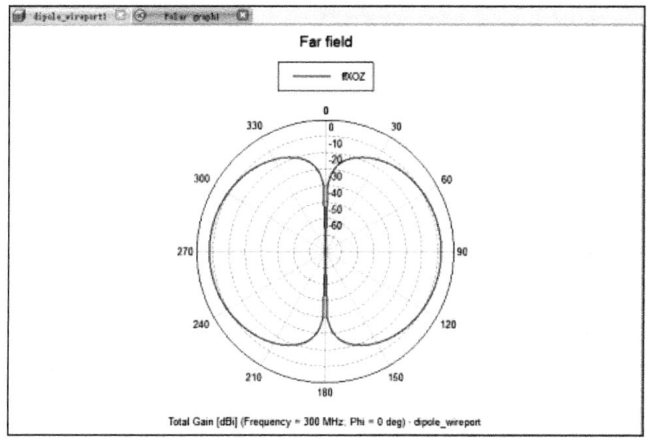

图 13.20　半波偶极子天线 XOZ 面 2D 方向图

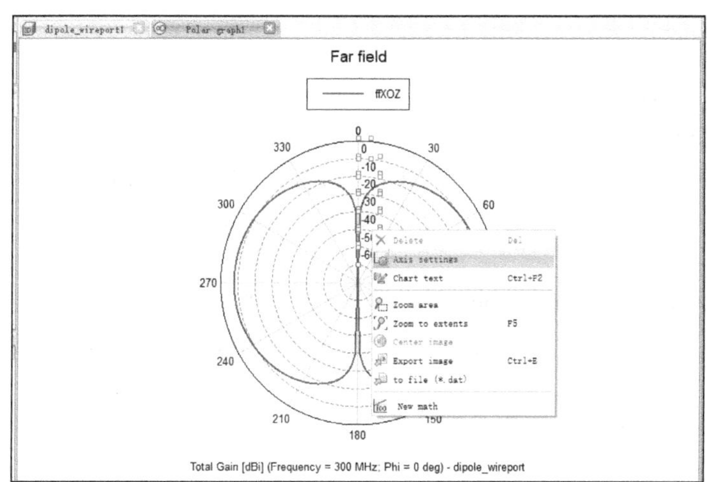

图 13.21　“Axis settings”的选择

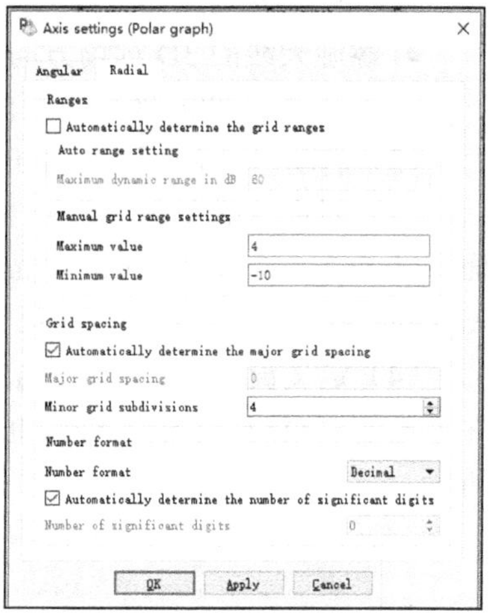

Axis settings (Polar graph)
Angular　Radial
Ranges
Automatically determine the grid ranges
Auto range setting
Maximum dynamic range in dB　60
Manual grid range settings
Maximum value　4
Minimum value　-10
Grid spacing
Automatically determine the major grid spacing
Major grid spacing　0
Minor grid subdivisions　4
Number format
Number format　Decimal
Automatically determine the number of significant digits
Number of significant digits　0
OK　Apply　Cancel

图 13.22　“Axis settings (Polar graph)”参数设置

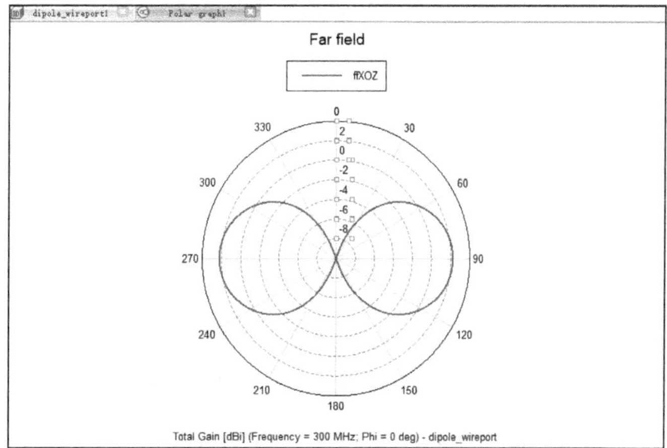

图 13.23　调整轴向标尺寸后的 2D 方向图

进入“Home”选项卡，单击“Save project”按钮，保存计算结果文件，文件名为“dipole_wireport.pfs”，并关闭 POSTFEKO。

13.4.2 螺旋天线

（1）问题描述。

单螺旋天线：

- 金属地板直径：Ground_R=0.375 λ。
- 螺旋匝数：n=3.5。
- 螺距：s=0.225 λ。
- 螺旋的半径：$R=\lambda/(2\pi)$。
- 螺旋的高度：$H=ns$。

电参数：

- 工作频率：f=30 GHz。

计算的问题：

- 螺旋天线的 3D 远场方向图；
- Phi=0° 及 Phi=90° 平面内的方向图。

（2）启动“FEKO”，打开 FEKO 主界面。

（3）创建模型文件。单击 FEKO 主界面的“CADFEKO”按钮，进入 CADFEKO 主界面（主页），选择“Creat a new model”来创建一个新的模型文件，并命名为“Helix_Antenna.cfx”。

（4）定义长度单位。如图 13.24 所示，选择“Home”选项卡，单击“Model unit”按钮，在弹出的“Model unit”对话框中设定长度单位为默认的“Millimetres (mm)”，如图 13.25 所示。

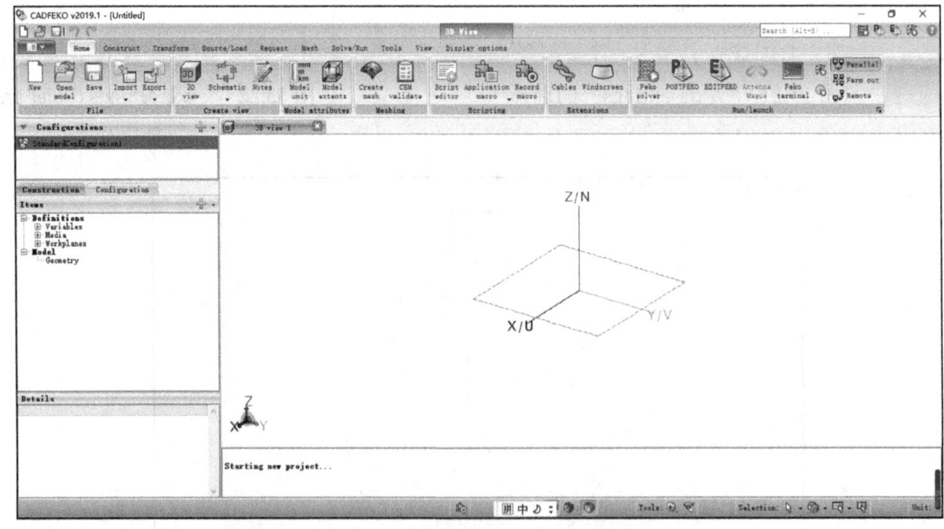

图 13.24 在“Home”选项卡中单击“Model unit”按钮

（5）定义变量。展开 CADFEKO 左侧的树形浏览器中的“Variables”节点，添加新变量。打开“Creat variable”对话框，设置以下变量。

- 螺旋线半径：sf=0.001;
- 频率：freq =30e9 Hz;
- 波长：lambda=c0/freq/sf;
- 金属地板直径：Ground_R=0.375*lambda;
- 螺旋匝数：n=3.5;
- 螺距：s=0.225*lambda;
- 螺旋的直径：D=lambda/pi;
- 螺旋的高度：H=n*s;

参数设置结果如图 13.26 所示。

（6）建立金属地板模型。单击主页的“Construct”选项卡，单击 按钮，打开“Create ellipse”对话框进行如下参数设置。

-Centre point:

X: 0.0

Y: 0.0

Z: 0.0

-Dimensions

R(x): Ground_R

R(y): Ground_R

- Label: Ground

设置界面如图 13.27 所示。然后单击“Create”按钮。

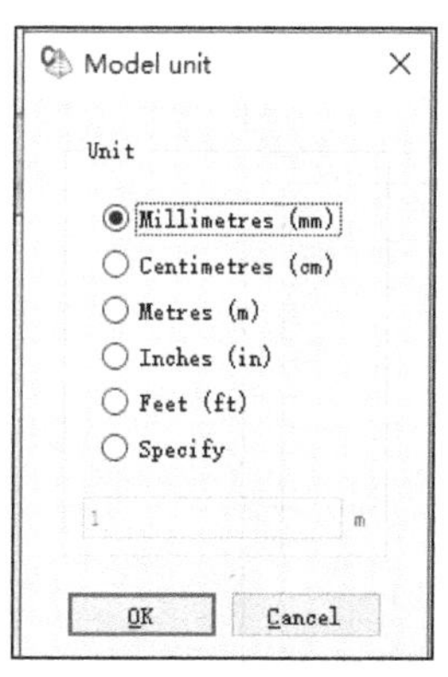

图 13.25　长度单位设置

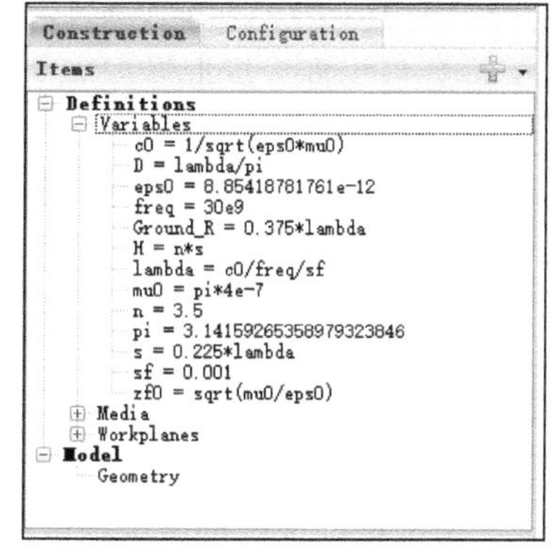

图 13.26　参数设置结果

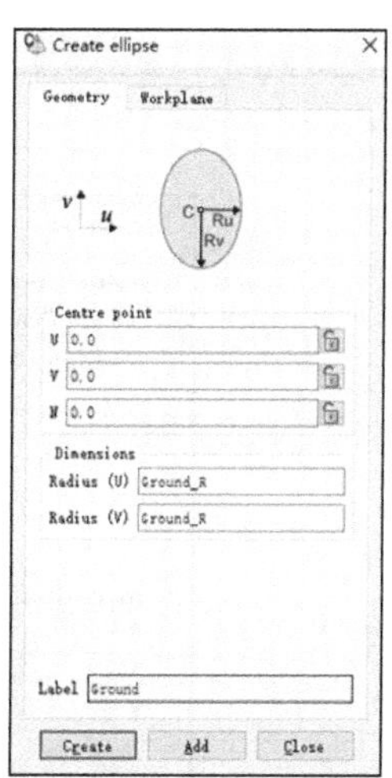

图 13.27　“Create ellipse”参数设置

选择“View”选项卡，单击“Zoom to extents”按钮，调整 3D 中视图的大小，结果如图 13.28 所示。

（7）建立螺旋模型。选择主页的“Construct”选项卡，单击 按钮，打开“Create helix”对话框进行如下参数设置。

- Base Radius: D/2
- End Radius: D/2

-Height (z): s*n

-Turns: n

-Label: Helix1

设置界面如图 13.29 所示。然后单击“Create”按钮。

（8）在地板 Ground 上建立一个点。

选中 Ground 模型。选择主页的“Transform”选项卡，单击“Imprint points”按钮，弹出“Modify imprint points”对话框进行参数设置，如图 13.30 所示。

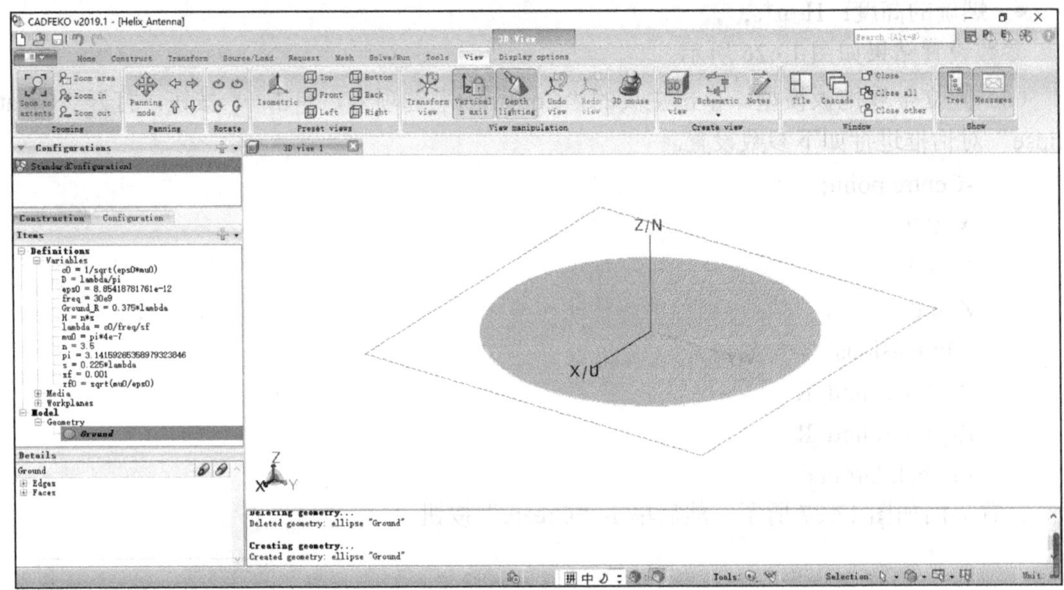

图 13.28　调整 3D 中视图的大小

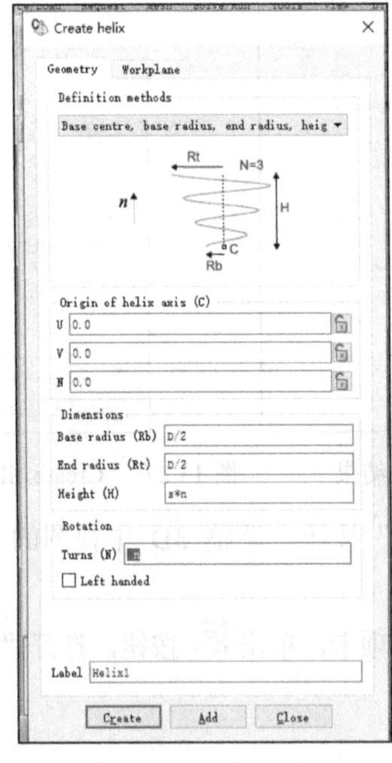

图 13.29　“Create helix”参数设置

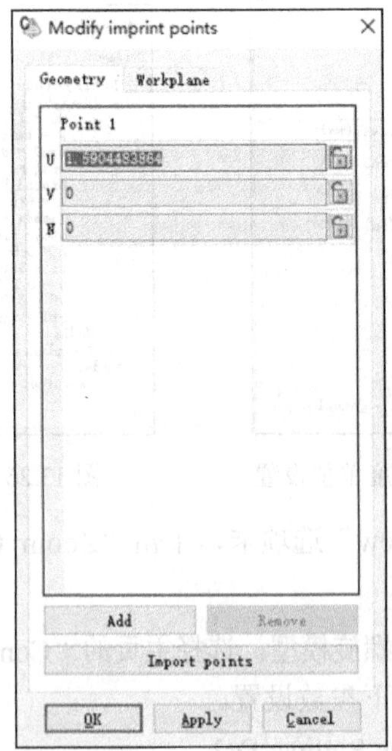

图 13.30　“Modify imprint points”参数设置

把光标定在“Create imprint points”对话框的 Point 1 区域中，同时按住 Ctrl+Shift 键不放，将鼠标指针移至螺旋与地板的交点位置，单击鼠标左键确认，这时该点的坐标会显示在 Point 1 的黄色区域。单击“Create”按钮，完成在地板 Ground 上建立一个点的操作。

（9）利用 Union 建立完整的天线模型。在 CADFEKO 几何模型树中，按住 Ctrl 键同时选中地板（圆板）及螺旋线，选择主页的“Construct”选项卡，单击“Union”按钮，得到了完整的天线模型，如图 13.31 所示。

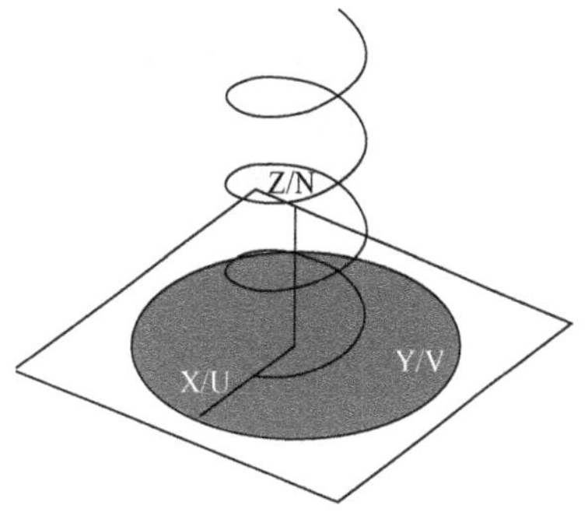

图 13.31　完整的天线模型

（10）创建端口。选择主页的“Source/Load”选项卡，单击“Wire port”按钮，打开“Create wire port”对话框进行参数设置，如图 13.32（a）所示。单击“Create”按钮，在左侧树形浏览器中可看到“Port1”，如图 13.32（b）所示。

在 3D 视图中用鼠标单击天线的螺旋部分，在“Create wire port”对话框中的“Edge”处自动显示“Union1.Wire3”。

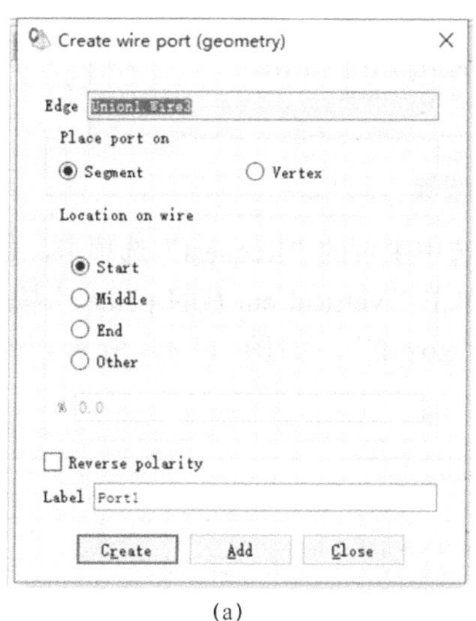

(a)

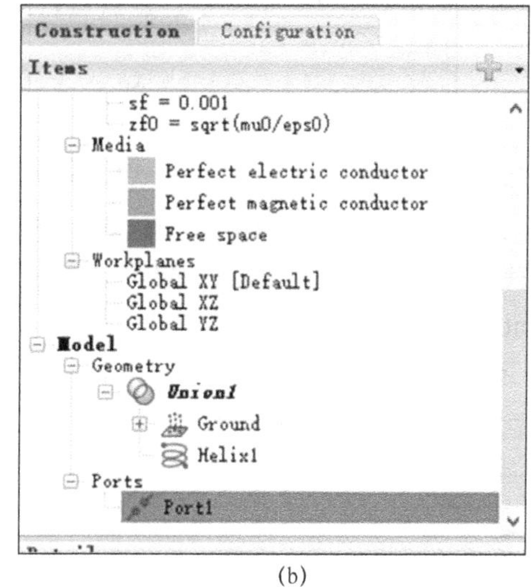

(b)

图 13.32　创建端口

（11）激励设置。选择主页的“Source/Load”选项卡，单击“Voltage Source”按钮，打开“Create voltage source”对话框进行如下参数设置。

- Port: Port1
- Magnitude (V): 1
- Phase (degrees): 0
- Label: VoltageSource1
- Reference impedance (Ohm): 50

设置界面及结果如图 13.33 所示。然后单击“Create”按钮。

（12）设定工作频率。选择主页的“Source/Load”选项卡，单击“Frequency”按钮，打开“Solution frequency”对话框进行如下参数设置。

- Single frequency
- Frequency (Hz): freq

参数设置如图 13.34 所示。

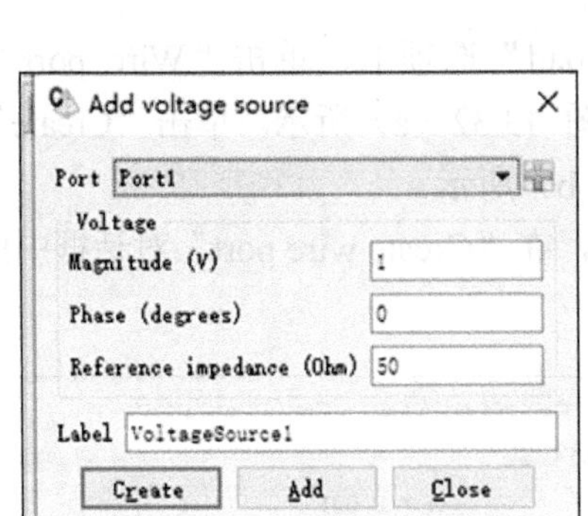

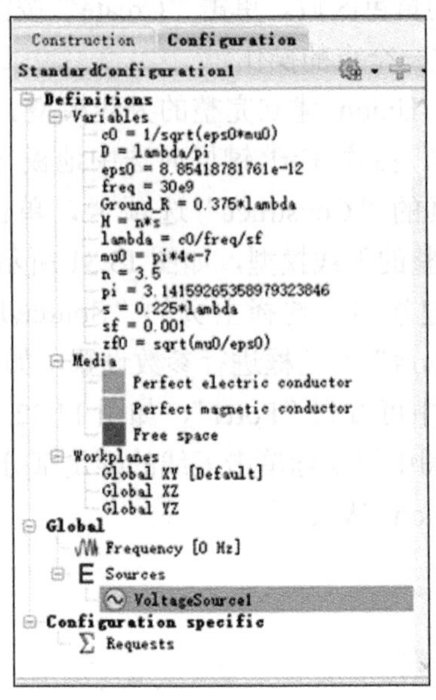

图 13.33　激励设置

（13）求解设置。计算远场 xoz_ff 参数设置：选中主页的“Request”选项卡，单击“Far fields”按钮，打开“Request far fields”对话框。单击“Vertical cut (UN plane)”按钮，修改“Increment”的 θ 为 1.0，并设置“Label”为“xoz_ff”，如图 13.35 所示。然后单击“Create”按钮。

图 13.34　设定工作频率

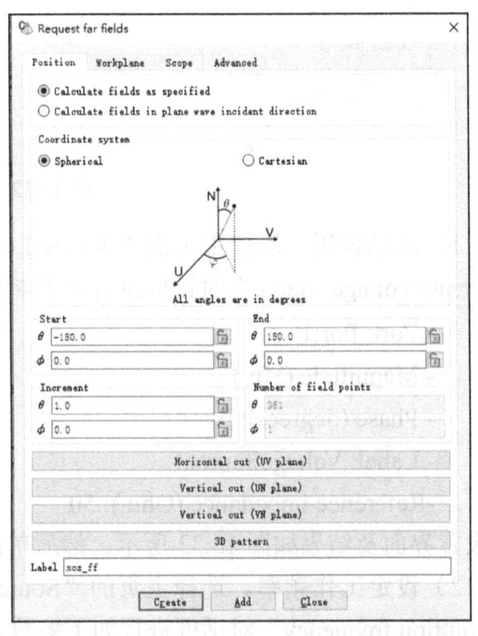

图 13.35　计算远场 xoz_ff 参数设置

计算远场 yoz _ff 参数设置：选择主页的“Request”选项卡，单击“Far fields”按钮，打开“Request far fields”对话框。单击“Vertical cut (VN plane)”按钮，修改“Increment”的 θ 为 2.0，并设置“Label”为“yoz_ff”，如图 13.36 所示。然后单击“Create”按钮。

计算远场 ff-3d 参数设置：选择主页的“Request”选项卡，单击“Far fields”按钮，打开“Request far fields”对话框。单击“3D pattern”：修改“Increment”的 θ 为 2.0，修改“Increment” 的 ϕ 为 2.0，并设置“Label”为“3d”，如图 13.37 所示。然后单击“Create”按钮。

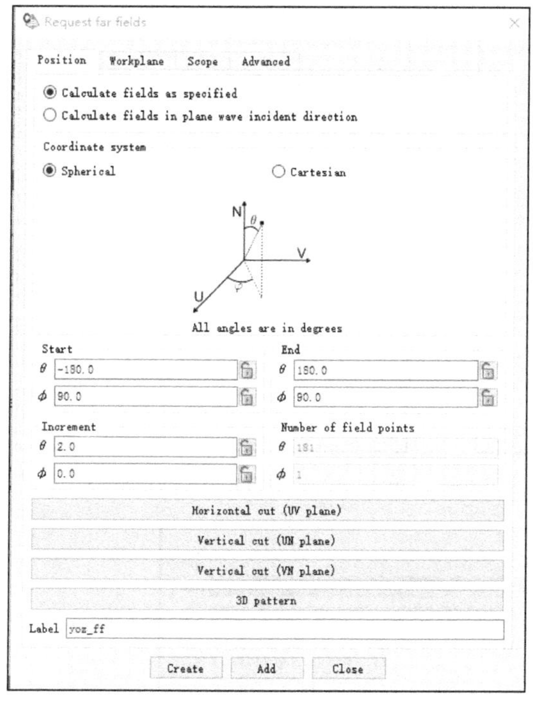

图 13.36　计算远场 yoz_ff 参数设置

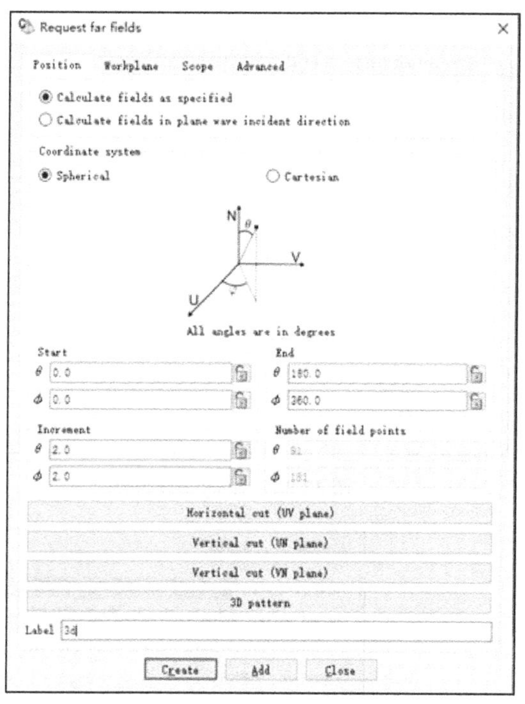

图 13.37　计算远场 ff_3d 参数设置

（14）设定计算方法。选择主页的“Solve/ Run”选项卡，单击“Solver settings”按钮，打开“Solver settings”对话框，勾选“Solve model with the multilevel fast multipole method (MLFMM)”，如图 13.38 所示。然后单击“OK”按钮。

（15）网格剖分。选择主页的“Mesh”选项卡，单击“Create mesh”按钮，打开“Create mesh”对话框进行如下参数设置。

Global mesh sizes:

- Mesh size: Custom;
- Triangle edge length: lambda/10;
- Wire segment length: lambda/15;
- Wire segment radius: lambda/100;

参数设置如图 13.39 所示。然后单击“Mesh”按钮，开始进行网格剖分。

（16）提交计算。选择主页的“Solve/Run”选项卡，单击“Feko solver”按钮，开始运行，如图 13.40 所示。

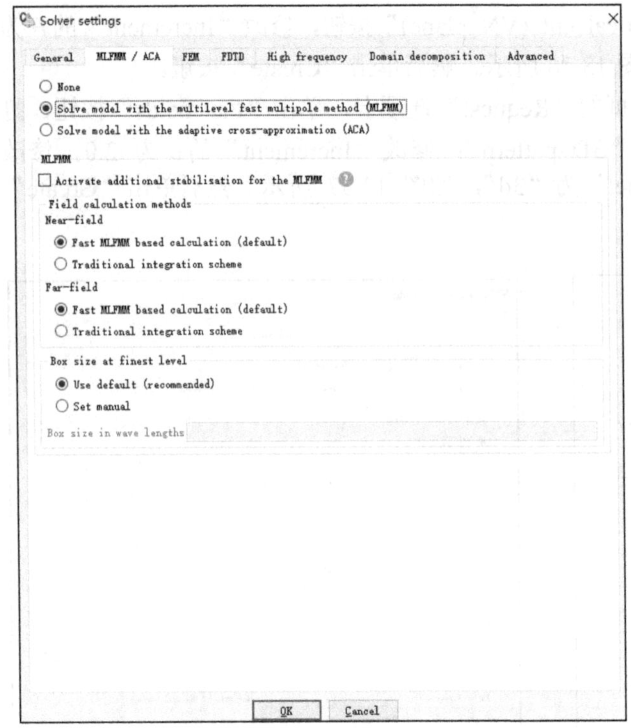

图 13.38　设定计算方法

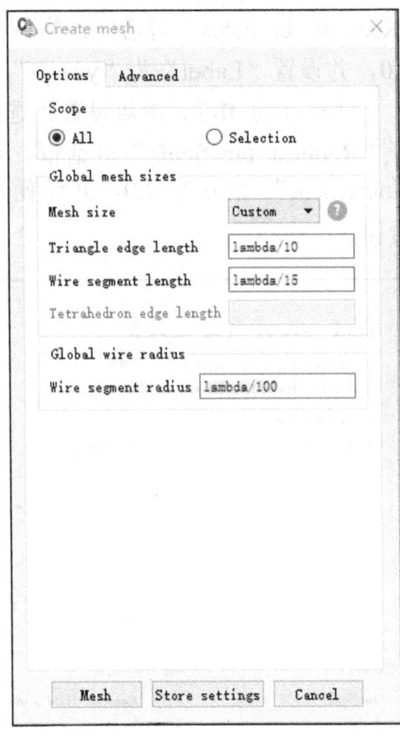

图 13.39　网格剖分

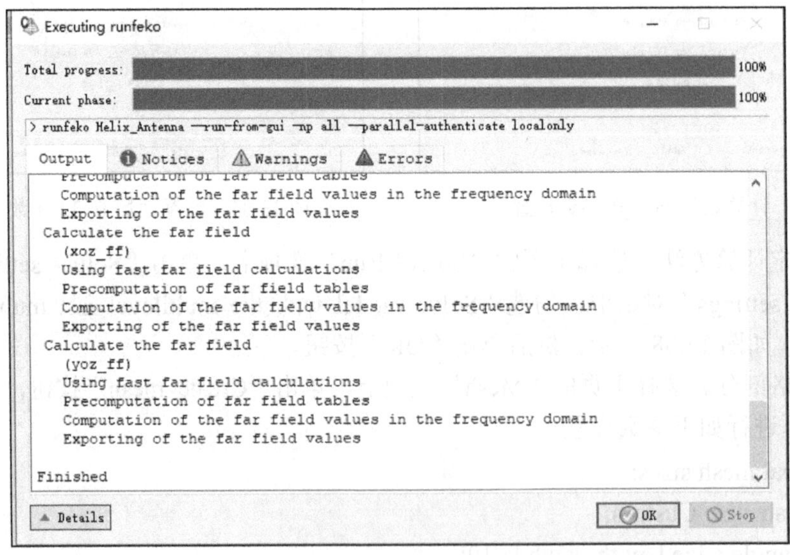

图 13.40　运行程序

（17）后处理结果显示。选择主页的“Solve/Run”选项卡，单击“POSTFEKO”按钮，弹出 POSTFEKO 后处理界面，如图 13.41 所示。

在“Home”选项卡中，单击“Far field”按钮，分别选择 XOZ 面、YOZ 面和 3D 选项，在页面右侧选择显示物理量并设置成 dB。XOZ 面和 YOZ 面方向图如图 13.42 所示，3D 方向图如图 13.43 所示。

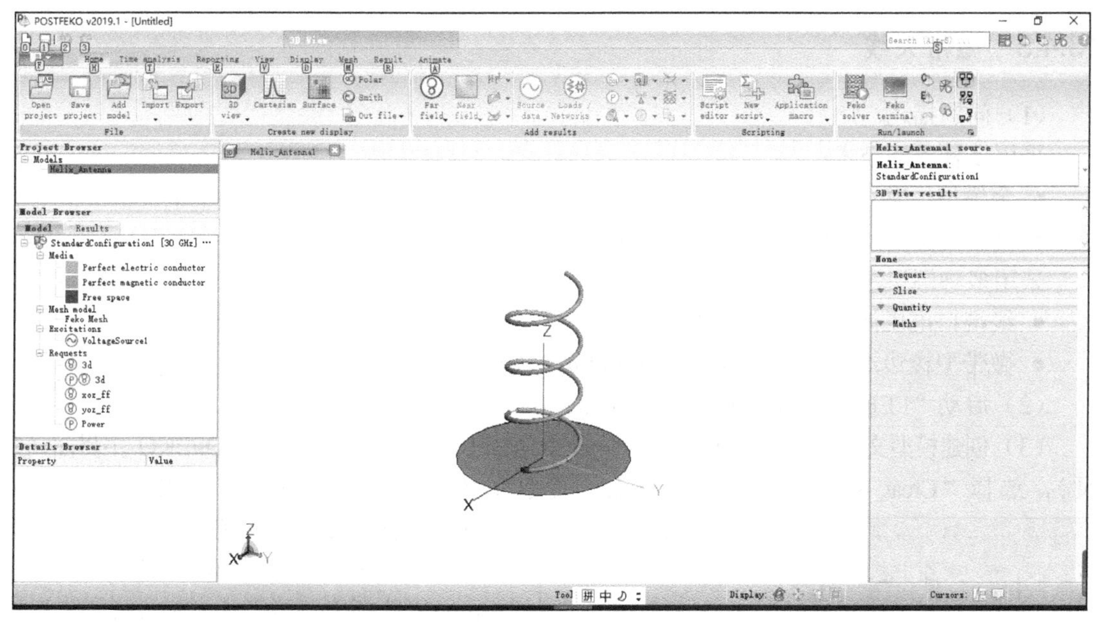

图 13.41　POSTFEKO 后处理界面

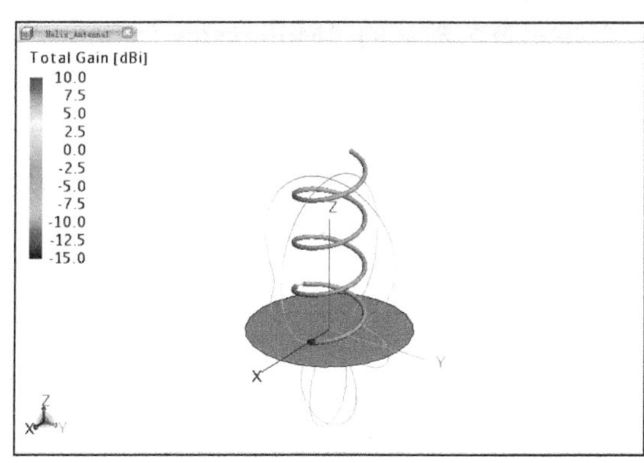

图 13.42　XOZ 面和 YOZ 面方向图

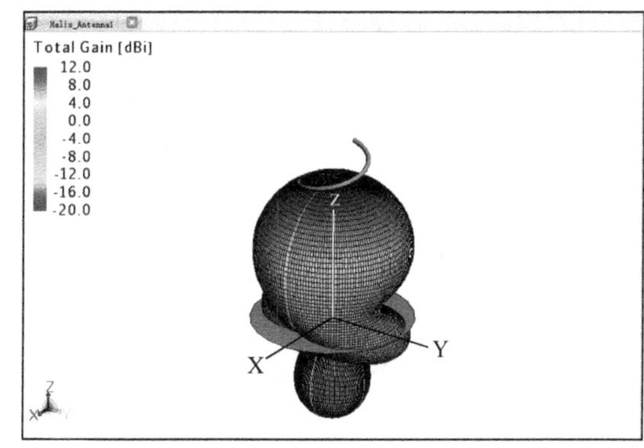

图 13.43　3D 方向图

在“Home”选项卡中，单击“Cartesian”按钮，然后选择“Far field1”及“Far field2”，结果如图 13.44 所示。

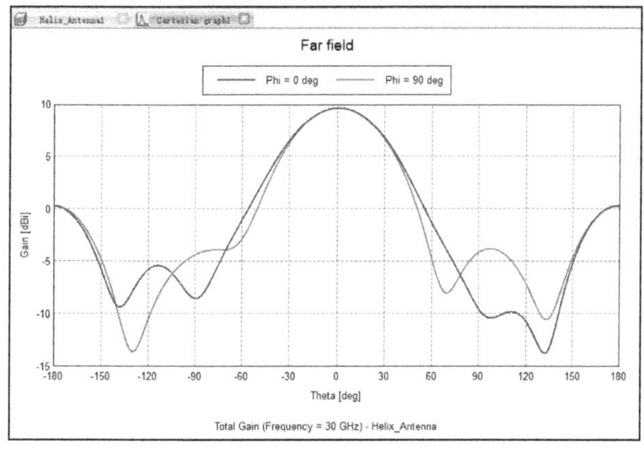

图 13.44　笛卡儿坐标下的 XOZ 面和 YOZ 面方向图

13.4.3 微带天线

（1）问题描述。

采用多种求解技术：

- 全模型：MoM+磁对称。
- 格林函数：MoM+磁对称采用多种端口激励方式。

采用多种端口激励方式：

- 线端口电压源激励：Wire Port。
- 微带型棱边端口电流源激励：MicroStrip Port。

（2）启动“FEKO”，打开 FEKO 主界面。

（3）创建模型文件。单击 FEKO 主界面的“CADFEKO”按钮，进入 CADFEKO 主界面（主页），选择“Creat a new model”来创建一个新的模型文件，并命名为“Microstrip_Patch_Antenna_Pin_ Feed_Finite_Ground.cfx”。

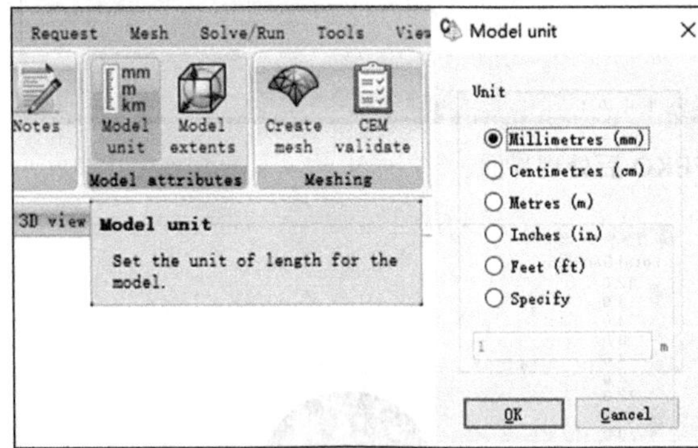

图 13.45　设定长度单位

（4）设定长度单位。选择主页的“Home”选项卡，并单击“Model unit”按钮，在弹出的“Model unit”对话框中设定长度单位为默认的“Millimetres (mm)”，如图 13.45 所示。

（5）定义变量。展开 CADFEKO 左侧的树形浏览器中的“Variables”节点，添加新变量。打开“Create variable”对话框，定于以下变量。

- fmin=2.73e9
- fmax=3.3e9
- freq=3e9
- epsr=2.2
- lambda=c0/freq*1e3
- lengthX=31.1807
- lengthY=46.6480
- offsetX=8.9
- substrateHeight=2.87
- substrateLengthX=50
- substrateLengthY=80

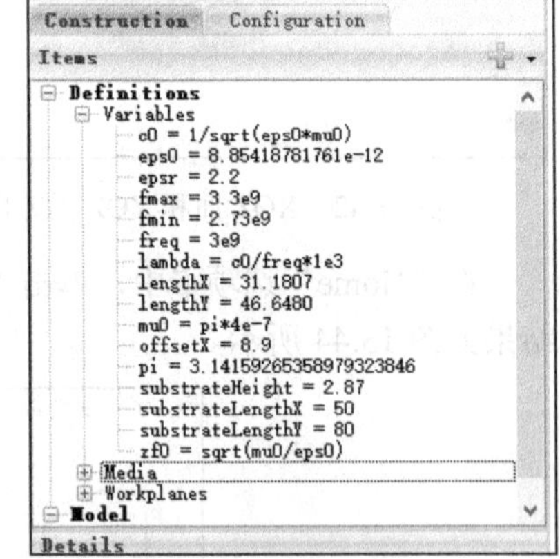

图 13.46　定义变量

定义好的变量如图 13.46 所示。

（6）建模：定义材料。在左侧树形浏览器中，选中“Media”节点，单击鼠标右键，选择“Dielectric medium”，在弹出的“Create dielectric medium”对话框中设置以下参数。

- Relative permittivity: epsr
- Dielectric loss tangent: 0.0
- Label: substrate

参数设置如图 13.47（a）（b）所示。然后单击“Create”按钮。

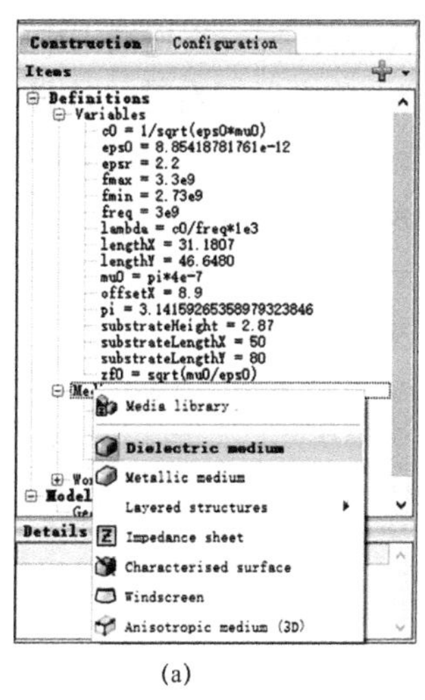

(a)

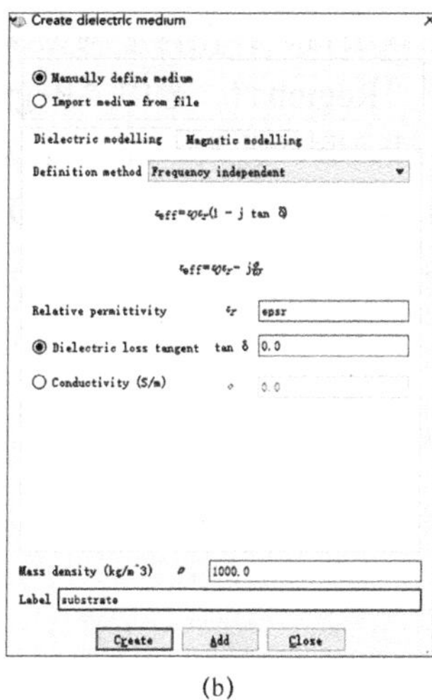

(b)

图 13.47　定义材料

（7）建模：定义基层（介质基片）几何尺寸。选择主页的“Construct”选项卡，单击“Cuboid”按钮，弹出“Create cuboid”对话框，在默认的“Geometry”选项卡中，设置以下参数。

Base corner:

- U: −substrateLengthX/2
- V: −substrateLengthY/2
- N: −substrateHeight

Dimensions:

- Width (w): substrateLengthX
- Depth (D): substrateLengthY
- Height (H): substrateHeight
- Label: substrate

参数设置如图 13.48 所示。然后单击“Create”按钮。

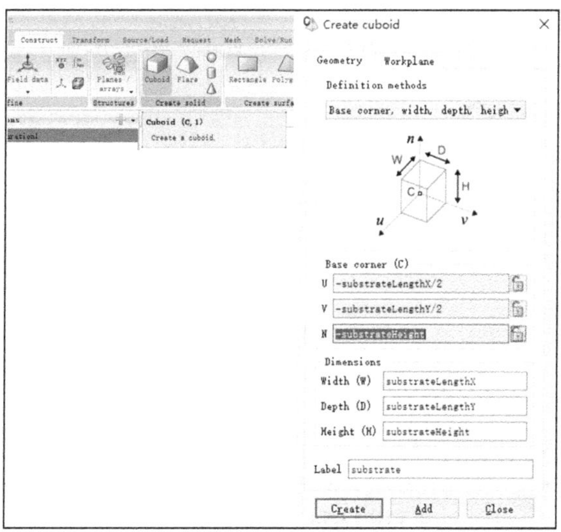

图 13.48　定义基层几何尺寸

（8）建模：设定基层材料。在树形浏览器的“Construction”选项卡中，选中“substrate”，在“Details”中展开“Regions”，选中“Region1”，单击鼠标右键，选择“Properties”，弹出“Region properties”对话框，进入“Properties”选项卡，设置“Medium”为“substrate”。

设置界面如图 13.49 所示。然后单击“OK”按钮。

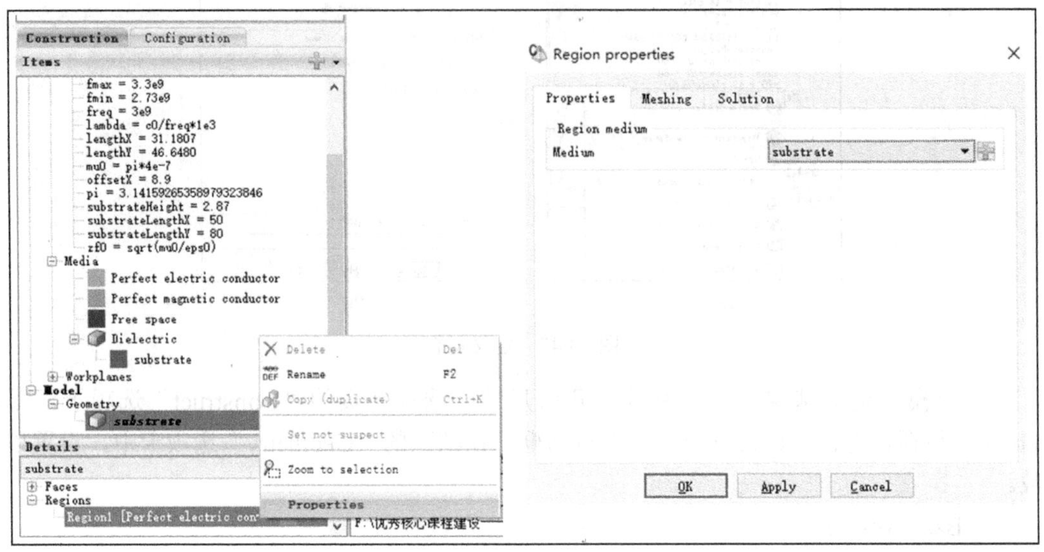

图 13.49　设定基层材料

（9）建模：设定底部面（接地板）。在树形浏览器的“Construction”选项卡中，选中“substrate”，在“Details”中展开“Faces”，选中“Face6”。单击鼠标右键，选择“Properties”，弹出“Face properties”对话框，进入“Properties”选项卡，设置“Medium”为“Perfect electric conductor”。

设置界面如图 13.50 所示。然后单击“OK”按钮。

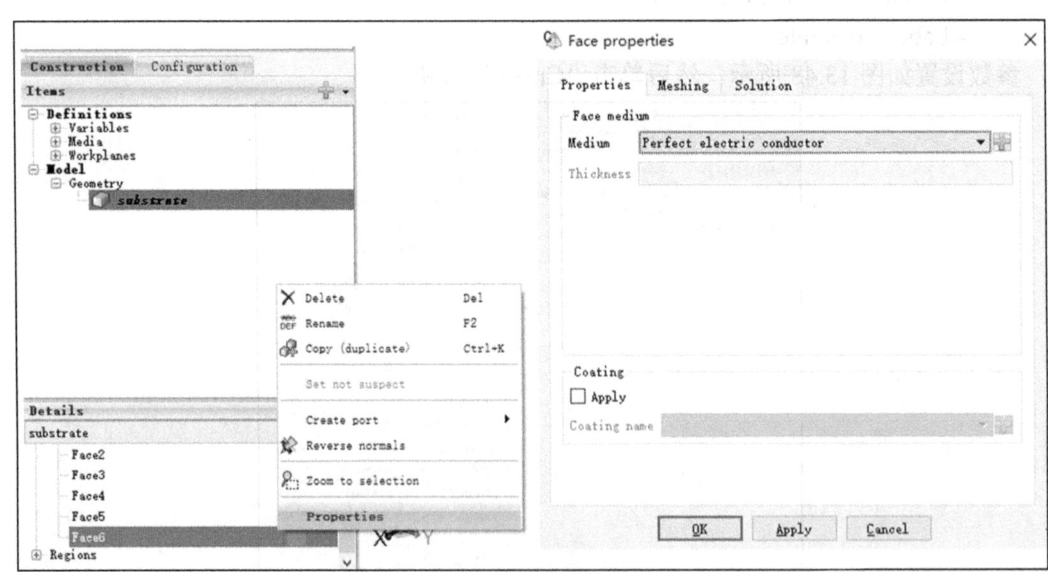

图 13.50　设定底部面

（10）建模：贴片（Patch）。选择主页的“Construct”选项卡，单击“Rectangle”按钮，弹出的“Create rectangle”对话框，在默认的“Geometry”选项卡进行如下参数设置。

Definition methods:
- Base centre, width, depth

Base corner (C):
- U:0.0; V:0.0; N:0.0

Dimensions:
- Width (W): lengthX
- Depth (D): lengthY

Label: patch

设置界面如图 13.51 所示。然后单击“Create”按钮。

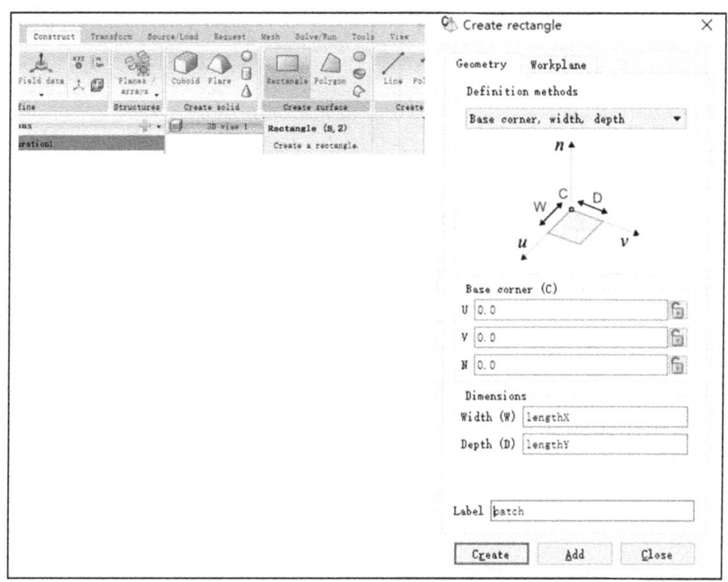

图 13.51　设置贴片的几何尺寸

（11）建模：设定贴片材料。在树形浏览器的“Construction”选项卡中，选中“patch”，在右下角“Details”中展开“Faces”，选中“Face7”，如图 13.52（a）所示；单击鼠标右键，选择“Properties”，弹出“Face properties”对话框。进入“Properties”选项卡，设置“Medium”为“Perfect electric conductor”，如图 13.52（b）所示。然后单击“OK”按钮。

（12）建模：feedPin 位置设定。在主页“Construct”选项卡中，单击“Line”按钮，弹出“Create line”对话框，在默认的“Geometry”选项卡中进行如下设置。

Start point:
- U: −offsetX
- V: 0.0
- N: −substrateHeight

End Point:
- U: −offsetX
- V: 0.0

- N: 0.0

Label: feedPin

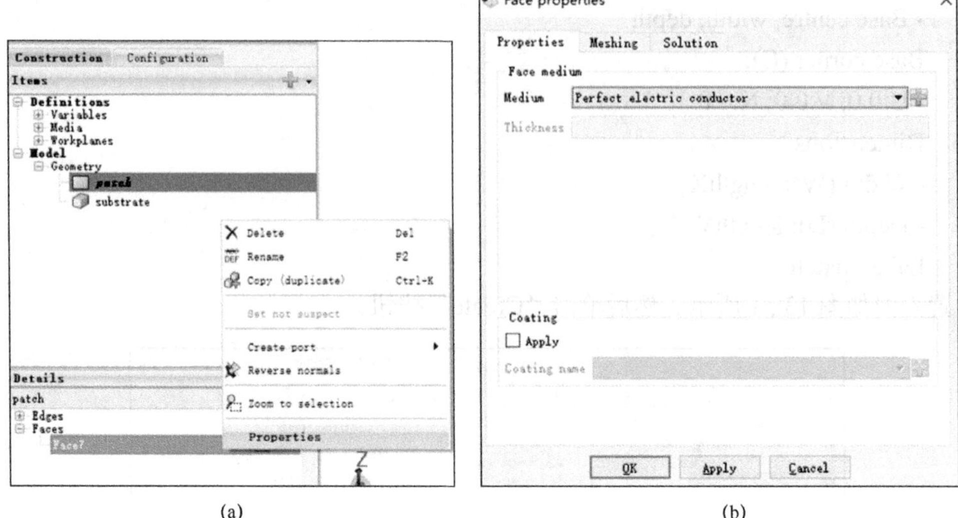

(a) (b)

图 13.52 贴片材料设定

设置界面如图 13.53 所示。然后单击“Create”按钮。

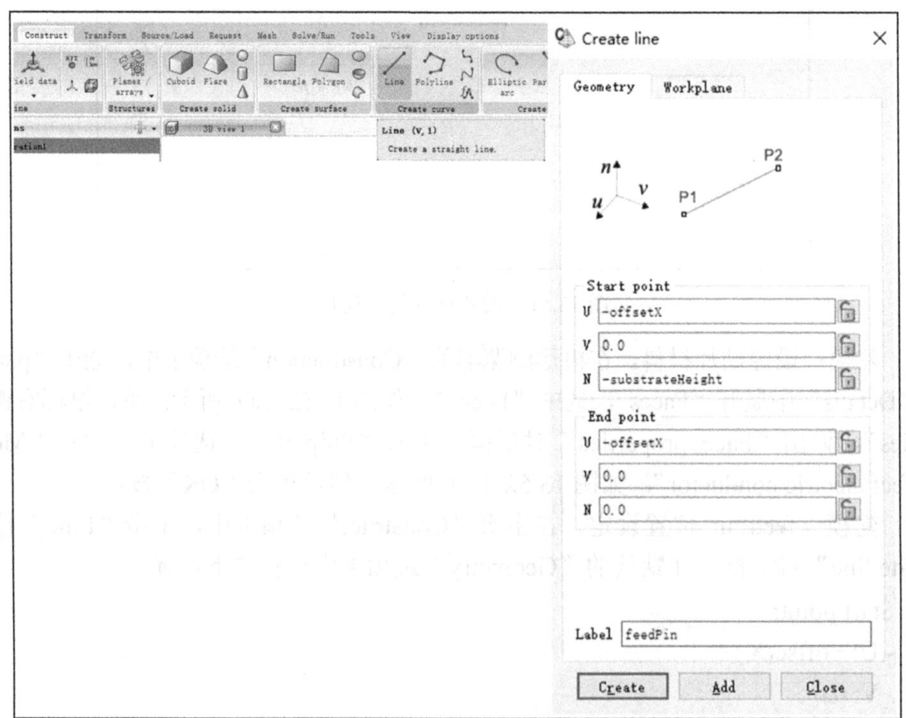

图 13.53 feedPin 位置设定

（13）创建端口。在树形浏览器的“Construction”选项卡中，选中“Items”中的“feedPin”，在右下角的“Details”中展开“Wires”，选中“Wire17”。单击鼠标右键，选择

“Create port” → “Wire port”，在弹出的“Create wire port”对话框中进行如下参数设置。

-Location on wire: Middle

-Label: Port1

设置界面如图 13.54 所示。然后单击“Create”按钮。

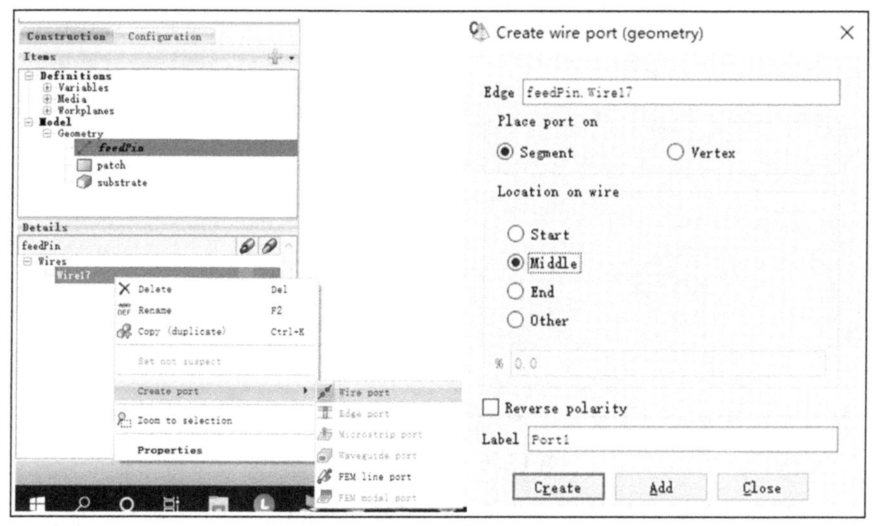

图 13.54　创建端口

（14）利用 Union 建立完整的天线模型。在左侧树形浏览器中，同时选中“feedPin”、“patch”和“substrate”，单击鼠标右键，选择“Apply”→“Union”，如图 13.55 所示，建立完整的天线模型。

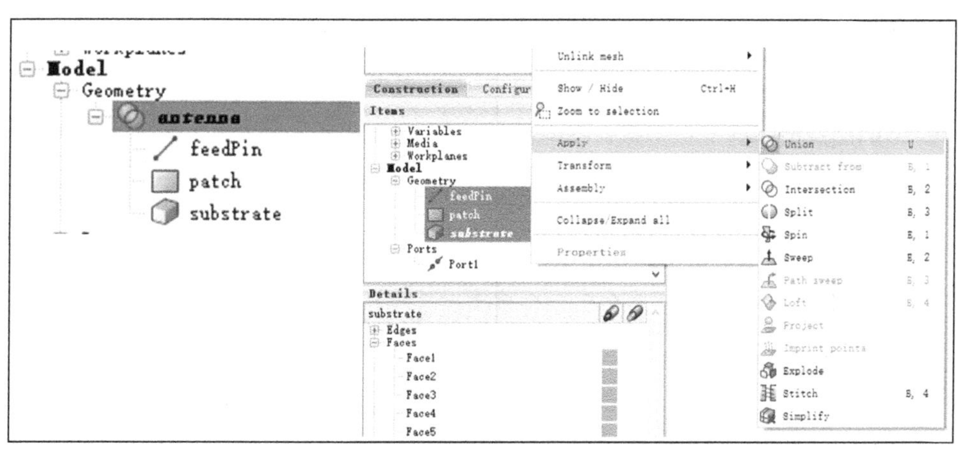

图 13.55　建立完整的天线模型

（15）设定工作频率。选择左侧树形浏览器的“Configuration”的选项卡中，展开“Global”，选中“Frequency”，单击鼠标右键，选择“Frequency”，在弹出的“Solution frequency”对话框中进行如下参数设置。

Single Frequency

-Frequency (Hz)：freq

设置界面如图 13.56 所示。然后单击“OK”按钮。

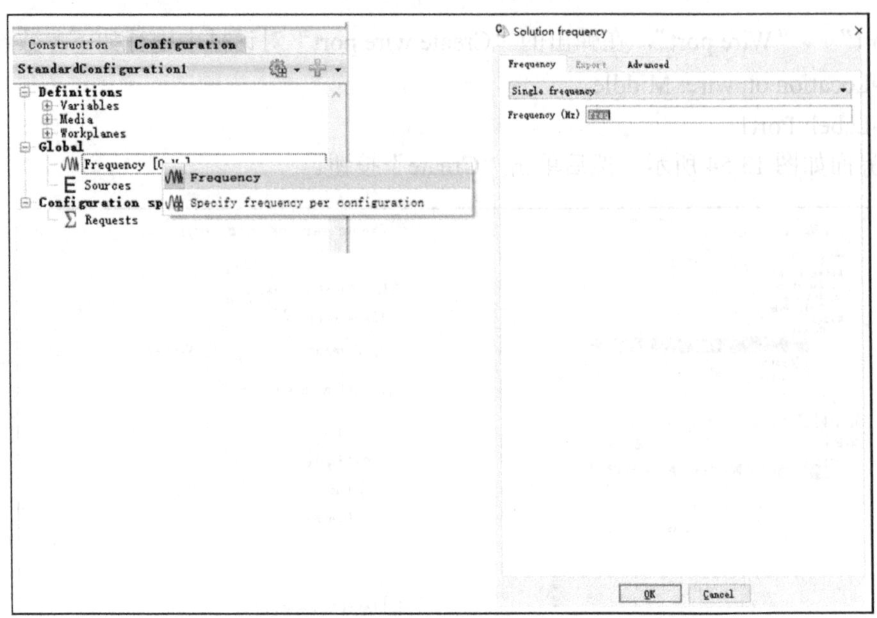

图 13.56　设定工作频率

（16）设定激励。选择左侧树形浏览器的“Configuration”的选项卡，展开“Global”，选中“Sources”，单击鼠标右键，选择“Voltage source”，如图 13.57（a）所示。在弹出的“Add voltage source”对话框中，所有参数采用默认设置，如图 13.57（b）所示。然后单击“Create”按钮。

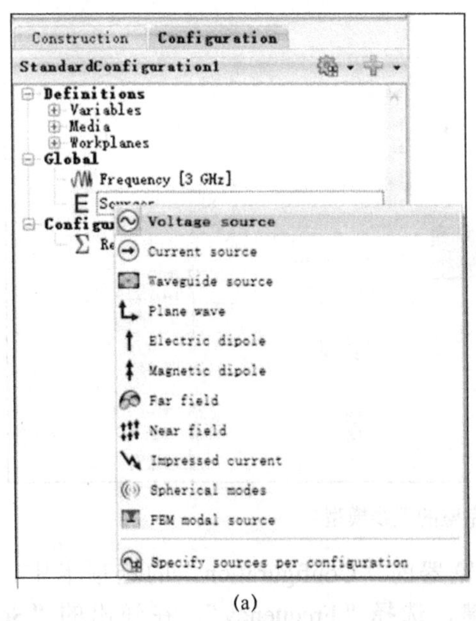

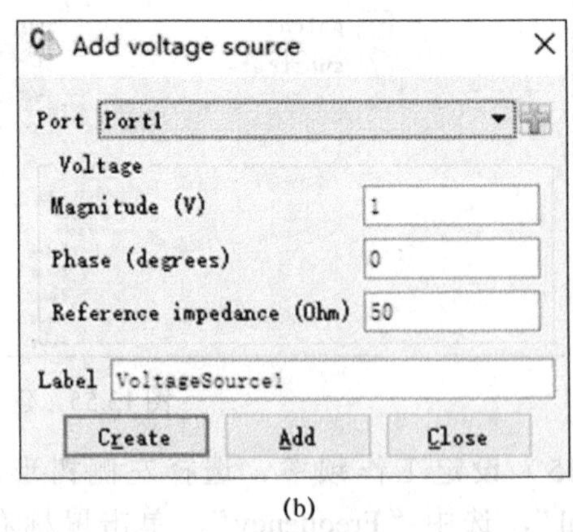

(a)　　　　　　　　(b)

图 13.57　设定激励

（17）求解设置。定义计算远场 ff_XZ 过程如下：选择左侧树形浏览器的“Configuration”选项卡，展开“Configuration specific”，选中“Requests”，单击鼠标右键，选择“Far fields”，在弹出的“Request far fields”对话框中进行如下参数设置。

-start: theta->-90.0; phi->0.0

-end: theta-> 90.0; phi->0.0

-Increment: theta->2; phi->0.0

-Label: ff_XZ

设置界面和结果如图 13.58 所示。然后单击“Add”按钮。

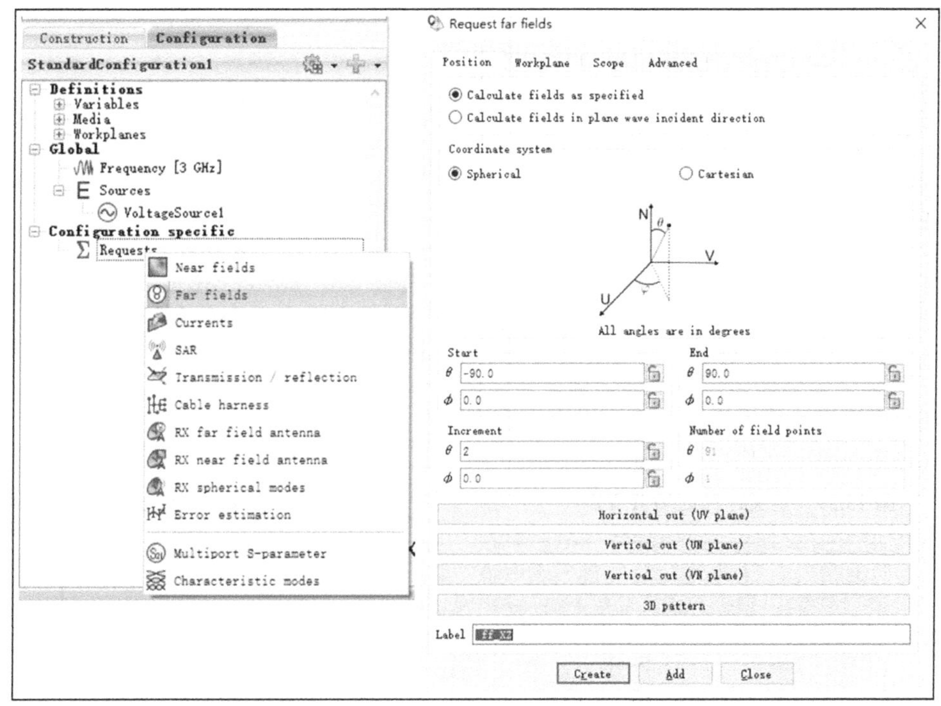

图 13.58　定义计算远场 ff_XZ

定义计算远场 ff_YZ 过程如下：选择左侧树形浏览器的“Configuration”选项卡，展开“Configuration specific”，选中“Requests”，单击鼠标右键，选择“Far fields”，在弹出的“Request far fields”对话框中进行如下参数设置。

-Start: theta->-90.0; phi->90.0

-End: theta-> 90.0; phi->90.0

-Increment: theta->2; phi->0.0

-Label: ff_YZ

结果如图 13.59 所示。然后单击“Add”按钮。

定义计算远场 3D 过程如下：选择主页的“Request”选项卡，单击“Far fields”按钮，打开“Request far fields”对话框。单击“3D pattern”按钮，修改“Increment”的θ为 2.0，修改“Increment”中的ϕ为 2.0，并设置“Label”为“3d”，如图 13.60 所示。然后单击“Create”按钮。

（19）设定磁对称。选择主页的“Solve/Run”选项卡，单击“Symmetry”按钮（如图 13.61 所示），在弹出的“Symmetry definition”对话框中进行如下参数设置。

Y=0 plane: Magnetic symmetry

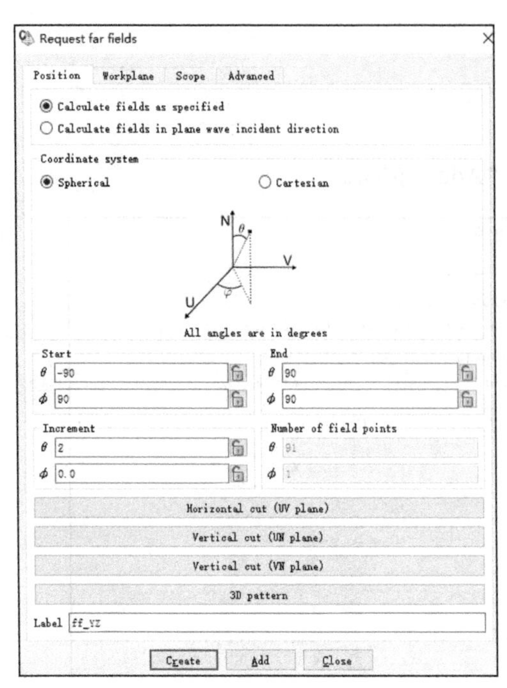

图 13.59　定义计算远场 ff_YZ

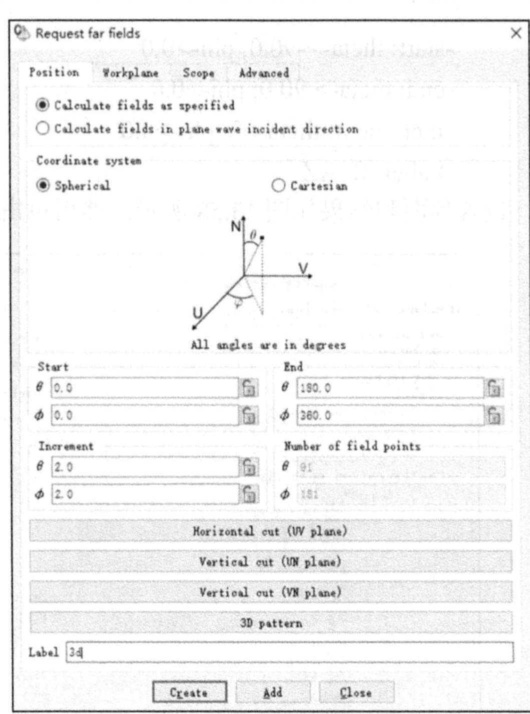

图 13.60　定义计算远场 3D

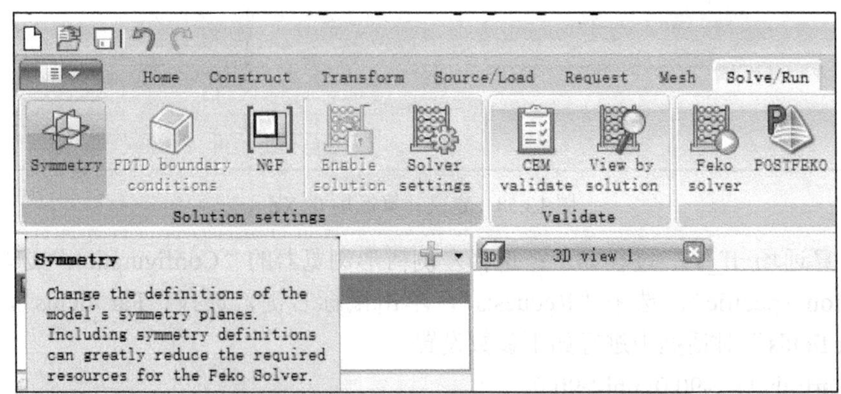

图 13.61　“Symmetry definition”设置

设置界面如图 13.62 所示。然后单击“OK”按钮，生成的磁对称模型如图 13.63 所示。

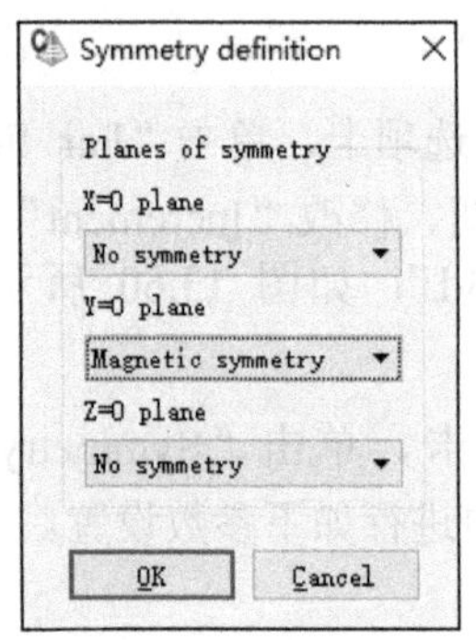

图 13.62　“Symmetry definition”参数设置

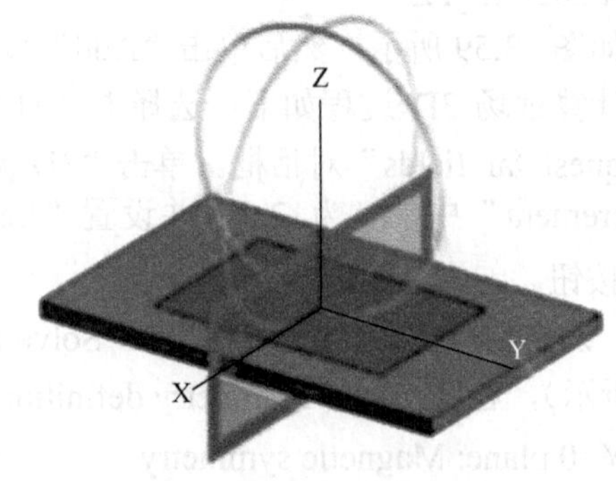

图 13.63　磁对称模型

（20）网格剖分。选择主页的“Mesh”选项卡，单击“Create mesh”按钮（如图 13.64 所示），在弹出的“Create mesh”对话框中进行如下参数设置。

-Mesh size: Standard

-Wire segment radius: 0.25

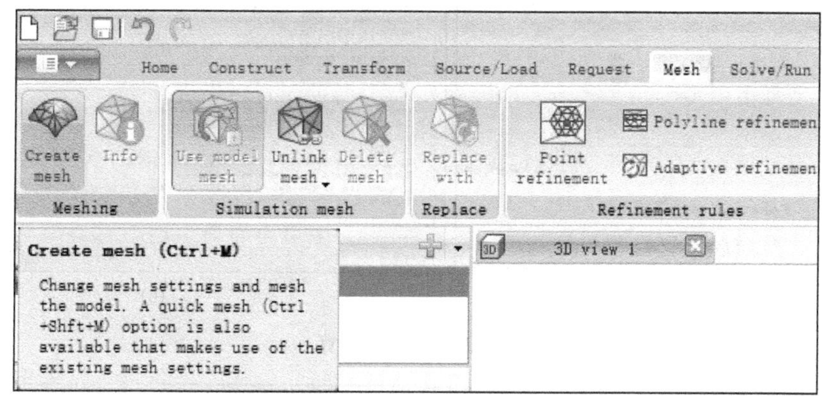

图 13.64　单击“Create mesh”按钮

设置界面如图 13.65 所示。单击“Mesh”按钮，生成的网格模型如图 13.66 所示。

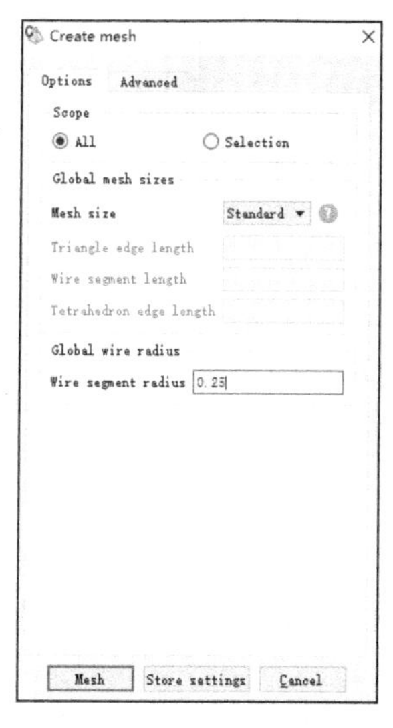

图 13.65　网格剖分设置

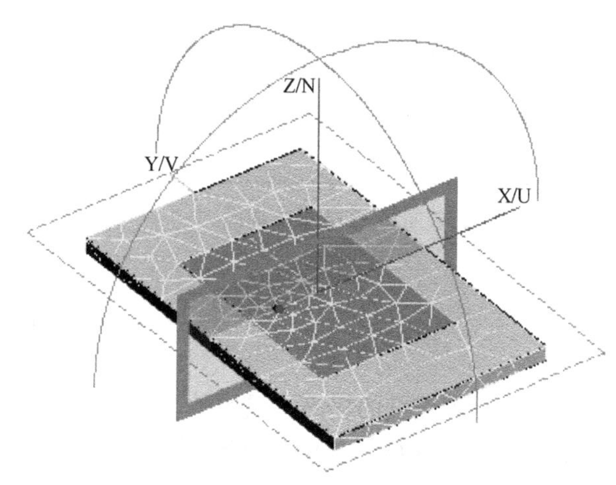

图 13.66　网格模型

（21）提交计算。选择主页的“Solve/ Run”选项卡，单击“Feko solver”按钮，如图 13.67（a）所示；程序开始运行，如图 13.67（b）所示。程序运行结束后，单击“OK”按钮。

（22）后处理结果显示。计算完成之后，选择主页的“Solve/ Run”选项卡，单击“POSTFEKO”按钮，弹出 POSTFEKO 后处理界面，在“Home”选项卡中，单击“Far field”按钮，分别选择 XOZ 面、YOZ 面和 3D 选项，在界面右侧选择显示物理量并设置成“dB”。XOZ 面和 YOZ 面方向图如图 13.68 所示，3D 方向图如图 13.69 所示。

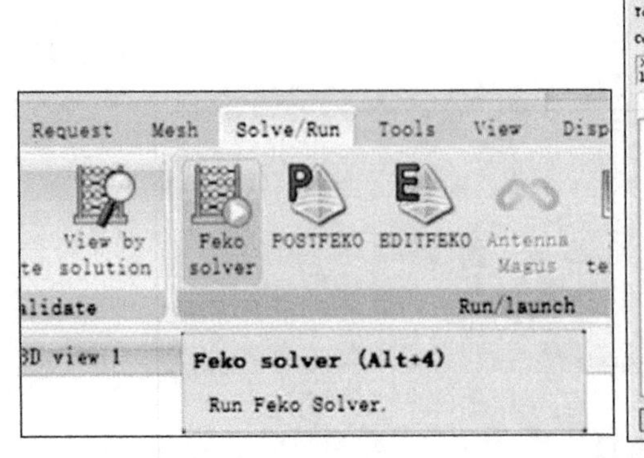

(a)

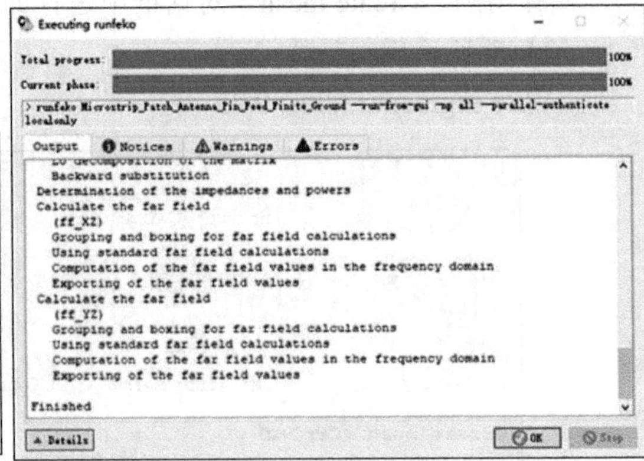

(b)

图 13.67　提交计算

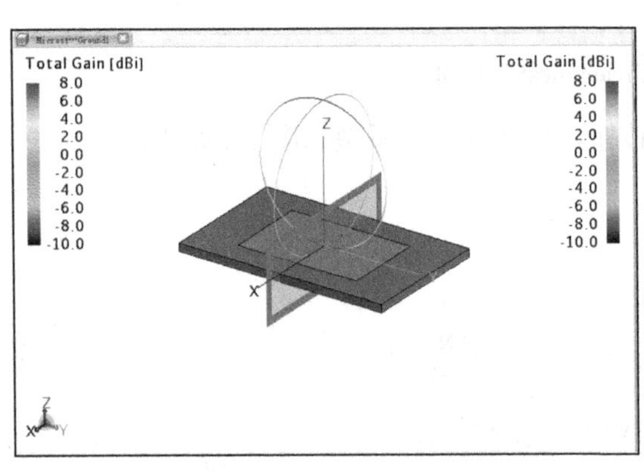

图 13.68　XOZ 面和 YOZ 面方向图

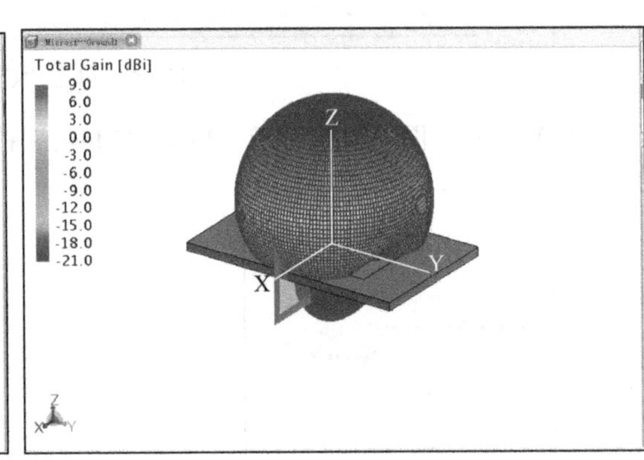

图 13.69　3D 方向图

本章小结

随着计算机运算速度的提高，采用数值计算方法进行电磁仿真设计变得容易实现了。因此，诞生了 IE3D、FEKO、HFSS 及 CST 等电磁仿真软件。

由于电磁场仿真软件在一定程度上可以代替试验来获得天线性能指标，节省大量的人力、物力和财力，而且可以大大缩短产品研发时间，因此，基于电磁计算的天线仿真技术已经成为目前天线工程设计的最重要的一个步骤，在天线设计中得到了广泛的应用。

本章介绍的 FEKO 电磁场仿真软件是美国 ANSYS 公司推出的一款针对天线设计、天线布局与电磁兼容分析的专业电磁场分析软件。

利用 FEKO 进行天线仿真设计，主要包括天线建模、设置求解参数、解后处理、特性分析、参数调整和参数优化及结果输出等步骤。

本章重点介绍了利用 FEKO 软件仿真半波对称振子、螺旋天线和微带天线的三维和二维方向图的具体步骤。

习　　题

13.1　什么是数值计算？常用的电磁数值计算方法有哪些？

13.2　常用的电磁仿真软件有哪些？

13.3　电磁仿真软件对天线设计有什么意义？

13.4　FEKO 的德语原文是什么？

13.5　FEKO 的主要应用领域有哪些？

13.6　FEKO 界面主要有哪几个组成部分？各部分作用分别是什么？

13.7　电磁仿真软件进行仿真计算主要包括哪些步骤？

13.8　解后处理的主要任务是什么？

13.9　利用 FEKO 对自由空间半波对称振子的三维方向图进行仿真。

13.10　利用 FEKO 对螺旋天线三维方向图进行仿真。

13.11　利用 FEKO 对微带天线的三维方向图进行仿真。

扫码学习

第 13 章习题答案

附录 A　常用的矢量计算公式

1. 矢量恒等式

$$\boldsymbol{A}\pm\boldsymbol{B}=\boldsymbol{B}\pm\boldsymbol{A}$$

$$\boldsymbol{A}\cdot\boldsymbol{B}=\boldsymbol{B}\cdot\boldsymbol{A}$$

$$\boldsymbol{A}\times\boldsymbol{B}=-\boldsymbol{B}\times\boldsymbol{A}$$

$$\boldsymbol{A}\cdot\boldsymbol{A}=|\boldsymbol{A}|^2$$

$$(\boldsymbol{A}+\boldsymbol{B})\cdot\boldsymbol{C}=\boldsymbol{A}\cdot\boldsymbol{C}+\boldsymbol{B}\cdot\boldsymbol{C}$$

$$(\boldsymbol{A}+\boldsymbol{B})\times\boldsymbol{C}=\boldsymbol{A}\times\boldsymbol{C}+\boldsymbol{B}\times\boldsymbol{C}$$

$$\boldsymbol{A}\cdot(\boldsymbol{B}\times\boldsymbol{C})=\boldsymbol{B}\cdot(\boldsymbol{C}\times\boldsymbol{A})=\boldsymbol{C}\cdot(\boldsymbol{A}\times\boldsymbol{B})$$

$$\boldsymbol{A}\times(\boldsymbol{B}\times\boldsymbol{C})=(\boldsymbol{C}\cdot\boldsymbol{A})\times\boldsymbol{B}-(\boldsymbol{A}\cdot\boldsymbol{B})\times\boldsymbol{C}$$

2. 矢量微分

$$\nabla(u+v)=\nabla u+\nabla v$$

$$\nabla(uv)=u\nabla v+v\nabla u$$

$$\nabla(\boldsymbol{A}\cdot\boldsymbol{B})=(\boldsymbol{A}\cdot\nabla)\boldsymbol{B}+(\boldsymbol{B}\cdot\nabla)\boldsymbol{A}+\boldsymbol{A}\times(\nabla\times\boldsymbol{B})+\boldsymbol{B}\times(\nabla\times\boldsymbol{A})$$

$$\nabla\cdot(\boldsymbol{A}+\boldsymbol{B})=\nabla\cdot\boldsymbol{A}+\nabla\cdot\boldsymbol{B}$$

$$\nabla\cdot(u\boldsymbol{A})=u\nabla\cdot\boldsymbol{A}+\nabla u\cdot\boldsymbol{A}$$

$$\nabla\cdot(\boldsymbol{A}\times\boldsymbol{B})=\boldsymbol{B}\cdot\nabla\times\boldsymbol{A}-\boldsymbol{A}\cdot\nabla\times\boldsymbol{B}$$

$$\nabla\cdot(\nabla\times\boldsymbol{A})=0$$

$$\nabla\times(\boldsymbol{A}+\boldsymbol{B})=\nabla\times\boldsymbol{A}+\nabla\times\boldsymbol{B}$$

$$\nabla\times(u\boldsymbol{A})=u\nabla\times\boldsymbol{A}+\nabla u\times\boldsymbol{A}$$

$$\nabla\times(\boldsymbol{A}\times\boldsymbol{B})=\boldsymbol{A}(\nabla\cdot\boldsymbol{B})-\boldsymbol{B}(\nabla\cdot\boldsymbol{A})+(\boldsymbol{B}\cdot\nabla)\boldsymbol{A}-(\boldsymbol{A}\cdot\nabla)\boldsymbol{B}$$

$$\nabla\times(\nabla u)=0$$

$$\nabla\times(\nabla\times\boldsymbol{A})=\nabla(\nabla\cdot\boldsymbol{A})-\nabla^2\boldsymbol{A}$$

3. 矢量积分

$$\oint_C\boldsymbol{A}\cdot\mathrm{d}\boldsymbol{l}=\oint_S\nabla\times\boldsymbol{A}\cdot\mathrm{d}\boldsymbol{S}$$

$$\oint_S\boldsymbol{A}\cdot\mathrm{d}\boldsymbol{S}=\oint_\tau\nabla\cdot\boldsymbol{A}\mathrm{d}\tau$$

4. 梯度、散度、旋度和拉普拉斯运算

（1）直角坐标系

$$\nabla u=\boldsymbol{e}_x\frac{\partial u}{\partial x}+\boldsymbol{e}_y\frac{\partial u}{\partial y}+\boldsymbol{e}_z\frac{\partial u}{\partial z}$$

$$\nabla \cdot \boldsymbol{A} = \frac{\partial A_x}{\partial x} + \frac{\partial A_y}{\partial y} + \frac{\partial A_z}{\partial z}$$

$$\nabla \times \boldsymbol{A} = \begin{vmatrix} \boldsymbol{e}_x & \boldsymbol{e}_y & \boldsymbol{e}_z \\ \frac{\partial}{\partial x} & \frac{\partial}{\partial y} & \frac{\partial}{\partial z} \\ A_x & A_y & A_z \end{vmatrix}$$

$$\nabla^2 u = \frac{\partial^2 u}{\partial x^2} + \frac{\partial^2 u}{\partial y^2} + \frac{\partial^2 u}{\partial z^2}$$

（2）圆柱坐标系

$$\nabla u = \boldsymbol{e}_\rho \frac{\partial u}{\partial \rho} + \boldsymbol{e}_\varphi \frac{\partial u}{\rho \partial \varphi} + \boldsymbol{e}_z \frac{\partial u}{\partial z}$$

$$\nabla \cdot \boldsymbol{A} = \frac{1}{\rho}\frac{\partial}{\partial \rho}(\rho A_\rho) + \frac{1}{\rho}\frac{\partial A_\varphi}{\partial \varphi} + \frac{\partial A_z}{\partial z}$$

$$\nabla \times \boldsymbol{A} = \begin{vmatrix} \frac{\boldsymbol{e}_\rho}{\rho} & \boldsymbol{e}_\varphi & \frac{\boldsymbol{e}_z}{\rho} \\ \frac{\partial}{\partial \rho} & \frac{\partial}{\partial \varphi} & \frac{\partial}{\partial z} \\ A_r & \rho A_\varphi & A_z \end{vmatrix}$$

$$\nabla^2 u = \frac{1}{\rho}\frac{\partial}{\partial \rho}\left(\rho \frac{\partial u}{\partial \rho}\right) + \frac{1}{\rho^2}\frac{\partial^2 u}{\partial \varphi^2} + \frac{\partial^2 u}{\partial z^2}$$

（3）球坐标系

$$\nabla u = \boldsymbol{e}_r \frac{\partial u}{\partial r} + \boldsymbol{e}_\theta \frac{\partial u}{r \partial \theta} + \boldsymbol{e}_\varphi \frac{1}{r \sin\theta}\frac{\partial u}{\partial \varphi}$$

$$\nabla \cdot \boldsymbol{A} = \frac{1}{r^2}\frac{\partial}{\partial r}(r^2 A_r) + \frac{1}{r\sin\theta}\frac{\partial}{\partial \theta}(A_\theta \sin\theta) + \frac{1}{r\sin\theta}\frac{\partial A_\varphi}{\partial \varphi}$$

$$\nabla \times \boldsymbol{A} = \begin{vmatrix} \frac{\boldsymbol{e}_r}{r^2 \sin\theta} & \frac{\boldsymbol{e}_\theta}{r\sin\theta} & \frac{\boldsymbol{e}_\varphi}{r} \\ \frac{\partial}{\partial r} & \frac{\partial}{\partial \theta} & \frac{\partial}{\partial \varphi} \\ A_r & rA_\theta & rA_\varphi \sin\theta \end{vmatrix}$$

$$\nabla^2 u = \frac{1}{r^2}\frac{\partial}{\partial r}\left(r^2 \frac{\partial u}{\partial r}\right) + \frac{1}{r^2 \sin\theta}\frac{\partial}{\partial \theta}\left(\sin\theta \frac{\partial u}{\partial \theta}\right) + \frac{1}{r^2 \sin^2\theta}\frac{\partial^2 u}{\partial \varphi^2}$$

附录 B　无线电波波段的划分

根据中华人民共和国工业和信息化部无线电管理局关于频率划分的方法，将无线电波的整个波段划分为表 B.1 所示的各个波段。

表 B.1　无线电波波段划分

序　号	频段名称	频率范围	波段名称		波长范围
1	极低频（ELF）	3～30 Hz	极长波		100～10 Mm
2	超低频（SLF）	30～300 Hz	超长波		10～1 Mm
3	特低频（ULF）	300～3 000 Hz	特长波		1 000～100 km
4	甚低频（VLF）	3～30 kHz	甚长波（万米波）		100～10 km
5	低频（LF）	30～300 kHz	长波（千米波）		10～1 km
6	中频（MF）	300～3 000 kHz	中波（百米波）		1 000～100 m
7	高频（HF）	3～30 MHz	短波（十米波）		100～10 m
8	甚高频（VHF）	30～300 MHz	超短波（米波）		10～1 m
9	特高频（UHF）	300～3 000 MHz	微波	分米波	100～10 cm
10	超高频（SHF）	3～30 GHz		厘米波	10～1 cm
11	极高频（EHF）	30～300 GHz		毫米波	10～1 mm
12	至高频	300～3 000 GHz		丝米波	1～0.1 mm
注：频率范围含上限，不含下限；波长范围含下限不含上限。					

参 考 文 献

[1] 谢处方，饶克谨，杨显清，等．电磁场与电磁波[M]．杨显清，王园，等修订．5 版．北京：高等教育出版社，2019．

[2] 黄玉兰．电磁场与微波技术[M]．2 版．北京：人民邮电出版社，2012．

[3] 郑钧．电磁场与电磁波[M]．2 版．北京：清华大学出版社，2020．

[4] 梅中磊，曹斌照，李月娥，等．电磁场与电磁波[M]．北京：清华大学出版社，2018．

[5] 陈立甲，李红梅，宗化，等．电磁场与电磁波[M]．哈尔滨：哈尔滨工业大学出版社，2016．

[6] 邹澎，马力，周晓萍，等．电磁场与电磁波[M]．3 版．北京：清华大学出版社，2020．

[7] 柯亨玉，龚子平，张云华，等．电磁场理论基础[M]．3 版．武汉：华中科技大学出版社,，2020．

[8] 杨儒贵，刘运林．电磁场与电磁波[M]．3 版．北京：高等教育出版社， 2019．

[9] 宋铮，张建华，黄怡．天线与电波传播[M]．3 版．西安：西安电子科技大学出版社，2016．

[10] 李建东，郭梯云，邬国扬．移动通信[M]．4 版．西安：西安电子科技大学出版社，2014．

[11] 郑会利，陈瑾，等．天线工程设计基础[M]．西安：西安电子科技大学出版社，2018．

[12] 安世亚太．FEKOUser's Manual（December 2008）．详见 FECO 网站．

[13] 许学梅，杨延嵩．天线技术[M]．2 版．西安：西安电子科技大学出版社，2009．

[14] 刘源，焦金龙，等．FEKO 仿真原理与工程应用[M]．北京：机械工业出版社，2017．

[15] Elsherbeni A Z，NayeriP，ReddyC J．FEKO 电磁仿真软件在天线分析与设计中的应用[M]．索莹，李伟，译．哈尔滨：哈尔滨工业大学出版社，2016．

[16] 崔雁松．移动通信技术[M]．2 版．西安：西安电子科技大学出版社，2012．

[17] 卢晶琦，孟庆元．移动通信理论与实战[M]．西安：西安电子科技大学出版社，2017．

[18] 杨立，张梦洁，黄河．蜂窝移动通信终端移动性增强的关键技术分析和预测[J]．中兴通讯技术，2021（1）．

[19] 于翠翠，王学田，高洪民．全金属边框智能机的缝隙天线设计[J]．微波学报，2020（8）：123-125．

[20] 欧阳慧勇，叶卓映，朱琳．不同环境条件下移动基站的天线选型设计方案[J]．数据通信，2011（3）：47-53．

[21] 尹亚兰，等．短波天线工程[M]．北京：海潮出版社，2006．

[22] 鄢羿．基于特征模的终端天线设计研究[D]．成都：电子科技大学，2020．

[23] 赖展军．移动通信基站天线测量若干关键技术问题研究[D]．广州：华南理工大学，2020．

[24] 陈激杨．探讨 4G 通信终端的关键技术[J]．科技资讯，2020（29）：46-51．

[25] Milligan T A．现代天线设计[M]．郭玉春，等译．2 版．北京：电子工业出版社，2018．

[26] 何林娜．数字移动通信技术[M]．北京：机械工业出版社，2010．

[27] 李锦新．新一代无线移动通信基站天线关键技术研究[D]．成都：电子科技大学，2017．

[28] Oliveri G，Gottardi G，Robol F, et al. Codesign of unconventional array architectures and antenna elements for 5G base stations. IEEE Transactions on Antennas and Propagation, 2017.

[29] Rohani B, Takahashi K, Arai H, et al. Improving channel capacity in indoor4×4 MIMO base station utilizing small bidirectional antenna. IEEE Transactions on Antennas and Propagation, 2018.

[30] Gozalvez J. 5G Worldwide developments[J]. IEEE Vehicular Technology Magazine, 2017(12): 4-11.

[31] Vook F W, Visotsky E, Thomas T A, et al. Performance characteristics of 5G mmWave Wireless-to-the-home[C]. 50th Asilomar Conference on Signals, Systems and Computers, 2016: 1181-1185.

[32] Zhu J F, Feng B T, Peng B, et al. Multiband printed mobile MIMO antenna for WWAN and LTE applications [J]. Microwave and Optical Technology Letters, 2017, 59(6): 1446-1450.

[33] Lee S W, Sung Y. Compact frequency reconfigurable antenna for LTE/WWAN mobile handset applications[J]. IEEE Transactions on Antennas and Propagation, 2015, 63(10): 4572-4577.